Videodetektion im Straßenverkehr

Signalmodelle und Analyseverfahren

von

Dr.-Ing. habil. Klaus-Peter Döge

Technische Universität Dresden

Oldenbourg Verlag München

Dr.-Ing. habil. Klaus-Peter Döge promovierte und habilitierte am Institut für Verkehrstelematik der Technischen Universität Dresden. Seine Arbeitsgebiete sind Verkehrslagemonitoring auf Autobahnen und Stadtstraßen als auch videobasierte Parkraumanalyse, Systemtheorie und Regelungstechnik.

Bibliografische Information der Deutschen Nationalbibliothek

Die Deutsche Nationalbibliothek verzeichnet diese Publikation in der Deutschen Nationalbibliografie; detaillierte bibliografische Daten sind im Internet über http://dnb.d-nb.de abrufbar.

Rosenheimer Straße 143, D-81671 München
Telefon: (089) 45051-0
www.oldenbourg-verlag.de

Lektorat: Johannes Breimeier
Herstellung: Constanze Müller
Titelbild: www.shutterstock.com
Einbandgestaltung: hauser lacour
Gesamtherstellung: Books on Demand GmbH, Norderstedt

Dieses Papier ist alterungsbeständig nach DIN/ISO 9706.

ISBN 978-3-486-70893-6
eISBN 978-3-486-72007-5

Vorwort

Durch die rasant steigende Leistungsfähigkeit der Rechentechnik hat sich die automatische Bildverarbeitung neben den Anwendungen in der Medizin und Produktion weitere Anwendungsgebiete erschließen können. Eines davon ist die Analyse von Straßenverkehrsprozessen. Während Verkehrskameras zunächst nur zur visuellen Beobachtung eingesetzt wurden, erkannte man schnell, dass das zweidimensionale Signal „Bild“ mit herkömmlichen Analyseverfahren und einfachen Grundprinzipien wie der Berechnung von Differenzbildern prinzipiell analysierbar war. Die daraufhin einsetzende Verfeinerung, Weiter- und Neuentwicklung von Verfahren hält unvermindert an. Das belegt die stetig wachsende Anzahl wissenschaftlicher Veröffentlichungen zu diesem Thema.

So erfreulich dieser Umstand aus wissenschaftlicher Sicht ist – der Ingenieur oder Naturwissenschaftler, der sich erstmalig mit diesem Problem auseinandersetzt, steht einer nicht mehr überschaubaren Informationsmenge gegenüber. Die Probleme beginnen bei der Auswahl bzw. dem Ausschluss von zur Problemstellung passenden Methoden und werden dadurch verschärft, dass sowohl in wissenschaftlichen als auch industriegeprägten Veröffentlichungen die Anwendungsgrenzen der einzelnen Methoden oder Produkte häufig nur unzureichend dargestellt sind. Für die Entwicklung praxistauglicher Verfahren muss in Betracht gezogen werden, dass die alleinige Beurteilung von Standardsituationen unter guten Sichtbedingungen zu einer Unterschätzung der Probleme führen muss.

Eine überschaubare Darstellung der Möglichkeiten und vor allem der Grenzen, die sich an immer wieder verwendeten Grundprinzipien orientiert, fehlt bisher. Diese Lücke schließen zu helfen, ist das Anliegen des vorliegenden Buches.

Im Vordergrund steht der Verkehrsprozess, der durch den Zusammenhang „Prozess = System + Signal“ [92] beschrieben, und mittels etablierter Grundprinzipien sowie vom Autor entwickelter Verfahren analysiert wird. Jede Methode kennt unzählige Varianten und Verfeinerungen. Diese darzustellen, ist nicht Anliegen des Buches. Vielmehr geht es darum, die Möglichkeiten und vor allem auch die Grenzen der Anwendbarkeit grundlegender Bildverarbeitungsmethoden auf die Straßenverkehrsprozesse herauszuarbeiten.

Dabei wird anhand praktischer Probleme auf die theoretischen Grundlagen hingearbeitet. Als vorrangige Zielgruppe sieht der Autor Verkehrsingenieure und andere Fachleute aus dem akademischen Bereich. Aber auch Studenten technischer Fachrichtungen, die sich mit dem Thema „Videobasierte Verkehrslageerfassung“ auseinandersetzen, sowie Entwicklern von Algorithmen kann das Buch eine wertvolle Hilfe sein.

Anhand bekannter Zusammenhänge wird einerseits der Zugang zu den theoretischen Grundlagen der Bildverarbeitung geschaffen, andererseits werden auch systemtheoretische, also realisierungsunabhängige, allgemeingültige Prinzipien wie beispielsweise die Verwendung von Testsignalen oder lineare und nichtlineare Filterungen behandelt. Damit möchte der Autor den Blick des Nichtfachmanns der Bildverarbeitung dafür schärfen, dass es sich bei Bildern auch „nur“ um zweidimensionale Signale handelt, die mit den herkömmlichen Werkzeugen der Signalverarbeitung bearbeitet und analysiert werden können, wenn man den stochastischen Charakter der Verkehrsprozesse und der Bildaufnahme berücksichtigt.

Sämtliche Untersuchungen wurden durch eigene Berechnungen anhand realer Verkehrslagebilder aus den Fallstudien der Kapitel 8 und 9 durchgeführt. Diesem Umstand ist die der Praxis entsprechende Qualität der Abbildungen geschuldet. Sie sind gezeigt, wie sie von der Kamera geliefert, bzw. vom Verfahren „gesehen“ werden. Dies schließt Unschärfe, geringen Kontrast und unterschiedliche Detaillierungsgrade ein.

Das Buch fasst die Erkenntnisse des Autors aus 10 Jahren Berufspraxis zusammen. Diese Erkenntnisse sind in einer Methodologie zusammengeführt, die das schrittweise Lösen einer Bildverarbeitungsaufgabe für Straßenverkehrsanwendungen ermöglicht. Das Anliegen der Abhandlung ist somit die Analyse des Verkehrsflusses, nicht dessen Steuerung oder Regelung. Außerdem liefert der Autor zwei neue Ansätze zur Analyse des fließenden und ruhenden Verkehrs, die sich in der Praxis bewährt haben.

Eine solche breit angelegte Arbeit kann nicht im Alleingang entstehen. Der Autor dankt Herrn Prof. em. Dr.-Ing. habil. Dr.h.c. Horst Strobel (TU Dresden), Herrn Prof. Dr.-Ing. Jürgen Krimmling (TU Dresden), Herrn Prof. Dr. rer. nat. habil. Karl Nachtigall (TU Dresden) sowie Herrn Prof. Dr-Ing. habil Jürgen Wernstedt (Ilmenau) die als Wegbegleiter und Gutachter das Entstehen der Arbeit ermöglicht und unterstützt haben.

Von den Mitarbeitern unseres Lehrstuhls möchte ich Frau Birgit Jaekel und Herrn Henning Jeske für die zahlreichen fachlichen Diskussionen danken, durch die ich meine eigene Betrachtungsweise immer wieder überdenken und erweitern konnte. Herrn Jeske gilt darüber hinaus meiner größter Dank für die Unterstützung bei der programmtechnischen Umsetzung der Fallstudien.

Dresden, im Mai 2013 *Klaus-Peter Döge*

Inhaltsverzeichnis

1.2 Intrinsische Eigenschaften der Videodetektion

Auf den ersten Blick bietet die automatische Bildverarbeitung und -auswertung nahezu unbegrenzte Möglichkeiten Informationen zu gewinnen. Die videobasierte Verkehrslageerfassung unterscheidet sich gegenüber verwandten Anwendungsgebieten in der Medizin oder der industriellen Bildverarbeitung jedoch dadurch, dass man die Umgebungsbedingungen, die vor allem durch die Beleuchtungsverhältnisse und die Bebauung geprägt werden, nicht beeinflussen oder gar für die Bildverarbeitungsaufgabe optimieren kann. Erschwerend kommt hinzu, dass die Position der Kamera – entscheidend sind hier vor allem der Blickwinkel und die Höhe – aus Kostengründen häufig nach baulichen Gesichtspunkten ausgewählt wird [24] und deshalb nicht auf die Bildverarbeitungsaufgabe zugeschnitten ist.

Eine wichtige Voraussetzung zur Entwicklung und Beurteilung von Videodetektionsverfahren im Außenbereich ist somit eine genaue Kenntnis der Möglichkeiten und vor allem auch der allgemein gültigen Grenzen. Nicht alles was zunächst funktioniert, ist für einen Dauereinsatz durch alle Jahreszeiten und Sichtbedingungen auch wirklich geeignet. In diesem Abschnitt sollen deshalb immanente Eigenschaften der Videodetektion vorgestellt werden, die unabhängig von der gewählten Methodik der Bildanalyse gelten.

Zunächst werden Eigenschaften vorgestellt, die für den ruhenden und den fließenden Verkehr gleichermaßen gelten. Dies sind die „Allgemeinen Eigenschaften". Danach folgen die jeweils speziellen Eigenschaften des ruhenden und fließenden Verkehrs. Die Inhalte zu den speziellen Eigenschaften des ruhenden Verkehrs sind sinngemäß [99] entnommen, an dem der Verfasser im entsprechenden Teil mitgewirkt hat.

1.2.1 Allgemeine Eigenschaften

Sensoren arbeiten üblicherweise in einem Bereich des elektromagnetischen Spektrums. Für die Analyse von Straßenverkehrsprozessen werden beispielsweise Laser, Radar, Video- oder Infrarotsensoren eingesetzt. Abbildung 1.1 zeigt die Zuordnung zwischen der entsprechenden Sensortechnologie und der Lage im elektromagnetischem Spektrum.

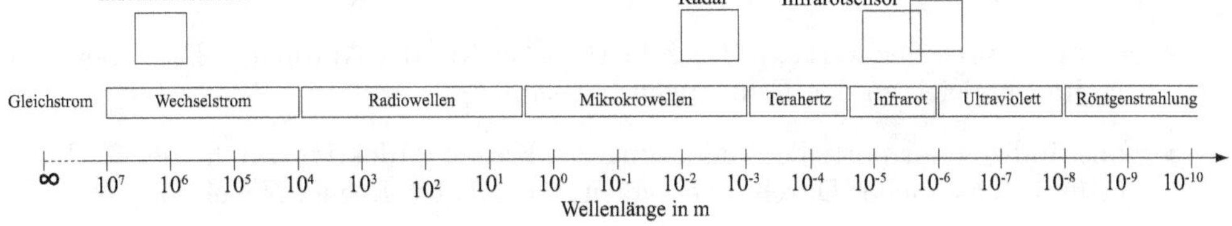

Abb. 1.1: *Gezeigt ist der für die Sensorik wichtige Teil des elektromagnetischen Spektrums anhand seiner Wellenlängenbereiche. Über den Wellenlängen sind näherungsweise die Arbeitsbereiche der unterschiedlichen Sensorprinzipien eingetragen.*

Die Signalgenerierung erfolgt im Falle der Videodetektion im Bereich des sichtbaren Lichtes von 380 nm bzw. $3.8 \cdot 10^{14}$ Hz (violett) bis 780 nm bzw. $7.8 \cdot 10^{14}$ Hz (rot). In diesem Frequenzbereich führt die reflektierte Strahlung zu einer Abbildung auf dem CCD- oder CMOS Bildaufnehmer der Kamera. Herausforderungen für die automatische Auswertung entstehen nun dadurch, dass diese Abbildung durch Streuung, Brechung und Absorption verändert wird. Abbildung 1.2 illustriert diesen Vorgang.

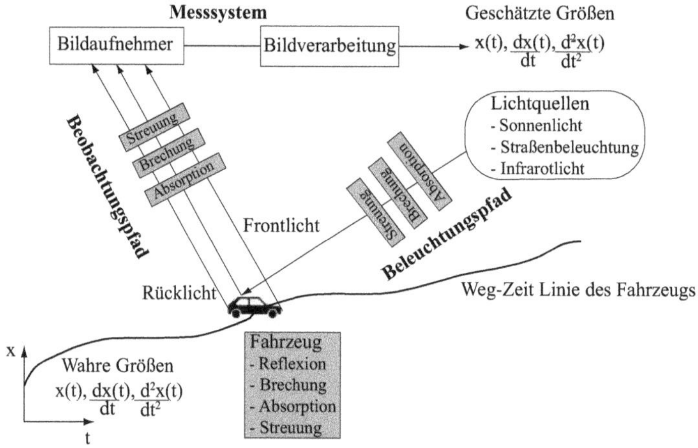

Abb. 1.2: *Schematische Darstellung der Objektvisualisierung (erweiterte Darstellung gemäß [55], Unterkapitel 6.1)*

Die Signalgenerierung basiert auf dem Erkennen und Unterscheiden von Bildobjekten. Dies sind die Fahrzeuge und der unmittelbare Hintergrund, also die Straße mit einer Vielzahl möglicher Texturen. Die Abbilder dieser realen Szenen sind einer Reihe von Störeinflüssen ausgesetzt, die zeitveränderlich sind, da sie von Wetter, Jahreszeit und Tageszeit beeinflusst werden. Beispiele für solche Störeinflüsse sind:

- Schatten durch Fahrzeuge und Wolken. Diese bewegen sich im Vergleich zur Fahrzeugbewegung schnell und haben die Eigenschaft spontan aufzutreten und zu verschwinden.
- Schatten durch Bauwerke, z.B Schilderbrücken auf der Autobahn. Diese bewegen sich im Vergleich zu den Fahrzeugen langsam.
- Vollständige oder partielle Abdeckung des Kameraobjektivs durch Niederschläge mit unterschiedlicher Durchlassfähigkeit, wie z.B bei Regen, Nebel oder Schnee.
- Niederschläge auf Fahrzeugen und Straße.
- Wechselnde Beleuchtungsverhältnisse der Umgebung. Diese sind auf Grund der Wetter- und Tageszeitabhängigkeit kaum vorhersehbar und kurzzeitigen Schwankungen, z.T. im Sekundenbereich, unterworfen. Hierzu zählen sowohl die unterschiedlichen Beleuchtungsverhältnisse am Tag, als auch die verschiedenen Arten künstlicher Beleuchtung nachts.

Letztendlich ist die automatische Bildanalyse eine Auswertung der räumlichen und zeitlichen Veränderungen der Helligkeits- bzw. Farbwerte im Bild. Diese werden im Weiteren häufig gemeinsam betrachtet und dann auch als Intensitätswerte bezeichnet. Diese Intensitätswerte sind auf Grund der Stochastik der Prozesse des ruhenden und fließenden Verkehrs, der veränderlichen Umgebungsbedingungen und der unterschiedlichen optischen und geometrischen Eigenschaften der Fahrzeuge nicht vorhersehbar und müssen somit als Zufallsgrößen angesehen werden.

Diese Zufallsgrößen können sich unabhängig von den zu ermittelnden Verkehrskenngrößen ändern, was jetzt an einem Beispiel gezeigt werden soll.

Abbildung 1.3 zeigt eine Autobahnszene mit flüssigem Verkehr. Von dieser Szene wurden die in Abbildung 1.4 gezeigten Wahrscheinlichkeitsverteilungen der Helligkeitswerte auf den eingezeichneten Linien aus einer Menge von 1900 Bildern im Abstand von einer Sekunde ermittelt. In diesem Fall waren also die verkehrlichen Bedingungen, gemessen an der Qualitätsstufe des Verkehrs, konstant – aber es herrschten unterschiedliche Umgebungsbedingungen. Neben der Wahrscheinlichkeitsverteilung wurde auch die Differenz der Werte der einzelnen Wahrscheinlichkeitsverteilungen berechnet, um die unterschiedlichen Häufigkeiten der Helligkeitswerte darstellen zu können.

Abb. 1.3: *Beispielbild aus einer Szene mit 1900 Bildern, aus der die in Abbildung 1.4 gezeigten Wahrscheinlichkeitsverteilungsfunktionen ermittelt wurden.*

Auf Linie eins ist der Schatten dominierend. Da auch die Fahrzeuge im Schatten fahren, finden sich die meisten Werte im Bereich von dunklem Grau bei etwa 75. Linie zwei umfasst sowohl helle als auch dunkle Gebiete und bildet die Fahrzeuge somit in Helligkeitsbereichen ab, die auf Linie eins nicht auftreten. Linie drei liegt im Sonnenlicht. Auf Grund des begrenzten Dynamikbereiches der Kamera ist der Fahrbahnhintergrund fast weiß.

Da es sich um flüssigen Verkehr mit einer geringen Dichte handelt, ist der helle Fahrbahnhintergrund gegenüber den Fahrzeugen dominierend, was sich in den entsprechend großen Werten der Einzelwahrscheinlichkeiten für die hellen Werte in der Wahrscheinlichkeitsverteilungsfunktion zeigt. In diesem Fall sind die Fahrzeuge dunkler als der Hintergrund und im Bereich von 75–120 wieder zu finden.

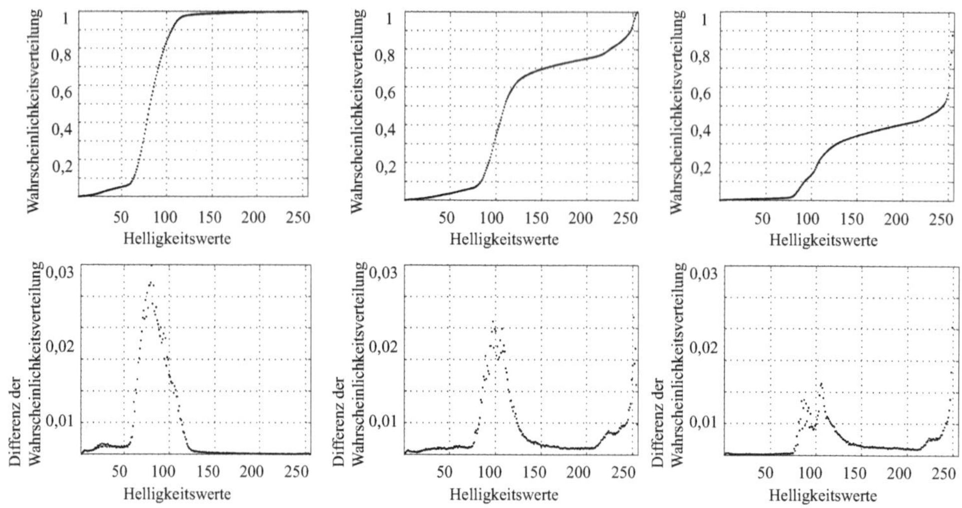

Abb. 1.4: *Wahrscheinlichkeitsverteilungen und deren Differenzwerte von Helligkeitswerten auf den in Abbildung 1.3 eingezeichneten Linien. Links: Linie 1, Schatten; mitte: Linie 2: teilweise Schatten, rechts: Linie 3, ohne Schatten.*

Dieses Beispiel verdeutlicht, dass die Verteilung der Zustandsgrößen maßgeblich durch die Umgebungsbedingungen, und erst in zweiter Linie durch den Verkehrszustand beeinflusst wird. Die Art der Verteilung der Zufallsgröße „Intensitätswert" ist somit zeitveränderlich. Für den ruhenden Verkehr gilt diese Aussage ebenso, denn auch hier sind Fahrzeug, Hintergrund und Schatten die zu berücksichtigenden Entitäten.

Zusammenfassend lässt sich feststellen, dass die videobasierte Verkehrslageerfassung einerseits durch den stochastisch beeinflussten Messvorgang – die Bildaufnahme unter nicht beeinflussbaren Umgebungsbedingungen – und andererseits durch die stochastischen Eigenschaften der Verkehrsprozesse selbst geprägt ist.

Somit lassen sich folgende Thesen formulieren:

1. Gleiche Systemzustände werden durch unterschiedliche Signale repräsentiert.
2. Robustheit und Detaillierungsgrad eines Verfahrens zur videobasierten Verkehrslageinformation stehen im Zielkonflikt zueinander.

Diese Thesen müssen bei jeder Verfahrensentwicklung beachtet werden, die das gesamte Spektrum an Möglichkeiten abdecken soll, die bei einem Dauereinsatz durch alle Tages-, und Jahreszeiten hindurch auftreten können.

1.2.2 Eigenschaften des fließenden Verkehrs

Für die Aufgabe der Analyse des fließenden Verkehrs können neben der Videodetektion auch Radar-, Laser-, Erdmagnetfeld- oder Schleifendetektoren zum Einsatz kommen, wobei letztere auf Grund ihrer Zuverlässigkeit am häufigsten eingesetzt werden.

Neben dem Hauptnachteil, der großen Abhängigkeit von den Sichtverhältnissen, bietet die Videodetektion gegenüber anderen Detektionsverfahren auch entscheidende Vorteile. So können vom Nutzer beliebig viele Flächen mit frei wählbarer Form im Bild als virtuelle Sensoren angelegt werden. Das bedeutet, die Veränderung oder Erstellung der Sensoren ist ohne einen Eingriff in die Infrastruktur möglich. Das ist beispielsweise ein Vorteil gegenüber Induktionsschleifen. Ein weiterer Vorteil ist das Vorhandensein des Bildes selbst. Hiermit kann eine schnelle und zuverlässige Aussage zur Gesamtsituation geliefert werden. Bei einer größeren Anzahl Kameras kann dieser Vorgang vorteilhaft durch Alarmbildaufschaltung automatisiert werden [26].

Die meisten Verfahren zur Analyse des fließenden Verkehrs beruhen entweder auf dem Prinzip der Objektverfolgung (engl. tracking-principle), der Signalgenerierung an einem Querschnitt (engl. tripwire-principle) oder einer Kombination aus beiden[18]. Die hierbei notwendigen Bildtakte liegen innerstädtisch im Sekundenbereich. Auf Autobahnen und Landstraßen sind auf Grund der höheren Geschwindigkeiten häufig Bildabstände unter einer Sekunde erforderlich. Dies bedeutet nicht notwendigerweise, dass bei einem geforderten Bildabstand von beispielsweise 0,2 Sekunden fünf Bilder in jeder Sekunde bereitgestellt werden müssen. Zur Bewegungsanalyse reicht ein Doppel-, manchmal auch Dreifachbild aus. Zwischen den einzelnen Messungen können somit auch größere Abstände als der eigentliche Bildabstand liegen.

Eine besondere Herausforderung für jede automatische Bildauswertung stellt ein Effekt dar, der in der Bildverarbeitung als Korrespondenzproblem bekannt ist. Ein Beispiel zeigt Abbildung 1.5.

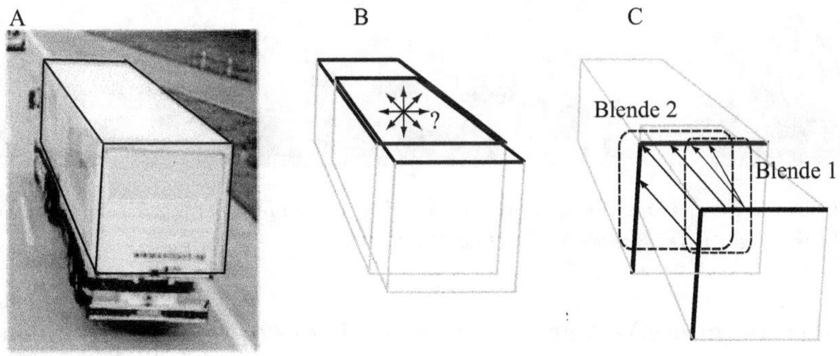

Abb. 1.5: *Darstellung von Korrespondenzproblem (B) und Blendenproblem (C) an einem Wagenkasten (A).*

Das Korrespondenzproblem ergibt sich für Anwendungen im Verkehrswesen aus der zentralen Aufgabe der Bewegungserkennung. Beschränkt man sich hierbei auf Operationen in einem begrenzten Bildausschnitt, sogenannte lokale Operationen, dann ist die

Verfolgung von Bildobjekten nur möglich, wenn deren Bildpunkte eindeutig miteinander korreliert, also einander zuzuordnen sind. Ist das nicht der Fall, wie beispielsweise in homogen abgebildeten Flächen, dann spricht man vom so genannten Korrespondenzproblem. Die Oberseite der Plane des Lkw wird auf Grund der Dynamikbegrenzung der Kamera als homogene weiße Fläche abgebildet (Abbildung 1.5 A).

Die Unmöglichkeit der Verfolgung eines Bildpunktes auf der Oberseite der Plane in Folge der Bewegung des Wagenkastens verdeutlicht das Korrespondenzproblem: Es ist keine Zuordnung dieser Bildpunkte zwischen einem Bild und seinem Folgebild möglich (vgl. Abbildung 1.5 B).

Einen speziellen Fall des Korrespondenzproblems liefert die Verfolgung einer sich bewegenden Bildkante unter den gezeigten Bedingungen. Die Verfolgung ist nur möglich, wenn eine Ecke eingeschlossen ist. Sonst ist der Verschiebungsvektor bis auf seine zur Kante senkrechte Komponente nicht eindeutig bestimmbar. Diesen Effekt bezeichnet man als Blendenproblem, da er auf den eingeschränkten Sichtbereich des lokalen Operators zurückzuführen ist. In Abbildung 1.5 C ist eine Blende 1 eingezeichnet, die die Ecke des Wagenkastens nicht einschließt. Die Richtung der Verschiebungsvektoren im Bereich dieser Blende ist somit unbestimmt. Blende 2 erfasst die Ecke und wäre somit zur Bewegungserkennung geeignet, da die Verschiebungsvektoren durch die Ecke eindeutig bestimmt sind.

Unter Beachtung des bereits Gesagten lässt die Betrachtung von Bildern aus Standardsituationen des fließenden Verkehrs bei guten Sichtverhältnissen zunächst wenige Schwierigkeiten bei der Lösung einer Standardbildverarbeitungsaufgabe wie der Fahrzeugzählung oder der Geschwindigkeitsermittlung erwarten (vgl. Abbildung 1.6).

Abb. 1.6: *Darstellung von Standardsituationen des fließenden Verkehrs bei guten Sichtbedingungen. Links und Mitte: Autobahn, rechts: Stadtverkehr.*

Um ein praxistaugliches Verfahren zu erhalten, sind jedoch zusätzlich folgende Fragen zu beantworten:

1. Welche Objekte können auftreten?

2. Welche Situationen können auftreten?

3. Wie wirken sich Tag-Nacht-Unterschiede aus?

Objekte

Die Vielfalt an möglichen Objekten unterscheidet sich für den ruhenden und den fließenden Verkehr nicht und ist deshalb an gleicher Stelle in den Ausführungen zum ruhenden Verkehr in Abbildung 1.13 dargestellt.

Der Unterschied zwischen ruhendem und fließendem Verkehr besteht jedoch darin, wie mit dieser Vielfalt, die eine Herausforderung für die automatische Bildverarbeitung darstellt, umgegangen werden kann. Auf der einen Seite ist bei der Betrachtung von Einzelfahrzeugen und der Ermittlung von Einzelfahrzeugdaten, die Vielfalt zu berücksichtigen. Andererseits kann der Fahrzeugstrom als Ganzes betrachtet werden, wodurch die Vielfalt nur noch implizit Eingang findet. Auf Grund der im fließenden Verkehr vorhandenen Bewegungsinformation sind hier, im Vergleich zum ruhenden Verkehr, die Möglichkeiten reichhaltiger.

Der fließende Verkehr hat darüber hinaus die Besonderheit, dass die Fahrzeuge zu jedem Zeitpunkt mit einer anderen Auflösung abgebildet werden. Das führt dazu, dass sich während der Aufnahme die Größe und die Detaillierung der Fahrzeuge signifikant ändern. Dieser Effekt ist umso deutlicher, je niedriger die Kamera angebracht ist. Als Beispiel dafür zeigt Abbildung 1.7 drei Bilder einer Autobahnszene, die mit einer Kamerahöhe von 7,5 m aufgenommen wurden.

Abb. 1.7: *Durch die tief hängende Kamera kommt es zu einer signifikanten Änderung von Objektgrößen- und Details innerhalb einer Bildfolge. Bei einer automatischen Auswertung muss somit die Position des Fahrzeuges berücksichtigt werden*

Die Größenänderung der Fahrzeugabbildung führt dazu, dass im hinteren Bereich des Bildes weniger Bildpunkte pro Zeiteinheit überfahren werden als im vorderen Bildbereich. Da die Bildpunkte eine Weginformation enthalten, hat dies beispielsweise Auswirkungen auf die Ermittlung der Geschwindigkeit. Die Änderung der Detailgenauigkeit mit der Zeit lässt sich gut an den Aufbauten auf dem Fahrzeugdach nachvollziehen.

Berücksichtigt man zusätzlich die Variabilität der Umgebungsbedingungen, so sind in einem solchen Fall für eine Objektverfolgung nur sehr einfache Merkmale wie die Frontscheibe oder der gesamte Fahrzeugumriss heranzuziehen. Auch bei sehr viel höher angebrachten Kameras, bei denen die Änderung der Auflösung nicht so offensichtlich ist wie im gezeigten Beispiel, muss die Skalierung berücksichtigt werden. Ein Beispiel für eine Messung von einem Hochhaus findet sich in [24].

Situationen

Die Situationsvielfalt im fließenden Verkehr ergibt sich bereits aus der Variantenvielfalt der Standardsituationen, in den typischen Verkehrszuständen wie „flüssiger Verkehr“, „zähflüssiger Verkehr“ und „Stau“. Daneben treten zahlreiche Abweichungen von den Standardsituationen auf, wie beispielsweise durch so genannte „Geisterfahrer“, Auswirkung von Unfällen, verlorene Ladung oder die in Abbildung 1.8 gezeigte Situation.

Hier wird im linken Fahrstreifen die Qualitätsstufe „Stau“ ermittelt. Zur Analyse der Verkehrssituation kam ein vom Autor entwickeltes Verfahren zum Einsatz, das ausführlich in Kapitel 9 vorgestellt wird. Die Besonderheit dieser Situation besteht darin, dass die aktuell ermittelbare Verkehrsdichte im Fahrstreifen keine Schlussfolgerung auf die Verkehrssituation zulässt und eine messbare Geschwindigkeit im Fahrstreifen nicht auftritt. Obwohl die ermittelte Geschwindigkeit des langsam fahrenden Fahrzeugs dies anzeigt, handelt es sich nicht um einen Stau sondern um ein bewegliches Hindernis

Abb. 1.8: *Ein Beispiel für eine Sondersituation im fließenden Verkehr. Eingezeichnet sind drei Liniensensoren, welche das entsprechende Signalmodell parallel zur Fahrtrichtung realisieren. Da eine aktuell messbare Geschwindigkeit nicht auftritt, müssen die Werte aus der unmittelbaren Vergangenheit vor dem Auftreten der Situation berücksichtigt werden.*

Tag-Nacht-Unterschiede

Bei einer Beschreibung der Tag-Nacht-Unterschiede der Bildinformation im fließenden Verkehr ist zwischen dem Eigenlicht der Fahrzeuge und dem Fremdlicht, also der Straßenbeleuchtung, zu unterscheiden. Beide Arten von Lichtquellen können sowohl störend als auch unterstützend in Erscheinung treten.

Das Eigenlicht der Fahrzeuge ist hilfreich für die Bestimmung der Geschwindigkeit eines Einzelfahrzeuges und des Fahrzeugstromes. Da bei Dunkelheit eine Erkennung oder Klassifizierung der Fahrzeuge häufig nicht möglich ist, ist der sich bewegende Lichtschein die zuverlässigste Informationsquelle bei Dunkelheit (Abbildung 1.9 A). Das gilt allerdings nur, wenn die Kamera in Fahrtrichtung blickt. Beim Blick in den Fahrzeugstrom kann es zu leichten (Abbildung 1.9 B) bis starken (Abbildung 1.9 C) Überblendungen des Bildinhaltes kommen. Letztere machen eine automatische Bildauswertung unmöglich. Erstere beeinträchtigen die Genauigkeit.

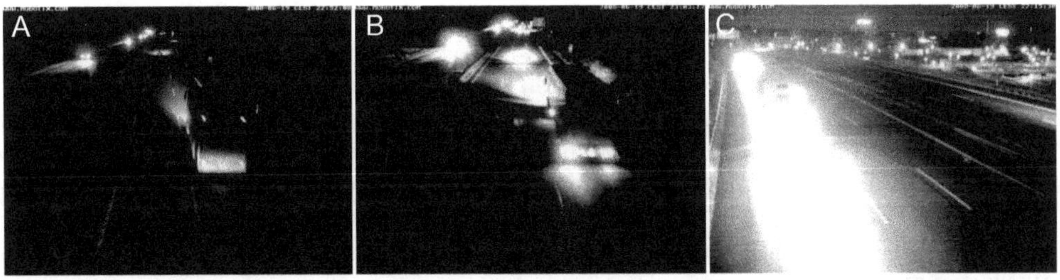

Abb. 1.9: *Bei Dunkelheit ist das Eigenlicht der Fahrzeuge oft die einzige Informationsquelle. Es kann in Abhängigkeit von der Blickrichtung der Kamera störend oder nutzbar sein.*

Das Wirken von Fremdlicht tritt vor allem im innerstädtischen Bereich in Erscheinung (Abbildung 1.10 A). Hierbei kann eine unterstützende Wirkung durch *Beleuchtung* der Fahrzeuge und der Umgebung auftreten, oder aber es kommt zu einer Überlagerung mit dem für die Geschwindigkeitsermittlung nützlichen Eigenlicht der Fahrzeuge.

Die periodischen Muster, die eine Straßenbeleuchtung auf der Fahrbahn hinterlässt, können auf einer leeren Fahrbahn ebenfalls als Störung wirken, indem sie irrtümlich zu einer Objektidentifikation führen.

Abbildung 1.10 A zeigt außerdem, dass es bei hoher Verkehrsdichte und niedriger Bildauflösung zu einem Verschmelzen der Eigenlichter im Fahrzeugstrom kommen kann. Das Ergebnis ist ein im inneren homogenes Lichtband, indem die Identifikation einer Bewegung nicht möglich ist. Dies ist eine Repräsentation des bereits erläuterten Korrespondenzproblems.

Fremdlicht auf der Autobahn tritt beispielsweise an Raststätten auf. Im gezeigten Beispiel 1.10 B ist die Wirkung dieses Fremdlichts in Gestalt der Fahrbahnbeleuchtung für die automatische Bildauswertung unterstützend.

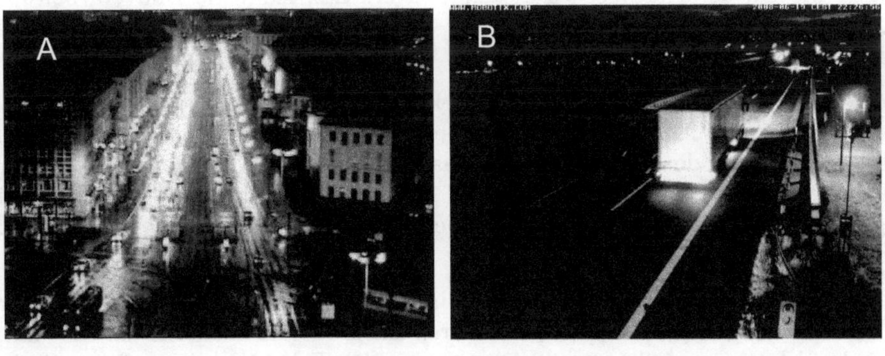

Abb. 1.10: *Zwei Beispiele für die Wirkung der Überlagerung von Fremd- und Eigenlicht auf die Bildinformation. Links: in der Stadt, rechts: auf der Autobahn.*

1.2.3 Eigenschaften des ruhenden Verkehrs

Für die Aufgabe der Analyse des ruhenden Verkehrs können neben der Videodetektion auch Radar-, Laser-, Erdmagnetfeld- oder Schleifendetektoren zum Einsatz kommen. Erdmagnetfeld- oder Schleifendetektoren decken jedoch nur einen Teil der Parkfläche ab und sind deshalb unter Umständen nicht in der Lage, ein kleineres Objekt wie beispielsweise einen PKW auf einer LKW-Parkfläche zu erkennen (vgl. Abbildung 1.13). Hier bietet die Videodetektion den Vorteil, beliebige, vom Nutzer frei definierbare Flächen auswerten zu können.

Weitere Vorteile sind, dass mit Hilfe eines Übersichtsbildes eine schnelle und zuverlässige Aussage zur Gesamtsituation geliefert wird und außerdem bei Bedarf Falschparker identifiziert werden können. Dies kann durch Alarmbildaufschaltung erfolgen.

Die Analyse des ruhenden Verkehrs mittels automatischer Bildverarbeitung ist verglichen mit der Analyse des fließenden Verkehrs ein weniger untersuchter Forschungsgegenstand. Aus Sicht der automatischen Bildverarbeitung unterscheiden sich die Analyse des fließenden Verkehrs und die Analyse des ruhenden Verkehrs erheblich, was dazu führt, dass die Bildverarbeitungsverfahren vom fließenden auf den ruhenden Verkehr üblicherweise nicht übertragbar sind. Die wesentlichen Unterschiede sind das Fehlen

1. der Bewegungsinformation und
2. kein Eigenlicht abgestellter Fahrzeuge.

Durch das Fehlen der Bewegung scheiden beispielsweise Differenzbildverfahren für den ruhenden Verkehr aus, da das stehende Fahrzeug im Differenzbild nach kurzer Zeit nicht mehr sichtbar ist. Außerdem können Schatten nicht mehr Fahrzeugen zugeordnet und somit auch nicht ohne weiteres von Schatten durch Bewuchs oder Bauwerken unterschieden werden.

Ähnlich wie bei der Analyse des fließenden Verkehrs, kann die Bildverarbeitung für den ruhenden Verkehr raumbezogen oder durch Bilanzierung von an Querschnitten erhobenen Messwerten erfolgen.

Arbeitet man raumbezogen, dann wird direkt auf der Parkfläche gemessen. Hierfür gibt es die Varianten der Analyse von Parkflächen als Ganzes und der Erfassung von Einzelstellplätzen. Im Fall der Einzelstellplatzerfassung erhält man die genaue Aussage *welche* Stellplätze verfügbar sind. Im zweiten Fall erhält man üblicherweise eine Flächenbelegung als Prozentwert, bzw. die Anzahl freier Stellplätze, jedoch keine Aussage welcher Stellplatz belegt ist.

Arbeitet man bilanzierend, dann werden virtuelle Zählschleifen in den Bildern der Zu- und Abfahrt des Parkraumes platziert. Durch einen Vergleich der Anzahl ein- und ausfahrender Fahrzeuge erhält man die Aussage wie viele Fahrzeuge sich auf dem Parkplatz befinden, jedoch nicht die Positionen der freien Parkplätze.

Diese Art der Auswertung hat gegenüber der raumbezogenen Detektion einige Nachteile:

1. Am Anfang ist eine Kalibrierung durch die händische Eingabe der freien bzw. belegten Parkplätze notwendig.
2. Abgestellte Anhänger verfälschen die Bilanz.
3. Mehrfachbelegung durch falsch stehende Fahrzeuge wird nicht erkannt.
4. Auftretende Fehler werden summiert und können nur durch eine erneute händische Kalibrierung rückgängig gemacht werden.

Aus den beiden Grundprinzipien der räumlichen und zeitlichen Messung ergeben sich eine Reihe weiterer Aspekte, unter denen die videobasierte Analyse des ruhenden Verkehrs betrachtet werden kann. Abbildung 1.11 fasst diese zusammen.

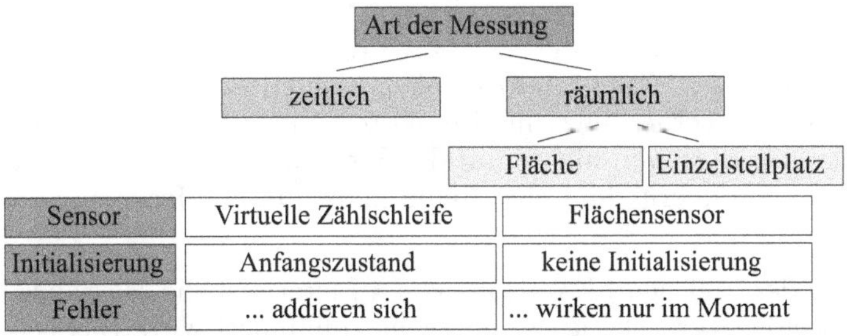

Abb. 1.11: *Aspekte der Analyse des ruhenden Verkehrs.*

Im Unterschied zum fließenden Verkehr werden für die Analyse des ruhenden Verkehrs wesentlich geringere Bildwiederholraten benötigt. Als Takt zur Bildauswertung und -übertragung sind 30 bis 60 Sekunden ausreichend [27]. Signifikante Änderungen der Situation treten innerhalb dieser Zeitspanne üblicherweise nicht auf bzw. reicht es aus, diese nach der genannten Zeitverzögerung zu registrieren. Die geringe Taktrate ist außerdem von Vorteil, um in größeren Systemen die durch IP-Kameras erzeugte Netzlast zeitlich zu verteilen.

Eine zentrale Rolle bei der technischen Installation von Systemen zur videobasierten Analyse des ruhenden Verkehrs nimmt die Beleuchtung ein. Durch das fehlende Eigenlicht der abgestellten Fahrzeuge ist eine Zusatzbeleuchtung des Parkplatzes bei Dunkelheit notwendig. Möglicherweise kann dafür eine vorhandene Parkplatzbeleuchtung genutzt werden. Erfüllt diese nicht die Anforderungen der automatischen Bildauswertung, dann müssen zusätzlich Infrarotscheinwerfer installiert werden, was wiederum Auswirkungen auf die Wahl der Kameras hat: In diesem Fall sind Kameras mit einer guten Infrarotempfindlichkeit notwendig. Da Kameras mit Farbsensoren in der Regel über einen Infrarotsperrfilter verfügen, sind in diesem Fall Schwarzweißkameras einzusetzen. Alternativ gibt es Modelle mit schwenkbarem Sperrfilter. Kommen reine Schwarzweißkameras zum Einsatz, dann müssen die Bildauswerteverfahren unter Tagsichtbedingungen, auf eine wichtige Eingangsgröße, die Farbinformation, verzichten.

Zu beachten ist weiterhin der nicht unerhebliche Energieverbrauch der Infrarotscheinwerfer. Eine moderne IP-Kamera verbraucht derzeit ohne Zusatzheizung 3–10 W, ein Infrarotscheinwerfer das Mehrfache davon. Bei der Installation der Infrarotscheinwerfer ist außerdem zu beachten, dass das IR-Licht nicht durch abgestellte Fahrzeuge abgeschattet werden kann.

Die optimale Blickrichtung der Kamera wäre von oben auf das Geschehen gerichtet, da in diesem Fall nur minimale Verdeckungen der Fahrzeuge untereinander abgebildet werden. Diese Art der Montage ist aufwändig und wird deshalb nur gelegentlich zu realisieren sein – häufig wir die vorhandene Infrastruktur zur Installation genutzt werden müssen. Um eine flächendeckende Detektion zu realisieren, sind deshalb die Masthöhe und die Anordnung der Masten von entscheidender Bedeutung.

Außer von oben kann die Bildaufnahme auch von vorn, von hinten oder von der Seite auf die Fahrzeuge erfolgen. Jede Blickrichtung liefert signifikante Merkmale für eine automatische Auswertung, jedoch gibt es Unterschiede in der Anwendbarkeit: Zur Wahrung der Privatsphäre der Fahrer sollte der Blick von vorn, also in das Fahrerhaus vermieden werden. Dies erhöht außerdem die Akzeptanz der Anlage. Der Blick von der Seite ist nur bei im Vergleich zur Fahrzeuggröße hohen Masten zu empfehlen, da ansonsten die gegenseitige seitliche Verdeckung eine Detektion unmöglich macht. Somit kann uneingeschränkt nur der Blick von hinten auf die Fahrzeuge empfohlen werden. Hier erhält man neben dem Nummernschild eine Reihe individueller Merkmale, die sich aus den Heckaufbauten ergeben.

Ausgehend von der üblichen LKW-Höhe von 4 Metern ist die Masthöhe so zu wählen, dass die gegenseitige Verdeckung der Fahrzeuge minimiert wird. Das Fehlen von Masthöhe kann nur durch zusätzliche Kameras ausgeglichen werden, die von mehreren Seiten auf die Parkflächen schauen. In diesem Fall kann eine einzelne Kamera nicht als eigenständiger Sensor fungieren, sondern die tatsächliche Belegung kann nur durch die Fusion der Ergebnisse mehrerer Kameras ermittelt werden.

Wie auch schon bei der Erläuterung der Eigenschaften des fließenden Verkehrs festgestellt wurde, lässt die Betrachtung einer Standardsituation bei guten Sichtverhältnissen (vgl. Abbildung 1.12) zunächst wenige Schwierigkeiten bei der Lösung der Bildverarbeitungsaufgabe erwarten.

Abb. 1.12: *Darstellung von Standardsituationen des ruhenden Verkehrs bei guten Sichtbedingungen. Die rechte Abbildung zeigt in der Ausfahrt abgestellte Fahrzeuge.*

Um ein praxistaugliches Verfahren zu erhalten, sind jedoch zusätzlich folgende Fragen zu beantworten:

1. Welche Objekte können auftreten?
2. Welche Situationen können auftreten?
3. Wie wirken sich Tag-Nacht-Unterschiede aus?

Objekte

Ein praxistaugliches Verfahren muss mit sehr unterschiedlichen Objektformen arbeiten können. Idealerweise auch mit bis dato unbekannten Objekten. Das betrifft sowohl die Größe und den äußeren Umriss der Fahrzeuge als auch die unterschiedlichen Texturen auf dem Fahrzeugabbild. Einige Beispiele zeigt Abbildung 1.13.

Die Frage der Objektgröße betrifft dabei einerseits die absoluten geometrischen Maße und andererseits das Größenverhältnis zwischen Parkfläche und Fahrzeug. Fahrzeuge, die wesentlich kleiner sind als die Parkfläche, sind durch einen punktuell oder kleinflächig arbeitenden Sensor nicht sicher zu erfassen und liefern in der Regel gegenüber dem Hintergrund weniger signifikante Merkmale als größere Fahrzeuge.

Abb. 1.13: *Eine Auswahl möglicher Fahrzeuggrößen und -formen, die auf LKW-Parkplätzen auftreten können. Da auch PKW nicht selten, wenn meistens auch nur kurzzeitig, auf LKW-Parkplätzen abgestellt werden, müssen auch beim LKW-Parken alle Objektgrößen berücksichtigt werden.*

Situationen

Neben der Vielfalt der genannten Bildinhalte treten zahlreiche unterschiedliche Situationen auf. Einige Beispiele zeigt Abbildung 1.14. Durchfahrten auf der Parkfläche sind im Einzelbild von einer Dauerbelegung nicht zu unterscheiden, Vorbeifahrten vor der Parkfläche führen zu Verdeckungen, Vorbeifahrten hinter der Parkfläche beeinflussen die erkennbare Form der abgestellten Fahrzeuge. Ein weiteres Problem sind die Bewegung und das Verweilen von Personen auf der Parkfläche, die bei entsprechend empfindlichen Verfahren zu Fehldetektionen führen können. Sind im Winter die Markierungslinien zur Stellplatzbegrenzung zugeweht, führt das dazu, dass Fahrzeuge nicht korrekt abgestellt werden können und zwei Parkflächen belegen. Hier ergibt sich ein erkennbarer Vorteil und eine Begründung für den Einsatz von Verfahren zur Einzelplatzerkennung.

Abb. 1.14: *Eine Auswahl möglicher Sondersituationen, welche die Verwendung einfacher Objekterkennungsalgorithmen oder spezieller modellbasierter Signalmodelle – dies sind Signalmodelle welche fahrzeugspezifische Merkmale wie Umrisse verwenden – ausschließen.*

Tag-Nacht-Unterschiede

Wie ein Vergleich der Abbildungen 1.14 und 1.15 zeigt, sind die Tag-Nacht-Unterschiede in der Bildinformation des ruhenden Verkehrs signifikant.

Abb. 1.15: *Gezeigt sind Nachtszenen des ruhenden Verkehrs mit zusätzlicher Infrarotbeleuchtung. Das linke Bild zeigt ausschließlich Reflexionen vom IR-Licht. Die beiden anderen Bilder zeigen die Wirkung der Fahrzeugbeleuchtung, die als Störung der Bildinformationen auftritt.*

Die Nachtszene wurde mit Infrarotlicht beleuchtet, was zur Verwendung entsprechend empfindlicher Kameras führte. Die kurzzeitigen Reflexionen und Blendungen durch das Eigenlicht der Fahrzeuge beim Erreichen oder Verlassen der Parkfläche haben somit eine stark bildverändernde Wirkung. Aber auch die metallischen Oberflächen der Fahrzeuge reflektieren das Infrarotlicht so stark, dass der Dynamikbereich der Kamera nicht ausreicht, um Einzelheiten dieser Stellen im Bild wiederzugeben.

Die bisher besprochenen Effekte sind für den menschlichen Betrachter deutlich sichtbar. Ein weiterer Effekt, den ein automatisches Verfahren genauso stark wahrnimmt, sind die erst auf Pixelebene sichtbaren Unterschiede in der Kantenstärke.

Abbildung 1.16 zeigt ein Beispiel. Dargestellt sind zwei vergleichbare Fahrzeuge, die das eine Mal am Tag mit Sonnenlicht und das andere Mal bei Dunkelheit mit Infrarotlicht aufgenommen wurden. Ein Vergleich der Bilder lässt eine leichte Unschärfe des Nachtbildes erkennen.

Wie deutlich diese ausgeprägt ist, zeigt aber erst eine Vergrößerung der Bildkanten bis zur Sichtbarkeit der einzelnen Pixel. Jetzt wird deutlich, dass beispielsweise für die Kantendetektion eine Adaption der Empfindlichkeit des entsprechenden Hochpassfilters notwendig ist. Ein entsprechender Algorithmus wurde vom Autor entwickelt und findet sich in Kapitel 8.

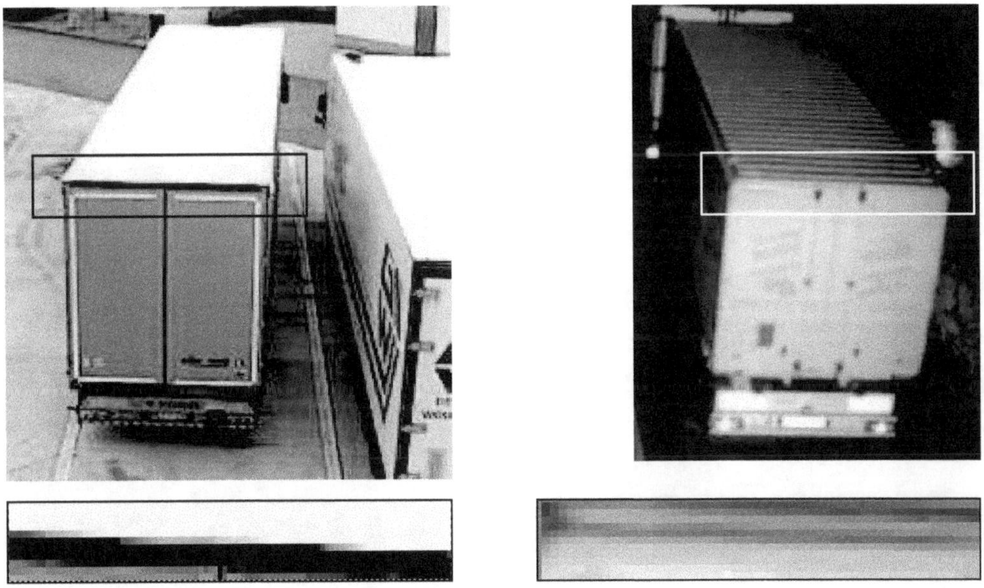

Abb. 1.16: *Zur Verdeutlichung einer signifikanten, aber mit dem Auge in dieser Stärke nicht ohne weiteres sichtbaren Bildunschärfe, ist die Vergrößerung einer Bildkante am Tag und bei Dunkelheit mit Infrarotlicht gezeigt.*

Das gezeigte Beispiel verdeutlicht wiederum den Unterschied zwischen menschlichem und maschinellem Sehen und soll daran erinnern, dass die Fähigkeit des Menschen zur Bildanalyse nicht ohne weiteres von einem automatischen Verfahren erwartet werden kann.

2 Ableitung der Methodologie

Im vorliegenden Kapitel wird die Struktur einer Methodologie abgeleitet, die eine einheitliche Darstellung der vorhandenen Vielfalt an Aufgaben, Methoden und Modellen zur Analyse des ruhenden und fließenden Verkehrs ermöglicht.

Die weitere Gliederung der vorliegenden Schrift ergibt sich aus der Struktur dieser Methodologie. Sie ist ein zentrales Ergebnis der vorliegenden Arbeit.

Trotz der weit gefassten Betrachtungsweise ist eine Abgrenzung der gestellten Aufgabe zum Gesamtkomplex der Verkehrstelematik notwendig. Diese Abgrenzung erfolgt anhand eines dafür entwickelten verkehrstelematischen Regelkreises.

Die konkret zu lösenden Aufgaben werden aus den beiden Sichten der „Anwendung" und der „Verfahrensentwicklung" ermittelt. Die zur Lösung dieser Aufgaben bekannt gewordenen Lösungsansätze sind außerordentlich vielfältig. Das führt zur Notwendigkeit einer einheitlichen Darstellung des Weges von der Bildaufnahme über die Bildanalyse bis zu den ermittelten Verkehrsdaten.

Um der Methodologie eine Gültigkeit auch über den Rahmen der vorliegenden Arbeit hinaus zu geben, wird zunächst eine systemtheoretische, das bedeutet realisierungsunabhängige Beschreibung des Verkehrsprozesses verwendet. Dazu werden im Folgenden die Begriffe Prozess, System und Signal definiert.

Es wird gezeigt, dass die Berücksichtigung der drei Entitäten „Fahrzeug", „Schatten" und „Hintergrund" zur Lösung der Aufgabe ausreicht.

Die Methodologie bezieht ihre Grundstruktur aus einer allgemein gültigen Signalverarbeitungskette, deren Bestandteile an die zu lösende Aufgabe angepasst werden.

Damit lässt sich die automatische Bildanalyse in den drei Stufen

1. Nutzbarmachung der Informationsquelle,
2. Entwicklung von Signalmodellen und
3. Signalanalyse darstellen.

Eine konkrete Ausprägung dieser Stufen wird unter Berücksichtigung der in Kapitel 1 dargestellten allgemeinen und speziellen Eigenschaften der Videodetektion von Verkehrsprozessen in den Folgekapiteln behandelt.

2.1 Beschreibung und Abgrenzung der Aufgabe

Das Ziel der videobasierten Verkehrslageerfassung ist die Ermittlung von Verkehrskenngrößen des ruhenden und fließenden Verkehrs. Diese sind für den fließenden Verkehr über die Kontinuitätsgleichung des Verkehrsflusses

$$x_B(t) = x_V(t)\, x_D(t) \tag{2.1}$$

miteinander verbunden [94]. Hierbei bezeichnet $x_V(t)$ die Geschwindigkeit in km/h, $x_D(t)$ die Verkehrsdichte in Fz/km und $x_B(t)$ die Verkehrsstärke in Fz/h.

Eine prinzipielle grafische Darstellung der drei Größen der Kontinuitätsgleichung zeigt Abbildung 2.1. Trägt man diese Größen übereinander auf, dann erhält man eine dreidimensionale Parameterkurve in Abhängigkeit von der Zeit. Diese wird als Fundamentaldiagramm bezeichnet, wobei auch die Darstellung von nur zwei Größen üblich ist. Jede der eingezeichneten Trajektorien kann beispielsweise die Entwicklung der drei Verkehrskenngrößen auf unterschiedlichen Teilstrecken eines Verkehrsnetzes in Abhängigkeit von der Zeit repräsentieren.

Die Verwendung der ermittelten Daten im Sinne der Verwendung in einem Verkehrsmanagementsystem soll üblicherweise zu einer Verbesserung der Verkehrssituation führen. Dahinter steht die Modellvorstellung, die Verkehrssituation durch die Überführung, von niedrigen auf höhere Qualitätsstufen des Verkehrs im gewünschten Sinne zu beeinflussen. Dies erreicht man für den fließenden Verkehr beispielsweise durch eine Vergrößerung der Geschwindigkeit und Verkehrsstärke sowie durch eine Verringerung der Verkehrsdichte. Abbildung 2.1 zeigt dies beispielhaft. Hierbei entsprechen dunklere Punkte niedrigeren Qualitätsstufen als hellere Punkte.

Denkbar sind aber auch andere Möglichkeiten, wie die hier nicht dargestellte Synchronisierung von Geschwindigkeiten zum Erzeugen einer grünen Welle.

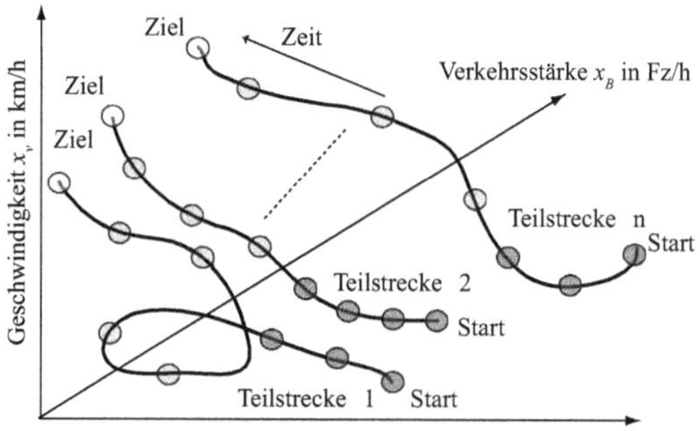

Abb. 2.1: Die Kenngrößen des fließenden Verkehrs für unterschiedliche Qualitätsstufen.

Für den ruhenden Verkehr lassen sich die Belegung von Einzelstellplätzen oder der Auslastungsgrad eines gesamten Parkraumangebotes als Zustandsgrößen auffassen. In diesem Falle werden die Daten anders verwendet. Hier geht es nicht darum, die Verkehrskenngrößen auf besonders hohe oder niedrige Werte zu führen, sondern beispielsweise

1 Einführung

Eine Besonderheit der Videodetektion ist es, dass die Ergebnisse auch ohne Fachkenntnisse jederzeit mittels der zugehörigen Kamerabilder überprüft werden können. Das unterscheidet die Videodetektion von anderen Detektionsverfahren. So kann beispielsweise der Nachweis der korrekten Arbeitsweise einer Detektionsschleife nur mit sehr viel größerem Aufwand geführt werden.

Vor allem bei der Planung und Angebotserstellung für Videodetektionssysteme tritt früher oder später die Frage auf, warum einerseits die Entwicklung oder Nachbesserung von Algorithmen komplex und kostspielig ist, während man andererseits im Bild „leicht“ erkennen kann, wie die jeweilige Szene zu interpretieren ist.

Diese Diskrepanz liegt im Unterschied zwischen menschlichem und maschinellem Sehen begründet, der einführend in Kapitel 1 behandelt wird. Damit wird der Leser in die Lage versetzt, den Standpunkt des menschlichen Betrachters zu verlassen, und das Thema aus der Sicht eines automatischen Verfahrens zu sehen.

Mit dieser Sichtweise gelingt es, aus der Vielfalt der Eigenschaften des Verkehrsprozesses die wesentlichen intrinsischen Eigenschaften der Videodetektion von Verkehrsprozessen zu erkennen. Ein Teil dieser Eigenschaften ist identisch für den ruhenden und den fließenden Verkehr, andere spezifisch für die jeweilige Verkehrsart.

Die Systematisierung der spezifischen Eigenschaften erfolgt durch die Beantwortung von drei Fragen:

1. Welche Objekte können im Bild auftreten?
2. In welchen Situationen können diese Objekte beobachtet werden?
3. Welchen Einfluss haben die Tag-Nacht Unterschiede auf die Abbildung der Szene?

Kapitel 1 ist somit der Beschreibung der in diesem Buch behandelten Probleme gewidmet. Das Ziel hierbei ist aufzuzeigen, dass die Erkennung einer für den menschlichen Betrachter offensichtlichen Information für ein automatisches Verfahren in aller Regel eine große Herausforderung darstellt.

1.1 Menschliches und maschinelles Sehen

Eine wichtige Grundlage zum Verständnis von Bildverarbeitungsaufgaben ist die Unterscheidung zwischen menschlichem und maschinellem Sehen. Dieser Umstand ist für die theoretische Arbeit von Interesse, gewinnt aber auch immer dann an Bedeutung, wenn eine Aufwandsabschätzung für die Entwicklung von neuen Verfahren zur videobasierten Verkehrslageerfassung erfolgen soll oder die Leistungsfähigkeit eines Verfahrens beurteilt wird.

Beispielbilder verleiten den Unkundigen häufig zu einer Unterschätzung des Problems. Dies ist natürlich, da die in einem Kamerabild enthaltene Information von jedermann interpretierbar zu sein scheint. Einige Aufgaben wie die Schätzung der Verkehrsdichte und die Fahrzeugklassifikation sind tatsächlich durch den Menschen problemlos zu lösen. Warum also fällt dem menschlichen Betrachter die Interpretation von Bildinhalten in der Regel leichter als einem automatischen Verfahren?

Die Antwort liegt in der Tatsache begründet, dass das vom Menschen Gesehene immer kontextbezogen interpretiert wird. Dieser Kontext bezieht deutlich mehr als die im Bild vorhandene Information ein. Sie resultiert letztlich aus dem gesamten Erfahrungsschatz des Betrachters. Da ein automatisches Verfahren über einen solchen zunächst nicht verfügt, entsteht ein großer Teil des Aufwandes dadurch, dem Verfahren den notwendigen Kontext mitzugeben. Wobei „notwendig“ durch die Einschätzung des Entwicklers bestimmt wird, was nur dann keine Einschränkung bedeutet, wenn dieser über ausreichend Prozesskenntnis verfügt und die Möglichkeiten und Grenzen der automatischen Bildanalyse realistisch einschätzen kann.

Die Fähigkeiten des menschlichen Sehens sind auf Grund der Kontextabhängigkeit aber auch begrenzt und fehleranfällig. Beispiele dafür liefern die so genannten optischen Täuschungen, die auf ein automatisches Verfahren keinerlei, auf einen menschlichen Betrachter aber die bekannten Wirkungen ausüben.

Der Aufwand einer automatischen Bildauswertung ist nur dann gerechtfertigt, wenn die Bildanalyseaufgabe für einen menschlichen Betrachter auf Grund der Größe der Datenmenge nicht lösbar ist. Dieser Fall liegt für die Aufgaben des Verkehrsmanagements vor. Es lässt sich also feststellen:

- Ein automatisches Verfahren zur Bildauswertung ist nur dann sinnvoll einzusetzen, wenn große Datenmengen anfallen.
- Die Komplexität einer Bildverarbeitungsaufgabe lässt sich nicht anhand der Fähigkeit des menschlichen Betrachters zur Lösung dieser Aufgabe beurteilen.
- Notwendig sind vielmehr umfassende Kenntnisse der Möglichkeiten und Grenzen automatischer Verfahren zur Bildauswertung bei der Analyse von Straßenverkehrsprozessen.

Das Hauptanliegen des vorliegenden Buches ist es, einen Beitrag zur Untersetzung des letztgenannten Punktes zu leisten.

eine gleichmäßige Parkraumauslastung – unabhängig vom eigentlichen Wert der Belegung – zu erreichen. Das führt dazu, dass in einem bestimmten Gebiet Parkraum an unterschiedlichen Stellen gleichzeitig angeboten werden kann. Abbildung 2.2 zeigt dafür den prinzipiellen Verlauf der Trajektorien. Dabei zeigt jede Trajektorie den Belegungsgrad, z.B. eines Parkhauses oder Parkplatzes. Auch entsprechen die dunklen Punkte einer ungünstigen Ausgangssituation und die hellen Punkte dem erreichten Ziel der gleichmäßigen Parkraumauslastung.

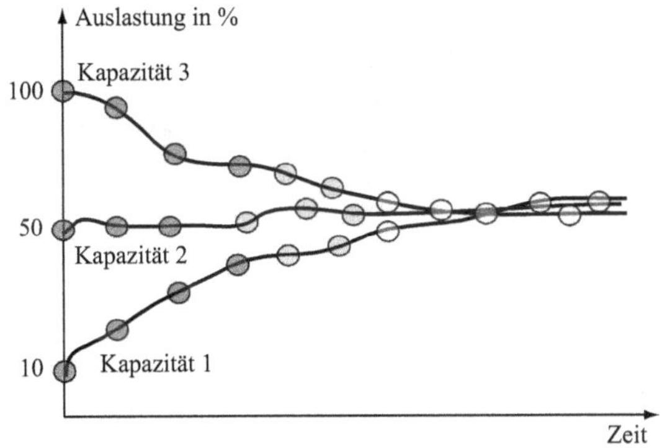

Abb. 2.2: *Darstellung der Kenngrößen des ruhenden Verkehrs für unterschiedliche Qualitätsstufen in Sinne einer gleichmäßigen Auslastung des Parkraumangebotes.*

Diese beiden prinzipiellen Betrachtungen für den fließenden und ruhenden Verkehr werfen nun die Frage auf, wie sich eine gezielte Beeinflussung der Verkehrskenngrößen erreichen lässt. Ausgangspunkt ist die These, dass dies nur durch eine gezielte und akzeptierte Beeinflussung des Verhaltens der Verkehrsteilnehmer erfolgen kann. Damit erhält man einen geschlossenen Wirkungsablauf zwischen den Verkehrsteilnehmern und dem Verkehr als System.

Die Vermittlung zwischen diesen beiden Entitäten erfolgt durch die Wirkungsweise entsprechender Verkehrsmanagementsysteme. Im Folgenden soll der Versuch unternommen werden diese Wechselwirkung unabhängig von der technischen Realisierung der einzelnen Komponenten in einem Verkehrsregelkreis abzubilden. Der Verkehrsregelkreis dient dazu, die Verkehrskenngrößen von einem beliebigen Startzustand in einen gewünschten Endzustand zu überführen. Das geschieht entlang einer zeitoptimalen Trajektorie unter Berücksichtigung von Stabilität, Stellgrößenbeschränkungen, bleibender Regelabweichung und Störgrößen. Das Regelziel ist eine optimale Netzauslastung. Diese Darstellung wurde gewählt, weil sich aus ihr die Abgrenzung der in diesem Buch behandelten Inhalte gegenüber dem Gesamtkomplex verkehrstelematischer Aufgaben ableiten lässt.

Der in Abbildung 2.3 gezeigte Verkehrsregelkreis ist gemäß DIN 19226 Teil 4 ausgeführt [29]. Er besteht aus den üblichen Komponenten Regler, Regelstrecke, Sensor und Aktor. Im Folgenden soll der Zusammenhang zwischen den regelungstechnischen und den verkehrstechnischen Begriffen hergestellt werden.

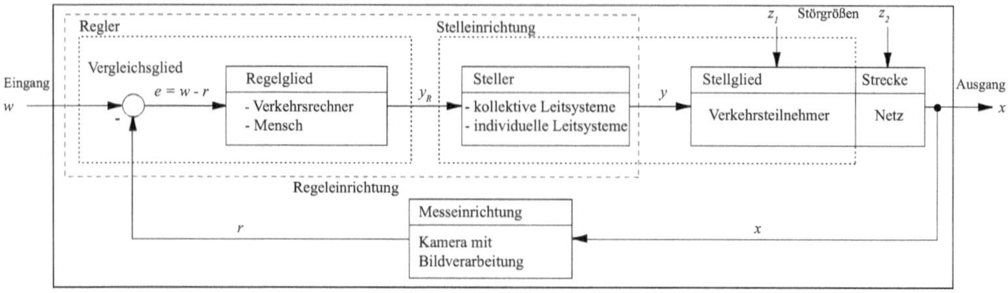

x	Regelgrößen	Werte der aktuellen Verkehrskenngrößen
w	Führungsgrößen	Werte der gewünschten Verkehrskenngrößen
r	Rückführgrößen	Werte der gemessenen Verkehrskenngrößen
e	Regeldifferenzen	Abweichungen zwischen gewünschten und aktuellen Verkehrskenngrößen
y_R	Reglerausgangsgrößen	Steuerbefehle für individuelle und kollektive Leitsysteme
y	Stellgrößen	räumliche, zeitliche und modale Variation des Verhaltens der Verkehrsteilnehmer
z_1	Störgrößen	z.B. durch die Verkehrsteilnehmer nicht angenommene Empfehlungen der Leitsysteme
z_2	Störgrößen	z.B. Unfälle, Baustellen

Abb. 2.3: *Der Verkehrsregelkreis*

Regler

Im Regler wird zunächst ein Soll-Ist-Vergleich der messbaren Verkehrskenngrößen durchgeführt. Verkehrsregler sind üblicherweise keine Regler für stochastische Prozesse. Um diese Regler versorgen zu können, muss dem stochastischen Charakter der Verkehrsprozesse und des Videosignals durch entsprechende Modelle und Verfahren Rechnung getragen werden.

Um zuverlässige Schätzwerte der Verkehrskenngrößen zu erhalten, muss außerdem ein hinreichend großer zeitlicher und räumlicher Ausschnitt der Realisierung des Prozesses betrachtet werden. Eine lesenswerte Untersuchung dieses Themas am Beispiel von FCD-Daten findet sich in [40].

Die sich aus dem Vergleich von Führungsgröße w und Rückführgröße r ergebende Abweichung e liefert die Eingangsgröße für den Regler. Als Regler können sowohl menschliche Entscheider, wie Disponenten in Verkehrsleitzentralen, als auch Regelalgorithmen zum Einsatz kommen.

Stelleinrichtung

Die Reglerausgangsgröße y_R wird zum Schalten der Information kollektiver und individueller Leitsysteme verwendet, die im regelungstechnischen Sprachgebrauch als Steller bezeichnet werden.

Kollektive Leitsysteme sind beispielsweise Varioanzeigen oder dWiSta-Tafeln[1]. Individuelle Leitsysteme entfalten ihre Wirkung zum Beispiel über den Mobilfunk oder über dynamische Navigationsgeräte. Als Stellglied fungiert der Verkehrsteilnehmer, der von den Leitsystemen beeinflusst wird. Erfahrungsgemäß hängt diese Wirkung stark von der persönlichen Meinung des Verkehrsteilnehmers über die vermittelte Information ab.

[1] Dynamische Wegweiser mit integrierter Stauinformation

Diese Unsicherheit geht als Störgröße z_1 in den Regelkreis ein. Wird die Information der Leitsysteme akzeptiert, dann wird die Stellgröße y wirksam und führt zu einer räumlichen, zeitlichen oder modalen Variation des Verhaltens der Verkehrsteilnehmer.

Messeinrichtung

Entscheidend für die Akzeptanz der Empfehlung an den Verkehrsteilnehmer ist eine zuverlässige Messung der Verkehrskenngrößen. Häufig werden für diese Aufgabe Induktionsschleifen eingesetzt.

Die vorliegende Abhandlung beschäftigt sich mit den Möglichkeiten und Grenzen, die beim Einsatz von Kameras als Sensoren auftreten. Leitsysteme und Regelalgorithmen werden nicht behandelt.

Regelstrecke

Der räumlichen Variation, also der Nutzung von Ausweichstrecken, sind bei Staus, die ins Nebennetz wirken, Grenzen gesetzt. Die zeitliche Variation führt zu einer Verschiebung des Fahrtantritts und bietet häufig ein größeres Potential als die räumliche Variation. Auch die Variation des Modus, gemeint ist hier die Wahl des Verkehrsmittels, führt zu einer verbesserten Nutzung der Zeit- und Energieressourcen des Einzelnen.

Das Verhalten der Verkehrsteilnehmer, unabhängig davon, ob diese von den diversen Leitsystemen beeinflusst sind oder nicht, führt zu den Eigenschaften der Regelstrecke, die als System des ruhenden oder fließenden Verkehrs aufgefasst werden kann. Unfälle, Baustellen und dergleichen führen zu einer zweiten Störgröße z_2, die an der Regelstrecke angreift.

Im Folgenden sollen die für den Verkehrsregelkreis relevanten Regelstrecken systematisiert werden, um daraus eine Klassifizierung der durch die Videodetektion zu lösenden Aufgaben abzuleiten. Die in Ballungsräumen auftretenden Verkehrsregelungsprobleme lassen sich gemäß [91] der in Abbildung 2.4 gezeigten Aufgabenhierarchie, bestehend aus der Netzebene, der Trassenebene und der Fahrzeugebene zuordnen.

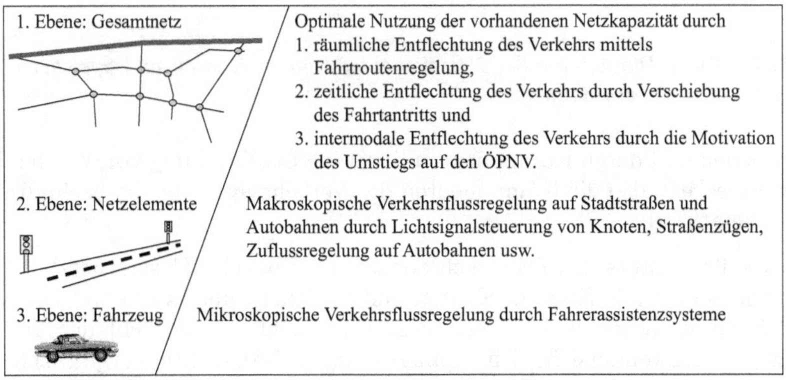

Abb. 2.4: *Die Klassifizierung der Verkehrsregelungsaufgaben anhand der verkehrstelematischen Aufgabenhierarchie nach* STROBEL *[91].*

Die in Abbildung 2.4 gezeigte Struktur wird nun erweitert. Hierbei wird die Trassenebene als Ebene der Netzelemente eingeführt, die selbst wiederum aus Knoten, Kanten und Speichern besteht. Diese Begriffe illustriert Abbildung 2.5 anhand einer schematischen Darstellung des sächsischen Autobahnnetzes – dem Hauptuntersuchungsgebiet des Autors zur Forschung und Entwicklung auf dem Gebiet der Videodetektion.

Die Darstellung erfolgt mittels Knoten und Kanten. Es handelt sich um einen ungerichteten Graphen, damit die unterschiedlichen Fahrtrichtungen berücksichtigt werden können. Die Knoten repräsentieren Autobahndreiecke und Autobahnkreuze. Die Kanten bilden Fahrstreifen und Fahrtrichtungen nach. Die Speicher stehen für Parkkapazitäten.

Die Verkehrskenngrößen bzw. die daraus ableitbaren Qualitätsstufen findet man in den die Verkehrslage beschreibenden zeitveränderlichen Widerständen bzw. für den ruhenden Verkehr in den Zuständen der Speicher wieder.

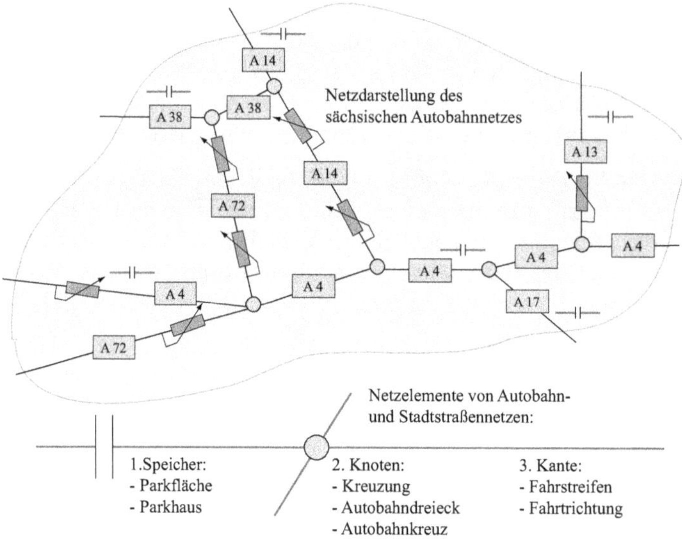

Abb. 2.5: *Grafische Darstellung der Netzelemente: Knoten Kanten und Speicher am Beispiel des sächsischen Autobahnnetzes.*

Mit den Ebenen und deren Komponenten liegt eine Beschreibung vor, welche die möglichen Regelstrecken, also die Komponenten des Verkehrssystems, die beeinflusst werden sollen, systematisiert.

Im Folgen sollen unterschiedliche Sichten auf die Ebenen „Gesamtnetz", „Fahrzeug" und „Netzelemente" mit Knoten, Kanten und Speichern untersucht werden, um die zu lösenden Aufgabe weiter zu konkretisieren. Eine Sicht ist die Sicht der Verkehrstelematik, also die Anwendersicht. Eine gänzlich andere Perspektive ergibt sich der Sicht der Bildverarbeitung, also der Sicht der Realisierung. Der Vergleich der beiden Sichten liefert die Grundlage für die zu entwickelnde Methodologie.

2.2 Sichten auf die Aufgabe

Tabelle 2.1 zeigt die Anwendersicht. Hierbei sind den in den Abbildungen 2.4 und 2.5 gezeigten Ebenen und deren Komponenten die wichtigsten Aufgaben aus Sicht der Verkehrstelematik zugeordnet.

Tabelle 2.1: *Aufgaben aus Sicht der Verkehrstelematik*

Ebene 1: Gesamtnetz			
Reisezeiten			
Parkraumauslastung eines Gebietes			
Weiträumige Verkehrslageerfassung (skycam, Fernerkundung)			
Ebene 2: Netzelemente	Knoten	Kante	Speicher
Qualitätsstufen	–	+	–
Fahrzeugklassifizierung	–	+	–
Fahrzeugzählung	–	+	–
Erkennung liegen gebliebener Fahrzeuge	+	+	–
Erkennung von Radfahrern	+	+	–
Erkennung von Fußgängern	+	+	–
Verkehrszeichenerkennung	+	+	–
Nummernschilderkennung	+	+	–
Unfallerkennung	+	+	–
Erkennung von Geisterfahrern	–	+	–
Staulängenschätzung	–	+	–
Fahrzeugverfolgung	–	+	–
Reisezeiten	–	+	–
Belegung, Auslastung	–	–	+
Ebene 3: Fahrzeug			
Überwachung des Fahrerverhaltens (Pupille)			
Überwachung der Umgebung, z.B. Erkennung von Fußgängern, Kollisionsvermeidung, Verkehrszeichenerkennung für Fahrerassistenzsysteme			

Anhand der verwendeten Begriffe wird hierbei deutlich, dass die Verkehrstelematik von der Anwendungsseite schaut. Es interessieren direkt interpretierbare Größen wie Staulängen und Reisezeiten. Der Blick der Bildverarbeitung ist naturgemäß abstrakter. So werden Fahrzeuge als zu identifizierende Objekte gesehen und bevor eine Geschwindigkeit oder Reisezeit ermittelt werden kann, muss eine Bewegungserkennung erfolgen.

Somit führen die in Tabelle 2.1 zusammengestellten *verkehrstelematischen Aufgaben* zu den in Tabelle 2.2 zusammengefassten *Bildverarbeitungsaufgaben.* Die als Vorverarbeitungsschritt bezeichneten Aufgaben sind aus der Sicht des Anwenders eines Verkehrstelematiksystems nicht sichtbar, führen aber zu einem erheblichen Anteil am Gesamtaufwand einer Verfahrensentwicklung und Implementation.

Tabelle 2.2: Aufgaben aus Sicht der Bildverarbeitung

	Aufgabe	Bezug zur Verkehrstelematik
1.	Automatische Beurteilung der Bildqualität	Vorverarbeitungsschritt
2.	Automatische Kalibrierung der Kamera	Vorverarbeitungsschritt
3.	Hintergrunderkennung und -extraktion,	Vorverarbeitungsschritt
4.	Schattenerkennung, Schattenentfernung	Vorverarbeitungsschritt
5.	Objekterkennung	Fahrzeugklassifikation, Verkehrsstärke, Personenerkennung, Verkehrsschilder
6.	Objektverfolgung	Geschwindigkeit
7.	Objektzählung	Verkehrsdichte
8.	Objektvermessung	Parkraumauslastung
9.	Bewegungserkennung	Geschwindigkeit

Abbildung 2.6 liefert eine grafische Darstellung der Unterschiede der beiden Sichtweisen. Diese Darstellung verdeutlicht nicht nur die unterschiedlichen Sichtweisen, sondern zeigt auch eine deutliche Aufgabentrennung: Die Bildverarbeitung liefert die Information, die Verkehrstelematik nutzt die Information.

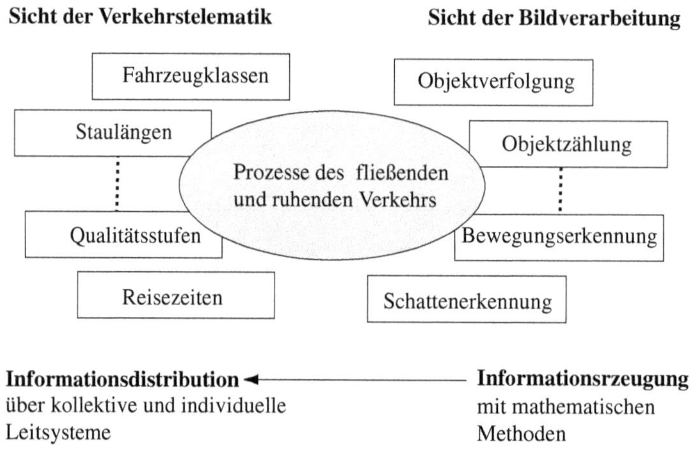

Abb. 2.6: *Unterschiedliche Sichten auf die Prozesse des ruhenden und fließenden Verkehrs*

Da die Methodologie für den Prozess der Informationsgenerierung, also aus Sicht der Realisierung, erstellt werden soll, wird diese Sichtweise nun weiter vertieft. Dafür wird zunächst ein erster Überblick über häufig verwendete Methoden im Zusammenhang mit typischen Aufgabenstellungen benötigt. Tabelle 2.3 zeigt einen solchen Überblick mit Beispielanwendungen, der zur Illustration der Vielfalt dient, jedoch keinen Anspruch auf Vollständigkeit erhebt.

Tabelle 2.3: *Eine Auswahl von Methoden zur Lösung der in Tabelle 2.2 zusammengefassten Aufgaben mit Beispielanwendungen*

Methode	Anwendungen
Hidden-Markov-Model	Unfallerkennung auf Kreuzungen [95]
	Fahrzeugsegmentierung [56]
	Störfallerkennung in Tunneln [11]
Kalman-Filter	Fahrzeugverfolgung [13]
	Verkehrsdichte [6]
	Fahrzeugerkennung und Klassifikation [82]
Genetische Algorithmen	Automatische Kamerakalibrierung [8]
Künstliche Neuronale Netze	Fahrzeugverfolgung unter Berücksichtigung der Überdeckung [10]
	Fahrzeugzählung, Fahrzeuggeschwindigkeit, Stauklassifizierung [100]
Fuzzy-Methoden	Fahrzeugsegmentierung [96]
Bayessche Netze	Fahrzeugklassifikation, Fahrzeuggeschwindigkeit [62]
Hough-Transformation	Parkraumbelegung [25]
Fouriertransformation	Parkraumbelegung [81]
Wavelet-Transformation	Fahrzeugerkennung mit Schattenmodell [36]
	Staulängenschätzung [60]
	Bewegungsanalyse [75]
Korrelationsanalyse	Stauerkennung [93]
Analyse von Histogrammen	Objekterkennung [79]
Probability Fusion Map	Fahrzeugerkennung [64]
Analyse des optischen Flusses	Weiträumige Analyse des Verkehrsflusses [51]
	Weiträumige Analyse des Verkehrsflusses [65]
Support Vector Machine (SVM)	Fahrzeugerkennung und Unterscheidung von Schatten und Fahrzeugbeleuchtung [37]

Aus Tabelle 2.3 ist ersichtlich, dass eine Verallgemeinerung der Zuordnung der in der Literatur behandelten Methoden zu den Aufgaben nicht möglich ist. Daraus erwächst das Anliegen der vorliegenden Arbeit:

Für die Aufgabe der Ermittlung von Kenngrößen des ruhenden und fließenden Verkehrs aus Livekamerabildern erfolgt eine Systematisierung der vorhandenen Vielfalt von Aufgaben, Methoden und Modellen anhand einer Methodologie, die den vollständigen Entwicklungsprozess vom Kamerabild bis zu den Verkehrsdaten beschreibt.

2.3 Aufbau der Methodologie

Zur Entwicklung einer Methodologie mit möglichst weiter Gültigkeit ist es zweckmäßig, den Prozess, auf den die Methodologie angewandt werden soll, zunächst genauer zu betrachten und allgemeingültig zu formulieren. Da der Begriff „Prozess“ in der Umgangs- aber auch in der Fachsprache gelegentlich in Zusammenhang mit dem Begriff des „Systems“ gebraucht oder auch synonym verwendet wird, ist eine Definition für die Verwendung in der vorliegenden Schrift notwendig.

Die hier benutzte Betrachtungsweise orientiert sich an der durch STROBEL in [92] eingeführten Definition „Prozess = System + Signale“. Da dieser Ansatz ursprünglich für eine umfassende Beschreibung der Experimentellen Systemanalyse verwendet wurde, handelt es sich um ein universales Werkzeug, das somit auch für die Analyse von Verkehrsprozessen anwendbar ist. Abbildung 2.7 stellt für die beiden Prozessklassen „Ruhender Verkehr“ und „Fließender Verkehr“ den Zusammenhang zwischen der Definition und den für die vorliegende Abhandlung wichtigen Begriffen dar.

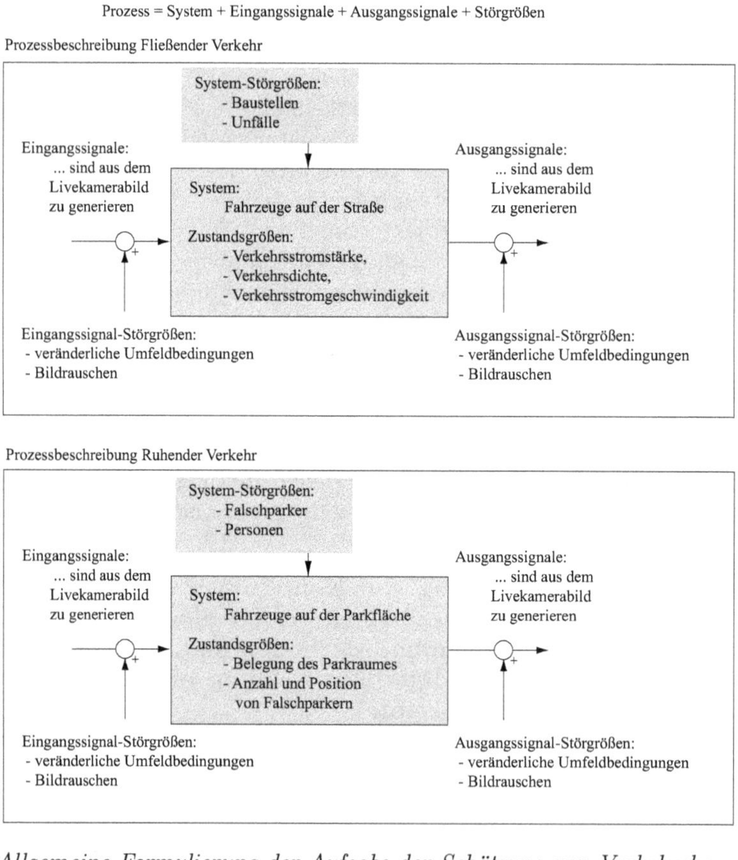

Abb. 2.7: *Allgemeine Formulierung der Aufgabe der Schätzung von Verkehrskenngrößen mit der Formel „Prozess = System + Signale“ gemäß [92]*

Abbildung 2.7 lässt sich wie folgt interpretieren: Ein System des ruhenden oder fließenden Verkehrs wandelt Eingangssignale unter dem Einfluss von Störgrößen in Ausgangssignale um. Die Art und Weise dieser Umwandlung hängt vom Zustand des Systems ab. Dieser wird durch Zustandsgrößen, im vorliegenden Fall sind das die Verkehrskenngrößen, bestimmt.

Eine Methodologie muss also Signalmodelle beinhalten, die sich aus dem Kamerabild oder einer Bildfolge ableiten lassen und aus denen mittels Analyseverfahren Verkehrskenngrößen bestimmbar sind. Damit sind drei Hauptkomponenten der Methodologie festgestellt: Kamerabild, Signalmodell und Analyseverfahren. Die Signalmodelle müssen weiter spezifiziert werden.

Während ein Verkehrsmanagementsystem ausschließlich an den Fahrzeugen, ihrer Klassifizierung, ihren Geschwindigkeiten usw. interessiert ist, muss die Bildverarbeitung das Fahrzeug, den Fahrzeugschatten und andere Schatten sowie den Hintergrund mit einbeziehen. Der Grund dafür ist, dass sich Objekte auch durch ihr Komplement erkennen lassen. So lässt sich beispielsweise die Fahrzeugbewegung durch Hintergrundsubtraktion ermitteln, oder es lassen sich Schatten eliminieren, wenn sie andere Eigenschaften als das Fahrzeug oder der Hintergrund aufweisen.

Mit diesem Gedanken ist auch ein Grundprinzip der Methodologie darstellbar: Bei der Ermittlung von Verkehrskenngrößen aus Kamerabildern sind immer die drei Entitäten „Fahrzeug", „Schatten" und „Hintergrund" zu berücksichtigen. Hierbei sind die Signale für Hintergrund und Schatten Hilfsmittel, mit denen sich andere, komplementäre Signalanteile ausschließen lassen (Abbildung 2.8).

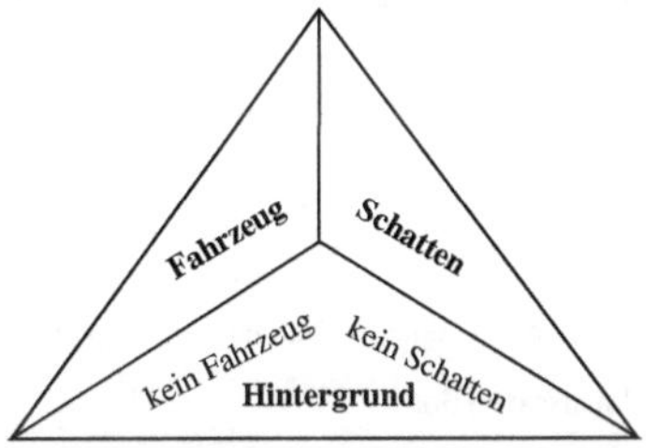

Abb. 2.8: *Entitäten aus Sicht der Bildverarbeitung.*

Das Kamerabild als Nachrichtenquelle liefert Informationen über Fahrzeug, Hintergrund und Schatten. Mit einer solchen Nachrichtenquelle sollten sich also Signale für Fahrzeuge, Hintergrund und Schatten erzeugen lassen. Diese Signale enthalten dann nur die Informationen über eine Entität. Durch Signalanalyse lassen sich Informationen über die entsprechende Entität erzeugen. Dies führt im ersten Schritt zu der in Abbildung 2.9 gezeigten Grundstruktur der Methodologie.

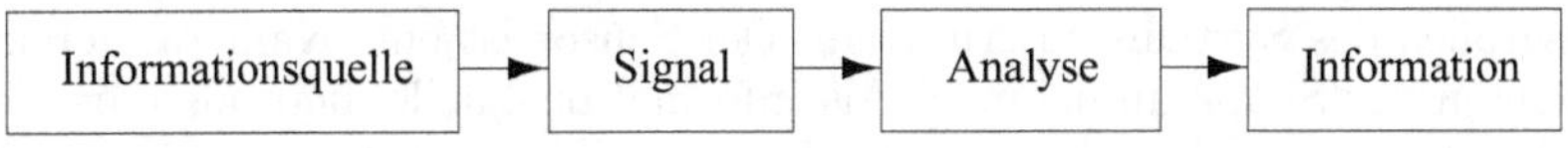

Abb. 2.9: *Allgemeine Informationsstruktur als Ausgangspunkt der Methodologie.*

Diese Abfolge ist allgemein gültig und somit zur Systematisierung der Vielzahl von Methoden und Verfahren, die sich in unterschiedlichen Lösungswegen finden, geeignet. Eine genauere Untersetzung der einzelnen Schritte, die zu einer praktisch anwendbaren dreistufigen Methodologie führt, zeigt Abbildung 2.10.

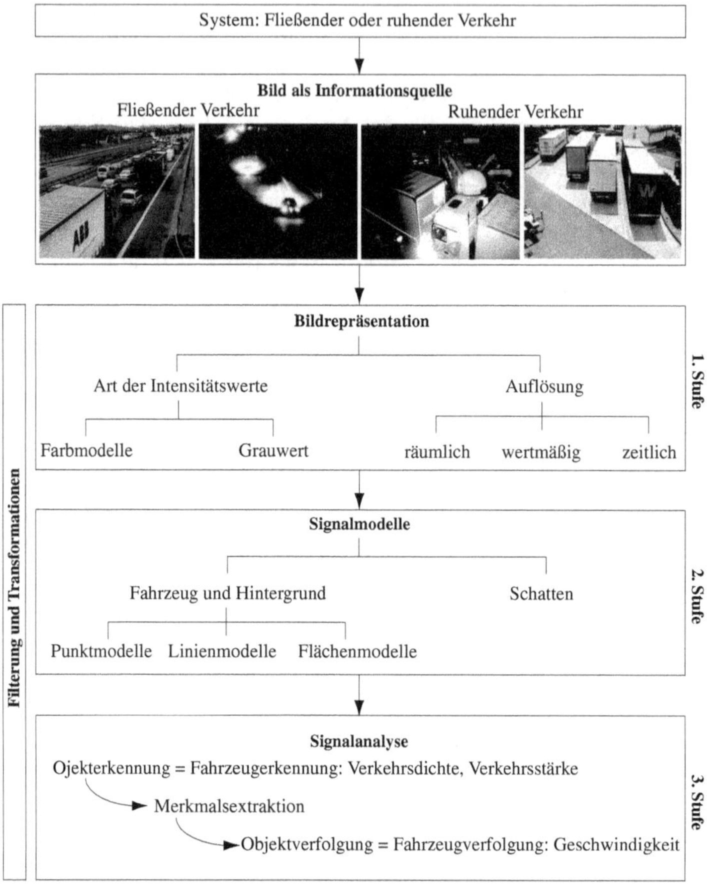

Abb. 2.10: *Die Struktur der entwickelten Methodologie. Filterungen und Transformationen können in jeder Stufe Anwendung finden.*

1. Stufe: Nutzbarmachung des Bildes als Informationsquelle

In der ersten Stufe wird am System des ruhenden oder fließenden Verkehrs mit Hilfe eines Sensors eine Messung vorgenommen, mit dem Ziel, die nicht direkt messbaren Zustandsgrößen des Systems zu ermitteln. Der Sensor ist eine Kamera, deren optische Komponenten das Signal aufnehmen. Als Informationsquelle dient also die Helligkeits- oder Farbverteilung im Sichtbereich der Kamera. Diese wird vom Bildaufnehmer der Kamera in ein zweidimensionales Signal umgewandelt. Das Signal verfügt über eine räumliche, zeitliche und wertmäßige Auflösung und lässt sich je nach Anwendung als Funktion in Matrizen- oder Summenschreibweise darstellen[2]. Die räumliche und wertmäßige Auflösung sind Eigenschaften des Bildaufnehmers. Die zeitliche Auflösung ist der Bildabstand innerhalb einer Bildfolge. Die Werte des zweidimensionalen Signals sind Intensitäten, die entweder als Helligkeitswerte, auch Graustufen oder Grauwerte genannt, oder als Farbwerte, darstellbar in unterschiedlichen Farbmodellen, auftreten.

2. Stufe: Signalmodelle für Fahrzeug, Hintergrund und Schatten

Stufe 1 liefert Varianten der Signalrepräsentation. Dies hat Einfluss auf die Signalmodelle, die sich erzeugen lassen. Das Signalmodell dient hierbei zur Trennung der Schatten-, Hintergrund- und Fahrzeuganteile aus dem Gesamtsignal. Diese Signalmodelle beschreiben den jeweiligen Aspekt des Systemverhaltens näherungsweise. Die Systematisierung der Signale folgt der Art ihrer Entstehung. Dafür wird in der Methodologie die geometrische Ausprägung des Bildbereiches verwendet, aus der das Signal gewonnen wird. Es wird unterschieden zwischen Punktmodellen, diese werden aus einem einzelnen Bildpunkt gewonnen, Linienmodellen, dies sind Messlinien orthogonal oder parallel zur Fahrtrichtung, und Flächenmodellen, hiermit sind Bildausschnitte oder auch das gesamte Bild gemeint. Räumliche Modelle, wie sie durch Stereokameras erzeugt werden können, werden im Rahmen der vorliegenden Abhandlung nicht beschrieben. Der Schwerpunkt der Darstellung liegt auf der Gewinnung der Signale. Diese sind problemspezifisch, indem hier die Eigenschaften der Verkehrsprozesse und der Einfluss der Umgebungsbedingungen berücksichtigt werden müssen. Liegen die Signale für die einzelnen Entitäten vor, dann kann im Prinzip das gesamte zur Verfügung stehende Instrumentarium der Signalanalyse eingesetzt werden. Grundprinzipien beschreibt die dritte Stufe.

3. Stufe: Signalanalyse zur Ermittlung von Verkehrskenngrößen

Liegt die Trennung von Fahrzeug, Hintergrund und Schatten vor, dann werden durch eine Analyse die eigentlich interessierenden Verkehrskenngrößen ermittelt und zwar immer als Schätzwerte. Eine exakte Bestimmung ist wegen der Stochastik der Prozesse und des Messverfahrens nicht möglich.

Filterung und Transformation

Die beiden Aspekte Filterung und Darstellung der Signale in Bildbereichen können in jeder Stufe der Methodologie Anwendung finden. Die Hochpassfilterung dient zum Hervorheben hochfrequenter Bildanteile, also von Stellen, an denen starke Helligkeitsänderungen auftreten. Die Tiefpassfilterung dient demgegenüber zum Entfernen solcher Bildanteile, also zur Signalglättung. Diese Arten der Filterung lassen sich durch eine Faltung des Bildes mit einem Operator realisieren und werden deshalb als lineare Filteroperationen bezeichnet. Um den Rechenaufwand zu reduzieren, kann die Faltung auch im Bildbereich der Fouriertransformation vorgenommen werden. Hier wird die Faltung durch eine Multiplikation ersetzt. Nichtlineare Filter sind Operationen, die sich nicht durch eine Faltung von Bild und Operator darstellen lassen. Hierzu zählen Medianfilter zur Unterdrückung von Impulsrauschen und Operationen zur Dilatation und Erosion von Bildbereichen.

[2] Die Matrixschreibweise ist natürlich auch eine Darstellungsart von Funktionen. Gemeint ist hier die Unterscheidung zwischen der Matrixschreibweise, die zweckmäßig für Faltung und Korrelation angewendet wird, und der Funktionsschreibweise, wie sie in den verschiedenen Maßzahlen eines Bildes, beispielsweise der Entropie oder Energie, zu finden ist.

3 Bildrepräsentation

Die Bildaufnahme mit einer Digitalkamera erfolgt durch Projektion des Bildes mittels einer Kameraoptik auf einen CCD- oder CMOS-Bildaufnehmer. Hierbei wird der sogenannte „Innere Photoelektrische Effekt", also die Änderung der Leitfähigkeit von Halbleitern unter Lichteinfluss genutzt, um zur Helligkeit proportionale Ladungen und Spannungen zu erzeugen.

Die optischen, elektronischen und algorithmischen Komponenten von Digitalkameras werden derzeit ständig weiterentwickelt und können somit nicht Gegenstand des vorliegenden Buches sein.

Dagegen ist unabhängig von aktuellen und künftigen technischen Realisierungsmöglichkeiten für die weitere Betrachtung festzuhalten:

1. Der durch die Kamera erfasste Vorgang wird durch die Halbleiterelemente des Kamerasensors räumlich diskretisiert.
2. Die erfasste Lichtintensität wird zur Verarbeitung auf dem Digitalrechner wertmäßig diskretisiert.
3. Eine Bildfolge diskretisiert den erfassten Vorgang zeitlich.
4. Die Farbinformationen können durch unterschiedliche Farbmodelle dargestellt werden.

Diese Punkte werden in den folgenden Unterkapiteln behandelt. Zur Erzeugung von Farbinformationen existieren eine Reihe von Varianten, die hier jedoch nicht erläutert werden sollen. Eine entsprechende Darstellung findet sich beispielsweise in [31].

3.1 Räumliche Diskretisierung

Ausgangspunkt der Signalgenerierung ist die Bildaufnahme durch eine Digitalkamera. Dabei erfolgt eine Projektion der dreidimensionalen Umgebung durch die Kameraoptik auf die Oberfläche des Bildaufnehmers. Dieser erfasst ein zweidimensionales Abbild der Umgebung, das als kontinuierliche Funktion $f(x,y)$ der Helligkeits- oder Farbwerte von zwei Veränderlichen aufgefasst werden kann. Da die Signalmodelle und Analyseverfahren in der Regel für Farb- und Helligkeitswerte anwendbar sind, wird im Folgenden dafür der Begriff Intensitätswert verwendet. Durch den Bildaufnehmer werden die Argumente und Funktionswerte diskretisiert[1]

$$x \subseteq \mathbb{R} \longmapsto u \subseteq \mathbb{Z} \qquad y \subseteq \mathbb{R} \longmapsto v \subseteq \mathbb{Z} \qquad f \subseteq \mathbb{R} \longmapsto b \subseteq \mathbb{N}$$

und man erhält für das Digitalbild eine Funktion $b(u,v)$. Die Schreibweise $b(u,v)$ wird als Pixel oder Pel, abgeleitet von "picture element" (picture element, eng. Bildelement), bezeichnet[2]. Der Definitionsbereich dieser Funktion ergibt sich aus der Auflösung des Bildaufnehmers in x-Richtung, bezeichnet mit n, und der Auflösung in y-Richtung, bezeichnet mit m. Da die Argumente der Funktion $b(u,v)$ ganze Zahlen sind, lassen sich deren Funktionswerte auch als Elemente $b_{u,v}$ einer Bildmatrix $\mathbf{B}$ mit m Zeilen und n Spalten darstellen:

$$\mathbf{B} = \begin{pmatrix} b_{1,1} & b_{1,2} & \dots & b_{1,n} \\ b_{2,1} & b_{2,2} & \dots & b_{2,n} \\ \vdots & \vdots & \vdots & \vdots \\ b_{m,1} & b_{n,2} & \dots & b_{m,n} \end{pmatrix}.$$

Typische Werte sind $m \times n = 480 \times 640$ Bildelemente und für den Wertebereich $2^8 = 256$ Stufen. Die Matrixschreibweise ist von Vorteil, wenn die Bildmatrix einer Operation mit einer anderen Matrix beispielsweise beim Maskieren von Bildbereichen, bei der Erzeugung von Differenzbildern oder bei der Faltung unterzogen wird.

Die Schreibweise als Funktion ist bei Operationen wie der Hough- oder Fouriertransformation von Vorteil, die keine Funktionen erzeugen, deren Argumente direkt als Indizes für Matrixelemente verwendet werden können. Aus der elementweisen Speicherung der Bilder ergibt sich die Bilddarstellung im Ortsraum, die zum Betrachten der Bilder unerlässlich ist und auch eine Vielzahl von Signalmodellen hervorgebracht hat.

Die Ortsraumdarstellung lässt sich als Originalbereich eines zweidimensionalen Signals auffassen und somit in unterschiedliche Bildbereiche transformieren. Beispiel dafür sind die Fouriertransformation zur Ermittlung der Frequenzanteile im Bild sowie die Hough-Transformation zur Ermittlung der Intensität von Bildkanten.

[1] Gleiches gilt natürlich auch, wenn das Bild einer Analogkamera durch einen Framegrabber digitalisiert wird.

[2] Die häufig anzutreffende deutsche Bezeichnung "Bildpunkt" ist genau genommen nicht zutreffend, da die Elemente $b(u,v)$ des Digitalbildes den mittleren Helligkeitswert eines räumlichen Ausschnitts der beobachteten Szene liefern. Die zutreffende deutsche Bezeichnung "Bildelement" wird im Weiteren gleichbedeutend mit Pixel verwendet.

Auf Grund des Wertebereiches von der Intensitätswerte von 0 bis 255 und des stochastischen Charakters der Verkehrsprozesse lässt sich das Kamerabild als diskrete stochastisch gestörte Nachrichtenquelle auffassen, über deren Informationsgehalt durch Berechnung der *Entropie*[3] eine Aussage getroffen werden kann.

Nimmt man zunächst an, dass alle Intensitätswerte b mit der gleichen Häufigkeit vorkommen, beträgt der Informationsgehalt jedes Wertes $IG(b) = 256$. Informationsträger des digital gespeicherten Bildes ist das Bit, welches zwei Zustände annehmen kann. Die Anzahl der Informationseinheiten I, die zur Repräsentation des Informationsgehaltes $IG(b)$ benötigt werden, lässt sich durch

$$I = \log_2 IG(b) = \log_2 256 = 8 \tag{3.1}$$

angeben. Im vorliegenden Fall mit $IG = 256$ erhält man $I = 8$, also acht Bit pro Bildelement. Um die Häufigkeiten der Intensitätswerte zu berücksichtigen, sind zunächst die relativen Häufigkeiten $h(b)/d$ für alle Intensitätswerte $b \in \{0 \ldots 255\}$ zu ermitteln. Dabei bedeutet $d = m \cdot n$ die Anzahl der Bildelemente. Die grafische Darstellung liefert ein Histogramm mit 256 Klassen, das als empirische Realisierung der Wahrscheinlichkeitsfunktion der Zufallsgröße B interpretiert werden kann.

Einen plausiblen Ansatz zur Berucksichtigung unterschiedlicher Häufigkeiten erhält man mit der Annahme, dass ein seltenes Ereignis einen höheren Informationsgehalt besitzt als ein häufiger auftretendes Ereignis [98]. Damit ist der Informationsgehalt eines Intensitätswertes nicht mehr konstant mit dem Wert 256, sondern lässt sich als Kehrwert seiner relativen Häufigkeit darstellen:

$$IG(b) = \frac{d}{h(b)}. \tag{3.2}$$

Mit Gleichung 3.1 beträgt damit die Anzahl Informationseinheiten für einen konkreten Intensitätswert b

$$I(b) = \log_2 \frac{d}{h(b)} = -\log_2 \frac{h(b)}{d} = -\log_2 h_d(b). \tag{3.3}$$

Die Anzahl der Informationseinheiten des Gesamtinformationsgehaltes eines Bildes erhält man indem dieser Wert mit den absoluten Häufigkeiten $h(b)$ multipliziert und wie folgt aufaddiert wird:

$$I_{ges} = -\sum_{i=0}^{255} h(i) \log_2 h_d(i). \tag{3.4}$$

Die durchschnittliche Anzahl von Informationseinheiten pro Pixel ergibt sich, indem man die absoluten Häufigkeiten der Intensitätswerte durch deren Gesamtzahl dividiert:

$$I^{\star}_{ges} = -\sum_{i=0}^{255} \frac{h(i)}{d} \log_2 h_d(i). \tag{3.5}$$

[3] Der Begriff Entropie (griech. Umkehrung, Umwandlung) wird je nach Wissensgebiet in unterschiedlicher Bedeutung verwendet.

Der Wert

$$E\left(h_d\left(i\right)\right) = -\sum_{i=0}^{255} h_d\left(i\right) \log_2 h_d\left(i\right) \tag{3.6}$$

ist ein Maß für den Informationsgehalt des Bildes. Man bezeichnet ihn als *Entropie*. Ein Bild, das der menschliche Betrachter als „schlechtes", weil unscharfes Bild, bezeichnen würde, kann jedoch eine vergleichbare Entropie besitzen wie ein sogenanntes „gutes" Bild mit hoher Bildschärfe (Abbildung 3.1).

Hierin kommt der Unterschied zwischen menschlichem und maschinellem Sehen zum Tragen: Die manuelle Auswertung der beiden Beispielbilder in Abbildung 3.1 bereitet trotz der unterschiedlichen Bildqualität keine Probleme. Für eine automatische Analyse stellen die beiden Bilder jedoch eine Herausforderung dar. Einerseits unterscheiden sie sich sehr stark, was problematisch werden könnte falls ein und derselbe Algorithmus angewandt wird, andererseits sind die Bildkanten und Bildflächen im rechten Bild so verrauscht, dass der Nutzsignalanteil ohnehin nur schwer zu extrahieren sein wird.

Da bei hoher Entropie nicht unbedingt eine gute Auswertbarkeit gegeben sein muss, liegt die Bedeutung der Entropie im Rahmen der vorliegenden Betrachtung nicht darin, ein Maß für die Eignung des Bildes zur automatischen Auswertung zu liefern, sondern die Entropie mittels Signalmodellen so zu reduzieren, dass das Bild automatisch interpretierbar wird.

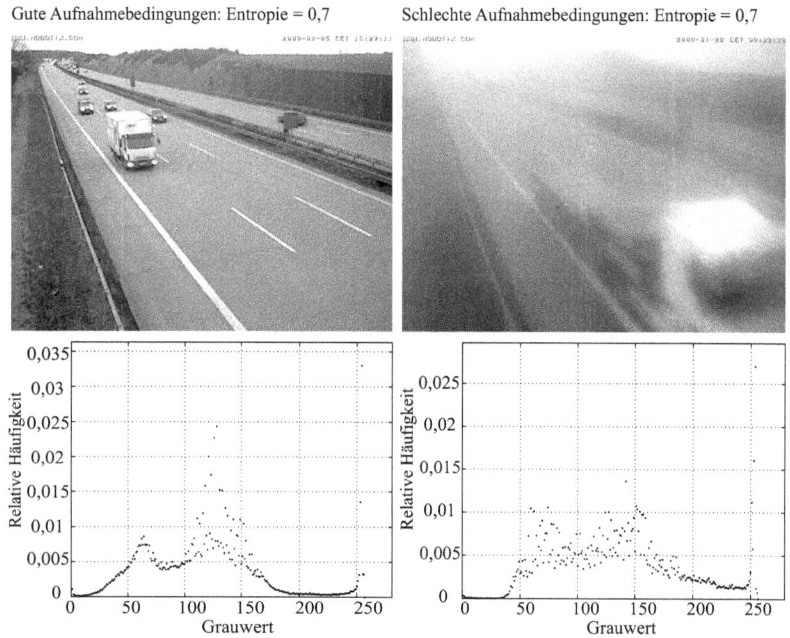

Abb. 3.1: *Zwei Bilder mit der selben Entropie und ähnlichen Wahrscheinlichkeitsfunktionen, die an eine automatische Bildauswertung sehr unterschiedliche Ansprüche stellen.*

3.2 Zeitliche Diskretisierung

Unter der zeitlichen Diskretisierung soll im Folgenden der Bildabstand innerhalb einer Bildfolge verstanden werden. Die einzelnen Bilder realisieren eine Abtastung des Verkehrsprozesses. Bei der Festlegung der Abtastrate ist zwischen Prozessen des ruhenden und des fließenden Verkehrs zu unterscheiden.

Im Falle des ruhenden Verkehrs lässt sich die Abtastrate heuristisch bestimmen, indem festgelegt wird, wie schnell eine Änderung des Zustandes, also beispielsweise die Belegung einer Parkfläche, erkannt werden soll. Dabei ist zu beachten, dass Änderungen, die innerhalb der Abtastzeit auftreten und wieder verschwinden, nicht erkannt werden können. Bei der Analyse der Parkraumbelegung lässt sich beispielsweise mit einer Abtastrate von einer Minute arbeiten, wenn eine Tagesganglinie der Belegung erzeugt werden soll. Durchfahrten oder kurzes Anhalten können hiermit jedoch nicht sicher erkannt werden.

Im Falle des fließenden Verkehrs lässt sich mit Hilfe des Abtasttheorems eine Abschätzung des notwendigen Bildabstandes vornehmen. Soll aus der Bildfolge beispielsweise die Geschwindigkeit ermittelt werden, so benötigt man den typischen Verlauf einer Geschwindigkeitsänderung im Messbereich. Eine Fouriertransformation liefert die höchste auftretende Frequenz f_{max}, aus der dann in der bekannten Weise

$$f_A = 2f_{max} \tag{3.7}$$

die Abtastfrequenz ermittelt werden kann. Dieser Wert ist mit einem Sicherheitszuschlag zu versehen, da im Messverlauf natürlich andere Beschleunigungswerte auftreten können. Eine ausführliche Abhandlung dieses Themas findet sich in [88].

Auf der Autobahn treten erfahrungsgemäß hohe Geschwindigkeiten und häufige Spurwechsel gleichzeitig auf, so dass für die Analyse dieses Prozesses sicherlich eine „hohe“ Abtastrate notwendig sein wird. Zur Veranschaulichung der linguistischen Variable „hohe Abtastrate“ zeigt Abbildung 3.2 eine Szene des fließenden Verkehrs auf der Autobahn. Hier wurde mit unterschiedlichen Abtastraten jeweils ein Summenbild erzeugt.

Bei 100 ms (Abbildung 3.2 A) erhält man eine Bildfolge, in der nur sehr geringe Änderungen von einem Bild zum nächsten auftreten. Das analysierende Verfahren müsste also mit einer Genauigkeit ab 1 Pixel arbeiten können, um Änderungen sicher zu erfassen. Für einen Bildabstand von 500 ms (Abbildung 3.2 B) erhält man schon sehr deutliche Unterschiede in den Folgebildern, wobei der Zusammenhang zwischen den Einzelbildern noch klar zu erkennen ist. Zu beachten ist, dass das Fahrzeug sich immer noch in nennenswerter Weise selbst verdeckt. Das tritt bei einem Bildabstand von 1 s nicht mehr auf (Abbildung 3.2 C). Hier befindet sich das Fahrzeug in jedem Bild in einem komplett anderen Bildbereich. Dies kann beispielsweise für eine Objektverfolgung aus Differenzbildern wichtig sein, um trennbare Einzelobjekte zu erhalten. Man erkennt aber auch, dass im hinteren Bildbereich auf Grund der geringeren Auflösung die Selbstüberdeckung wieder auftritt. Bei einem Bildabstand von 3,8 s (Abbildung 3.2 D) geht schließlich jeder inhaltliche Zusammenhang innerhalb der Bildfolge verloren, so dass keine Bildanalyse mehr möglich ist.

Abb. 3.2: *Summenbilder zur Veranschaulichung der zeitlichen Diskretisierung eines Verkehrsprozesses durch Livekamerabilder. Mit zunehmender Schrittweite nimmt der inhaltliche Zusammenhang der Einzelbilder in der Bildfolge ab.*

3.3 Wertmäßige Diskretisierung

Die in der Natur auftretenden Strahlungsintensitäten des sichtbaren Lichtes sind wertkontinuierlich [4]. Um dieses Kontinuum einer rechnergestützten Auswertung und Anzeige zugänglich zu machen, ist es notwendig, die kontinuierlichen Werte zu diskretisieren. Im Fall der Bildverarbeitung spricht man hierbei auch von Quantisierung.

Eine Darstellung in 256 Stufen, wie sie Abbildung 3.3 A zeigt, ist hierbei ausreichend, um dem menschlichen Betrachter eine kontinuierliche Darstellung vorzutäuschen.

Bei den in Abbildung 3.3 B gezeigten 16 Stufen wird eine deutliche Reduzierung der Information sichtbar. Hat man nur noch 2 Stufen zur Verfügung, erhält man ein Schwarz-Weiß-Bild (Abbildung 3.3 C).

Schnell einzusehen ist, dass Bilder gemäß Abbildung 3.3 A und C für die automatische Bildauswertung Bedeutung haben. Dabei markiert A die häufig eingesetzte Obergrenze der Auflösung, wenn die Bildauswertung und Darstellung anhand vieler Details erfolgen soll. Ein Binärbild zeigt das Gegenteil: Reduzierung der Information, um mit möglichst wenig Detailinformationen arbeiten zu können. Bilder dieser Art lassen sich durch eine Hochpassfilterung erzeugen (siehe dazu Kapitel 4.1.1).

[4] Die quantentheoretischen Aspekte der Lichtstrahlung spielen für das Anliegen des vorliegenden Buches keine Rolle.

Abb. 3.3: *Darstellung unterschiedlicher Quantisierungsstufen eines Grauwertbildes. Links: 8 Bit,* $2^8 = 256$ *Stufen, Mitte: 4 Bit,* $2^4 = 16$ *Stufen, rechts: 1 Bit,* $2^1 = 2$ *Stufen.*

Andere Quantisierungsstufen finden zum Beispiel dann Anwendung, wenn ihre Anzahl einen erheblichen Einfluss auf die Rechenzeit hat. Ein Beispiel dafür sind die Texturmerkmale nach HARALICK [45].

Häufigkeitsverteilungen von Intensitäten im Bild liefern nicht notwendigerweise eine eindeutige Aussage über den Bildinhalt. So können ähnliche Bilder unterschiedliche Häufigkeitsverteilungen und umgekehrt unterschiedliche Bilder ähnliche Helligkeitsverteilungen aufweisen. Diesem Umstand trägt HARALICK Rechnung, indem zusätzlich zur Häufigkeit auch die Nachbarschaftsbeziehungen der Intensitätswerte einbezogen werden. Das führt auf die Grauwertübergangsmatrix[5] $\mathbf{C}$ mit den Elementen $c\,(i,j)$:

$$c\,(i,j) = \sum_{u=1}^{n} \sum_{v=1}^{m} \begin{cases} 1, & \text{wenn } b\,(u,v) = i \text{ und } b\,(u+\Delta u, v+\Delta v) = j, \\ & 0 \text{ sonst.} \end{cases} \tag{3.8}$$

In der Matrix wird die Häufigkeit des Auftretens einer räumlich festgelegten Grauwertkombination gezählt. Es handelt sich somit um eine quadratische Matrix, deren Größe der Anzahl der Graustufen entspricht. Mit Hilfe dieser Matrix hat HARALICK eine Reihe von Merkmalen definiert, die der Texturerkennung dienen.

Beispielhaft seien hier die Merkmale vier und neun herausgegriffen, die als Summe der Quadrate und Entropie bezeichnet werden:

$$\text{Summe der Quadrate} = \sum_i \sum_j (i-\mu)^2\, c\,(i,j)\,, \tag{3.9}$$

$$\text{Entropie} = -\sum_i \sum_j c\,(i,j) \log\, c\,(i,j)\,. \tag{3.10}$$

Interessant hierbei ist nun, dass diese Merkmale weitgehend unabhängig von der Quantisierungsgenauigkeit vergleichbare qualitative Eigenschaften zeigen. Abbildung 3.4 zeigt dafür ein Beispiel.

[5] Da HARALICK diese Idee an Grauwertbildern demonstriert hat, heißt die Matrix traditionell „Grauwertübergangsmatrix", sie ist aber prinzipiell auch auf jede andere Intensitätsverteilung, z.B. Farbkanäle, anwendbar. Die hier verwendete Notation entspricht der Verwendung in [23].

Da das Verfahren nach HARALICK einerseits sehr leistungsfähig ist, andererseits aber auf Grund der Größe der Grauwertübergangsmatrix nur bedingt echtzeitfähig ist, findet hier die Verwendung von ansonsten weniger gebräuchlichen Diskretisierungswerten – wie 4 Bit – eine Anwendung.

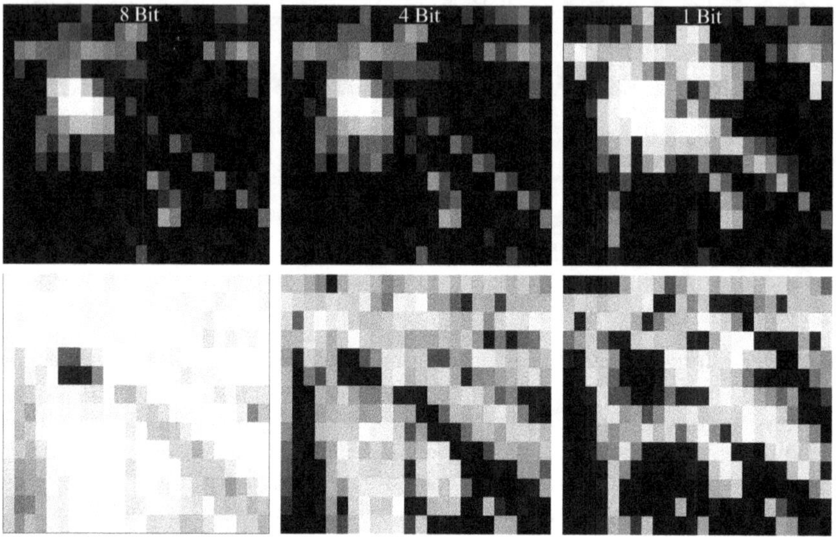

Abb. 3.4: *Die Texturmerkmale „Summe der Quadrate“ (obere Zeile) und „Entropie“ (untere Zeile) nach* HARALICK *zeigen für unterschiedliche Quantisierungsstufen ein vergleichbares qualitatives Verhalten. Die Texturmerkmale wurden aus Abbildung 3.3 A–C erzeugt.*

3.4 Farbmodelle

Naturgemäß liefern Farbbilder sowohl dem menschlichen Betrachter als auch einem automatischen Verfahren mehr Informationen als Graustufenbilder. Da Farbbilder problemlos erzeugt und übertragen werden können und außerdem den heutigen Sehgewohnheiten entsprechen, werden sie häufig als hochwertiger und somit notwendig angesehen. Für die hier betrachtete Anwendung zur Daten- und Informationserzeugung in Verkehrsmanagementsystemen ist dies jedoch differenzierter zu betrachten.

Zunächst ist zu beachten, dass die automatische Auswertung von Farbbildern in der Entwicklung und Anwendung einen höheren Aufwand bedeutet, der begründet sein will. Die Frage, ob eine Farbbildauswertung notwendig ist, hängt von der jeweiligen Aufgabenstellung ab. Die meisten heutzutage eingesetzten Verfahren beruhen immer noch auf der Analyse von Grauwertbildern, da nur diese im 24-Stunden-Betrieb zuverlässig auswertbar sind. Dies ist eine der Hauptanforderungen, die ein stationäres Bildanalysesystem für Straßenverkehrsanwendungen erfüllen muss. Sofern es sich um Anwendungen der Bildverarbeitung im Straßenverkehr handelt, ist die Mehrzahl der wissenschaftlichen Veröffentlichungen ebenfalls der Analyse von Grauwertbildern gewidmet.

Anwendungen der Farbbildanalyse findet man häufig bei der Schattenerkennung. Ein grundlegender und häufig zitierter Aufsatz zu diesem Thema stammt von *KUMAR* [61]. Hier werden mehrere Farbmodelle bezüglich ihrer Eignung zur Schattenerkennung untersucht und bewertet. Im Unterschied zu Grauwertbildern, die subjektiv und objektiv als Helligkeits- bzw. Intensitätsvariation empfunden und auch beschrieben werden können, sind diese Aspekte bei Farbbildern getrennt zu betrachten.

Die subjektive Wahrnehmung der Farbe durch das menschliche Auge ist auf spezielle Eigenschaften von Photopigmenten zurückzuführen, die vor allem auf Wellenlängen ansprechen, die im roten, grünen und blauen Bereich liegen. Dabei spricht das Auge wiederum auf grünes Licht am stärksten an. Um ein subjektiv helleres grünes Licht zu erzeugen, ist somit weniger Energie notwendig, als blaues oder rotes Licht heller erscheinen zu lassen [44].

All diese Effekte sind unabhängig von der physikalischen Beschreibung des Phänomens. Als Licht wird der Bereich des elektromagnetischen Spektrums zwischen Ultraviolett ab etwa 380 nm bis ungefähr 780 nm, angrenzend an Infrarot, bezeichnet. Dieser Bereich des Spektrums führt zu für den Menschen sichtbaren Abbildungen auf der Netzhaut.

Um sowohl der subjektiven Farbempfindung als auch den objektiven physikalischen Zusammenhängen gerecht zu werden, wurden unterschiedliche Farbsysteme entwickelt. Die für die Auswertung von Straßenverkehrsbildern wichtigen Modelle werden im Folgenden vorgestellt. Die Auswahl basiert auf der bereits erwähnten Grundlagenarbeit [61].

Da Farbbilder häufig zur Schattenerkennung eingesetzt werden und die einzelnen Farbmodelle unterschiedlich darauf reagieren, erfolgt deren Darstellung an dem in Abbildung 3.5 gezeigten Beispiel. Es handelt sich um eine Autobahnszene, die sowohl statische Schatten vom Randbewuchs als auch Fahrzeugschatten enthält.

Abb. 3.5: *Testszene zum Vergleich der Farbmodelle. Die Linie zeigt den Erfassungsbereich.*

Im Folgenden wird nun gezeigt, wie einige der gebräuchlichsten Farbmodelle auf einen Fahrbahnschatten bzw. eine schattenfreie Fahrbahn reagieren. Im Einzelnen handelt es sich um folgende Farbmodelle: das RGB-System, das normalisierte RGB-System, das XYZ-System, das YCrCb-System und die HS*-Systeme.

Das RGB-System

Ausgehend von den Eigenschaften des menschlichen Farbsehens wurde das RGB-Farbmodell entwickelt. Es handelt sich um ein additives Farbmodell, das darauf beruht, durch Überlagerung der drei Grundfarben „rot“, „grün“ und „blau“ alle anderen Farben und, bei gleichen Anteilen der Grundfarben, auch die Helligkeitswerte zwischen „schwarz“ und „weiß“ erzeugen zu können[6]. Einige Anwendungen dieses Modells finden sich in [49] und [89] zur Schattenerkennung bzw. zur Fahrzeugerkennung in [105].

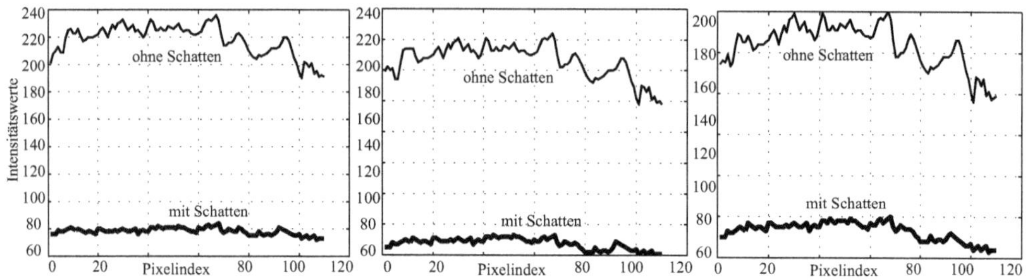

Abb. 3.6: *Abbildung eines Schattens im Vergleich zu einem schattenfreien Gebiet mit dem RGB-Modell, von links nach rechts: rot, grün, blau über dem Pixelindex.*

Das normalisierte RGB-System

Eine Normalisierung der Werte des RGB-Systems führt zu einer geringeren Empfindlichkeit gegenüber Helligkeitsschwankungen. Hierbei wird jede Farbkomponente eines Bildpunktes auf die Summe aller Farbkomponenten dieses Bildpunktes bezogen:

$$b_{r_{norm}} = \frac{b_r}{b_r + b_g + b_b}, \quad b_{g_{norm}} = \frac{b_g}{b_r + b_g + b_b}, \quad b_{b_{norm}} = \frac{b_b}{b_r + b_g + b_b}. \tag{3.11}$$

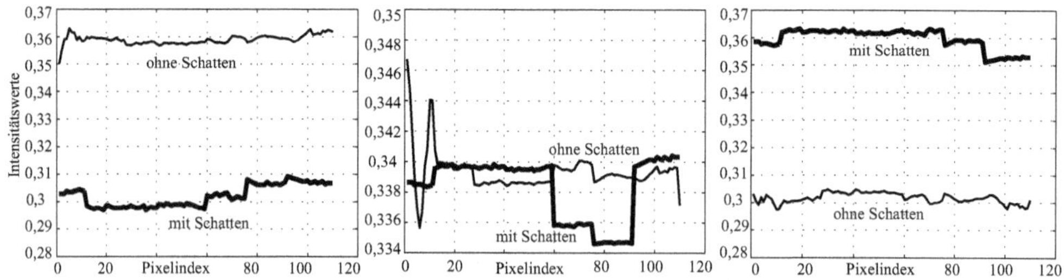

Abb. 3.7: *Abbildung eines Schattens im Vergleich zu einem schattenfreien Gebiet mit dem normalisierten RGB-Modell, von links nach rechts: rot, grün, blau über dem Pixelindex.*

[6] Die Definition dieser drei Farben erfolgte 1931 durch die Commission Internationale de l'Claire (CIE) anhand von Energieverteilungskurven. Einzelheiten dazu findet man in der Fachliteratur unter dem Begriff „CIE-Farbdreieck“.

Das XYZ-System

Ein Farbmodell, das die unterschiedliche menschliche Wahrnehmung der drei Farbkanäle rot, grün und blau berücksichtigt, ist das XYZ-System. Die Gewichtung dieser Komponenten wurde experimentell wie folgt ermittelt:

$$\begin{bmatrix} b_X \\ b_Y \\ b_Z \end{bmatrix} = \begin{bmatrix} 0,4124 & 0,3576 & 0,1805 \\ 0,2126 & 0,7151 & 0,0721 \\ 0,0193 & 0,1192 & 0,9505 \end{bmatrix} \begin{bmatrix} b_r \\ b_g \\ b_b \end{bmatrix}. \tag{3.12}$$

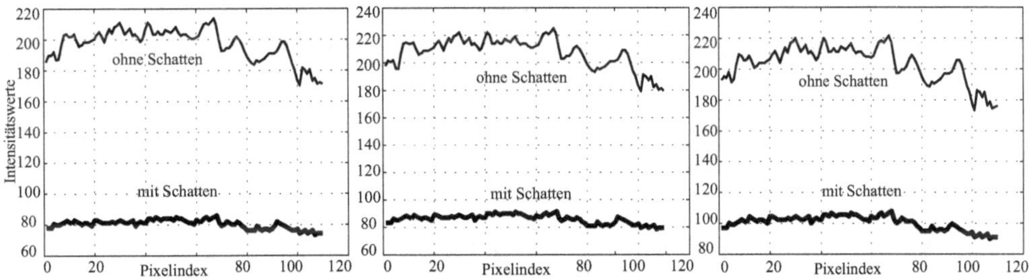

Abb. 3.8: *Abbildung eines Schattens im Vergleich zu einem schattenfreien Gebiet mit dem XYZ-Modell, von links nach rechts: X, Y, Z über dem Pixelindex.*

Das YCrCb-System

Eine weitere Möglichkeit der Farbmodellierung ist die Verwendung von Helligkeits- und Farbkomponenten. Hierbei wird dem Umstand Rechnung getragen, dass natürlich vorkommende Bildinformationen häufig als Helligkeits- und weniger als Farbvariationen vorliegen. Ein Beispiel dafür ist das YCrCb-System. Hierbei bezeichnet Y die Helligkeit, Cb eine blau-gelbe und Cr eine rot-grüne Farbkomponente:

$$\begin{bmatrix} b_Y \\ b_{Cr} \\ b_{Cb} \end{bmatrix} = \begin{bmatrix} 0,257 & 0,504 & 0,098 \\ 0,439 & -0,368 & -0,071 \\ -0,148 & -0,291 & 0,439 \end{bmatrix} \begin{bmatrix} b_r \\ b_g \\ b_b \end{bmatrix} + \begin{bmatrix} 16 \\ 128 \\ 128 \end{bmatrix}. \tag{3.13}$$

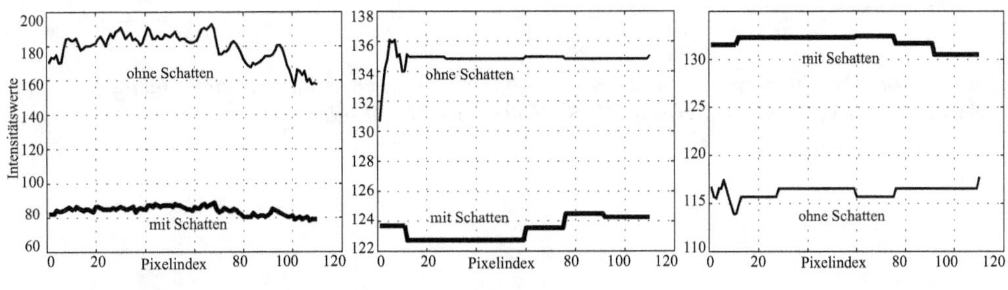

Abb. 3.9: *Abbildung eines Schattens im Vergleich zu einem schattenfreien Gebiet mit dem YCrCb-Modell, von links nach rechts: Y, Cr, Cb über dem Pixelindex.*

Die HS*-Systeme

Eine größere Ähnlichkeit zur menschlichen Farbwahrnehmung als den bisher genannten Modellen wird den HS*-Modellen zugeschrieben.

Dies ist eine Klasse von Modellen, deren erste Komponente H den Farbton (eng. hue) und deren zweite Komponente die Sättigung S beinhaltet (eng. saturation).

Die dritte Komponente führt zu zahlreichen Varianten des Modells. Sie beinhaltet eine Angabe zur Helligkeit. Beispielsweise L die relative Helligkeit (eng. lightness), B die absolute Helligkeit (eng. brightness),I die Lichtintensität (eng. intensity) und V der Hellwert (eng. value), der hier beispielhaft betrachtet wird.

Für die Umrechnung von RGB-Werten in HSV-Werte wurden mehrere Varianten entwickelt. Die hier verwendete ist [41] entnommen:

$$b_H = \begin{cases} \theta & \text{wenn } b_b \leq b_g \\ 360° - \theta & \text{wenn } b_b > b_g \end{cases},$$
$$\text{mit } \theta = cos^{-1}\left(\frac{0.5((b_r - b_g) + (b_r - b_b))}{\left((b_r - b_g)^2 + (b_r - b_b)(b_g - b_b)\right)^{0.5}}\right), \tag{3.14}$$

$$h_S = 1 - \frac{3\,(\min\,(b_r, b_g, b_b))}{b_r + b_g + b_b}, \tag{3.15}$$

$$b_V = \frac{b_r + b_g + b_b}{3}. \tag{3.16}$$

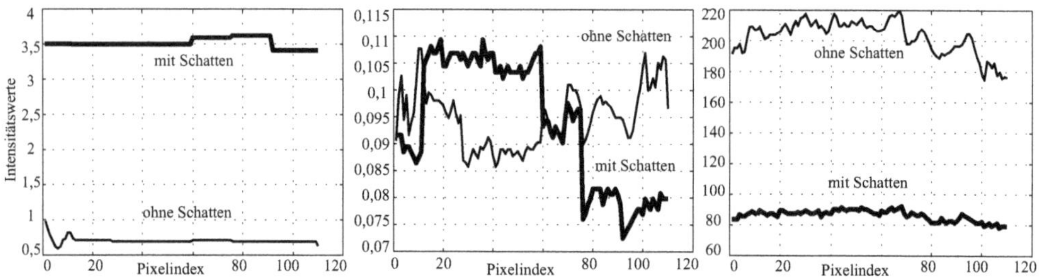

Abb. 3.10: *Abbildung eines Schattens im Vergleich zu einem schattenfreien Gebiet mit dem HSV-Modell, von links nach rechts: H, S, V über dem Pixelindex.*

4 Filterung

Die Filterung von Signalen tritt in nahezu jeder Signalverarbeitungsaufgabe als Vorverarbeitungsschritt oder innerhalb der Signalverarbeitungskette in Erscheinung. Somit lässt sich der Filterung keine feste Position in der Methodologie zuweisen; es wird an verschiedenen Stellen bei der Ermittlung der Signalmodelle und der Signalanalyse auf Filteroperationen zurückgegriffen.

Behandelt werden als lineare Filteroperationen die Hochpass- und die Tiefpassfilterung. Diese haben bei der Anwendung auf Bilder eine entgegengesetzte Wirkung: Ein Hochpassfilter führt zur Hervorhebung von Stellen, an denen Helligkeitsänderungen auftreten, eine Tiefpassfilterung zu deren Abschwächung. Somit kann erster zur Kantenerkennung und letzter zur Glättung von Bildinhalten verwendet werden.

Als nichtlineare Filter werden ein Vertreter der Rangordnungsfilter, der so genannte Medianfilter, und Filter zur Durchführung der morphologischen Operationen Dilatation und Erosion vorgestellt.

Der Medianfilter wird zur Verminderung von Impulsrauschen eingesetzt. Die so genannten morphologischen, weil gestaltverändernden Operationen dienen im vorliegenden Zusammenhang der Bildverbesserung von Binärbildern.

4.1 Lineare Filterung

Eine wichtige Voraussetzung für die automatische Bildauswertung ist ein möglichst großer Abstand zwischen den Anteilen der Nutzsignale und der Störsignale. Als Nutzsignale können typische Objektmerkmale, wie beispielsweise Umrisse, Scheiben oder Nummernschilder dienen. Diese gilt es hervorzuheben.

Störsignale machen sich vor allem in den unterschiedlichen Varianten von so genanntem Bildrauschen, also stochastischen Einflüssen, bemerkbar. Diese Arten von Nutz- und Störsignalen haben die gemeinsame Eigenschaft, durch starke Helligkeitsänderungen zu entstehen und sichtbar zu werden.

Solch signifikante Änderungen im Signalverlauf führen im Frequenzspektrum des Signals zu hohen Frequenzen. Für Digitalbilder lassen sich entsprechende Darstellungen mit dem Amplitudenspektrum einer zweidimensionalen Fouriertransformation erzeugen. Bei zeitabhängigen Signalen treten diese Änderungen innerhalb einer kurzen Zeitspanne auf, bei der Bildanalyse erfolgt die Änderung über eine kurze Wegstrecke

Da es sich bei Bildkanten um hohe Frequenzen handelt, ist zur Erkennung bzw. Hervorhebung der entsprechenden Stellen im Bild ein Hochpassfilter geeignet. Bildrauschen liefert ebenfalls Bildanteile mit hohen Frequenzen, die jedoch unterdrückt werden sollen. Hierfür benötigt man einen Tiefpassfilter.

Eine gleichzeitige Anwendung beider Operationen, also die Hervorhebung von Kanten in einem stochastisch gestörten Bild ist möglich, wenn das Bildrauschen deutlich höhere Frequenzen aufweist als die Bildkanten. Beide Operationen, die Tiefpass- und die Hochpassfilterung lassen sich mit Hilfe linearer Gleichungen realisieren. Die Wirkung dieser Gleichungen lässt sich ebenfalls mit einer Faltungsoperation zwischen dem Bild und einem linearen Operator erreichen. Somit handelt es sich bei beiden Arten um eine lineare Filterung.

4.1.1 Kantenbilder durch Hochpassfilterung

Wenn Flächen unterschiedlicher Farbe oder Helligkeit in einem Bild aufeinandertreffen, dann nimmt der Betrachter eine Linie wahr. Dieser Übergang wird in der Bildverarbeitung als Kante bezeichnet. Kanten beinhalten wichtige Teile der Bildinformation. Sie sind somit ein geeignetes Merkmal, wenn die starke Reduzierung der Entropie eines Bildes unter Beibehaltung wesentlicher Informationen angestrebt wird. Im Falle der Analyse des fließenden Verkehrs kann anhand solcher Merkmale nach Fahrzeugen gesucht werden [21]. Im Falle des ruhenden Verkehrs kann die Erkennung und Bewertung von Kanten zur Ermittlung der Parkraumbelegung dienen [25].

Im Folgenden werden die Grundprinzipien der Kantenerkennung abgeleitet. Dies geschieht anhand der in den Abbildungen 4.1 und 4.2 gezeigten Testbilder, die auf der Bundesautobahn A4 aufgenommen wurden. Hierbei zeigt Abbildung 4.1 optimale Sichtbedingungen bei flüssigem Verkehr: Es gibt kaum Fahrzeugüberdeckungen und keinen Schattenwurf auf der Fahrbahn oder den Fahrzeugen. Der große Anteil freier Straße dient dazu, die Wirkung von Kompressionsartefakten zu verdeutlichen. Diese sind zunächst nicht sichtbar, werden aber durch die Hochpassfilterung hervorgehoben.

Abbildung 4.2 besitzt eine durch Nebel verminderte Bildqualität. Somit finden sich wenige homogene Flächen im Bild und die Bildkanten sind weit weniger deutlich ausgeprägt als in Bild 4.1.

Abb. 4.1: *Testbild A: Gute Sichtbedingungen liefern starke Kanten.*

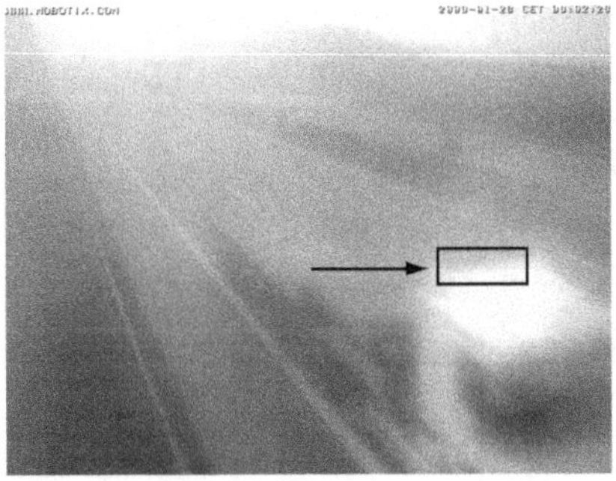

Abb. 4.2: *Testbild B: Schlechte Sichtbedingungen liefern schwache Kanten.*

Um markante Linien im Bild automatisch zu finden, muss für diese ein eindeutiges Merkmal gefunden werden. Schaut man sich den Verlauf einer Linie in einem Digitalbild vergrößert an, erkennt man anstatt der Linie mehrere Intensitätsstufen, die in der Bildverarbeitung als *Kanten* bezeichnet werden. Zwei Beispiele dafür zeigen die Abbildungen 4.3 und 4.4.

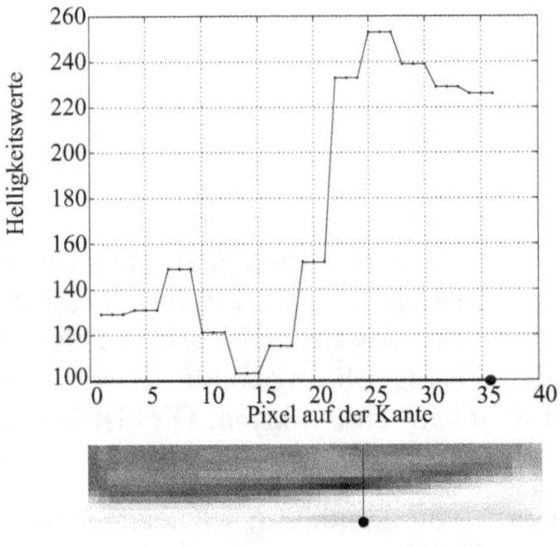

Abb. 4.3: *Bildkante zwischen Frontscheibe und Kühler aus Testbild A.*

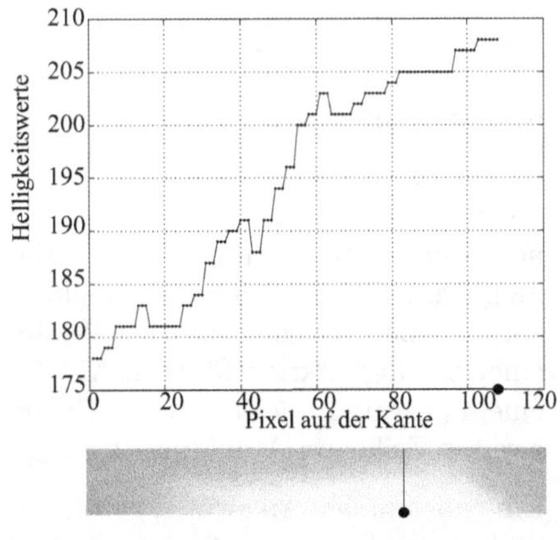

Abb. 4.4: *Bildkante zwischen Fahrzeugdach und Hintergrund aus Testbild B.*

Betrachtet man den Intensitätsverlauf der Kanten als eigenständiges Signal, so lässt sich eine Ähnlichkeit mit einem bedeutenden Testsignal in der Systemtheorie, der sogenannten Sprungfunktion, erkennen. Die Antwort eines Übertragungssystems auf ein Sprungsignal wird als Übergangsfunktion bezeichnet [92]. Diese variiert je nach Übertragungssystem, wodurch sich Übertragungssysteme klassifizieren lassen.

In Umkehrung dieses Gedankens kann nun die spezielle Übergangsfunktion eines bekannten Systems zur Erkennung von Sprungsignalen dienen. Im vorliegenden Fall betrachtet man also die Bildkanten als Sprungsignale, die ein Übertragungssystem zu einer bestimmten vorhersehbaren Reaktion anregen. Diese Reaktion ist die Übergangsfunktion des Hochpassfilters. Da der Hochpassfilter ein differenzierendes Übertragungssystem darstellt, führt eine sprungförmige Änderung im Eingangssignal zu einem Impuls am Ausgang.

Abbildung 4.5 zeigt eine ideale Differentiation, die aus einer idealen Kante, also letztendlich einer Unstetigkeit, eine unendlich große Ableitung berechnet, die als Impuls mit unbegrenzter Höhe dargestellt wird.

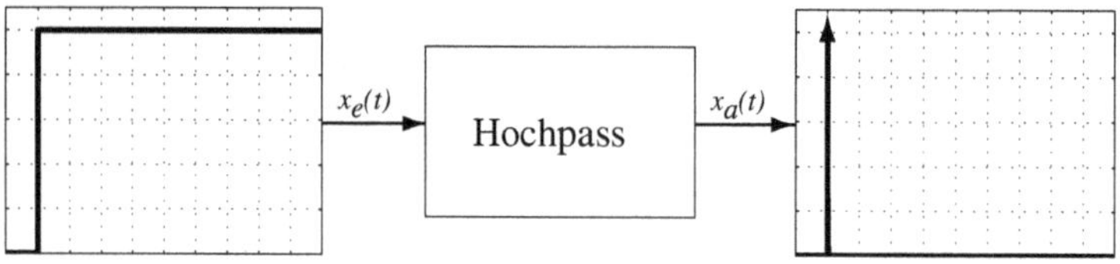

Abb. 4.5: *Die Übergangsfunktion eines idealen Hochpassfilters.*

Aus den Abbildungen 4.3 und 4.4 wurde jedoch bereits ersichtlich, dass die Kanten in realen Bildern endliche Anstiege besitzen, in denen auf Grund der Diskretisierung aber wiederum Unstetigkeiten auftreten. Die Differentiation einer realen Kante wird also näherungsweise erfolgen und eine mehr oder weniger große Auslenkung als Analogie zum Impuls hervorbringen.

Zur Erkennung der Intensitätsänderungen an Kanten, sollen im Folgenden Schätzwerte der ersten und zweiten Ableitung verwendet werden. Die Berechnung erfolgt mit Hilfe diskreter Differenzen. Abbildung 4.6 zeigt dafür ein Beispiel.

In der obersten Grafik ist der Helligkeitsverlauf auf der senkrechten Linie in Abbildung 4.1 dargestellt. An den Stellen im Bild, an denen Kanten auftreten, erfolgt eine sprungförmige Änderung der Helligkeitswerte. Dabei sind zwei Sprungrichtungen möglich: nach oben, dies entspricht einem positiven Anstieg, und nach unten, dies entspricht einer Verkleinerung der Werte, also einem negativen Anstieg. Die erste Ableitung einer Sprungfunktion führt in Abhängigkeit von der Sprungrichtung somit entweder zu einem positiven oder negativen Extremwert in der abgeleiteten Funktion. Dies ist in der zweiten Zeile von Abbildung 4.1 zu sehen.

Eine nochmalige Ableitung, gezeigt in der dritten Zeile von Abbildung 4.1 liefert an den Stellen der Extremwerte der ersten Ableitung einen Nulldurchgang. Somit lassen sich Kanten aus dem diskreten Schätzwert der ersten Ableitung als positive oder negative Extremwerte mittels Schwellenwert, und aus dem diskreten Schätzwert der zweiten Ableitung durch Ermitteln der Nulldurchgänge ermitteln. Abbildung 4.6 zeigt außerdem, dass auch geringe Helligkeitsschwankungen zu Extremwerten und Nulldurchgängen führen können. Deshalb ist häufig eine Bildglättung erforderlich.

Wie man aus den Abbildungen 4.3 und 4.4 ersehen kann, sind Bildkanten durch eine mehr oder weniger starke Änderung der Helligkeitswerte entlang einer Linie gekennzeichnet. Diese Änderungen sind die Anstiege einer Funktion $b(u,v)$ in u- und v-Richtung und führen zum Begriff der Ableitung des Bildes.

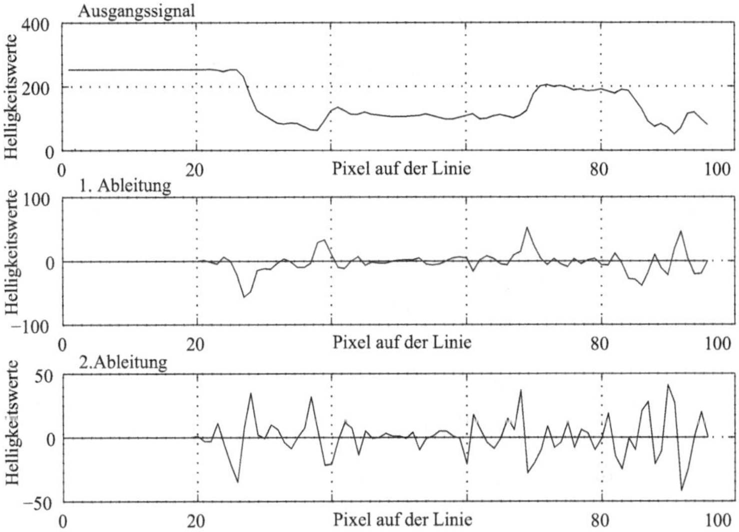

Abb. 4.6: *Schätzung der ersten und zweiten Ableitung von Bildkanten mit Hilfe diskreter Differenzen entlang der senkrechten Linie in Testbild A.*

Im Folgenden werden nun eine Reihe von Hochpassfilteroperatoren hergeleitet und ihre Eigenschaften anhand realer Verkehrslagebilder untersucht. Abbildung 4.7 zeigt die Lage der Pixel wie sie in den Gleichungen verwendet werden.

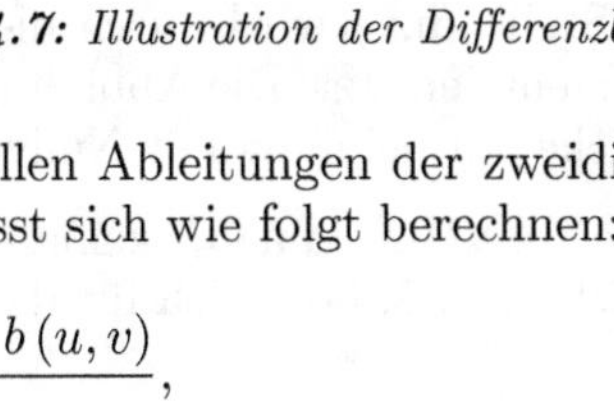

Abb. 4.7: *Illustration der Differenzbildung.*

Ein Schätzwert für die partiellen Ableitungen der zweidimensionalen Funktion $b(u,v)$ mit diskreten Argumenten lässt sich wie folgt berechnen:

$$\frac{\partial b(u,v)}{\partial u} \approx \frac{b(u+\Delta u, v) - b(u,v)}{\Delta u}, \tag{4.1}$$

$$\frac{\partial b(u,v)}{\partial v} \approx \frac{b(u,\Delta v) - b(u,v)}{\Delta v}. \tag{4.2}$$

Da Δu und Δv die Bedeutung eines einzelnen Pixels haben, lässt sich auch schreiben:

$$\frac{\partial b(u,v)}{\partial u} \approx b(u+1,v) - b(u,v), \tag{4.3}$$

$$\frac{\partial b(u,v)}{\partial v} \approx b(u,v+1) - b(u,v). \tag{4.4}$$

Erfolgt die Differenzbildung in die andere Richtung, erhält man gleichwertig:

$$\frac{\partial b(u,v)}{\partial u} \approx b(u,v) - b(u-1,v), \tag{4.5}$$

$$\frac{\partial b(u,v)}{\partial v} \approx b(u,v) - b(u,v-1). \tag{4.6}$$

Eine anschauliche Darstellung der Wirkungsweise der Gleichungen 4.1 und 4.2 liefert die Matrixschreibweise der Ableitungsoperationen:

$$\mathbf{O}_v^D = \begin{bmatrix} 0 & 0 & 0 \\ 0 & -1 & 1 \\ 0 & 0 & 0 \end{bmatrix}, \; \mathbf{O}_h^D = \begin{bmatrix} 0 & -1 & 0 \\ 0 & 1 & 0 \\ 0 & 0 & 0 \end{bmatrix}. \tag{4.7}$$

Beziehungsweise für die Gleichungen 4.5 und 4.6:

$$\mathbf{O}_v^D = \begin{bmatrix} 0 & 0 & 0 \\ 1 & -1 & 0 \\ 0 & 0 & 0 \end{bmatrix}, \; \mathbf{O}_h^D = \begin{bmatrix} 0 & 0 & 0 \\ 0 & 1 & 0 \\ 0 & -1 & 0 \end{bmatrix}. \tag{4.8}$$

Hier wird sichtbar, dass die partielle Ableitung in Richtung u die Anstiege der vertikalen Kanten, und die partielle Ableitung in Richtung v die Anstiege der horizontalen Kanten liefert. Mit den Matrixelementen von $\mathbf{B}$ und $\mathbf{O}_v^D$ gemäß Gleichung 4.7 lässt sich die Operation der ersten Ableitung in Richtung u auch schreiben:

$$\frac{\partial b(u,v)}{\partial u} \approx \sum_{i=-1}^{1} \sum_{j=-1}^{1} b_{u+i,v+j} o_{i,j}. \tag{4.9}$$

Dies ist die Kreuzkorrelation zwischen der Bildmatrix $\mathbf{B}$ und der Matrix $\mathbf{O}_v^D$. Eine grafische Darstellung dieser Operation zeigt Abbildung 4.8. Hierbei wird die Matrix $\mathbf{O}_v^D$ mit ihrem zentralen Element (0,0) auf das Element (u,v) der Matrix $\mathbf{B}$ gelegt und der Wert von $\mathbf{B}$ an der Stelle (u,v) wird durch die mit den Elementen von $\mathbf{O}_v^D$ gewichtete Summe der Bildelemente ersetzt. Die Abbildung verdeutlicht außerdem, dass eine Filtermatrix eine unendliche Ausdehnung mit Nullwerten besitzt.

Da sich die erste Ableitung auch mit Hilfe von $\mathbf{O}_v^D$ gemäß Gleichung 4.8 berechnen lässt, dieser Fall entspricht der Gleichung 4.5, lässt sich für die erste Ableitung des Bildes $\mathbf{B}$ nach u auch schreiben:

$$\frac{\partial b(u,v)}{\partial u} \approx \sum_{i=-1}^{1} \sum_{j=-1}^{1} b_{u-i,v-j} o_{i,j}. \tag{4.10}$$

Der Unterschied zwischen Gleichung 4.9 und Gleichung 4.10 besteht in unterschiedlichen Vorzeichen im Index von b. Die Wirkung dieser unterschiedlichen Vorzeichen liefert der Vergleich zwischen Abbildung 4.8 und Abbildung 4.9. Man erkennt eine Rotation der Matrix $\mathbf{O}_v^D$ um 180° im Uhrzeigersinn.

Die von den eindimensionalen Funktionen bekannte Spiegelung an der Ordinate als ersten Schritt der eindimensionalen Faltung hat in zwei Dimensionen ihre Entsprechung in der erkannten Rotation und führt zu einer Umkehr der Vorzeichen der Argumente der Funktion

$$o_{i,j} \longrightarrow o_{-i,-j}. \tag{4.11}$$

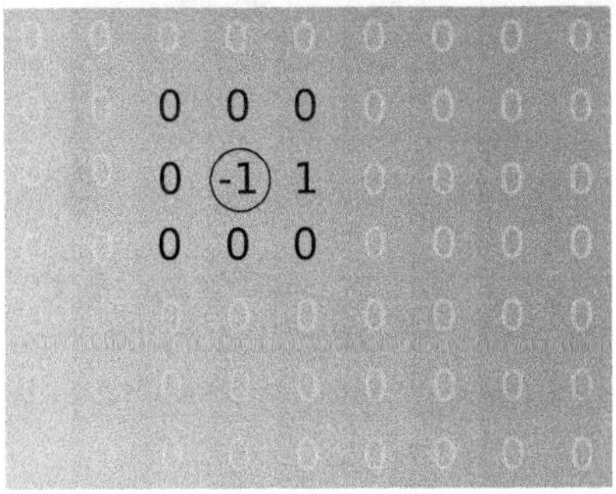

Abb. 4.8: Zur Veranschaulichung der Kreuzkorrelation von $\mathbf{B}$ *und* $\mathbf{O}_v^D$.

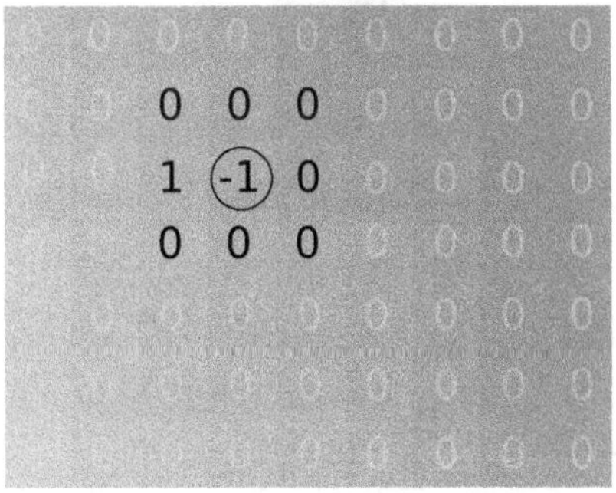

Abb. 4.9: Zur Veranschaulichung der Faltung von $\mathbf{B}$ *und* $\mathbf{O}_v^D$.

Diese Rotation beinhaltet den einzigen Unterschied zwischen der Kreuzkorrelation und Faltung zweidimensionaler wertdiskreter Funktionen ([31] Unterkapitel 8.2). Somit beschreibt Gleichung 4.10 die Faltung zwischen der Bildmatrix $\mathbf{B}$ und der Matrix $\mathbf{O}_v^D$. Schreibt man Gleichung 4.10 aus, erkennt man, dass es sich um eine lineare Filterung handelt da eine gewichtete Summen von Matrixelementen berechnet wird

$$b_{u,v} := b_{u-1,v-1}o_{-1,-1} + b_{u-1,v}o_{-1,0} + b_{u-1,v+1}o_{-1,1} + \ldots + b_{u+1,v+1}o_{1,1}. \tag{4.12}$$

Da sich für das durch die Matrix $\mathbf{B}$ repräsentierte Bild und den Operator $\mathbf{O}_{(\bullet)}$ eine Fouriertransformierte angeben lässt, gilt der Faltungssatz der Fouriertransformation:

$$\mathcal{F}\left(\mathbf{B} * \mathbf{O}_{(\bullet)}\right) = \mathcal{F}\left(\mathbf{B}\right)\mathcal{F}\left(\mathbf{O}_{(\bullet)}\right). \tag{4.13}$$

Somit lässt sich die zu lösende Aufgabe der Erkennung von Kanten im Bild entweder als Filterentwurf im Ortsraum oder im Bildbereich der Fouriertransformation formulieren. Die Realisierung der Filterung erfolgt im ersten Fall durch Faltung von Bildmatrix und Operator und im zweiten Fall durch Multiplikation von Bildmatrix und Operator.

In der vorliegenden Darstellung wurde für den Filterentwurf die Ortsraumdarstellung gewählt[1]. Zur anschaulichen Darstellung der Filtereigenschaften dient das Amplitudenspektrum der Fouriertransformierten.

[1] Eine anschauliche Darstellung des Filterentwurfes im Bildbereich der Fouriertransformation findet sich in [98], Unterkapitel 7.2.

Die Abbildungen 4.10 und 4.11 zeigen die Amplitudenspektren der bereits abgeleiteten Operatoren aus Gleichung 4.7. Diese bezeichnet man als *Ableitungsoperator* oder *einfachen Differenzoperator*. Die Spektren zeigen deutlich den Hochpasscharakter der entwickelten Filter in u- und v-Richtung.

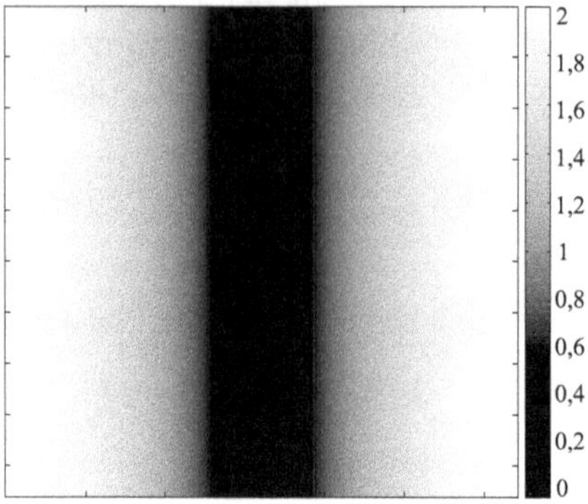

Abb. 4.10: *Amplitudenspektrum von* $\mathbf{O}_v^D$

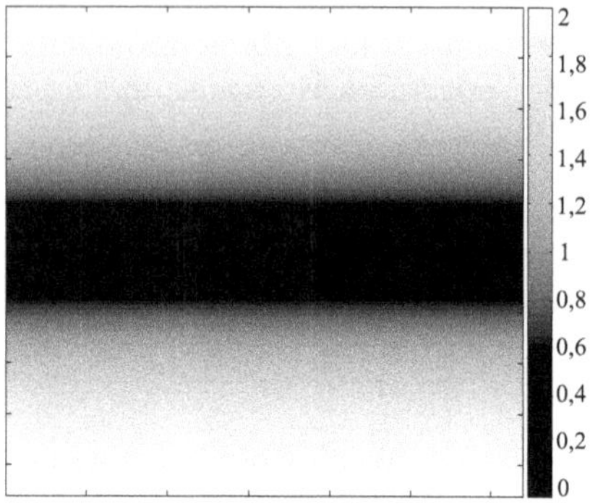

Abb. 4.11: *Amplitudenspektrum von* $\mathbf{O}_h^D$

Die Faltung der Operatoren $\mathbf{O}_v^D$ und $\mathbf{O}_h^D$ mit dem Bild $\mathbf{B}$ berechnet die Gradienten für jeweils eine Richtung

$$\mathbf{B}_v^D = \mathbf{O}_v^D * \mathbf{B}, \tag{4.14}$$

$$\mathbf{B}_h^D = \mathbf{O}_h^D * \mathbf{B}. \tag{4.15}$$

Daraus lässt sich ein Gradientenvektor bilden, der die horizontale und die vertikale Richtung beinhaltet. Der Betrag dieses Vektors lautet

$$|\mathbf{B}_{hv}^D| = \sqrt{\mathbf{B}_h^{D^2} + \mathbf{B}_V^{D^2}}. \tag{4.16}$$

Die Richtung berechnet sich zu

$$arg(\mathbf{B}_{hv}^D) = \arctan \frac{\mathbf{B}_h^D}{\mathbf{B}_v^D}. \tag{4.17}$$

Der Wertebereich des Betrages des Gradienten hängt vom gewählten Operator ab. Für die Darstellung als Gradientenbild wie in Abbildung 4.10 und 4.11 wird der jeweilige Bereich auf den darstellbaren Wert von 0–255 skaliert und außerdem invertiert: Je dunkler ein Bildpunkt dargestellt ist, umso niedriger ist der Betrag des Gradienten, den er repräsentiert. Der Koordinatenursprung befindet sich im Zentrum des Bildes. Dies gilt für alle Gradientenbilder in dieser Abhandlung.

Die folgenden Abbildungen zeigen an den Testbildern die Wirkung des einfachen Differenzoperators anhand der jeweiligen Gradientenbilder und einem zugehörigen Binärbild, das durch Anwendung eines Schwellenwertes auf das Gradientenbild entstanden ist. Dieses liefert letztendlich die relevanten Kantenorte, da das Gradientenbild jede Helligkeitsänderung benachbarter Pixel erfasst.

In Abbildung 4.13 werden so die Signalanteile vom Bewuchs und die Helligkeitsschwankungen auf Fahrbahn und Fahrbahnmarkierung entfernt.

Das in Abbildung 4.14 gezeigte Gradientenbild beinhaltet im Vergleich zu Abbildung 4.12 wesentlich geringere Werte für die Gradienten[2], da das Originalbild auf Grund der Unschärfe über wesentlich schwächere Kanten verfügt. Um in Abbildung 4.15 die fahrzeugrelevanten Merkmale herausstellen zu können, musste der Schwellenwert so niedrig gewählt werden, dass die Kompressionsartefakte sichtbar werden.

Abb. 4.12: *Gradientenbild von Testbild A gemäß Gleichung 4.16*

Abb. 4.13: *Binärbild von Abbildung 4.12*

Abb. 4.14: *Gradientenbild von Testbild B gemäß Gleichung 4.16*

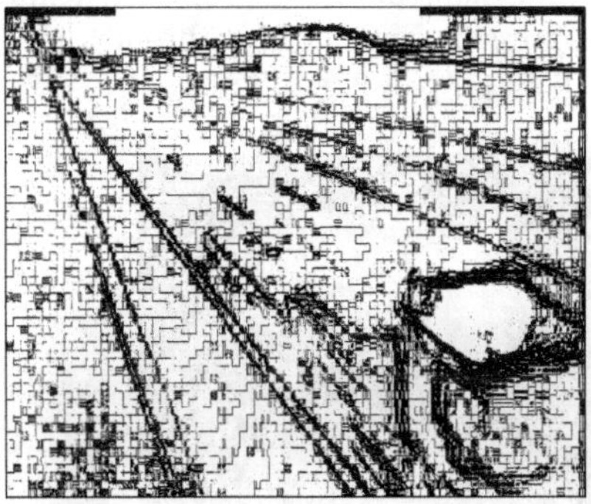

Abb. 4.15: *Binärbild von Abbildung 4.14*

Das bestätigt die anhand von Abbildung 4.6 geäußerte Vermutung, dass ein Filter, der auf der Schätzung einer Ableitung beruht, sehr empfindlich auf geringe Helligkeitsänderungen reagiert. Das Testbild B ist für eine weitere Auswertung unbrauchbar.

---

[2]Das Bild wurde nachbearbeitet, um die Werte der Gradienten sichtbar zu machen.

Die Lösung für solche Fälle besteht in der zusätzlichen Glättung des Bildes. Das scheint auf den ersten Blick zu einem Widerspruch zu führen, da Kantenhervorhebung durch Hochpass- und Bildglättung durch Tiefpassfilter realisiert werden. Man benötigt also einen Filter mit Bandpasseigenschaften.

Der Tiefpassanteil[3] wird durch hier durch einen 3×3 Gaußoperator realisiert, der Hochpassanteil wird durch eine Variante des einfachen Differenzoperators aus Gleichung 4.7. Im Unterschied zu dieser Gleichung erfolgt hier eine *symmetrische* Differenzbildung. Der Operator kann natürlich auch mit der unsymmetrischen Variante abgeleitet werden, durchgesetzt hat sich aber das hier dargestellte Vorgehen:

$$\mathbf{O}_v^D = \begin{bmatrix} 0 & 0 & 0 \\ -1 & 0 & 1 \\ 0 & 0 & 0 \end{bmatrix}, \mathbf{O}_h^D = \begin{bmatrix} 0 & 1 & 0 \\ 0 & 0 & 0 \\ 0 & -1 & 0 \end{bmatrix}, \mathbf{O}^G = \begin{bmatrix} 1 & 2 & 1 \\ 2 & 4 & 2 \\ 1 & 2 & 1 \end{bmatrix}. \tag{4.18}$$

Daraus lässt sich für jede Richtung ein resultierender Operator bilden, der als Sobeloperator bezeichnet wird:

$$\mathbf{O}_v^S = \mathbf{O}_v^D * \mathbf{O}^G = \begin{bmatrix} -1 & 0 & 1 \\ -2 & 0 & 2 \\ -1 & 0 & 1 \end{bmatrix}, \mathbf{O}_h^S = \mathbf{O}_h^D * \mathbf{O}^G = \begin{bmatrix} -1 & -2 & -1 \\ 0 & 0 & 0 \\ 1 & 2 & 1 \end{bmatrix}. \tag{4.19}$$

Die Amplitudenspektren in den Abbildungen 4.16 und 4.17 bestätigen das erwartete Bandpassverhalten der Operatoren. Der Tiefpassanteil beschneidet den Hochpassanteil und dient damit der Unterdrückung der sehr hohen Frequenzen beispielsweise der Kompressionsartefakte, während der verbleibende Hochpassanteil die bildbestimmenden Kanten passieren lässt.

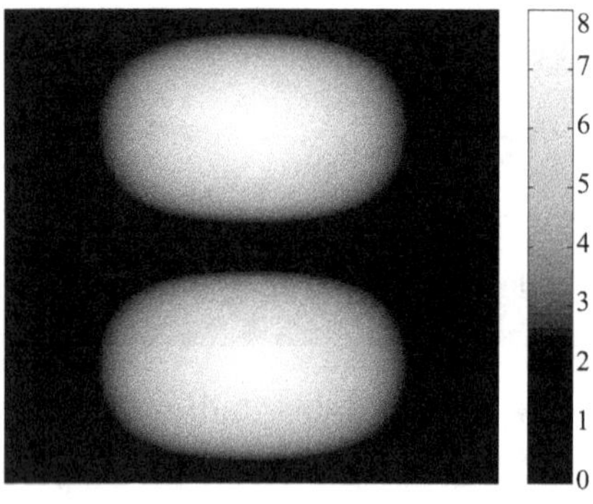

Abb. 4.16: *Amplitudenspektrum von* $\mathbf{O}_h^S$.

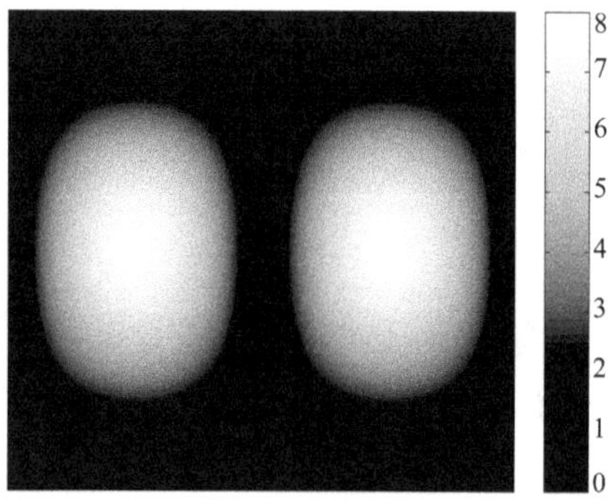

Abb. 4.17: *Amplitudenspektrum von* $\mathbf{O}_v^S$.

Die Faltung der Operatoren $\mathbf{O}_v^S$ und $\mathbf{O}_h^S$ mit dem Bild $\mathbf{B}$ berechnet die Gradienten für jeweils eine Richtung:

$$\mathbf{B}_v^S = \mathbf{O}_v^S * \mathbf{B}, \quad \mathbf{B}_h^S = \mathbf{O}_h^S * \mathbf{B}. \tag{4.20}$$

[3]Tiefpassfilter werden ausführlich in Kapitel 4.1.2 behandelt.

Daraus lässt sich ein Gradientenvektor bilden, der die horizontale und die vertikale Richtung beinhaltet. Der Betrag des Gradientenvektors berechnet sich aus:

$$|\mathbf{B}_{hv}^S| = \sqrt{\mathbf{B}_h^{S2} + \mathbf{B}_v^{S2}}. \tag{4.21}$$

In Abbildung 4.19 wurde der Schwellenwert so gewählt, dass die Rauschanteile wie auch in Abbildung 4.13 weitgehend eliminiert werden. Das Ergebnis der Filterung ist ein Binärbild, in dem im Vergleich zum Differenzfilter ohne Glättung mehr Einzelheiten als in Abbildung 4.13 zu erkennen sind.

Abb. 4.18: *Gradientenbild von Testbild A gemäß Gleichung 4.21.*

Abb. 4.19: *Binärbild von Abbildung 4.18*

Für Testbild B wird der Vorteil der zusätzlichen Glättung ebenfalls deutlich: Die Kompressionsartefakte aus Abbildung 4.15 sind in Abbildung 4.21 nicht mehr vorhanden. Dadurch sind die für die automatische Auswertung wichtigen Bildkanten von Fahrzeug und Straße deutlicher erkennbar.

Abb. 4.20: *Gradientenbild von Testbild B gemäß Gleichung 4.21.*

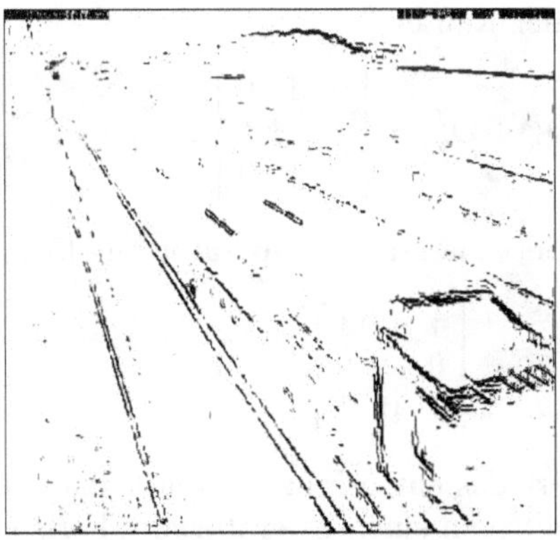

Abb. 4.21: *Binärbild von Abbildung 4.20*

Die bisher behandelten Filter beruhten auf einer einfachen Differenzbildung, also einer Approximation der ersten Ableitung des Bildes. Im Folgenden soll überprüft werden, ob die Nulldurchgänge der zweiten Ableitung zur Bildrepräsentation geeignet sind. Eine Näherung der ersten Ableitung erhält man unter Verwendung der Gleichungen 4.1–4.6. Die partielle zweite Ableitung in Richtung u ergibt sich aus der partiellen Ableitung von Gleichung 4.1 nach u:

$$\frac{\partial^2 b(u,v)}{\partial u^2} \approx \frac{\partial b(u+1,v)}{\partial u} - \frac{\partial b(u,v)}{\partial u} = b(u+1,v) - 2b(u,v) + b(u-1,v)\,. \tag{4.22}$$

Die partielle zweite Ableitung in Richtung v ergibt sich aus der partiellen Ableitung von Gleichung 4.2 nach v:

$$\frac{\partial^2 b(u,v)}{\partial v^2} \approx \frac{\partial b(u,v+1)}{\partial v} - \frac{\partial b(u,v)}{\partial v} = b(u,v+1) - 2b(u,v) + b(u,v-1)\,. \tag{4.23}$$

Da es sich um lineare Filter handelt, ist eine Überlagerung durch Addition möglich. Das führt auf den aus der Vektoranalysis bekannten Laplace-Operator:

$$\begin{aligned}\nabla^2 b(u,v) &\approx \frac{\partial^2 b(u,v)}{\partial u^2} + \frac{\partial^2 b(u,v)}{\partial v^2} = \\ &b(u+1,v) + b(u-1,v) - 4b(u,v) + b(u,v+1) + b(u,v-1)\,.\end{aligned} \tag{4.24}$$

Aus den Gleichungen 4.22 und 4.23 lassen sich die folgenden Operatoren in Matrixschreibweise ablesen:

$$\mathbf{O}_v^L = \begin{bmatrix} 0 & 0 & 0 \\ 1 & -2 & 1 \\ 0 & 0 & 0 \end{bmatrix}, \mathbf{O}_h^L = \begin{bmatrix} 0 & 1 & 0 \\ 0 & -2 & 0 \\ 0 & 1 & 0 \end{bmatrix}. \tag{4.25}$$

Diese ergeben durch Überlagerung einen Operator zur Erkennung horizontaler und vertikaler Kanten:

$$\mathbf{O}_h^L + \mathbf{O}_v^L = \begin{bmatrix} 0 & 1 & 0 \\ 1 & -4 & 1 \\ 0 & 1 & 0 \end{bmatrix}. \tag{4.26}$$

Rotiert man diesen Operator um 45°,

$$\mathbf{O}_d^L = \begin{bmatrix} 1 & 0 & 1 \\ 0 & -4 & 0 \\ 1 & 0 & 1 \end{bmatrix}. \tag{4.27}$$

liefert das entsprechende Filter diagonale Kanten zurück. Durch nochmalige Addition erhält man einen Operator, der horizontal, vertikal und diagonal anspricht:

$$\mathbf{O}_{hvd}^L = \mathbf{O}_h^L + \mathbf{O}_v^L + \mathbf{O}_d^L = \begin{bmatrix} 0 & 1 & 0 \\ 1 & -4 & 1 \\ 0 & 1 & 0 \end{bmatrix} + \begin{bmatrix} 1 & 0 & 1 \\ 0 & -4 & 0 \\ 1 & 0 & 1 \end{bmatrix} = \begin{bmatrix} 1 & 1 & 1 \\ 1 & -8 & 1 \\ 1 & 1 & 1 \end{bmatrix}. \tag{4.28}$$

Die Faltung des Operators $\mathbf{O}^L_{hvd}$ mit dem Bild $\mathbf{B}$ liefert einen Schätzwert für die zweite Ableitung in horizontaler, vertikaler und diagonaler Richtung:

$$\mathbf{B}^L_{hvd} = \mathbf{O}^L_{hvd} * \mathbf{B}. \tag{4.29}$$

Die Binärbilder der Abbildungen 4.23 und 4.25 entstanden durch Ermittlung der Nulldurchgänge der zweiten Ableitung in horizontaler und vertikaler Richtung.

Abb. 4.22: *Gradientenbild von Testbild A gemäß Gleichung 4.29.*

Abb. 4.23: *Binärbild von Abbildung 4.22* .

Abb. 4.24: *Gradientenbild von Testbild B gemäß Gleichung 4.29.*

Abb. 4.25: *Binärbild von Abbildung 4.24*

Wie beim Differenzoperator, bestätigt sich für den Laplaceoperator die anhand von Abbildung 4.6 vermutete Rauschanfälligkeit bei Verwendung höherer Ableitungen, die für die vorliegenden Testbilder zu unbrauchbaren Ergebnissen führt.

Abhilfe schafft auch hier eine zusätzliche Glättung mit einem Gaußoperator. Aus der bekannten Dichte der stetigen Gaußverteilung

$$g(u,v) = \frac{1}{\sigma^2\sqrt{2\pi}} e^{\left(-\frac{u^2+v^2}{2\sigma^2}\right)} \tag{4.30}$$

lässt sich für einen Erwartungswert von Null durch Anwendung des Laplace-Operators eine Rechenvorschrift für die Matrixelemente eines Operators erstellen, der die zweimalige Differentiation des Laplace-Operators mit den Glättungseigenschaften der zweidimensionalen Gaußfunktion verbindet:

$$\nabla^2 g(u,v) = \frac{\partial^2 g(u,v)}{\partial u^2} + \frac{\partial^2 g(u,v)}{\partial v^2} = \frac{1}{\pi\sigma^4} e^{\left(-\frac{u^2+v^2}{2\sigma^2}\right)} \left(\frac{-\frac{u^2+v^2}{2\sigma^2}}{2\sigma^2} - 1 \right). \tag{4.31}$$

Dieser wird nach den Erfindern als Marr-Hildreth Operator $\mathbf{O}^{MH}$ bezeichnet [70]. Gleichung 4.31 ist eine kontinuierliche Rechenvorschrift, die für die Anwendung auf digital zu verarbeitende Bilder diskretisiert werden muss. Die Operatorgröße wird aus der Standardabweichung σ ermittelt. Je größer σ, umso größer ist die Glättungswirkung.

Welche Operatorgröße dafür notwendig ist, zeigt Abbildung 4.26. Für $\sigma = 2$ und $\sigma = 3$ wird der äußere Bereich der Funktion nur unzureichend approximiert. Es hat sich bewährt, den Radius der Matrix des Operators zu $\sigma = 4$ zu wählen. Hier wird der äußere Bereich der Funktion so gut nachgebildet, dass ein nahtloser Übergang zu den Nullwerten des ja theoretisch unendlich großen Operators gegeben ist.

Größere Radien sind möglich, führen aber durch die Größe der Operatoren zu einem Anstieg der Rechenzeit, der durch die im Vergleich zu $\sigma = 4$ erzielbare geringe Erhöhung der Genauigkeit i.d.R. nicht gerechtfertigt ist.

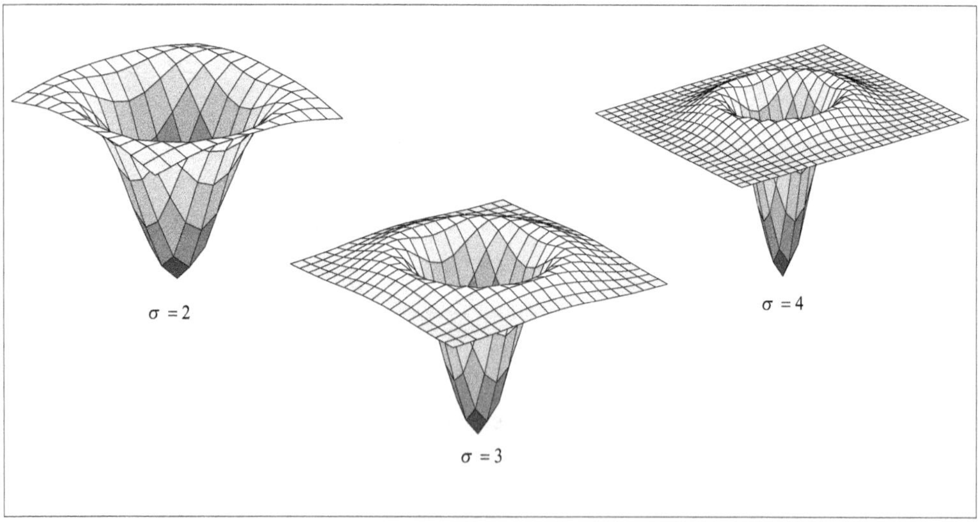

Abb. 4.26: *Diskrete Näherungen des kontinuierlichen Marr-Hildreth Operators.*

Die folgenden Abbildungen zeigen die Filterung der Bilder mit dem Marr-Hildreth Operator. Auf Grund der Größe der Operatoren sind diese grafisch dargestellt. Es wird deutlich, dass für Bilder mit schwachen Kanten auch eine Glättung des Gradienten 2. Ordnung nicht zu automatisch interpretierbaren Binärbildern führt. Die Anwendung von Verfahren 2. Ordnung setzt somit eine Bild A entsprechende Bildqualität voraus.

Abb. 4.27: *Kantenbild von Testbild A mittels Operator gemäß Abb. 4.28.*

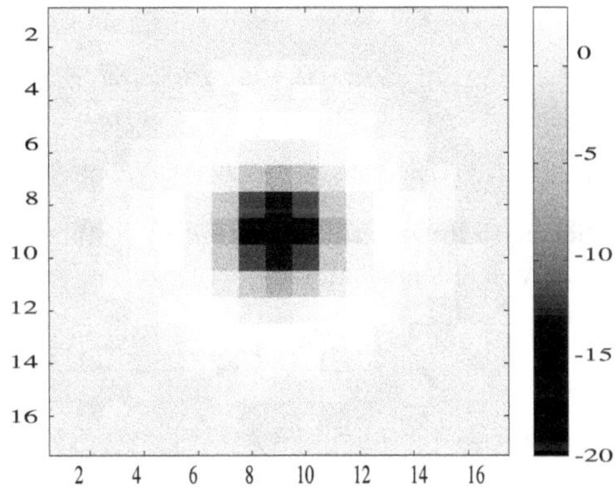

Abb. 4.28: *Darstellung des Marr-Hildreth Operators* $\mathbf{O}^{MH}$ *für* $\sigma = 2.0$

Abb. 4.29: *Kantenbild von Testbild B mittels Operator gemäß Abb. 4.30.*

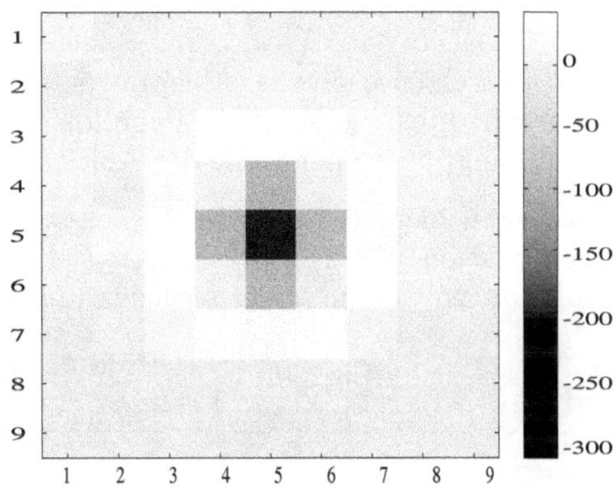

Abb. 4.30: *Darstellung des Marr-Hildreth Operators für* $\mathbf{O}^{MH}$ *für* $\sigma = 1.0$

Aus den aufgezeigten Möglichkeiten, durch Linearkombination und Rotation neue Operatoren zu bilden, geht hervor, dass es neben den genannten noch sehr viele Möglichkeiten gibt, Operatoren zu bilden.

Bei einer Unsicherheit, welcher Operator im Einzelfall anzuwenden ist, empfiehlt es sich, mit dem Sobel-Operator zu beginnen. Dieser stellt durch die gezielte Auswahl der Richtungen, verbunden mit der Glättungseigenschaft orthogonal zu den gewählten Richtungen, ein universell einsetzbares Werkzeug dar.

Die Kanten bei Anwendung des Laplace-Operators entsprechen Nulldurchgängen des gefilterten Bildes, da die zweite Ableitung an der Stelle eines Extremwertes einen Nulldurchgang liefert.

Neben der zweifachen partiellen Ableitung von $b(u,v)$ in u- und v-Richtung existieren zwei gemischte Varianten. Die partielle zweite Ableitung in Richtung v und u ergibt sich aus der partiellen Ableitung von Gleichung 4.2 nach u:

$$\begin{aligned}&\frac{\partial^2 b(u,v)}{\partial v \partial u} \approx \frac{\partial b(u,v+1)}{\partial u} - \frac{\partial b(u,v)}{\partial u} = \\ &b(u+1,v+1) - b(u,v+1) - b(u+1,v) + b(u,v).\end{aligned} \tag{4.32}$$

Die partielle zweite Ableitung in Richtung u und v ergibt sich aus der partiellen Ableitung von Gleichung 4.1 nach v:

$$\begin{aligned}&\frac{\partial^2 b(u,v)}{\partial u \partial v} \approx \frac{\partial b(u+1,v)}{\partial v} - \frac{\partial b(u,v)}{\partial v} = \\ &b(u+1,v+1) - b(u+1,v) - b(u,v+1) + b(u,v).\end{aligned} \tag{4.33}$$

Die Gleichungen 4.32 und 4.32 lassen sich ebenfalls in Matrixschreibweise darstellen:

$$\mathbf{O}_{hv}^{L} = \begin{bmatrix} 0 & 0 & 0 \\ 0 & 1 & -1 \\ 0 & -1 & 1 \end{bmatrix}, \mathbf{O}_{vh}^{L} = \begin{bmatrix} 0 & 0 & 0 \\ 0 & 1 & -1 \\ 0 & -1 & 1 \end{bmatrix}. \tag{4.34}$$

Die gemischten partiellen Ableitungen und somit auch die ablesbaren Operatoren sind identisch. Für eine konkrete Funktion $b(u,v)$ gilt dies nur unter der Annahme, dass diese Funktion an der Stelle der Ableitung stetig ist[4].

Dies kann hier als erfüllt angesehen werden, da $b(u,v)$ die abgetastete kontinuierliche Funktion $f(x,y)$ repräsentiert (siehe Unterkapitel 3.1). Die vier zweiten partiellen Ableitungen werden in der so genannten Hesse-Matrix[5]

$$\mathbf{H}(b(u,v)) = \begin{bmatrix} h_{1,1} & h_{1,2} \\ h_{2,1} & h_{2,2} \end{bmatrix} = \begin{bmatrix} \frac{\partial^2 b(u,v)}{\partial^2 u} & \frac{\partial^2 b(u,v)}{\partial v \partial u} \\ \frac{\partial^2 b(u,v)}{\partial u \partial v} & \frac{\partial^2 b(u,v)}{\partial^2 v} \end{bmatrix} \tag{4.35}$$

zusammengefasst, deren Determinante ein Maß für die Wahrscheinlichkeit der Zughörigkeit des Wertes $b(u,v)$ zu einem Eckpunkt liefert:

$$\det \mathbf{H} = h_{1,1} h_{2,2} - h_{1,2} h_{2,1}. \tag{4.36}$$

[4]Diese Aussage entspricht dem „Satz von Schwarz“, vgl. z.B Bronstein, Taschenbuch der Mathematik, 5.Auflage S. 410

[5]Ludwig Otto Hesse, deutscher Mathematiker, 1811–1874

Weiterhin liefern die Eigenwerte λ_1 und λ_2 von $\mathbf{H}$ die Aussage, ob es sich bei dem Eckpunkt um ein Maximum, ein Minimum oder um einen Sattelpunkt handelt. Die Eigenwerte ergeben sich aus der Lösung der Gleichung

$$\det(\mathbf{H} - \lambda\mathbf{I}) = 0, \tag{4.37}$$

wobei $\mathbf{I}$ die Einheitsmatrix bezeichnet.

Das führt auf eine quadratische Gleichung

$$\lambda^2 + (-h_{1,1} - h_{2,2})\,\lambda + h_{1,1}h_{2,2} - h_{1,2}h_{2,1} = 0, \tag{4.38}$$

deren Nullstellen die gesuchten Eigenwerte λ_1 und λ_2 sind.

Diese Eigenwerte werden wie folgt interpretiert:

$$\text{wenn } \lambda_1 > 0 \quad \text{und} \quad \lambda_2 > 0 \text{ dann Maximum}\,, \tag{4.39}$$

$$\text{wenn } \lambda_1 < 0 \quad \text{und} \quad \lambda_2 < 0 \text{ dann Minimum}\,, \tag{4.40}$$

$$\text{wenn } \lambda_1 < 0 \quad \text{oder} \quad \lambda_2 < 0 \text{ dann Sattelpunkt}\,. \tag{4.41}$$

Die beiden Abbildungen 4.31 und 4.32 zeigen für die Testbilder A und B die Werte der Determinanten der Hesse-Matrizen und die Art der ermittelten Eckpunkte. Da die Determinantenwerte ein Maß für die Wahrscheinlichkeit der Zugehörigkeit zu einem Eckpunkt liefern, wurden sie erst bei Überschreitung eines Schwellenwertes ausgewertet und dargestellt. Dieser Wert ist empirisch so festgelegt, dass in beiden Testbildern eine hinreichend große Anzahl Eckpunkte zur Verfügung steht.

Schon beim Vergleich der Determinantenwerte der beiden Testbilder wird deutlich, dass nur im Testbild A bildbestimmende Merkmale als Eckpunkte identifiziert werden können. Somit ist auch nur in diesem Fall eine brauchbare Aussage über die Art der Eckpunkte zu erwarten.

Testbild B enthält zwar alle Arten von Eckpunkten, liefert aber für keine Variante ein weiterverwendbares Ergebnis.

In Testbild A ist die Struktur des Bildes anhand der Merkmale der gefundenen Eckpunkte ansatzweise zu erkennen. Fahrbahnmarkierung, Randbepflanzung und Fahrzeuge sind unterscheidbar. Die Fahrbahn selbst enthält richtigerweise nur wenige Eckpunkte.

Dennoch ist offensichtlich, dass die starke Empfindlichkeit der zweiten Ableitungen gegenüber Helligkeitsänderungen zu einer nur schwer weiterzuverarbeitenden Bildinformation führt. Die Verwendung dieser Ableitungen ist somit nur bei sehr guter Bildqualität möglich.

Um eine Robustheit gegenüber Bildrauschen und Änderungen der Umgebungsbedingungen, gemeint sind hier vor allem die Tag-Nacht-Unterschiede, zu erreichen, sind die Ableitungen erster Ordnung besser geeignet.

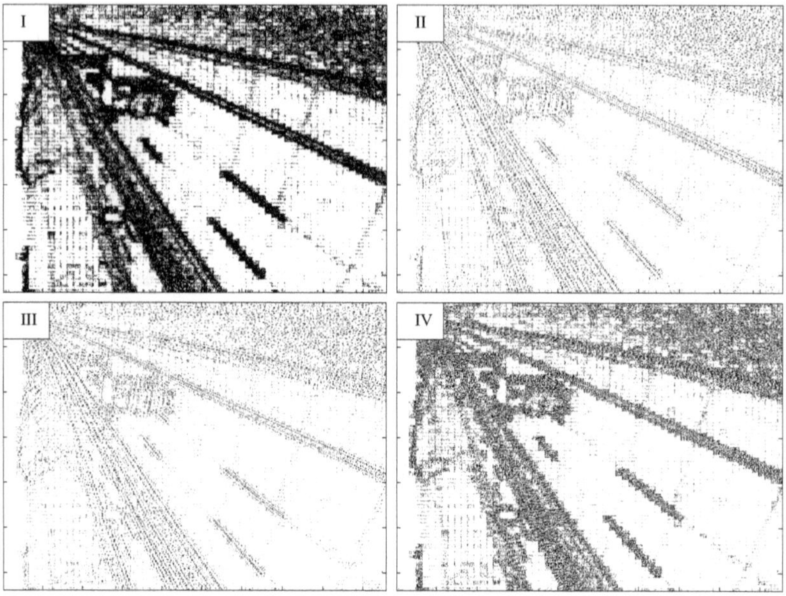

Abb. 4.31: *Analyse der partiellen zweiten Ableitung für Testbild A. Bild I: Determinante der Hesse-Matrix, Bild II: Maxima, Bild III: Minima, Bild IV: Sattelpunkte.*

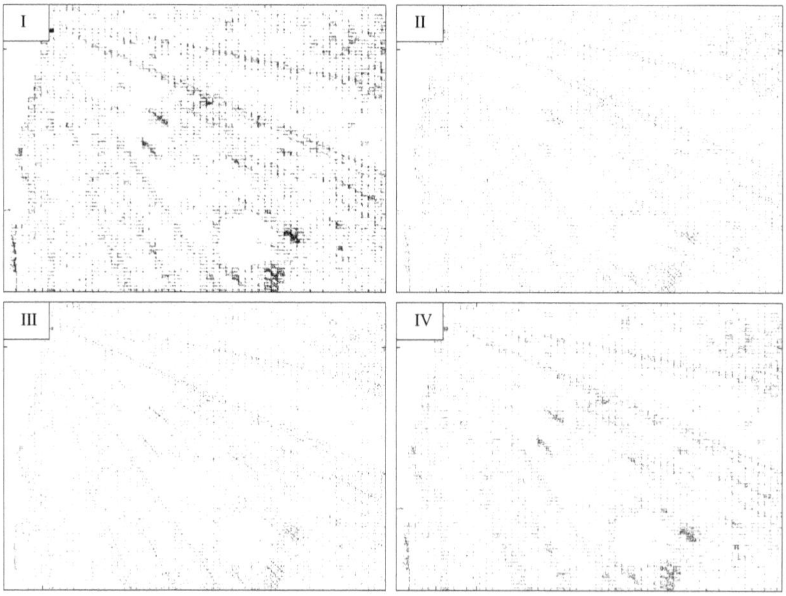

Abb. 4.32: *Analyse der partiellen zweiten Ableitung für Testbild B. Bild I: Determinante der Hesse-Matrix, Bild II: Maxima, Bild III: Minima, Bild IV: Sattelpunkte.*

4.1.2 Bildglättung durch Tiefpassfilterung

Bildrauschen tritt als hochfrequente Störung des Bildsignals in Erscheinung, die für den menschlichen Betrachter nicht zwangsläufig sichtbar sein muss. Die verschiedenen Arten und Ursachen des Rauschens sind vielfältig und können beispielsweise nach ihrer Ursache, nach ihrer Verteilungsfunktion und den Verteilungsparametern oder nach ihrer Korrelationseigenschaft, dass bedeutet korreliertes und unkorreliertes Rauschen, klassifiziert werden. Eine Erläuterung dieser Klassifikationen findet sich in [31], Varianten zur mathematischen Modellierung von Bildrauschen sind in [14] ab Seite 325 erläutert.

Hier wollen wir uns auf den praxisnahen Zugang der Klassifikation nach den Ursachen des Rauschens beschränken und die im Folgenden genannten Arten des Bildrauschens näher betrachten.

Photonenrauschen:
Die Anzahl der Photonen, die bei gleicher Helligkeit auf ein einzelnes Element des Bildaufnehmers trifft, ist nicht konstant sondern eine Zufallsgröße. Die Verteilung dieser Zufallsgröße lässt sich durch eine Poissonverteilung beschreiben. Der Effekt des Photonenrauschens ist bei niedriger Lichtintensität, z.B. Nachtbildern, ausgeprägter als bei höherer Lichtintensität.

Thermisches Rauschen:
Das thermische Rauschen resultiert aus dem sogenannten Dunkelstrom. Dieser entsteht durch das Auslesen von Elektronen, die auf Grund thermischer Bewegung in das Leitungsband gelangt sind. Diese repräsentieren somit keine Photonenenergie sondern Wärmenergie und verfälschen dadurch die Bildinformation. Die für den Dunkelstrom notwendige Energie kann beispielsweise durch die Eigenerwärmung der Kamera oder durch Wärme aus der Umgebung geliefert werden. Das thermische Rauschen tritt verstärkt bei längeren Belichtungszeiten auf und kann durch eine aktive Kühlung der Kamera bzw. des Sensors vermindert werden.

Quantisierungsrauschen:
Quantisierungsrauschen hat seine Ursache in der wertmäßigen Quantisierung der Bildinformation (vgl. Abschnitt 3.3). So kann beispielsweise bei einer Quantisierung mit 8 Bit der Intensitätsbereich der Helligkeis- oder Farbkanäle des Bildes in maximal $2^8 = 256$ Stufen zerlegt werden. Die Intensitätsschwankungen innerhalb der Quantisierungssprünge gehen verloren.

Die genannten Störungen treten im Bild flächendeckend auf. Wenn sie additiv sind, signalunabhäng auftreten und der Gaußverteilung genügen, lassen sie sich durch die lineare Faltungsoperation mit einem geeigneten Operator vermindern. Bildweites Rauschen lässt sich beispielsweise bei Nachtbildern, die ohne Zusatzbeleuchtung aufgenommen wurden, beobachten.

Da die genannten Arten des Rauschens zwar typische Vertreter des Phänomens, jedoch nicht die Einzigen sind, ist es für die weitere Betrachtung sinnvoll, eine modellhafte Beschreibung des Rauschens zu verwenden, die für die unterschiedlichen Ausprägungen der Erscheinung Gültigkeit besitzt. Abbildung 4.33 illustriert die Modellannahmen, welche dem bildweiten Bildrauschen zu Grunde gelegt werden.

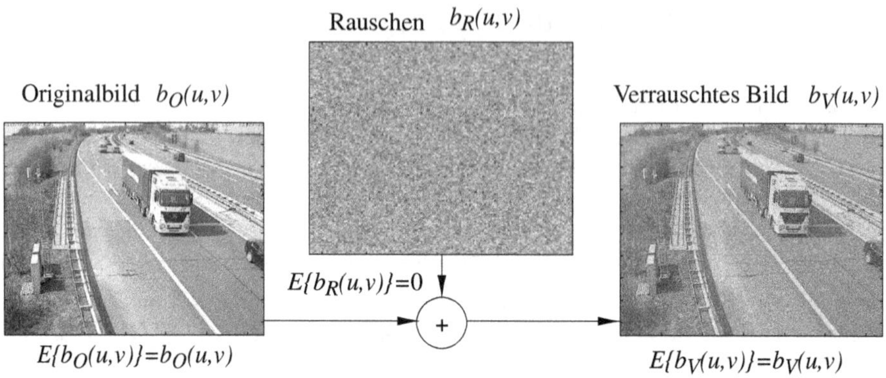

Abb. 4.33: *Modellierung einer Bildstörung durch flächenweites Rauschen.*

Hierbei geht man davon aus, dass eine ungestörte Funktion $b_O\,(u,v)$ eines Bildes durch eine Funktion $b_R\,(u,v)$ gleicher Dimension überlagert wird. Diese soll ausschließlich Rauschen enthalten. Dadurch entsteht eine verrauschte Bildfunktion $b_V\,(u,v)$. Unter der Annahme, dass der Erwartungswert $E\{b_R\,(u,v)\}$ des Rauschsignals gleich Null ist, und die nicht verrauschte Bildfunktion für jedes ihrer Elemente einen Erwartungswert $E\{b_O\,(u,v)\}$ besitzt, der gleich dem wahren Wert $b_O\,(u,v)$ ist, lässt sich folgende Gleichung (vgl. [98] Seite 164 ff.) aufstellen:

$$E\{b_V\,(u,v)\} = E\{b_O\,(u,v)\} + E\{b_R\,(u,v)\} = E\{b_O\,(u,v)\} = b_O\,(u,v)\,. \tag{4.42}$$

Setzt man den Anfang und das Ende dieser Gleichung nebeneinander, dann erhält man einen Ausdruck

$$E\{b_V\,(u,v)\} = b_O\,(u,v) \tag{4.43}$$

der besagt, dass sich das unverrauschte Bild aus den Erwartungswerten der Elemente des verrauschten Bildes ermitteln lässt. Der Erwartungswert eines Signals lässt sich bekanntlich aus dem Mittelwert einer hinreichend großen Anzahl von Signalwerten berechnen. Da das Bildsignal zeitlich und räumlich variiert, kann die Mittlung zeitlich oder räumlich vorgenommen werden.

Beiden Vorgehensweisen liegen jedoch zwei Annahmen zu Grunde, die sich in der Praxis nicht exakt erfüllen lassen:

1. Die zeitliche Mittelung:

Die Mittelung als zeitliche Mittelung durchgeführt, führt nicht zum Erfolg, wenn sich der Bildinhalt zwischen den einzelnen Aufnahmen geändert hat. Dies ist natürlich meistens der Fall, z.B. wenn sich ein Fahrzeug von Bild zu Bild bewegt. Dann ist die Änderung der Intensität der Bildelemente nicht nur auf das zu eliminierende Rauschen, sondern auch auf die Fahrzeugbewegung zurückzuführen. Durch eine zeitliche Mittlung werden Änderungen, die im Bild nur kurzzeitig auftreten, entfernt. Da sich Fahrzeuge bei flüssigem Verkehr immer nur kurzzeitig im Sichtfeld der Kamera befinden, werden diese aus dem zeitlichen Durchschnittswert des Bildes herausgerechnet.

Dies ist hier unerwünscht, da es um die Unterdrückung von Rauschanteilen im Bild geht. Eine gewollte Anwendung dieses Effektes ist die Schätzung von Hintergrundbildern, wie sie in Unterabschnitt 5.4.4 erläutert wird.

2. Die räumliche Mittelung:

Die räumliche Mittelung erfolgt innerhalb der Umgebung der einzelnen Bildelemente. Da es um die Erkennung von Rauschen im Sinne einer Abweichung vom Erwartungswert geht, muss ein in der Umgebung des Bildelementes konstanter Grauwert vorausgesetzt werden. Dies wird in den einzelnen Umgebungen der Bildelemente unterschiedlich gut erfüllt sein. Es liegt somit zwar eine gelegentliche Abweichung von der Annahme, jedoch kein permanentes Problem, wie für die zeitliche Mittlung vor. Also wird man auf eine räumliche Mittlung zurückgreifen.

Diese erfolgt durch Faltung des Ausgangsbildes mit einem geeigneten Operator in Matrixschreibweise. Die Faltung von Bild und Operator wurde ausführlich bei der Darstellung der Hochpassfilterung in Abschnitt 4.1.1 erläutert. Im einfachsten Fall werden alle Intensitäten in der Umgebung des zu filternden Bildelementes gleich gewichtet. Dann hat der Filteroperator in Matrixschreibweise das folgende Aussehen:

$$\mathbf{O}^M = \begin{bmatrix} & \vdots & \vdots & \vdots & \vdots & \vdots & \vdots & \vdots & \vdots & \vdots & \vdots & \\ \cdots & 0 & 0 & 0 & 0 & 0 & 0 & 0 & 0 & 0 & 0 & \cdots \\ \cdots & 0 & 0 & 0 & 0 & 0 & 0 & 0 & 0 & 0 & 0 & \cdots \\ \cdots & 0 & 1 & 1 & 1 & 1 & 1 & 1 & 1 & 0 & 0 & \cdots \\ \cdots & 0 & 1 & 1 & 1 & 1 & 1 & 1 & 1 & 0 & 0 & \cdots \\ \cdots & 0 & 1 & 1 & 1 & 1 & 1 & 1 & 1 & 0 & 0 & \cdots \\ \cdots & 0 & 1 & 1 & 1 & 1 & 1 & 1 & 1 & 0 & 0 & \cdots \\ \cdots & 0 & 1 & 1 & 1 & 1 & 1 & 1 & 1 & 0 & 0 & \cdots \\ \cdots & 0 & 1 & 1 & 1 & 1 & 1 & 1 & 1 & 0 & 0 & \cdots \\ \cdots & 0 & 1 & 1 & 1 & 1 & 1 & 1 & 1 & 0 & 0 & \cdots \\ \cdots & 0 & 0 & 0 & 0 & 0 & 0 & 0 & 0 & 0 & 0 & \cdots \\ & \vdots & \vdots & \vdots & \vdots & \vdots & \vdots & \vdots & \vdots & \vdots & \vdots & \end{bmatrix} . \quad (4.44)$$

Man bezeichnet einen solchen Operator als Mittelwertoperator. Die Darstellung soll noch einmal daran erinnern, dass die linearen Filteroperatoren eine unendliche Ausdehnung besitzen. Das Ergebnis der Faltung ist durch die Anzahl der einbezogenen Bildelemente, im vorliegenden Fall 49, zu dividieren, um den gesuchten Schätzwert des Erwartungswertes in der 3×3 Umgebung des Bildelementes zu erhalten.

Um die Eigenschaften dieses Filters beurteilen zu können, sind in Abbildung 4.34 und 4.35 die Darstellung im Ortsraum und das Amplitudenspektrum von $\mathbf{O}^M$ gegenübergestellt. Der unendlich große Anstieg an den Grenzen zwischen Null und Eins führt dazu, dass im Frequenzbereich theoretisch alle und somit auch hohe Frequenzen auftreten. In Abbildung 4.35 ist das zu erkennen. Im Zentrum des gezeigten Amplitudenspektrums befinden sich die tiefen Frequenzen mit einem hohen Anteil am Gesamtsignal. Davon ausgehend sind in alle Richtungen gleichermaßen bestimmte, von Null verschiedene Anteile hoher Frequenzen zu erkennen.

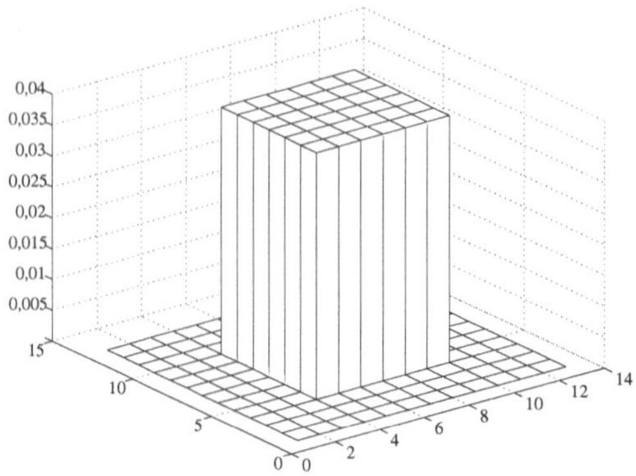

Abb. 4.34: *Der Mittelwertfilter im Ortsraum*

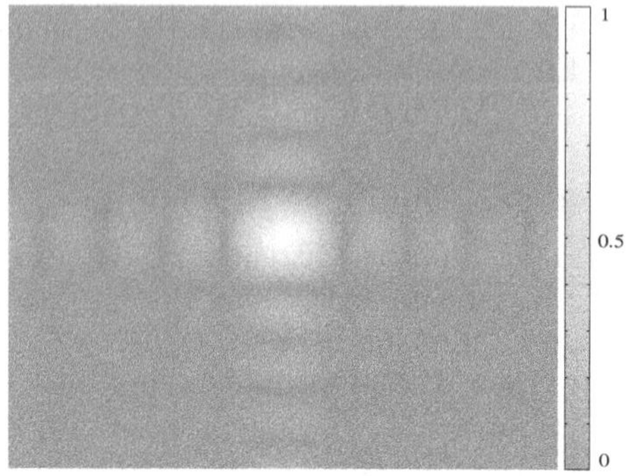

Abb. 4.35: *Amplitudenspektrum des Mittelwertfilters.*

Das bedeutet für den Filter, dass hohe Frequenzen zwar gedämpft, aber nicht vollständig unterdrückt werden. Um eine vollständige Dämpfung der hohen Frequenzen zu erzielen, ist also ein anderer Filter als der Mittelwertfilter erforderlich. Dieser Filter muss als wesentliche Eigenschaft einen endlichen Anstieg beim Übergang von den Nullwerten zu den eigentlichen Filterwerten aufweisen. Einen solchen Verlauf besitzt die Wahrscheinlichkeitsverteilungsdichte der zweidimensionalen Gaußverteilung.

Da hier eine diskrete Funktion benötigt wird, wird die stetige Gaußverteilung durch die Binomialverteilung approximiert. Der Filterentwurf basiert darauf, dass die Binomialkoeffizienten, wenn man sie als Wahrscheinlichkeiten interpretiert, sich mit zunehmendem Grad n zunächst der Poisson- und dann der Binomialverteilung annähern. Die Berechnung der Binomialkoeffizenten kann mit Hilfe des Pascal'schen Dreiecks erfolgen. Die Herleitung eines Binomialfilteroperators der Ordnung sieben, als Gegenstück zum bereits vorgestellten Mittelwertfilter gleicher Ordnung, soll nun erfolgen.

Zunächst liest man aus dem Pascal'schen Dreieck[6]

$n = 0$:							1						
$n = 1$:						1		1					
$n = 2$:					1		2		1				
$n = 3$:				1		3		3		1			
$n = 4$:			1		4		6		4		1		
$n = 5$:		1		5		10		10		5		1	
$n = 6$:	1		6		15		20		15		6		1

die benötigten Binomialkoeffizienten ab. Im vorliegenden Fall sind dies: 1 6 15 20 15 6 1.

[6]Blaise Pascal, französischer Mathematiker, Physiker und Philosoph, 1623–1662

Diese werden über die Zeilen und Spalten einer 7×7 Matrix geschrieben:

$$\mathbf{O}^G = \begin{array}{r|ccccccc} & 1 & 6 & 15 & 20 & 15 & 6 & 1 \\ \hline 1: & (1\cdot 1) & (6\cdot 1) & (15\cdot 1) & (20\cdot 1) & (15\cdot 1) & (6\cdot 1) & (1\cdot 1) \\ 6: & (1\cdot 6) & (6\cdot 6) & (15\cdot 6) & (20\cdot 6) & (15\cdot 6) & (6\cdot 6) & (1\cdot 6) \\ 15: & (1\cdot 15) & (6\cdot 15) & (15\cdot 15) & (20\cdot 15) & (15\cdot 15) & (6\cdot 15) & (1\cdot 15) \\ 20: & (1\cdot 20) & (6\cdot 20) & (15\cdot 20) & (20\cdot 20) & (15\cdot 20) & (6\cdot 20) & (1\cdot 20) \\ 15: & (1\cdot 15) & (6\cdot 15) & (15\cdot 15) & (20\cdot 15) & (15\cdot 15) & (6\cdot 15) & (1\cdot 15) \\ 6: & (1\cdot 6) & (6\cdot 6) & (15\cdot 6) & (20\cdot 6) & (15\cdot 6) & (6\cdot 6) & (1\cdot 6) \\ 1: & (1\cdot 1) & (6\cdot 1) & (15\cdot 1) & (20\cdot 1) & (15\cdot 1) & (6\cdot 1) & (1\cdot 1) \end{array} . \tag{4.45}$$

Durch Multiplizieren der Zeilen- und Spaltenwerte ergibt sich der Gaußoperator[7] $\mathbf{O}^G$:

$$\mathbf{O}^G = \begin{bmatrix} 1 & 6 & 15 & 20 & 15 & 6 & 1 \\ 6 & 36 & 90 & 120 & 90 & 36 & 6 \\ 15 & 90 & 225 & 300 & 225 & 90 & 15 \\ 20 & 120 & 300 & 400 & 300 & 120 & 20 \\ 15 & 90 & 225 & 300 & 225 & 90 & 15 \\ 6 & 36 & 90 & 120 & 90 & 36 & 6 \\ 1 & 6 & 15 & 20 & 15 & 6 & 1 \end{bmatrix} . \tag{4.46}$$

Abbildung 4.36 zeigt den Gaußoperator siebenter Ordnung $\mathbf{O}^G$ im Ortsraum. Zu beachten ist, dass natürlich auch nach Anwendung dieses Operators das Ergebnis durch die Summe der Elemente des Operators zu dividieren ist, um die Schätzwerte des gesuchten Erwartungswertes der nicht verrauschten Bildelemente zu erhalten.

Durch die Approximation der Glockenkurve ergibt sich der gewünschte endliche Anstieg beim Übergang von den Nullwerten zu den Werten des Operators. Somit sind auch keine hohen Frequenzen notwendig, um diesen Operator durch eine Linearkombination periodischer Funktionen darzustellen. Dies wird durch das in Abbildung 4.37 gezeigte Amplitudenspektrum der Fouriertransformierten von $\mathbf{O}^G$ verdeutlicht.

Die Wirkung des Gaußfilters zeigt Abbildung 4.38. Das linke Bild ist das nicht verrauschte Originalbild. Die Darstellung des Bildausschnitts ist soweit vergrößert, dass die einzelnen Bildelemente sichtbar werden. Dies ist hilfreich, um einerseits das Rauschen und andererseits die Wirkung der Tiefpassfilterung zu erkennen. Dafür wurde das Originalbild mit Hilfe von Zufallszahlen künstlich verrauscht (mittleres Bild) und mit Hilfe des Gaußoperators geglättet (rechtes Bild).

---

[7] Obwohl dieser Operator die Binomialverteilung approximiert, hat sich die Bezeichnung Gaußoperator durchgesetzt.

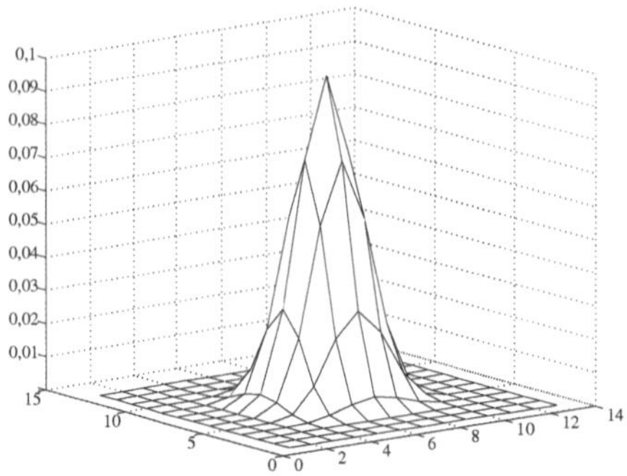

Abb. 4.36: Der Gaußfilter im Ortsraum

Abb. 4.37: Amplitudenspektrum der Fouriertransformierten des Gaußfilters.

Betrachtet man zunächst nur die Flächen, beispielsweise die Fahrbahn, erkennt man, dass das Bildrauschen vermindert wurde. Es ist jedoch offensichtlich, dass eine vollständige Entfernung nicht möglich war.

Die Ursache findet sich in der bereits erläuterten Annahme, dass eine Entfernung von Bildrauschen nur über einen konstanten Erwartungswert möglich ist. Besonders deutlich wird die Abweichung von dieser Annahme, wenn man die Bildkanten nach der Tiefpassfilterung betrachtet. Aus Abschnitt 4.1.1 ist bekannt, dass Bildkanten ebenso wie das Rauschen hohe Frequenzen im Bild darstellen. Somit ist es folgerichtig, dass auch diese von der Glättung betroffen sind.

Abb. 4.38: Bildglättung mit einem Gaußfilter 7. Ordnung. Links: Das Originalbild, mitte: das verrauschte Bild, rechts: das gefilterte verrauschte Bild.

Zusammenfassend lässt sich feststellen, dass mit steigender Ordnung des Filters, die Glättungswirkung zunimmt. Falls die Bildkanten nach dem Einsatz eines Tiefpassfilters analysiert werden sollen, ist durch geeignete Wahl der Filterordnung ein Kompromiss zwischen Rauschunterdrückung und verbleibender Kantenstärke zu finden. Dabei wird man bei stärker verrauschten Bildern an Grenzen stoßen.

4.2 Nichtlineare Filterung

Unter dem Begriff der „nichtlinearen Filterung“ werden eine Reihe von Operationen zusammengefasst, die sich im Gegensatz zur „linearen Filterung“ nicht durch eine Faltung von Bild und Operator darstellen lassen. Diese Filter können einerseits wieder dem Beheben von Bildstörungen und andererseits zum gezielten verändern von Bildobjekten eingesetzt werden. Im Folgenden werden zur Bildverbesserung ein Vertreter der Rangordnungsfilter, der sogenannte Medianfilter, und zwei typische Vertreter zur Durchführung morphologischer[8], also gestaltverändernder Operationen behandelt. Dies sind der der Dilatations- und der Erosionsfilter.

4.2.1 Medianfilter

Eine gänzlich andere Art als das in Abschnitt 4.1.2 behandelte flächenhafte Rauschen ist das sogenannte Impulsrauschen. Diese Störung wird in Form besonders heller oder dunkler Werte einzelner Pixel sichtbar, die sich somit als positive oder negative Impulse von ihrer Umgebung abheben. Diese Umgebung der gestörten Bildelemente bleibt jedoch unverändert. Ursache für das Impulsrauschen können elektromagnetische Felder sein. Die Abbildungen 4.39 und 4.40 zeigen einen Bildausschnitt jeweils ohne und mit Impulsrauschen. Diese wurde als Grundlage für die folgende Darstellung des Phänomens künstlich erzeugt.

Abb. 4.39: *Unverrauschter Bildausschnitt*

Abb. 4.40: *Durch Impulsrauschen veränderter Bildausschnitt*

Naheliegend wäre nun der Gedanke, das Impulsrauschen, welches ebenso wie das flächenhafte Rauschen hohe Frequenzen im Bild repräsentiert, durch den Einsatz der bereits behandelten Mittelwert- oder Gaußfilter zu vermindern. Anhand der in den Abbildungen 4.35 und 4.37) gezeigten Amplitudenspektren wurde sichtbar, dass es sich hierbei um Tiefpassfilter handelt.

Somit würden die bildstörenden Impulse als Eingangssignal auf einen Tiefpassfilter wirken. Das Ausgangssignal als Reaktion auf einen Impuls bezeichnet man bei linearen Übertragungssystemen als Gewichtsfunktion.

[8] griech: morphē, Gestalt oder Form

Aus der Systemtheorie ist bekannt [92], dass die Gewichtsfunktion eines Tiefpassfilters eine monoton fallende Funktion ist. Abbildung 4.41 zeigt deren prinzipiellen Verlauf.

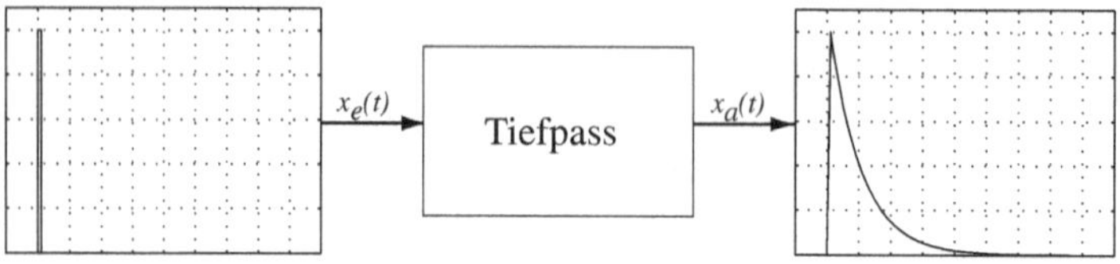

Abb. 4.41: *Prinzipieller Verlauf der Gewichtsfunktion eines Tiefpassfilters*

Überträgt man diese Eigenschaft auf ein Bildsignal, dann ist also zu erwarten, dass der Impuls breitgezogen bzw. „verschmiert" wird. Abbildung 4.42 zeigt die Anwendung eines Mittelwertfilters 5. Ordnung auf das durch Impulsrauschen gestörte Bild aus Abbildung 4.40. Man erkennt auf der Fahrbahn, dass ein Tiefpassfilter für die Filterung von Impulsrauschen von vornherein ungeeignet ist, da der Bildfehler nicht vermindert, sondern verteilt wird. Zusätzlich wird am Fahrzeug deutlich, dass ein großer Teil der Bildschärfe verloren geht.

Abb. 4.42: *Glättung des Impulsrauschens mit einem Mittelwertfilter 5. Ordnung.*

Abb. 4.43: *Glättung des Impulsrauschens mit einem Medianfilter 5. Ordnung.*

Wie lässt sich Impulsrauschen nun wirksam vermindern? Betrachte man das Phänomen genauer, dann erkennt man, dass ein Bildelement mit impulsartiger Störung seine ursprüngliche Information vollkommen verloren hat. Um es wiederherzustellen muss es also zunächst erkannt und dann neu definiert werden.

Ein linearer Filter ist dazu nicht in der Lage, da er unter der Annahme arbeitet, dass die Intensitäten in einem bestimmten Bildbereich zwar stochastisch gestört, aber nahezu konstant sind. Geeignet für diese Aufgabe sind die sogenannten Rangordnungsfilter. Sie arbeiten nach folgendem Prinzip: Die Intensitätswerte in der Umgebung des zu filternden Bildelementes werden der Größe nach sortiert.

Dies trägt dem Umstand Rechnung, dass beim Impulsrauschen immer genau ein Pixel, nicht jedoch dessen Nachbarn betroffen sind. Als neuer Wert wird je nach der Art des Filters das Minimum, das Maximum oder der Wert in der Mitte verwendet. Zum Entfernen von Impulsrauschen ist nur letzterer geeignet. Man bezeichnet ihn wegen der Verwendung des mittleren Wertes als Medianfilter. Abbildung 4.43 zeigt die Anwendung eines solchen Medianfilters der Ordnung fünf auf das durch Impulsrauschen gestörte Bild aus Abbildung 4.40.

Der mittlere Helligkeitswert wird hierbei aus einer 5×5 Bildelemente großen Umgebung dem zentralen Element zugeordnet. Ein Vergleich mit dem Mittelwertfilter (Abbildung 4.42) zeigt zwei wichtige Unterschiede in der Wirkung: Zunächst ist deutlich zu erkennen, dass die Medianfilterung das Impulsrauschen wesentlich besser unterdrückt als die Tiefpassfilterung, die auf Grund ihrer Gewichtsfunktion nur eine Verwischung bzw. Verschmierung erzielen kann. Außerdem fällt auf, dass die Kanten nach der Medianfilterung besser erhalten sind als nach der Tiefpassfilterung. Dies hängt mit der bereits erwähnten Annahme zusammen, dass der Tiefpassfilter konstante stochastisch gestörte Intensitätswerte in einer Umgebung voraussetzt. Der Medianfilter hingegen ersetzt isoliert stehende Abweichungen von der Umgebungshelligkeit durch einen mittleren Wert aus der Umgebung. Hier werden also keine neuen Werte erzeugt.

Der Kantenerhalt des Medianfilters ist zwar besser als bei der Tiefpassfilterung, einen genauen Erhalt der Kante erzielt man mit dem Medianfilter jedoch nur, wenn folgende Annahmen erfüllt sind [98]:

1. Die Kante ist durch jeweils gleiche Intensitätswerte begrenzt.
2. Die Differenz zwischen den Werten der Kante und den anliegenden Werten ist größer als das zu filternde Störsignal.
3. Die Kante verläuft gerade über den Medianfilter

Alle diese Annahmen sind in der Praxis nur näherungsweise zu erfüllen. Vergleicht man Abbildung 4.43 mit Abbildung 4.39 so erkennt bei stark vermindertem Impulsrauschen noch recht deutlich Kanten. Dennoch unterscheidet sich gefilterte Bild vom ursprünglichen Bild deutlich.

4.2.2 Dilatations- und Erosionsfilter

Eine weitere Klasse von nichtlinearen Filteroperationen sind die sogenannten morphologischen Operationen. Diese gestaltverändernden Operationen werden hier in zwei Varinaten behandelt: Die „Dilatation“[9] führt zu einer Vergrößerung von Bildobjekten. Die zweite Variante, die so genannte „Erosion“[10] verkleinert Bildobjekte. Morphologische Operationen werden üblicherweise als Vorverarbeitungsschritt auf binäre Regionenbilder angewandt[11].

[9] lat. dilatare: verbreiten

[10] lat. erodere: abtragen

[11] Unter binären Regionenbildern werden in der vorliegenden Arbeit binarisierte Differenzbilder verstanden. Behandelt werden diese in Unterkapitel 5.4.1.

Um diesem Umstand Rechnung zu tragen, wird Folgendes vereinbart:

1. Objektbildpunkte bekommen den Wert „1“ und werden schwarz dargestellt.
2. Hintergrundbildpunkte bekommen den Wert „0“ und werden weiß dargestellt.

Dilatation und Erosion werden wie folgt berechnet: Die Dilatation ist eine kommutative Operation zwischen einer Bildmatrix $\mathbf{B}$ mit den Elementen $b_{u,v}$ und einem Operator $\mathbf{O}$ mit den Elementen $o_{i,j}$. Sie führt zu einer Objektvergrößerung und verbindet nah beieinanderliegende Objekte. Die Dilatation wird folgendermaßen berechnet:

$$b_{u,v} = \begin{cases} 1 \text{ (schwarz), wenn } \sum_{i=-1}^{1} \sum_{j=-1}^{1} \left(b_{u+i,v+j} \cdot o_{i,j}\right)_{i \neq 0 \wedge j \neq 0} \neq 0, \\ 0 \text{ (weiß) sonst.} \end{cases} \tag{4.47}$$

Gleichung 4.47 bewirkt, dass der zentrale Bildpunkt $b_{u,v}$ den Wert eins zugewiesen bekommt, sobald ein schwarzer Bildpunkt von Operator und Bild aufeinandertreffen.

Die Erosion ist eine nicht kommutative Operation zwischen einer Bildmatrix $\mathbf{B}$ mit den Elementen $b_{u,v}$ und einem Operator $\mathbf{O}$ mit den Elementen $o_{i,j}$. Sie führt zu einer Objektverkleinerung und trennt nah beieinanderliegende Objekte. Die Erosion wird folgendermaßen berechnet:

$$b_{u,v} = \begin{cases} 1 \text{ (schwarz), wenn } \sum_{i=-1}^{1} \sum_{j=-1}^{1} \left(b_{u+i,v+j} \cdot o_{i,j}\right)_{i \neq 0 \wedge j \neq 0} = \\ \qquad \sum_{i=-1}^{1} \sum_{j=-1}^{1} \left(o_{i,j}\right)_{i \neq 0 \wedge j \neq 0}, \\ 0 \text{ (weiß) sonst.} \end{cases} \tag{4.48}$$

Gleichung 4.48 bewirkt, dass der zentrale Bildpunkt $b_{u,v}$ den Wert „weiß“ (null) zugewiesen bekommt, sobald nicht alle schwarzen Bildpunkte von Operator und Bild übereinanderliegen.

Gleichung 4.49 zeigt einige Möglichkeiten für die Bildung geeigneter Operatoren:

$$\mathbf{O}_{h,v}^{DE_{Raute}} = \begin{bmatrix} 0 & 1 & 0 \\ 1 & \times & 1 \\ 0 & 1 & 0 \end{bmatrix}, \mathbf{O}_{h,v}^{DE_{Rechteck}} = \begin{bmatrix} 0 & 1 & 1 \\ 0 & \times & 1 \\ 0 & 0 & 0 \end{bmatrix}, \mathbf{O}_{h,v}^{DE_{Achter}} = \begin{bmatrix} 1 & 1 & 1 \\ 1 & \times & 1 \\ 1 & 1 & 1 \end{bmatrix}. \tag{4.49}$$

Der zentrale Bildpunkt ist durch ein $\times$ gekennzeichnet. Die gezeigten Operatoren sind gleichermaßen für die Dilatation und die Erosion geeignet. Der Unterschied liegt in der Auswertung gemäß der Gleichungen 4.47 und 4.48.

Dilatation und Erosion sind in ihrer Wirkung entgegengesetzt. Jedoch kann eine Dilatation nicht durch eine Erosion rückgängig gemacht werden – und umgekehrt. Außerdem sind die Operationen zu einander nicht kommutativ. Folgt eine Erosion auf eine Dilatation, erhält man ein anderes Ergebnis, als wenn man eine Dilatation und danach eine Erosion auf ein Bild anwendet.

Den ersten Fall bezeichnet man als „Öffnen“ und den zweiten Fall als „Schließen“ des Bildes. Beim Öffnen werden einzelne Objektpunkte und kleine Bildobjekte entfernt, beim Schließen werden Lücken in Bildobjekten geschlossen. Interessant für die Vorverarbeitung von Verkehrslagebildern ist das Schließen von Lücken, um eine homogene Abbildung des Einzelfahrzeugs zu erhalten.

Abbildung 4.44 zeigt ein Beispiel für Fahrzeugabbilder mit inhomogenen Flächen und das Schließen der Lücken durch zweimalige Dilatation und Erosion mit den Operatoren aus Gleichung 4.49.

Das mittlere Fahrzeug weist nur eine kleine Lücke und zwei Unstetigkeiten am Rand auf. Das rechte Fahrzeug zeigt größere Lücken und das linke Fahrzeug besteht sogar aus mehreren Segmenten. Für die einteiligen Fahrzeuge leisten alle drei Operatoren Vergleichbares. Für das mehrteilige Fahrzeug ist mit den gewählten zwei Schritten nur der Operator $\mathbf{O}_{h,v}^{DE_{Achter}}$ anwendbar. Dies verdeutlicht Folgendes: Die Erosion darf erst angewandt werden, wenn alle Lücken durch die Dilatation geschlossen wurden. Sonst werden die verbliebenen Inhomogenitäten vergrößert. Das Beispiel unterstreicht auch, dass eine Erosion nach einer Dilatation das ursprüngliche Bild nicht wiederherstellen kann. Die verbliebenen Inhomogenitäten befinden sich zwar an der gleichen Stelle im Bild, zeigen aber nach den Operationen eine andere Form.

Zusammenfassend lässt sich feststellen, dass sich mit den hier vorgestellten morphologischen Basisoperatoren homogene Fahrzeugabbilder im Binärbild erzeugen lassen. Um möglichst viele Fahrzeuge zuverlässig zu filtern, ist ein Kompromiss zwischen der Anzahl der Wiederholungen der Operationen und der zur Verfügung stehenden Rechenzeit zu finden.

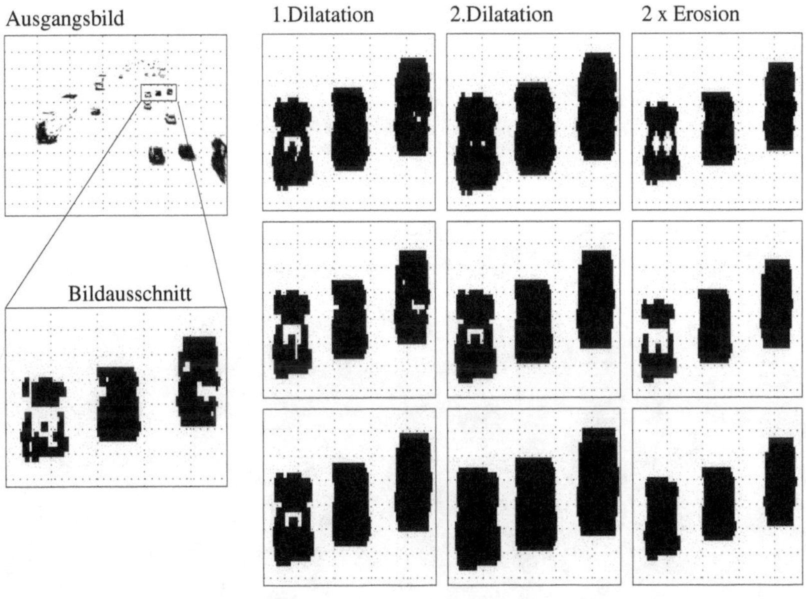

Abb. 4.44: *Ein binäres Regionenbild mit inhomogenen Bildobjekten. Die zweimalige Anwendung der Dilatation mit anschließender zweimaliger Erosion auf den gezeigten Bildausschnitt zeigt der rechte Teil der Abbildung. Obere Zeile: Operator* $\mathbf{O}_{h,v}^{DE_{Raute}}$, *mittlere Zeile: Operator* $\mathbf{O}_{h,v}^{DE_{Rechteck}}$, *untere Zeile: Operator* $\mathbf{O}_{h,v}^{DE_{Achter}}$. *Die zweimalige Erosion ist notwendig, um nach zweimaliger Dilatation die Originalgröße des Fahrzeugabbildes wieder herzustellen.*

5 Signalmodelle für Fahrzeug und Hintergrund

Das von der Kamera aufgenommene Bild kann in der Regel nicht direkt analysiert werden. Dazu dienen Signalmodelle. Diese werden mit Methoden erzeugt, mit denen Bildanteile so extrahiert und verändert werden, dass die nachfolgende Analyse zur Bestimmung der Verkehrsdaten möglich wird.

Um eine Allgemeingültigkeit zu erhalten, werden die Signalmodelle nach ihrer geometrischen Dimension, mit der sie im Bild definiert werden, klassifiziert. Dieser Ansatz lässt Raum für Ergänzungen innerhalb der Klassen und muss andererseits nachträglich nicht erweitert werden.

Behandelt werden Punkt-, Linien- und Flächenmodelle. Dreidimensionale Modelle, die zum Beispiel mittels Stereokameras erzeugt werden können, sind nicht Gegenstand der Betrachtung. Mit steigender Dimension nimmt der Informationsgehalt und die Komplexität der Modelle zu. Somit nehmen die Flächenmodelle auch in der Darstellung den größten Raum ein.

Neben der geometrischen Ausprägung hat sich eine weitere Unterscheidungsmöglichkeit für Signalmodelle als zweckmäßig erwiesen. Dies ist die Unterscheidung in modellbasierte und nichtmodellbasierte Signalmodelle. Modellbasierte Signalmodelle berücksichtigen objektspezifische Eigenschaften, nichtmodellbasierte Signalmodelle verzichten darauf und sind somit im Prinzip auf alle Arten von Objekten anwendbar.

Diese Art der Unterscheidung führt zu zwei umfangreichen Klassen, die eine Reihe von Merkmalen, wie zum Beispiel die geometrische Ausprägung, gemeinsam beinhalten. Deshalb wird dieser wichtige Aspekt nicht zur Strukturierung der Klassifizierung verwendet, sondern als mitlaufendes Merkmal behandelt.

5.1 Klassifikation

Auch wenn das Livekamerabild unter optimalen Bedingungen aufgenommen wurde sind quantitative Werte für die Geschwindigkeit, quantitative Werte für die Verkehrsdichte sowie die Verkehrsstärke für den menschlichen Betrachter manuell nicht erfassbar.

Hingegen sind manuell erfassbar: Fahrzeugklassen, die Belegung von Parkflächen, qualitative Werte der Verkehrsdichte wie hoch, mittel, niedrig und qualitative Werte der Geschwindigkeit wie langsam, mittel und schnell. Eine manuelle Auswertung ist jedoch nur möglich, wenn dieser Vorgang für eine zeitlich und räumlich stark begrenzte Anzahl Kamerabilder durchgeführt wird.

Daraus ergibt sich, falls Livebild-Informationen in Verkehrstelematiksystemen als Datenquelle zum Einsatz kommen sollen, die Notwendigkeit, Verfahren zum Einsatz zu bringen, welche die manuell erfassbaren Größen zur Entlastung des Menschen und die Ermittlung der nicht vom Menschen erfassbaren Größen ermöglichen. Dies erfolgt durch eine Reduktion der Bildinformation mittels Signalmodellen, beispielsweise durch eine Filterung oder durch eine Transformation des Bildes dergestalt, dass darauf folgend Analyseverfahren zur Anwendung kommen können, die eine automatische qualitative oder quantitative Ermittlung der Verkehrskenngrößen ermöglichen.

In dieser Abhandlung werden Signalmodelle im Ortsraum, also im Originalbereich, nach ihrer geometrischen Dimension klassifiziert und innerhalb dieser Klassifizierung den Entitäten Fahrzeug, Schatten und Hintergrund zugeordnet. Signalmodelle in Bildbereichen, beispielsweise der Fourier- oder Wavelettransformation, werden nicht behandelt.

Abbildung 5.1 zeigt, wie die behandelten geometrischen Dimensionen als Grundlage der Signalmodelle entstehen. Die zweidimensionale Bildebene, beschrieben durch die u- und v-Koordinaten wird zu unterschiedlichen Zeiten t aufgenommen und bildet damit einen dreidimensionalen Raum. Dieser enthält die Information über das Verkehrsgeschehen. Es wird angestrebt, diese Information durch Analyse von Signalen aus einem räumlich-zeitlichen Ausschnitt des Raumes zu gewinnen. Die möglichen Varianten, einen solchen Ausschnitt zu erzeugen, erhält man, indem der Raum eindimensional durch eine Linie, zweidimensional durch eine Fläche oder dreidimensional durch einen Körper geschnitten wird. Dabei entstehen in der Bildebene nulldimensionale, eindimensionale und zweidimensionale Ausschnitte des u, v, t-Raumes, welche die geometrische Definition der Punkt-, Linien- und Flächenmodelle liefern. Fasst man die Flächenmodelle über der Zeit zusammen, dann erhält man ein dreidimensionales Bild, also ein Raummodell. Solche Signalmodelle entstehen beispielsweise durch den Einsatz von Stereokameras. Sie werden im Rahmen der vorliegenden Arbeit nicht behandelt.

Die geometrische Klassifikation im Ortsraum eignet sich für eine systematische Darstellung der Modelle bezüglich mathematischer Grundlagen und Komplexität.

Eine weitere Möglichkeit ist die in Tabelle 5.1 zusammengefasste Klassifikation nach der Basis des Modells. Sie ist eher anwendungsbezogen und weniger streng in der Systematik. Man unterscheidet zwischen modellbasierter und nicht modellbasierter Basis. Diese Klassifikation weist auf den Anwendungsbereich der Signalmodelle hin, da modellbasierte Modelle in der Regel ein genaueres Abbild als nichtmodellbasierte Modelle liefern, dafür in der Handhabung aber auch aufwendiger sind.

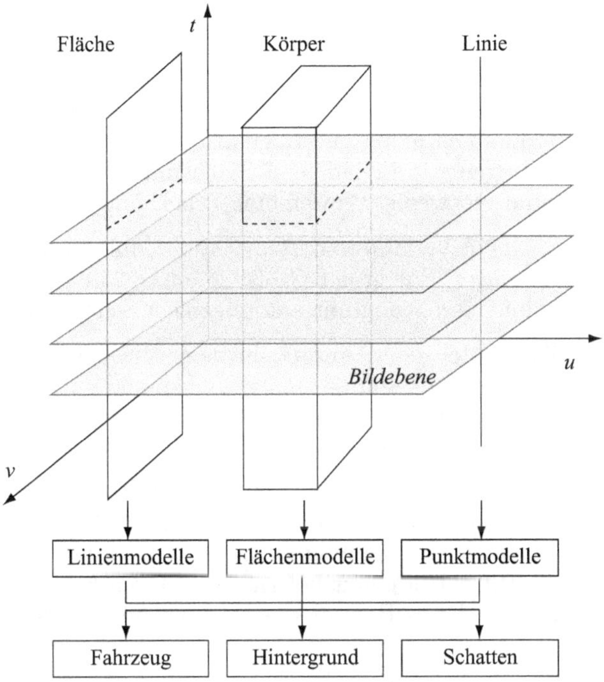

Abb. 5.1: *Zur Definition der Signalmodelle im Originalbereich.*

Modellbasierte Modelle berücksichtigen konkrete Eigenschaften wie die Form des Umrisses der Objekte. Ein Beispiel dafür findet sich in [4]. Hierbei wird der Bildinhalt mit den zu erwartenden Silhouetten der Fahrzeuge verglichen. Diese und ähnliche Verfahren werden als auch als „template matching" bezeichnet.

Die häufiger verwendeten nichtmodellbasierten Signalmodelle arbeiten mit nicht bzw. weniger spezifischen Objekteigenschaften. Die Konsequenz ist, dass zunächst neben den Fahrzeugen alle Arten von Objekten wie beispielsweise Personen erfasst werden. Es werden also lediglich Gruppen von Pixeln ausgewertet, ohne zu berücksichtigen, was diese in der Realität repräsentieren.

Tabelle 5.1: *Klassifikation der Signalmodelle*

Modell	Basis	
	modellbasiert	nicht modellbasiert
Punktmodelle (0D)	−	+
Linienmodelle (1D)	−	+
Flächenmodelle (2D)	+/−	+/−

5.2 Punktmodelle

Die Abtastung von Bildsignalen in Ortsraumdarstellung liefert einzelne Bildelemente zurück, die gemäß der in Tabelle 5.1 getroffenen Klassifizierung zu Punktmodellen führen. Einzelne Bildpunkte enthalten naturgemäß nur sehr wenig Informationen, sind aber den gleichen Störungen wie Linien- und Flächenmodelle ausgesetzt. Auf Grund dieser Eigenschaften sind nur wenige Anwendungen bekanntgeworden.

Morita beschreibt in [73] ein Verfahren, das zur Datenreduktion nicht das Gesamtbild verwendet, sondern mit einem Raster der Größe 20 cm × 25 cm arbeitet. Die Analyse erfolgt durch Differenzbildauswertung mit automatischer Schwellenwertanpassung.

Higashikubo beschreibt in [46] einen Ansatz, in dem einzelne Bildpunkte auf Grund von Helligkeitsänderungen in Bewegungs- und Präsenzpunkte klassifiziert werden, welche wiederum Präsenz- und Bewegungsblöcke bilden. Aus dem Vorhandensein und den Eigenschaften dieser Blöcke wird auf den Verkehrszustand geschlossen.

Friedmann beschreibt in [34] ein Verfahren zur Bildsegmentierung, das auf der Zugehörigkeit des einzelnen Bildpunktes zum Fahrzeug, zur Fahrbahn oder zu einem Schatten beruht. Dieser Ansatz ist dadurch interessant, dass die auf den ersten Blick geringe Information, die ein einzelner Bildpunkt liefern kann, durch Erzeugung einer Zeitreihe von Helligkeitswerten eben dieses Bildpunktes zu einer automatisch interpretierbaren Information führt.

Die Grundidee von *Friedmann* soll deshalb im Folgenden anhand einer eigenen Messung vorgestellt werden. Diese Messung ist aus dem in Kapitel 8 beschriebenen Anwendungsbeispiel zur Analyse des ruhenden Verkehrs hervorgegangen. Abbildung 5.2 zeigt die Zeitreihe der Helligkeitswerte eines Bildelementes auf Sensor 6 von Kamera 2 des Anwendungsbeispiels.

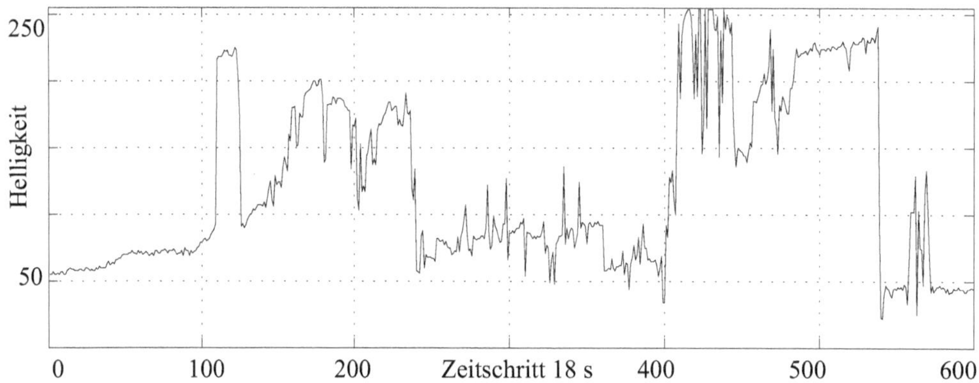

Abb. 5.2: *Verlauf der Intensitätswerte eines Punktsensors über drei Stunden.*

Der auf den ersten Blick regellose Verlauf bekommt eine Struktur, wenn man die dazugehörigen Kamerabilder auswertet: bei gleichmäßig dunklem Verlauf, also niedrigen Werten, lag der Messpunkt im Schatten, bei gleichmäßig hellem Verlauf, bei Werten ab etwa 180, lag der Messpunkt auf der leeren Fahrbahn, schnelle Wechsel traten bei Anwesenheit von Fahrzeugen oder durch Änderung der Umgebungshelligkeit auf.

Es lässt sich also für die Helligkeitswerte eine grobe Klassifizierung annehmen, die, wenn sie zutrifft, in einer geeigneten Darstellungsform sichtbar werden sollte. Eine solche Darstellung liefert das in Abbildung 5.3 gezeigte Histogramm der Helligkeitswerte.

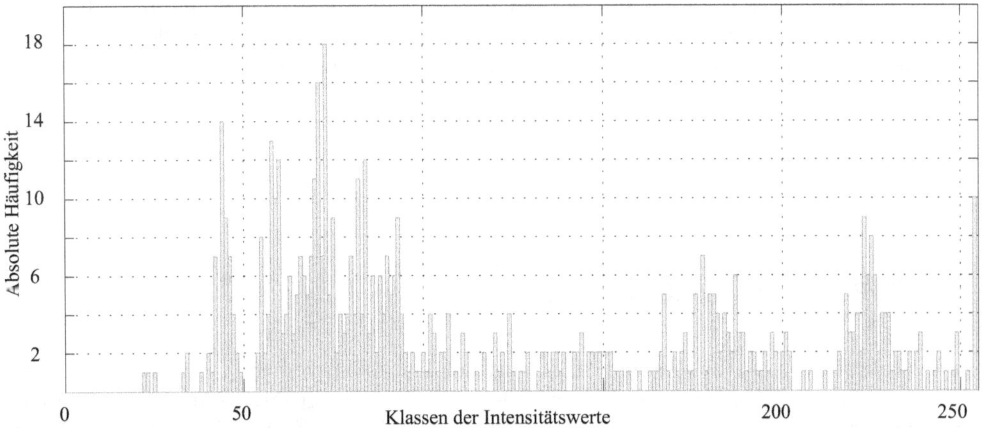

Abb. 5.3: *Histogramm der Daten eines Punktsensors.*

Deutlich sichtbar ist das globale Maximum der Werte um 75 im linken Teil des Histogramms, das dem Auftreten von Schatten zugeordnet werden kann. Im rechten Teil des Histogramms, bei der Klasse um 225, findet sich ein zweites Maximum, welches zur leeren Parkfläche gehört. In der Mitte des Histogramms finden sich mehrheitlich die Helligkeitswerte der Fahrzeuge.

Als Arbeitshypothese kann also zunächst angenommen werden, dass jeder Bildpunkt für die Entitäten Schatten, Fahrzeug und Fahrbahn, eine charakteristische Helligkeits- oder Farbverteilung besitzt. Das bei *Friedmann* dafür zu Grunde gelegte Modell ist die gewichtete Überlagerung von Wahrscheinlichkeitsverteilungsdichten der Normalverteilung jeder Entität.

Für eine automatische Auswertung erfolgt die Trennung der Daten anhand ihrer Zugehörigkeit zur entsprechenden Verteilung. Das führt zunächst zu der Aufgabe, aus den überlagerten Histogrammen die Modellparameter, also Erwartungswert, Standardabweichung und Gewicht, für jede Verteilung zu schätzen. Dafür schlägt *Friedmann* den so genannten EM-Algorithmus vor. EM ist die Abkürzung für Expectation-Maximisation und beruht darauf, dass mit angenommenen Startwerten der zu schätzenden Parameter die gesuchte Verteilungsfunktion iterativ maximiert wird. Dieser Algorithmus ist ein universelles Werkzeug zur Parameterschätzung gemischter Modelle – auch für andere Verteilungen – und wird in Unterkapitel 7.2 beschrieben.

5.3 Linienmodelle

Ein generelles Problem der Bildverarbeitung ist die Gewährleistung der Echtzeitfähigkeit trotz der zu verarbeitenden Datenmenge. Echtzeitfähigkeit für Straßenverkehrsprozesse liegt für den ruhenden Verkehr im Minutenbereich und für den fließenden Verkehr im Bereich von 10–30 Sekunden; je nachdem wie schnell ein Stau oder Unfall erkennt werden soll. Die Bildauflösungen werden in einem Maße größer, das durch die Rechenleistung von Standard-PC oder embedded-PC nicht unbedingt aufgefangen werden kann. Bildauflösungen von bis zu 6 Millionen Bildpunkten sind heute Standard. Berücksichtigt man zusätzlich, dass bei dezentraler Auswertung *ein* Rechner mehrere Kameras auswerten muss und dass die Rechenoperationen über alle Farbkanäle erfolgen, ergeben sich also durchaus nennenswerte Rechenzeiten. *Adamski* nennt in [1] drei Möglichen zur Lösung dieses Problems:

1. Hohe Rechenleistung,
2. spezielle Hardware und
3. die Reduzierung der Datenmenge.

In Verkehrsmanagementsystemen mit zentraler Datenverarbeitung ist hohe Rechenleistung nur durch Zusatzaufwand zu erzielen. Dezentrale Ansätze nutzen die Kamerarechner zur Bildauswertung, die derzeit jedoch noch keine vergleichbare Rechenleistung wie zentrale Rechner zur Analyse des *gesamten* Bildinhaltes besitzen.

Die Konstruktion spezieller Hardware lohnt sich nur bei großen Stückzahlen, also erst dann, wenn der Videosensor bereits als gewinnbringendes Produkt etabliert ist.

Mit Linienmodellen lässt sich die Lösungsmöglichkeit drei, das heißt die Reduzierung der Datenmenge unter Beibehaltung eines hohen Informationsgehaltes bereits auf der Seite des Algorithmus, also unabhängig von der verwendeten Hardware realisieren. Abbildung 5.4 fasst zusammen, wie mit einem Linienmodell gearbeitet werden kann.

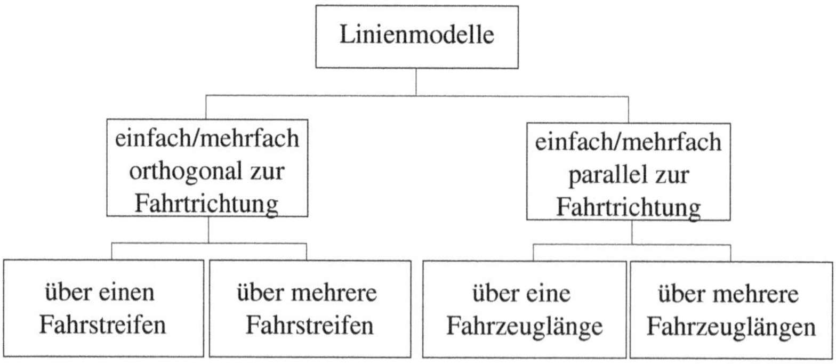

Abb. 5.4: *Übersicht über die Varianten von Linienmodellen. Diese ergeben sich aus der Lage des Liniensensors zur Fahrbahn.*

Die Funktionswerte eines solchen Signals ergeben sich aus den zeitlichen Veränderungen der Intensitätswerte auf der Linie. Dies können Helligkeitswerte oder die Komponenten der verschiedenen Farbmodelle sein.

Prinzipiell liefert jeder Liniensensor mit beliebiger Ausrichtung, der im Bereich des fließenden Verkehrs eines Bildes angeordnet ist, eine Information. Durchgesetzt haben sich aber die orthogonale Ausrichtung zur Fahrtrichtung, z.B. [1],[54],[97] und die parallele Ausrichtung zum Verkehrsfluss, z.B. [16], [93].

Orthogonale und parallele Sensoren lassen sich in vielfältiger Weise kombinieren. Dies bietet den Vorteil, die Wirkungsweise einer Induktionsschleife, also des orthogonalen Sensors, mit der raumbezogenen Erfassung von Verkehrskenngrößen in Fahrtrichtung zu verbinden. Eine solche Kombination beider Prinzipien beschreibt [1]. Hierbei liefert ein einfacher orthogonaler Sensor die Information für das Vorhandensein eines Fahrzeuges, ein doppelter orthogonaler Sensor dient zur Klassifikation und ein mehrfacher paralleler Sensor dient zur Staulängenschätzung.

Eine weitere Möglichkeit ist das Kreuzen von orthogonalem und parallelem Sensor. Die Daten des parallelen Sensors werden nur dann ausgewertet, wenn der orthogonale Sensor ein Fahrzeug erfasst [16].

Ein wichtiger praktischer Aspekt ist die Definition der Liniensensoren im Bild. Üblicherweise geschieht das durch den Nutzer des Systems durch Festlegung von Anfangs- und Endpunkt der Linie. Bei der Festlegung der Punkte zwischen Anfangs- und Endpunkt ist zu beachten, dass für eine eindeutige Festlegung in einem Digitalbild die zugehörigen Bildpunkte folgende Nachbarschaftsrelationen aufweisen müssen:

1. Anfangs- und Endpunkt haben genau einen Nachbarn.
2. Zwischenpunkte haben genau zwei Nachbarn.

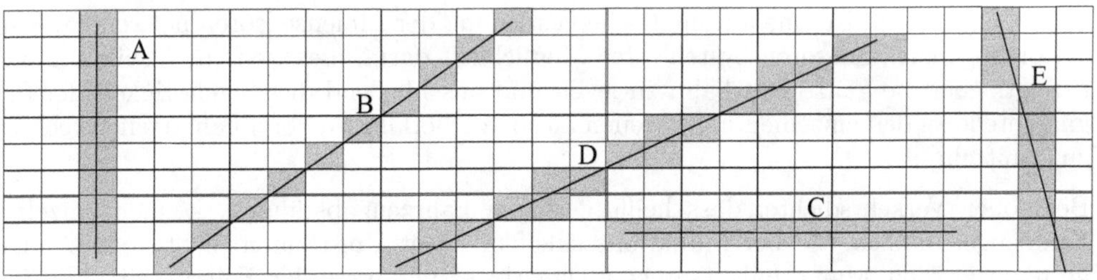

Abb. 5.5: *Mehrdeutigkeiten bei der Definition von Linien auf einem Raster*

Da eine Linie auf einem Raster, wie in Abbildung 5.5 gezeigt, einen wertdiskreten Definitionsbereich besitzt, ist eine eindeutige Definition, z.B. mittels einer Geradengleichung nur in den speziellen Fällen möglich. Dies sind Linie A mit dem Anstieg $= \infty$, Linie B mit dem Anstieg $= 1$ und Linie C mit dem Anstieg $= 0$. In allen anderen Fällen treten Mehrdeutigkeiten bei der Zuordnung von Bildpunkten zum Liniensensor auf. Beispiele zeigen die Linien D und E in Abbildung 5.5.

Zur Fahrtrichtung orthogonale Liniensensoren

Abbildung 5.6 zeigt einen orthogonalen Liniensensor im Querschnitt eines dreistreifigen Autobahnabschnittes.

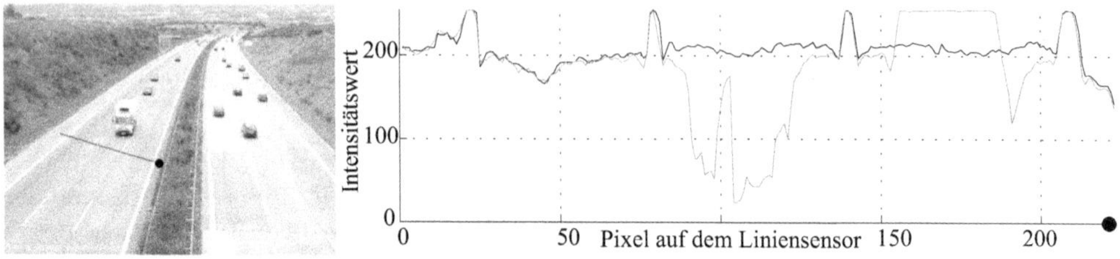

Abb. 5.6: *Zur Fahrtrichtung orthogonaler Liniensensor. Daten des orthogonalen Liniensensors mit Fahrzeug (hell) und ohne Fahrzeug (dunkel).*

Der orthogonale Liniensensor liefert ein Signal in Abhängigkeit von den geometrischen und optischen Eigenschaften des überfahrenden Fahrzeugs. Dies ist mit der Wirkungsweise einer einzelnen Induktionsschleife vergleichbar, die bei Überfahrt ein Signal in Abhängigkeit von den ferromagnetischen Eigenschaften des Fahrzeugs erzeugt. In Abhängigkeit des Verhältnisses zwischen Fahrzeuggeschwindigkeit und Bildwiederholrate, kann das Fahrzeug einmal, mehrmals oder auch gar nicht erfasst, sozusagen „übersehen“ werden.

Die Markierung • in Abbildung 5.6 zeigt die Richtung des Sensors auf der Straße und im Diagramm. Deutlich als helle Spitzen zu erkennen sind die Fahrbahnmarkierungen. Die dunkle Linie zeigt die leere Fahrbahn, die helle Linie enthält die Überfahrt von zwei Fahrzeugen im zweiten und dritten Fahrstreifen.

In Systemen mit einer großen Anzahl von Kameras oder für ortsveränderliche Systeme, die zum Beispiel für die Überwachung des Verkehrszustandes an Wanderbaustellen eingesetzt werden, ist eine automatische Festlegung der Liniensensoren notwendig. Für die orthogonalen Sensoren besteht eine Möglichkeit darin, diese, wie in Abbildung 5.6 gezeigt, über die ganze Fahrbahn zu legen und anschließend die Zugehörigkeit der Signalanteile zu den einzelnen Fahrstreifen aus den Überfahrten beim Fahrstreifenwechsel zu ermitteln [97].

Bei hoher Verkehrsdichte, dass heißt geringen Fahrzeugabständen, können einzelne Fahrzeuge, ähnlich wie bei Induktionsschleifen, unter Umständen nicht voneinander getrennt werden. Man erhält dann eine Dauerbelegung durch den Fahrzeugstrom. Dieser Effekt ist auf die räumliche Überdeckung der Fahrzeuge in Fahrtrichtung zurückzuführen und verstärkt sich, je tiefer die Kamera über der Straße angebracht ist.

Zur Fahrtrichtung parallele Liniensensoren

Die Anordnung von Linien entlang der Fahrtrichtung ist eine Variante des Tracking (engl. to track, verfolgen). Hier erhält man eine raumbezogene Information, welche die Ermittlung von Geschwindigkeiten möglich macht. Der parallele Liniensensor wird auch als Verfolgerachse bezeichnet. Das Grundprinzip ist das Ermitteln und Verfolgen von fahrzeugspezifischen Intensitätsmustern; gezeigt in Abbildung 5.7.

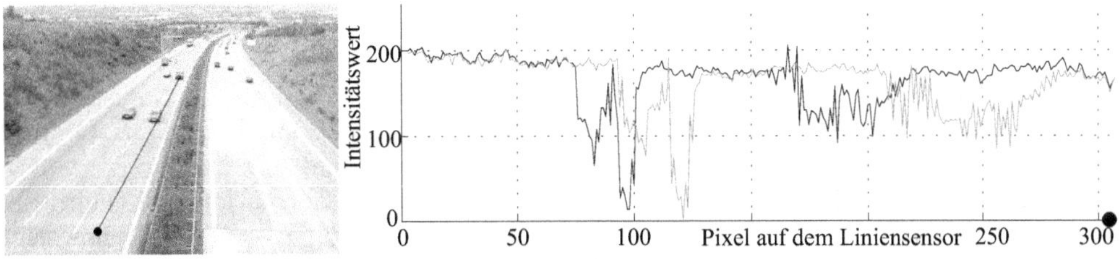

Abb. 5.7: *Zur Fahrtrichtung paralleler Liniensensor. Daten des parallelen Liniensensors für die Bewegung von zwei Fahrzeugen.*

Diese Intensitätsmuster werden zwar durch Einzelfahrzeuge erzeugt, jedoch ist es im Nachhinein häufig nicht möglich, die Einzelfahrzeuge aus dem Fahrzeugstrom zu extrahieren. Dies gilt vor allem für Bilder oder Bildbereiche mit geringer Auflösung. Somit liefert dieses Signalmodell vor allem eine Aussage über den Fahrzeugstrom als Ganzes.

Parallele Liniensensoren führen prinzipbedingt zu einem niedrigen Datenaufkommen. Soll dieses, zum Beispiel bei Bildern mit hoher Auflösung weiter begrenzt werden, besteht außerdem die Möglichkeit, die Verfolgerachse nicht fortlaufend auf dem Raster, sondern durch eine Auswahl von Bildelementen zwischen Anfangs- und Endpunkt zu definieren. Ebenso möglich ist die Festlegung von parallelen Liniensensoren im Bereich einer Fahrzeuglänge. Dann erhält man Impulse, die vergleichbar mit denen des orthogonalen Sensors sind.

Ein Problem bei der Datenauswertung paralleler Liniensensoren ist die Verkürzung der Fahrzeugabbilder von vorn nach hinten im Bild. Das führt einerseits zu einer Veränderung der Intensitätsmuster und erschwert somit das Wiedererkennen des Musters. Die Verkürzung führt außerdem dazu, dass das gleiche Fahrzeug im zeitlichen Verlauf durch eine unterschiedliche Anzahl von Bildpunkten dargestellt wird. Dadurch werden dann im hinteren Teil des Bildes scheinbar kürzere Wege zurückgelegt. Das führt zu einem Fehler in der Geschwindigkeitsschätzung der somit von der Position des Fahrzeuges im Bild abhängt.

Eine praktikable Lösung des Problems ist die lineare Skalierung der Grauwertfunktion [21], [24]. Das Verhältnis zwischen Anfangs- und Endgröße der Fahrzeuge lässt sich mit ausreichender Genauigkeit aus der Länge der Einzelstriche der Fahrbahnmarkierungen oder der Bakenabstände im vorderen und hinteren Bildbereich bestimmen.

5.4 Flächenmodelle

Im Gegensatz zu Punkt- und Linienmodellen werten Flächenmodelle die zweidimensionale Projektion der dreidimensionalen Szene auf das zweidimensionale Bild aus. Obwohl diese Projektion für den menschlichen Betrachter als Fahrzeug zu erkennen ist, liefern die entsprechenden Signalmodelle häufig keine spezifische Information zum Fahrzeug und gehören damit zu den nichtmodellbasierten Signalmodellen. Abbildung 5.8 zeigt eine Systematisierung der behandelten Flächenmodelle.

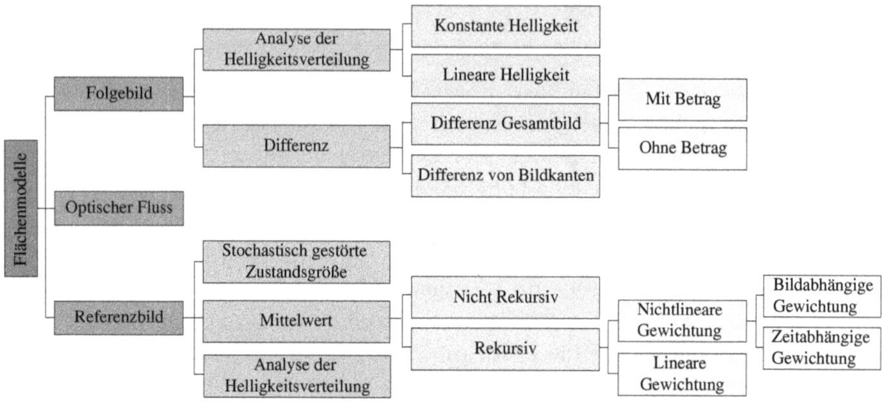

Abb. 5.8: *Übersicht über die Flächenmodelle*

Flächenmodelle sind vor allem zur Bewegungserkennung und Geschwindigkeitsermittlung geeignet. Bei der Differenz von zwei Folgebildern erhält man jede Helligkeitsänderung, die im Zeitraum der Aufnahme beider Bilder auftrat. Die Modellannahme geht davon aus, dass diese Helligkeitsänderungen im Wesentlichen durch die Bewegung der Fahrzeuge verursacht werden. Das ist in der Realität nicht so. In Situationen, die wesentlich von der gemachten Annahme abweichen, wird das Signalmodell unbrauchbar. Das geschieht beispielsweise bei plötzlich auftretenden Schatten oder bei Kameras, die sich sprunghaft an veränderte Umgebungshelligkeiten anpassen.

Neben der Differenz von Folgebildern ist es auch möglich, Eigenschaften von Folgebildern zu vergleichen. In dieser Arbeit wird ein Ansatz aufgegriffen, der die Helligkeitsverteilungen in Bildbereichen vergleicht. Dies geschieht einmal unter der Annahme eines konstanten stochastisch gestörten Helligkeitswertes und andererseits unter der Annahme einer linearen Helligkeitsverteilung. Ein Fahrzeug trifft bei der Differenzbildung auf sich selbst, wenn es steht, auf Teile von sich selbst, wenn es langsam fährt oder auf den Hintergrund, wenn es schnell fährt. Dann ist das Fahrzeug im Differenzbild zweimal sichtbar. Ebenso ist es möglich, dass bei hohen Geschwindigkeiten unterschiedliche Fahrzeuge voneinander abgezogen werden. Ein stehendes Fahrzeug ist im Differenzbild gar nicht sichtbar. Das allerdings nur, wenn sich die Umgebungsbeleuchtung zwischen Bild und Folgebild nicht wesentlich geändert hat. Eine interessante Variante der Differenz von Folgebildern ist die Differenz von Bildkanten in Folgebildern, die ebenfalls vorgestellt wird.

Ein Vorteil des Differenzbildes aus Folgebildern gegenüber der Differenz mit einem Referenzbild ist der konstante Hintergrund – gleiche Umgebungsbeleuchtung vorausgesetzt. Als Referenzbild dient ein Bild, welches keine beweglichen Objekte enthält. Es wird deshalb auch als Hintergrundbild bezeichnet. Der Vordergrund wird von den Fahrzeugen gebildet. Die hier vorgestellten Varianten zur Ermittlung eines Referenzbildes basieren auf sehr unterschiedlichen Prinzipien: der Analyse der Helligkeitsverteilung aus Histogrammen der einzelnen Bildelemente, der Betrachtung des Hintergrundes als stochastisch gestörte Zustandsvariable, die sich mittels Kalmanfilter schätzen lässt, und auf der Anwendung bekannter Glättungsverfahren wie der einfachen rekursiven und nicht rekursiven Mittelwertbildung sowie der exponentiellen Glättung in den zwei Varianten bildabhängige und zeitabhängige Gewichtung.

Das so ermittelte Referenzbild wird vom zu analysierenden Bild abgezogen. Für das resultierende Ergebnis existieren, wie bei der Folgebild-Differenzbildung, mehrere Möglichkeiten. Diese zeigt Abbildung 5.9. Die Varianten ergeben sich daraus, dass das Fahrzeug dunkler oder heller als der Hintergrund sein kann. Im ersten Fall ist die Differenz negativ, im zweiten Fall positiv. Im Differenzbild tritt das Fahrzeug also zweimal auf: einmal dunkler und einmal heller als der Hintergrund. Durch Betragsbildung werden beide Repräsentationen des Fahrzeugs positiv. Bei Anwendung eines positiven[1] Schwellenwertes verschwindet der negative Anteil. Ähnliches gilt für die Differenzbildung zwischen Analysebild und Referenzbild. Da das Fahrzeug hier aber im Differenzbild nur einmal auftaucht, ist zu beachten, dass bei negativem Vorzeichen und der Anwendung eines Schwellenwertes das Fahrzeug im Differenzbild nicht mehr sichtbar ist. Deshalb sollte bei Flächenmodellen, die auf Differenzbildern beruhen, kein Schwellenwert angewandt werden. Zu beachten ist, dass das Referenzbild nur eine mehr oder weniger gute Schätzung des wahren Bildhintergrundes darstellt. Somit führt jeder Fehler im Referenzbild zu einem Fehler im Differenzbild. Dies ist nur unproblematisch, wenn der Fehler unterhalb des verwendeten Schwellenwertes liegt.

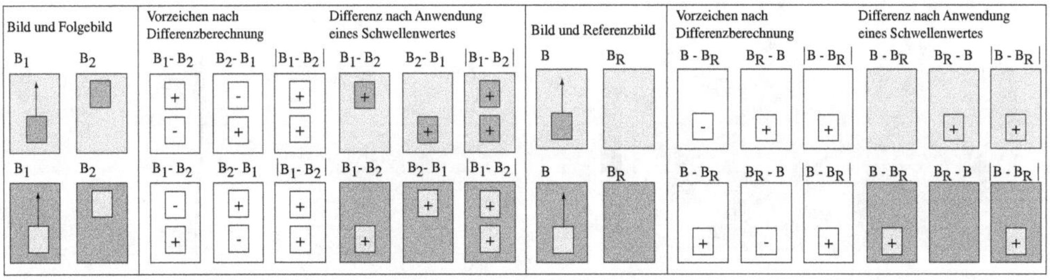

Abb. 5.9: *Varianten des Differenzbildes.*

Eine gänzlich andere Art von Flächenmodell ist die Ermittlung des so genannten optischen Flusses. Dieser ergibt sich aus der Betrachtung der Bildhelligkeiten als skalares Feld. Eine Veränderung im Bild wird als Bewegung der Bildhelligkeiten interpretiert und kann als Vektorfeld der Geschwindigkeit dieser Bewegung beschrieben werden.

[1] Die Anwendung eines negativen Schwellenwertes ist unüblich und führt auch nicht auf andere Ergebnisse. Die in Abbildung 5.9 gezeigten Varianten würden dadurch lediglich invertiert.

5.4.1 Differenz von Folgebildern

Differenzbildung ohne Betrag

Die einfachste Möglichkeit ein zweidimensionales Signalmodell zu erzeugen ist die Berechnung eines Differenzbildes $\mathbf{B}_{diff}$ [53]. Es entsteht durch Subtraktion der Helligkeitswerte zwischen den Bildmatrizen eines Bildes $\mathbf{B}_1$ und seinem Folgebild $\mathbf{B}_2$

$$\mathbf{B}_{diff} = \mathbf{B}_1 - \mathbf{B}_2. \tag{5.1}$$

Abb. 5.10: *Bildmatrix* $\mathbf{B}_1$

Abb. 5.11: *Bildmatrix* $\mathbf{B}_2$

Abb. 5.12: *Differenzbild* $\mathbf{B}_{diff}$

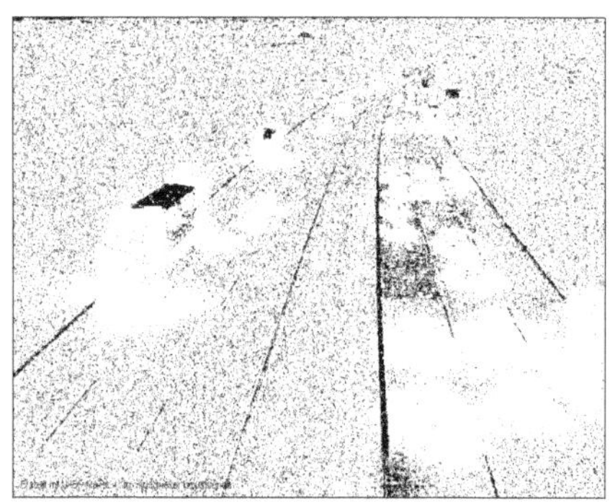

Abb. 5.13: *Binäres Differenzbild* $\tilde{\mathbf{B}}_{diff}$

Das Ergebnis zeigt Abbildung 5.12. Hier treten auch negative Differenzen auf. Der Wert Null repräsentiert nun nicht mehr den Helligkeitswert schwarz, sondern einen Grauwert. Das Differenzbild hat also einen Wertebereich von -255 bis $+255$.

Jeder Differenzwert ungleich Null zeigt eine Veränderung zwischen Bild und Folgebild an. Es ist offensichtlich, dass die Bewegung der Fahrzeuge so erkannt werden kann. Um genau zu erkennen, welche Bildelemente sich zwischen $\mathbf{B}_1$ und $\mathbf{B}_2$ geändert haben, ist die Betrachtung von Abbildung 5.12 aber nicht ausreichend.

Dafür wird aus $\mathbf{B}_{diff}$ ein neues Bild $\tilde{\mathbf{B}}_{diff}$ ermittelt:

$$\tilde{\mathbf{B}}_{diff} = \begin{cases} 1 \text{ (schwarz)}, & \text{wenn } \mathbf{B}_{diff} = 0, \\ 0 \text{ (weiß)} & \text{sonst.} \end{cases} \tag{5.2}$$

Hierbei zeigt der Helligkeitswert „weiß" eine Änderung an und der Helligkeitswert „schwarz" repräsentiert das unveränderte Bildelement (Abbildung 5.13).

Abbildung 5.13 zeigt, dass neben der Fahrzeugbewegung auch die Textur der Fahrbahn und die Randbepflanzung wesentlich zu Helligkeitsänderungen im Bild beitragen. Die Änderung der Helligkeitswerte ist also als Signalmodell für die Fahrzeuge nicht geeignet, wenn neben der durch die Fahrzeugbewegung verursachten Helligkeitsänderungen auch Helligkeitsänderungen mit anderen Ursachen gleichartig abgebildet werden.

Wenn man davon ausgehen kann, dass die Beträge der nicht fahrzeugbedingten Helligkeitsänderungen geringer sind als die Beträge der Intensitätsschwankungen, die als Folge der Fahrzeugbewegungen auftreten, dann ist eine naheliegende Lösung dieses Problems die Anwendung eines Schwellenwertes. Die genannte Annahme ist unter Tagsichtbedingungen und nachts auf beleuchteten Straßen in der Regel erfüllt.

Die Festlegung des Schwellenwertes kann statisch oder dynamisch erfolgen. Ein statischer Schwellenwert ist jedoch auf Grund der sehr variablen Umgebungsbedingungen für die videobasierte Verkehrszustandsidentifikation nicht geeignet.

Einen einfachen und sehr brauchbaren Ansatz für einen angepassten Schwellenwert liefert [67]. Hierbei werden 15 Prozent der Anzahl der Helligkeitsstufen des Bildaufnehmers als Schwellenwert vorgeschlagen. Für die häufig verwendeten 256 Stufen beträgt der Schwellenwert also $SW \approx 40$.

Nach Erfahrung des Autors der vorliegenden Abhandlung lässt sich dieser Ansatz noch robuster gestalten, wenn anstelle des durch den Bildaufnehmer vorgegebenen maximalen möglichen Dynamikbereiches des Bildes der tatsächliche Helligkeitsumfang des Bildes für die Berechnung des Schwellenwertes verwendet wird:

$$\tilde{\mathbf{B}}_{diff} = \begin{cases} \mathbf{B}_{diff}, & \text{wenn } \mathbf{B}_{diff} \geqslant SW, \\ 255 \text{ (weiß)} & \text{sonst.} \end{cases} \tag{5.3}$$

Für ein Binärbild gilt entsprechend:

$$\tilde{\mathbf{B}}_{diff} = \begin{cases} 0 \text{ (schwarz)}, & \text{wenn } \mathbf{B}_{diff} \geqslant SW, \\ 1 \text{ (weiß)} & \text{sonst.} \end{cases} \tag{5.4}$$

Die Anwendung der Gleichungen 5.3 und 5.4 zeigen die Abbildungen 5.14 und 5.15. Der aus den Beispielbildern ermittelte Schwellenwert liegt bei 45. In Abbildung 5.14 sind jetzt nur noch die Fahrzeuge an ihren Positionen im Bild und Folgebild – zum Teil mit Schatten – zu erkennen. Die Straßentextur und die Bepflanzung wurden durch die Anwendung des Schwellenwertes eliminiert. Die Darstellung im Binärbild liefert eine gleichwertige Darstellung aller geänderten Bildelemente.

Abb. 5.14: *Differenzbild mit Schwellenwert*

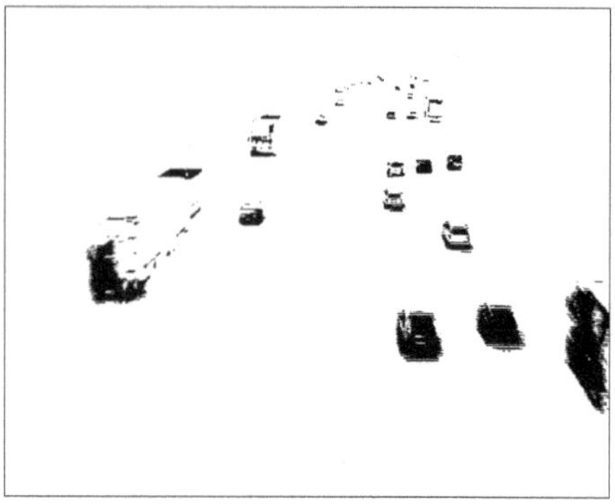

Abb. 5.15: *Binäres Differenzbild mit Schwellenwert*

Differenzbildung mit Betrag

Ist man an einer Verfolgung der Fahrzeuge im Differenzbild interessiert, möchte also, dass jedes Objekt zweimal enthalten ist, muss vor der Anwendung des Schwellenwertes eine Betragsbildung des Differenzbildes vorgenommen werden [67]. Durch diese Betragsbildung bleibt außerdem der Wertebereich der Bildmatrizen im darstellbaren Bereich von 0 bis 255. In Abwandlung von Gleichung 5.1 erhält man

$$\mathbf{B}_{diff} = \mid \mathbf{B}_1 - \mathbf{B}_2 \mid . \tag{5.5}$$

Die Abbildungen 5.16 und 5.17 zeigen das Resulat der Anwendung von Gleichung 5.3 bzw. 5.4 auf den Betrag des Differenzbildes gemäß Gleichung 5.5. Homogene Flächen, wie die Plane des Lkw, führen, auch wenn sie sich bewegen, nicht zu einer Änderung der Helligkeitswerte und können deshalb durch ein Differenzbild nicht erkannt werden. Dies ist die Wirkung des so genannten Korrespondenzproblems (vgl. dazu Kapitel 1).

Abb. 5.16: *Betrag des Differenzbildes mit Schwellenwert*

Abb. 5.17: *Betrag des binären Differenzbildes mit Schwellenwert*

Differenz von Bildkanten

Eine weitere Möglichkeit, die Fahrzeugbewegung aus Folgebildern abzuleiten, ist die Erfassung der Bewegung von Bildkanten[2]. Einen dafür geeigneten Ansatz beschreibt DUBUISSON in [30]. Hierfür werden drei Bilder benötigt, die einen zeitlichen Abstand aufweisen, der gering genug ist, dass in Abhängigkeit von der zu erwartenden Geschwindigkeit ein Fahrzeug in allen drei Bildern sichtbar ist. Die Abbildungen 5.18 bis 5.20 zeigen hier verwendete Testszene.

Abb. 5.18: *Bild 1*

Abb. 5.19: *Bild 2*

Abb. 5.20: *Bild 3*

Abbildung 5.21 erläutert das Prinzip. Gezeigt ist die schematische Darstellung der Position einer Bildkante in drei Folgebildern. Die Bildkante wird in Anlehnung an die genannte Quelle als Rampe r bezeichnet. Die Rampe bewegt sich von links nach rechts. Dabei stammt $r1$ aus dem zuerst aufgenommenen Bild. Es werden also drei aufeinanderfolgende Bilder benötigt, in denen die Rampe eine Bewegung von Bild 1, über Bild 2 nach Bild 3 ausgeführt hat.

Zunächst wird die Differenz der Beträge der zwei jeweils aufeinanderfolgenden Bilder berechnet. Anschließend liefert das Produkt dieser Differenz der Beträge von Bild 1 und Bild 2 bzw. Bild 2 und Bild 3 einen Wert, der sich anhand eines Schwellenwertes von Stellen im Bild ohne Bewegung unterscheiden lässt. Im Falle einer Bewegung der Rampe ist dieser Wert höher als an Stellen ohne Bewegung oder als eine Bewegung einer niedrigeren Rampe, die einer schwächeren Kante entspricht. Gegenüber der Fahrbahn liefern Fahrzeuge außer bei ausgeprägter Straßentextur oder partiellen plötzlichen Helligkeitsänderungen im Bild signifikante Rampen.

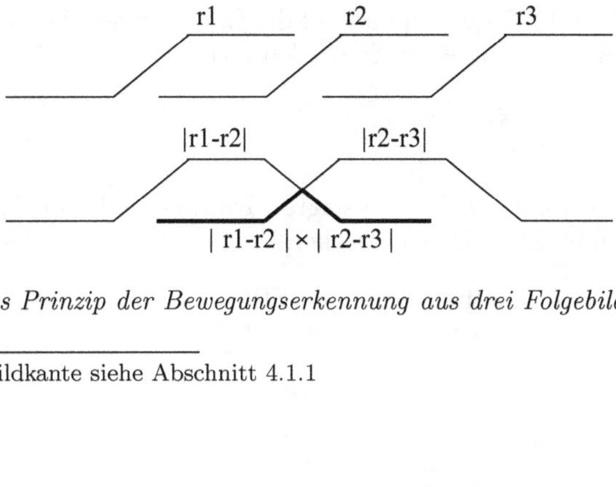

Abb. 5.21: *Das Prinzip der Bewegungserkennung aus drei Folgebildern gemäß [30]*

[2]zum Begriff der Bildkante siehe Abschnitt 4.1.1

Aus Abbildung 5.21 ist zu erkennen, dass für eine hinreichende Überlappung der Rampen eine gewisse Flachheit des Anstieges benötigt wird. Dies kann durch eine Tiefpassfilterung (siehe dazu Kapitel 4.1.2) erreicht werden. DUBUISSON schlägt hierfür als Operator eine 3×3 Einheitsmatrix vor.

In Ergänzung zur Originalquelle [30] liefert die vorliegende Abhandlung eine Darstellung der Wirkung dieser Tiefpassfilterung. Abbildung 5.22 zeigt Rampen aus Abbildung 5.19 entlang der dort eingezeichneten Linie. Diese werden im ungeglätteten Zustand und nach Anwendung eines 3×3 bzw. 6×6 Einheitsmatrixoperators gezeigt. Die Abflachung der Rampen ist deutlich zu erkennen. Somit ist ein größerer Fahrzeugabstand zwischen den Bildern möglich, was wiederum einen größeren Bildabstand erlaubt.

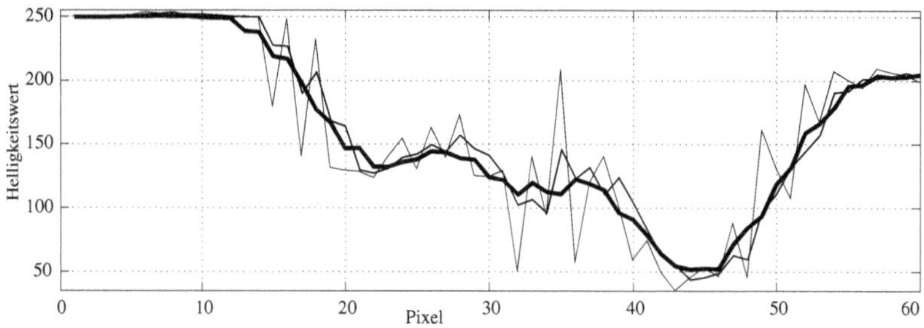

Abb. 5.22: *Abflachung der Rampen durch Tiefpassfilterung: dünne Linie: ohne Glättung, mittlere Linie* 3×3 *Glättungsmaske, dicke Linie:* 6×6 *Glättungsmaske.*

Zur Anwendung des durch Abbildung 5.21 erläuterten Prinzips leitet DUBUISSON folgende Gleichungen her:

$$\begin{aligned} b_{r_{u,v}} &= \mid b_{1r_{u,v}} - b_{2r_{u,v}} \mid \cdot \mid b_{2r_{u,v}} - b_{3r_{u,v}} \mid, \\ b_{g_{u,v}} &= \mid b_{1g_{u,v}} - b_{2g_{u,v}} \mid \cdot \mid b_{2g_{u,v}} - b_{3g_{u,v}} \mid, \\ b_{b_{u,v}} &= \mid b_{1b_{u,v}} - b_{2b_{u,v}} \mid \cdot \mid b_{2b_{u,v}} - b_{3b_{u,v}} \mid \end{aligned} \tag{5.6}$$

welche die Farbkanäle eines RGB-Bildes (siehe dazu Kapitel 3.4) zur Differenzbildung benutzen. Für die weitere Auswertung wird pro Bildelement $b_{u,v}$ der Farbkanal mit der höchsten Differenz verwendet:

$$b_{diff_{u,v}} = \max\left[b_{r_{u,v}}, b_{g_{u,v}}, b_{b_{u,v}}\right]. \tag{5.7}$$

Die Gleichungen 5.6 und 5.7 werden nun auf die Bildfolge der Abbildungen 5.18 bis 5.20 angewendet. Nach Anwendung eines Schwellenwertes

$$\tilde{b}_{diff_{u,v}} = \begin{cases} b_{diff_{u,v}}, & \text{wenn } b_{diff_{u,v}} \geqslant SW, \\ 255 \text{ (weiß)} & \text{sonst.} \end{cases} \tag{5.8}$$

erhält man das in Abbildung 5.23 gezeigte Grauwertbild mit Fahrzeugen. Für das Binärbild in Abbildung 5.24 gilt entsprechend:

$$\tilde{b}_{diff_{u,v}} = \begin{cases} 0 \text{ (schwarz)}, & \text{wenn } b_{diff_{u,v}} \geqslant SW, \\ 1 \text{ (weiß)} & \text{sonst.} \end{cases} \tag{5.9}$$

Abb. 5.23: Grauwertbild der erkannten Objekte.

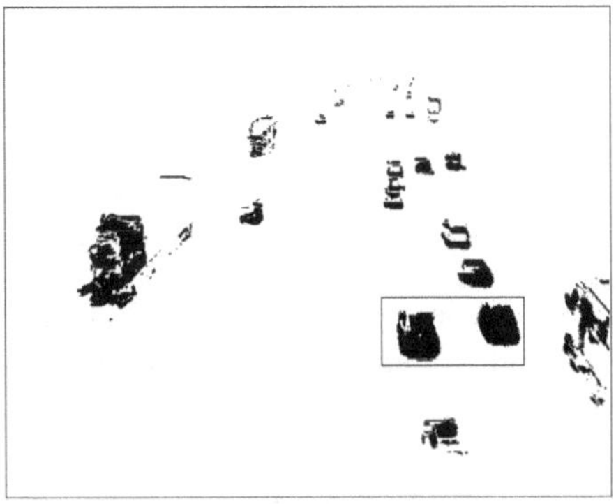

Abb. 5.24: Binärbild von Abbildung 5.23.

Abschließend sei die Wirkung der Tiefpassfilterung an den zwei eingerahmten Fahrzeugen rechts unten in Abbildung 5.24 verdeutlicht. Abbildung 5.25 zeigt, dass eine stärkere Glättung, also die Verwendung flacherer Rampen zu geschlosseneren Objekten führt.

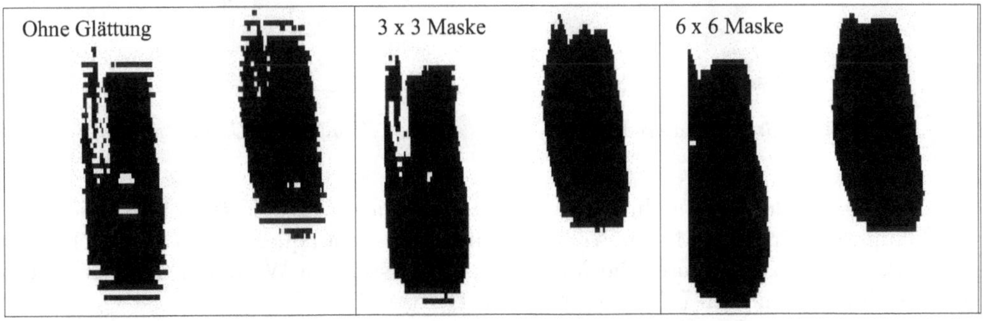

Abb. 5.25: *Illustration der Wirkungsweise der Tiefpassfilterung auf die Objektdarstellung: Je stärker die Bildglättung, umso geschlossener kann ein Einzelobjekt abgebildet werden.*

Das Verfahren nach DUBUISSON ist nach eigenen Untersuchungen auch für Grauwertbilder anwendbar, jedoch auf Grund der dann fehlenden Maximumbildung gemäß Gleichung 5.7 weniger robust gegenüber geringen Helligkeitsschwankungen, die sich in schwachen Rampen manifestieren. Auch dieses Verfahren bestätigt: Die Bewegung in einer homogenen Fläche kann auf Grund des Korrespondenzproblems (siehe dazu Abbildung 1.5 in Abschnitt 1.2) nicht erkannt werden. Das verdeutlicht die Repräsentation der Lkw-Plane im Binärbild Abbildung 5.24.

5.4.2 Vergleich von Folgebildern

Neben den aufgezeigten Möglichkeiten der arithmetischen Differenzbildung lassen sich Signalmodelle für Fahrzeugbewegungen und Fahrzeugumrisse auch durch den Vergleich statistischer Kenngrößen aufeinanderfolgender Bilder bestimmen. Eine grundlegende Arbeit zum Vergleich der Verteilung von Helligkeitswerten in Bildbereichen hat YAKIMOVSKI [101] vorgelegt, die unter anderem von NAGEL [77] und HSU [52] aufgegriffen und weitergeführt wurde. Der Grundgedanke dieser Arbeiten soll im Folgenden anhand eines Bildes und seines Folgebildes, gezeigt in Abbildung 5.26 bzw. Abbildung 5.27, diskutiert werden.

Abb. 5.26: *Bildmatrix* $\mathbf{B}_1$

Abb. 5.27: *Bildmatrix* $\mathbf{B}_2$

Die gezeigten Bilder werden durch jeweils eine Bildmatrix $\mathbf{B}_1$ und $\mathbf{B}_2$ repräsentiert. Jeder Bildmatrix wird eine Matrix $\mathbf{A}_k$ zugeordnet. Diese kann quadratisch oder rechteckig sein und besitzt n Elemente. Die Matrizen $\mathbf{A}_k$ erfassen die Werte eines gleich großen und gleich positionierten Bildausschnittes in $\mathbf{B}_1$ bzw. $\mathbf{B}_2$.

Nun werden zwei Ereignisse definiert. H_0 steht für das Ereignis: Die Verteilungen der Helligkeitswerte in $\mathbf{A}_1$ und $\mathbf{A}_2$ sind vergleichbar[3]. H_1 steht für das Ereignis: Die Verteilungen der Helligkeitswerte in $\mathbf{A}_1$ und $\mathbf{A}_2$ sind nicht vergleichbar. Ausgewertet wird das Verhältnis λ der Wahrscheinlichkeiten der beiden Ereignisse, die aus den Varianzen ermittelt werden. Mit

$$\mu_k = \frac{1}{n} \sum_{i,j \in \mathbf{A}_k} a_{i,j} \tag{5.10}$$

lässt sich dafür schreiben[4]

$$\left[\frac{P(H_1)}{P(H_0)}\right]^{2/n} = \lambda^{2/n} = \frac{\left[\left(\sigma_1^2 + \sigma_2^2\right)/2 + \left(\left(\mu_1 - \mu_2\right)/2\right)^2\right]^2}{\sigma_1^2 \sigma_2^2}. \tag{5.11}$$

[3] vergleichbar im Sinne von ähnlich

[4] Der Exponent $2/n$ ergibt eine günstige Berechnungsvorschrift für die ursprüngliche Idee von YAKIMOVSKI, drei Bildbereiche zu vergleichen und die Varianz des mittleren Bildbereiches mit Hilfe der Varianzen der anliegenden Bildbereiche darzustellen. Für die hier vorliegende Betrachtung ist dies nicht von Interesse. Einzelheiten finden sich in [101].

Für die Berechnung der Varianzen σ_k^2 in $\mathbf{A}_k$ werden drei alternative Betrachtungsweisen zu Grunde gelegt: Streuung der Helligkeitswerte um einen konstanten Grauwert, linear ansteigender Grauwert und quadratisch variierender Grauwert.

Für alle drei Varianten wird in [52] eine Möglichkeit angegeben, einen Schwellenwert SW zu ermitteln, der den Werten von λ, das Ereignis H_0 oder das Ereignis H_1 zuordnet. Die wesentlichen Schritte der umfangreichen Herleitung finden sich in der genannten Quelle. Hier wollen wir uns auf die Darstellung der für die letztendliche Berechnung notwendigen Ergebnisse dieser Herleitung für Variante 1 (konstanter Grauwert) und Variante 2 (linear variierender Grauwert) beschränken.

Die Zuordnung von λ entscheidet darüber, ob dem Bildbereich $\mathbf{A}_k$ eine Änderung von $\mathbf{B}_1$ nach $\mathbf{B}_2$ zugeordnet wird. Diese Änderung wiederum kann als Fahrzeugbewegung interpretiert werden. Da kein Vorwissen über die Ursache der Helligkeitsänderung eingeht, wird jede Helligkeitsänderung von λ, unabhängig von deren Ursache, erfasst. Somit handelt es sich um ein nichtmodellbasiertes Signalmodell.

Variante 1: Konstanter stochastisch gestörter Grauwert. Dieser Ansatz impliziert, dass sich das Ursprungsbild auch als Mosaik aus den den einzelnen $\mathbf{A}_k$ darstellen lässt, da diese ja nur die Streuung um einen konstanten Erwartungswert beinhalten. Die Varianz σ_k^2 wird mit der Maximun-Likelihoodmethode geschätzt:

$$\sigma_k^2 = \frac{1}{n} \sum_{i,j \in \mathbf{A}_k} (a_{i,j} - \mu)^2 . \tag{5.12}$$

Zur Berechnung des Schwellenwertes lässt sich das Verhältnis zwischen $P(H_1)$ und $P(H_0)$ auch so schreiben:

$$\lambda = \left[1 + \frac{SW_{konst}^2}{2n-2} \right] . \tag{5.13}$$

Dabei entspricht SW_{konst} einer Student-t verteilten Variable[5] mit $2n-2$ Freiheitsgraden:

$$SW_{konst}^2 = \frac{\left(n^2/(2n)\right)(\mu_1 - \mu_2)^2}{\sum_{i,j\in\mathbf{A}_1} (a_{i,j} - \mu_1)^2 / (2n-2) + \sum_{i,j\in\mathbf{A}_2} (a_{i,j} - \mu_2)^2 / (2n-2)} . \tag{5.14}$$

Die Freiheitsgrade ergeben sich aus der Anzahl der Elemente der Matrix $\mathbf{A}_k$. Im Folgenden wird mit quadratischen Matrizen $\mathbf{A}_k$ gearbeitet. Der Vergleich der Verteilungen mittels λ ist o.B.d.A. auch für rechteckige Bildbereiche möglich.

Da λ eine monotone Funktion von SW_{konst}^2 ist, lässt sich anstelle von λ auch SW_{konst}^2 auswerten. Durch Vorgabe eines Konfidenzniveaus α für die Student-t Verteilung lässt sich das entsprechende Quantil SW_{konst}^{α} ermitteln. Zur Festlegung, welche Hypothese gilt, wird dieses mit SW_{konst} verglichen:

$$\begin{aligned} &\text{wenn } SW_{konst} < SW_{konst}^{\alpha} \text{ dann } H_0, \\ &\text{sonst } H_1. \end{aligned} \tag{5.15}$$

[5] Die Student-t Verteilung wurde von William Sealey Gosset (1876-1937) entwickelt und von ihm unter dem Pseudonym „Student" veröffentlicht

Die folgende Abbildung 5.28 zeigt die Anwendung von Gleichung 5.15 auf die Szene der Abbildungen 5.26 und 5.27. Tabelle 5.2 zeigt die für Abbildung 5.28 verwendeten Quantile. Diese sind fettgedruckt.

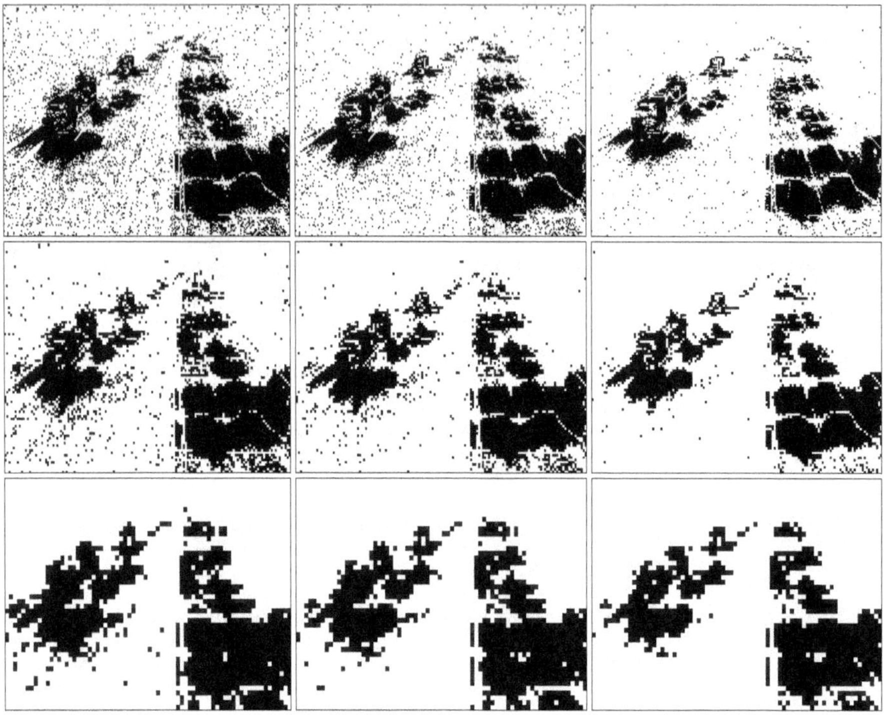

Abb. 5.28: *Bewegungserkennung in den Bildern der Abbildungen 5.26 und 5.27 unter der Annahme eines konstanten, durch gaußverteiltes Rauschen gestörten Grauwertes in* $\mathbf{A}_k$

Die Anordnung der Quantile entspricht der Anordnung der einzelnen Bilder. Beispielsweise ist das Bild links oben mit einer quadratischen 3×3 Matrix $\mathbf{A}_k$ (n=9) und einem Konfidenzwert von $\alpha = 10\%$ entstanden.

Tabelle 5.2: *Quantile der Student t-Verteilung*

n	9	25	100
$2n-2$	16	48 (50)	198 (200)
$\alpha = 10\%$	**1,337**	**1,299**	**1,286**
$\alpha = 5\%$	**1,746**	**1,676**	**1,653**
$\alpha = 1\%$	**2,583**	**2,403**	**2,345**

Variante 2: Lineare Helligkeitsverteilung. Bei dieser Variante wird σ_k^2 mit einem linearen Ansatz geschätzt:

$$\sigma^2 = \frac{1}{n} \sum_{i,j \in \mathbf{A}_k} \left[\alpha_{k1} + \alpha_{k2} i + \alpha_{k3} j - a_{i,j}\right]^2 . \tag{5.16}$$

Dabei sind α_{k1}, α_{k2} und α_{k3} die aus den Helligkeitswerten von $\mathbf{A}_k$ berechnete Regressionskoeffizienten. Es wird im Unterschied zur Variante 1 also kein konstanter, stochastischer gestörter Helligkeitswert in $\mathbf{A}_k$ angenommen, sondern eine lineare Helligkeitsverteilung. Zur Berechnung des Schwellenwertes λ lässt sich das Verhältnis zwischen $P(H_1)$ und $P(H_0)$ unter der Annahme der linearen Helligkeitsverteilung so schreiben:

$$\lambda = \left[1 + \frac{3SW_{lin}}{2n-6}\right] . \tag{5.17}$$

Dabei wird der Schwellenwert

$$SW_{lin} = \frac{SW_{lin1}/3}{SW_{lin2}/(2n-6)} \tag{5.18}$$

aus zwei χ^2-verteilten Variablen SW_{lin1} (3 Freiheitsgrade) und SW_{lin2} ($2n-2$ Freiheitsgrade) wie folgt berechnet:

$$SW_{lin1} = \frac{1}{2\sigma^2} \left(n\left(\alpha_{11} - \alpha_{21}\right)^2 + \left(\alpha_{12} - \alpha_{22}\right)^2 \sum_{i=1}^{n} x_i^2 + \left(\alpha_{13} - \alpha_{23}\right)^2 \sum_{i=1}^{n} y_i^2 \right) , \tag{5.19}$$

$$\begin{aligned} SW_{lin2} = & \frac{\sum_{i,j \in \mathbf{A}_1} \left(a_{i,j} - \alpha_{11} - \alpha_{12} x_i - \alpha_{13} y_i\right)^2}{\sigma^2} + \\ & \frac{\sum_{i,j \in \mathbf{A}_2} \left(a_{i,j} - \alpha_{21} - \alpha_{22} x_i - \alpha_{23} y_i\right)^2}{\sigma^2} . \end{aligned} \tag{5.20}$$

Da λ eine monotone Funktion von SW_{lin} ist, lässt sich anstelle von λ auch SW_{lin} auswerten. Gemäß Gleichung 5.17 ist SW_{lin} F-verteilt[6]. Durch Vorgabe eines Konfidenzniveaus α für die F-Verteilung lässt sich das entsprechende Quantil SW_{lin}^{α} ermitteln. Der Freiheitsgrad des Zählers ist dabei 3, der Freiheitsgrad des Nenners ist $2n-6$. Zur Festlegung, welche Hypothese gilt, wird das entsprechende Quantil mit SW_{lin} verglichen:

$$\begin{aligned} &\text{wenn } SW_{lin} < SW_{lin}^{\alpha} \text{ dann } H_0, \\ &\text{sonst } H_1 . \end{aligned} \tag{5.21}$$

Die folgende Abbildung 5.29 zeigt die Anwendung von Gleichung 5.21 auf die in den Abbildungen 5.26 und 5.27 gezeigte Szene.

[6]Fisher-Verteilung, benannt nach Sir Ronald Aymler Fisher (1890-1962)

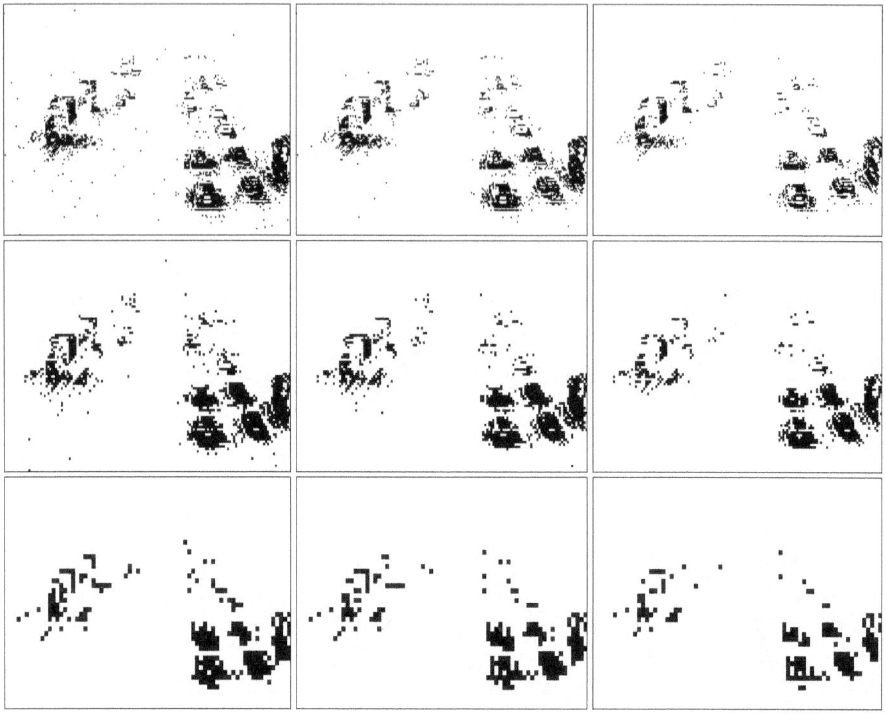

Abb. 5.29: *Bewegungserkennung unter der Annahme linear verteilter Grauwerte in* $\mathbf{A}_k$

Tabelle 5.3 zeigt die für Abbildung 5.29 verwendeten Quantile. Diese sind fettgedruckt. Die Anordnung der Quantile entspricht der Anordnung der einzelnen Bilder. Beispielsweise ist das Bild links oben mit einer quadratischen 3 × 3 Matrix $\mathbf{A}_k$ (n=9) und einem Konfidenzwert von $\alpha = 10\%$ entstanden.

Tabelle 5.3: *Quantile der Fisher-Verteilung*

n	9	25	100
$2n-6$	16	48	198
$\alpha = 10\%$	**2,61**	**2,21**	**2,11**
$\alpha = 5\%$	**3,49**	**2,82**	**2,65**
$\alpha = 1\%$	**5,95**	**4,26**	**3,88**

Die Ergebnisse zeigen, dass beide Varianten zur Bewegungserkennung geeignet sind. Dabei weist Variante 1 eine höhere Empfindlichkeit gegen Bildrauschen auf, besitzt jedoch den Vorteil einer geringeren Komplexität, was sich in einer geringeren Rechenzeit verglichen mit Variante zwei niederschlägt. Entscheidend für die Echtzeitfähigkeit ist jedoch die Wahl der Größe der Matrix $\mathbf{A}_k$. Je größer diese Matrix gewählt wird, umso geringer ist die Rechenzeit. Eine Halbierung der Größe von $\mathbf{A}_k$ quadriert die Rechenzeit.

5.4.3 Logische Verknüpfung von Folgebildern

Durch die Verwendung von binären Kantenbildern ergibt sich die Möglichkeit, mit Hilfe der bekannten logischen Operationen neue Binärbilder zu erzeugen. Abbildung 5.30 zeigt Bild und Folgebild eines Einzelfahrzeugs auf der Autobahn. Die zugehörigen binären Kantenbilder wurden mit einem Sobel-Filter erzeugt (vgl. Unterkapitel 4.1.1).

Abb. 5.30: *Bild und Folgebild mit den zugehörigen binären Kantenbildern.*

Von den theoretischen Möglichkeiten der logischen Verknüpfung sind zwei für die Analyse von Folgebildern interessant. Die *UND*-Verknüpfung liefert den statischen Bildinhalt, also den Hintergrund der Szene, eine *XOR*-Verknüpfung den dynamischen Bildinhalt, im vorliegenden Falle die Fahrzeuge an unterschiedlichen Positionen [43]. Es ist deutlich zu erkennen, dass nicht nur die Bewegung der Fahrzeuge, sondern *jede* Bildveränderung durch die *XOR*-Verknüpfung extrahiert wird. Die zahlreichen einzelnen schwarzen Bildpunkte sind auf Helligkeitsänderungen zwischen den Bildaufnahmen zurückzuführen. Diese wirken vor allem auf den Bewuchs am Fahrbahnrand und die Induktionsschleifen auf der Fahrbahn.

Abb. 5.31: *Logische Verknüfung der Kantenbilder. Links UND, rechts XOR.*

5.4.4 Referenzbild

In den Unterabschnitten 5.4.1 und 5.4.2 wurde gezeigt, wie zweidimensionale Signalmodelle für Fahrzeuge durch die Analyse von Bild und Folgebild ermittelt werden können. Dabei trat der Effekt auf, dass sich bewegende Fahrzeuge im Differenzbild zweimal auftauchten. Will man dies vermeiden, besteht eine Möglichkeit darin, das zu analysierende Bild mit einem Referenzbild zu vergleichen. Eine naheliegende Referenz ist der Hintergrund der jeweiligen Szene. Unter der Annahme, dass die Momentaufnahme dieser Szene nur Fahrzeuge als bewegliche Objekte enthält, ließe sich aus der Differenz zwischen dieser Momentaufnahme und dem Hintergrund die Bewegung eines

Fahrzeuges erkennen. Die Momentaufnahme der Szene wird als Analysebild (Abbildung 5.32) und das Hintergrundbild (Abbildung 5.33) als Referenzbild bezeichnet.

Abb. 5.32: *Das Analysebild der Referenzbildmethoden*

Abb. 5.33: *Referenzbild zu Abb. 5.32*

In der Praxis ist die getroffene Annahme jedoch nicht gerechtfertigt, denn bei der Ermittlung eines Hintergrundbildes als Referenzbild steht man vor folgenden Problemen:

1. Am Tage sind Bilder ohne Fahrzeuge auch auf durchschnittlich genutzten Straßen nur gelegentlich zu erfassen.
2. Bei Dunkelheit sind Hintergrundbilder sehr stark von der Umgebungsbeleuchtung abhängig.
3. Das Hintergrundbild enthält nur statische Objekte, ist als Ganzes aber auf Grund wechselnder Licht- und Sichtbedingungen variabel.
4. Bäume, Sträucher und Gras sind aus Sicht der Analyse des Verkehrsprozesses statische Objekte, die aber auf Grund von Wind zu nennenswerten Änderungen im Hintergrundbild führen können.

Diese Punkte verdeutlichen, dass es ein statisches Referenzbild nicht geben kann. Vielmehr besteht die Aufgabe darin, einen Schätzwert des Hintergrundbildes so zu ermitteln, dass die nicht relevanten Unterschiede zwischen Analysebild und Referenzbild unterdrückt werden. Die relevanten Unterschiede werden durch die Bewegung der Fahrzeuge hervorgerufen und müssen erhalten bleiben. Das erfordert eine automatische Anpassung des Referenzbildes an die wechselnden Umgebungsbedingungen. Gesucht ist also ein adaptives Modell zur Nachbildung des Hintergrundes einer Verkehrsszene.

Im Folgenden werden mehrere Verfahren einer solchen Modellierung vorgestellt. Um die Vergleichbarkeit sicherzustellen, wird jedes Verfahren mit den gleichen Momentaufnahmen einer Autobahnszene und dem in Abbildung 5.32 gezeigten Analysebild erprobt. Nach 30 Schritten haben alle hier vorgestellten Verfahren ein brauchbares Referenzbild erzeugt, das zusammen mit dem graduellen und dem binären Differenzbild gezeigt wird.

Um geringe Differenzen auszublenden werden die Differenzbilder an einem Schwellenwert bewertet. Dieser ist für alle Verfahren mit dem Wert 30 belegt.

Für den praktischen Einsatz ist es wichtig, nicht nur das Ergebnis der Hintergrundschätzung zu kennen, sondern auch die Brauchbarkeit des Hintergrundbildes in der Anlaufphase zu beurteilen. Dafür sind das Referenzbild und die beiden Differenzbilder zusätzlich nach 10 Rechenschritten dargestellt. Nach dieser Zeit hat keines der hier untersuchten Verfahren ein brauchbares Ergebnis geliefert. Durch das Markieren von Bildbereichen mit Fehlern nach 10 Schritten und die Übertragung dieser Markierung in das Hintergrundbild nach 30 Schritten ergibt sich eine Möglichkeit, die Anlaufphase der Verfahren zu beurteilen und zu vergleichen.

Nicht rekursive Mittelwertbildung

Die einfachste Möglichkeit ist die Berechnung eines arithmetischen Mittelwertes. Dies entspricht einer Glättung des Bildinhaltes und somit einer Tiefpassfilterung.

Aus einer Anzahl von n Einzelbildern $\mathbf{B}_i$ wird eine Referenzbildmatrix

$$\mathbf{B}_R = \frac{1}{n} \sum_{i=1}^{n} \mathbf{B}_i \tag{5.22}$$

ermittelt. Dies kann entweder für die Helligkeitswerte [33] oder getrennt für jeden Farbkanal, beispielsweise im RGB-Bild, erfolgen [5]. Um die Adaption auch bei im Vergleich zum Verkehrsprozess schnellen Helligkeitsänderungen sicherzustellen, sollte die Neuberechnung von $\mathbf{B}_R$ während des Analyseprozesses permanent erfolgen. Abbildung 5.34 zeigt das gemäß Gleichung 5.22 ermittelte Hintergrundbild nach 10 bzw. 30 Schritten. Die Rechtecke markieren Fehler, die nach 10 Schritten im Hintergrundbild oder Differenzbild noch zu sehen sind. Diese fehlerhaften Bereiche werden zum Vergleich in das Referenzbild und die Differenzbilder nach 30 Schritten übertragen.

Nach 10 Schritten sind als Hauptfehler virtuelle Fahrzeugketten im vom Betrachter wegfahrenden Verkehr auszumachen. Diese treten im vorderen und hinteren Teil des Bildes auf. Nach 30 Schritten sind die virtuellen Fahrzeugketten im vorderen Bildbereich behoben, nicht jedoch im hinteren. Die für die Hintergrundschätzung erforderliche Dominanz der Helligkeitswerte des Hintergrundes ist dort nicht gegeben. Der Durchschnittswert wird hier von den Fahrzeugen, die im Vergleich zum Hintergrund dunkler sind, bestimmt.

Im auf den Betrachter zufahrenden Verkehr waren weniger Fahrzeuge vorhanden. Hier hat der Hintergrund die erforderliche Dominanz im vorderen und hinteren Bildbereich. Die erkannte Abhängigkeit der Hintergrundschätzung von der Anzahl und Geschwindigkeit der Fahrzeuge ist folgerichtig, wenn man gedanklich die beiden Grenzwerte der leeren und der überstauten Straße betrachtet. Im ersten Fall entsteht ein makelloses Hintergrundbild, im zweiten Fall ein unbrauchbares, aus den Helligkeitswerten der Fahrzeuge ermitteltes Hintergrundbild.

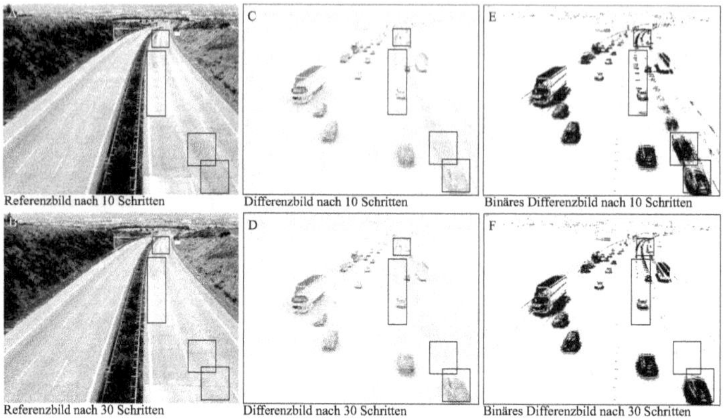

Abb. 5.34: *Beispiel für die nicht rekursive Mittelwertbildung: A und B zeigen das ermittelte Referenzbild, C und D liefern die Differenz zu Abbildung 5.32, E und F zeigen die an einem Schwellenwert bewerteten Differenzbilder.*

Rekursive Mittelwertbildung

Eine rekursive Formulierung [63] der Rechenvorschrift aus Gleichung 5.22 führt auf

$$\mathbf{B}_{R,k} = \frac{1}{k}\left[(k-1)\,\mathbf{B}_{R,k-1} + \mathbf{B}_k\right]. \tag{5.23}$$

Hierbei wird das neue Hintergrundbild $\mathbf{B}_{R,k}$ aus dem letzten Schätzwert $\mathbf{B}_{R,k-1}$ und dem aktuellen Bild $\mathbf{B}_k$ berechnet. Abbildung 5.35 zeigt das erste Bild einer Folge von 30 Bildern, aus denen der Hintergrund gemäß Gleichung 5.23 ermittelt wurde. Während nach fünf Rechenschritten noch deutliche Fahrzeugmerkmale auf der Fahrbahn zu sehen sind, erkennt man nach zehn Schritten eine deutliche Abschwächung. Auffällig ist, dass dieser Effekt in einzelnen Fahrstreifen unterschiedlich stark auftritt: Je mehr Verkehr vorhanden war, umso deutlicher werden die Fahrzeuge in das Hintergrundmodell eingeprägt. Sie werden jedoch nicht vollständig eliminiert. Besonders deutlich wird dieser Effekt im linken Fahrstreifen. Hier überdecken die LKW den Bewuchs und der Hintergrund ergibt sich als Mittelwert aus beiden. Dies unterstreicht wiederum, dass ein Schätzwert unter der Annahme ermittelt wird, dass der Mittelwert der auftretenden Helligkeits- oder Farbwerte ein geeignetes Modell für den Hintergrund darstellt.

Abb. 5.35: *Beispiel für die rekursive Mittelwertbildung nach 5, 10 und 30 Schritten.*

Mittelwertbildung im ruhenden Verkehr

Die erfolgreiche Ermittlung eines Schätzwertes für den Bildhintergrund gemäß den Gleichungen 5.22 und 5.23 ist nur zu erzielen, wenn der Verkehr fließt. Ein zähflüssiger Verkehr vermindert den Glättungseffekt und führt somit zu einer ungenauen Schätzung des Hintergrundes. Stehende Fahrzeuge, beispielsweise auf dem Haltestreifen oder bei Stau, würden offensichtlich in dieser Form des Hintergrundmodells nach einer gewissen Zeit „verschwunden“ sein. Man spricht in diesem Zusammenhang auch von „Vergessen“ oder einem „endlichen Gedächtnis“.

Dies ist ein entscheidender Nachteil aller differenzbasierten Methoden, da diese prinzipbedingt eine Fahrzeugerkennung nur anhand der Bewegung ermöglichen. Besonders augenfällig wird diese Problematik bei Anwendung auf den ruhenden Verkehr, auf die im Folgenden eingegangen wird.

Abbildung 5.36 A zeigt die Ankunft eines LKW auf der Parkfläche als Differenzbild. In Abbildung 5.36 B und C ist die Ausprägung des Fahrzeuges nach weiteren 4 bzw. 6 Bildern, die in die Nachführung der Hintergrundschätzung eingeflossen sind, gezeigt. Der Bildabstand betrug ca. 2 Sekunden. Das Verschwinden der durch das Fahrzeug vorhandenen Bildinformation ist also nach wenigen Bildern vollständig, und somit ist das Differenzbild in diesem Fall als Signalmodell unbrauchbar.

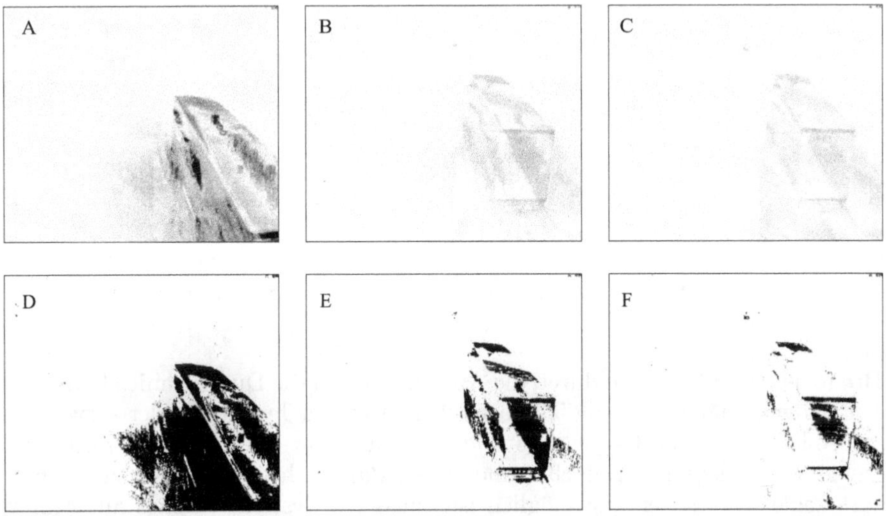

Abb. 5.36: *Analyse der Ankunft eines parkenden Fahrzeuges. Obere Reihe: Differenzbild, unterere Reihe: Binärbild der obigen Bilder*

Vom Autor wird deshalb eine Variante vorgeschlagen, die nicht auf einem permanent vorhandenen Maß beruht, sondern die Endlichkeit der Differenzbildinformation berücksichtigt. Ein solches Maß ist die prozentuale Anzahl der geänderten Bildpunkte des Differenzbildes. Diese Änderung, über der Zeit bzw. dem Index der Bilder aufgetragen, zeigt eine kurzzeitige Abweichung von Null, die als Impuls ausgewertet werden kann. Abbildung 5.37 zeigt diesen Impuls für die in Abbildung 5.36 gezeigte Szene.

Das Vorhandensein eines solchen Impulses zeigt also die Änderung der Bildinformation an, die wie gezeigt bei der Ankunft eines Fahrzeuges auftritt.

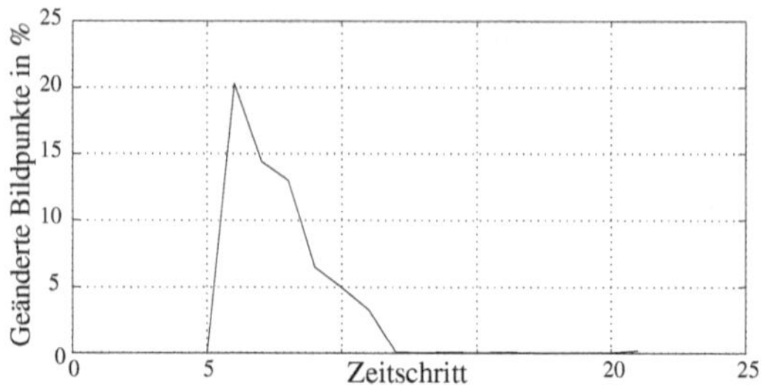

Abb. 5.37: *Erzeugung eines Impulses aus Differenzbildern des ruhenden Verkehrs.*

Da das Signalmodell auf jede Änderung der Bildinformation reagiert, liefert es einen gleichartigen Impuls, auch bei der Abfahrt des Fahrzeuges. Abbildung 5.38 zeigt ein Beispiel, welches die Ankunft und Abfahrt des in Abbildung 5.36 gezeigten Fahrzeuges beinhaltet.

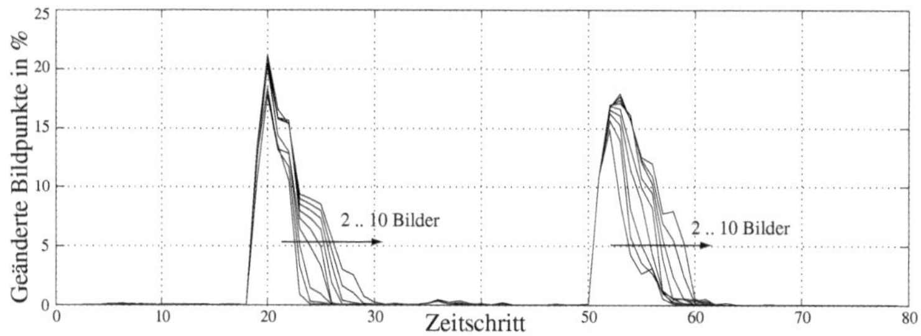

Abb. 5.38: *3 Durchschnitt aus 500 Einzelbildern*

Die Breite des Impulses kann durch die Anzahl n der in die Durchschnittsbildung eingehenden Bilder gemäß Gleichung 5.22 beeinflusst werden. Je mehr Bilder verwendet werden, umso länger ist das „Gedächtnis". Jeder Impuls führt dann zu einer Zustandsänderung zwischen „belegter Parkfläche" und „freier Parkfläche". Da zwischen Ankunft und Abfahrt keine Unterscheidung möglich ist, muss ein System, welches auf dem vorgestellten Prinzip beruht, mit dem Anfangszustand kalibriert werden. Das führt auf einige Probleme, die reine Zählsysteme prinzipbedingt mit sich bringen. Das Gesagte gilt somit auch für bilanzierende Systeme mit Schranken an Ein- und Ausgang. Abgestellte Anhänger belegen die Parkfläche nach Abfahrt des gezählten Fahrzeuges weiter. Mehrfachbelegung von Parkflächen, sei es durch schräg abgestellte Fahrzeuge oder durch Schnee verwehte Markierungen, können nicht erkannt werden. Auf LKW-Parkplätzen abgestellte PKW benutzen gelegentlich eine Parkfläche für mehrere Fahrzeuge, so dass letztendlich eine größere Anzahl Plätze frei ist, als ein Zählsystem ermitteln kann. Alle diese Situationen konnten im Rahmen der Fallstudie zum ruhenden Verkehr, beschrieben in Kapitel 8, mehrfach beobachtet werden.

Zeitabhängige exponentielle Gewichtung

Die bisher diskutierte Ermittlung des Hintergrundbildes aus dem zeitlichen Mittelwert von Einzelbildern stellt eine Übertragung der Idee der Signalglättung durch Mittelwertbildung dar, wie sie von zeitabhängigen Signalen, beispielsweise Verkehrsstärken, bekannt ist. Somit sollten auch andere Glättungsverfahren für die Schätzung eines Hintergrundbildes geeignet sein.

Ein Beispiel dafür ist die exponentielle Glättung, die auf Grund ihrer Einfachheit und Leistungsfähigkeit häufig angewandt wird. Hierbei wird der aktuelle geglättete Wert $\hat{x}_k$ aus dem letzten geglätteten Wert $\hat{x}_{k-1}$ und dem aktuellen Messwert x_k berechnet:

$$\hat{x}_k = (1-\alpha)\,\hat{x}_{k-1} + \alpha x_k. \tag{5.24}$$

Indem man $\hat{x}_k$ rekursiv in obige Gleichung einsetzt, lässt sich zeigen, dass der k-te von n Messwerten mit dem Gewicht

$$g\,(k,n) = \alpha\,(1-\alpha)^{n-k} \tag{5.25}$$

versehen wird. Der Verlauf dieser Gewichtsfolge erinnert an eine Exponentialfunktion, woraus der Name des Verfahrens entstanden ist. Je größer α gewählt wird, umso stärker geht der aktuelle Messwert ein. Je kleiner α ist, umso länger wirken die Werte aus der Vergangenheit nach. Angewendet auf das Problem der Schätzung des Bildhintergrundes lässt sich Gleichung 5.24 wie folgt schreiben:

$$\mathbf{B}_{R,k} = (1-\alpha)\cdot\mathbf{B}_{R,k-1} + \alpha\cdot\mathbf{B}_k. \tag{5.26}$$

Hierbei entspricht der aktuelle Messwert x_k dem aktuellen Bild $\mathbf{B}_k$ und der aktuelle geglättete Wert $\hat{x}_k$ dem aktuell geschätzten Hintergrundbild $\mathbf{B}_{R,k}$. Die Abbildungen 5.39 zeigen das gemäß Gleichung 5.24 ermittelte Hintergrundbild nach 10 bzw. 30 Schritten. Die Rechtecke markieren Fehler, die nach 10 Schritten im Hintergrundbild oder Differenzbild noch zu sehen sind. Diese fehlerhaften Bereiche werden zum Vergleich in das Referenzbild und die Differenzbilder nach 30 Schritten übertragen. Die nach 10 Schritten in der Anlaufphase des Verfahrens auftretenden Fehler sind andere als bei der Mittelwertbildung. Es gibt zwar in der rechten unteren Bildecke eine virtuelle Fahrzeugkette, jedoch rührt diese von einem Fahrzeug her, das kurze Zeit langsam gefahren ist, und nicht von mehreren Fahrzeugen entlang des Fahrstreifens (vgl. Abbildung 5.34).

Der deutlichste Unterschied zur Mittelwertbildung aber liegt offensichtlich darin, dass nach 10 Schritten noch komplette Fahrzeuge dem Hintergrund zugeordnet werden. Dieser Fehler tritt gleichbedeutend in beiden Fahrtrichtungen auf. Nach 30 Schritten sind drei markierten Fahrzeuge aus dem Referenzbild verschwunden. Im hinteren Bereich des Bildes befindet sich, wie bei der Mittelwertbildung, eine virtuelle Fahrzeugkette, die auch nach weiteren Rechenschritten nicht eliminiert werden kann.

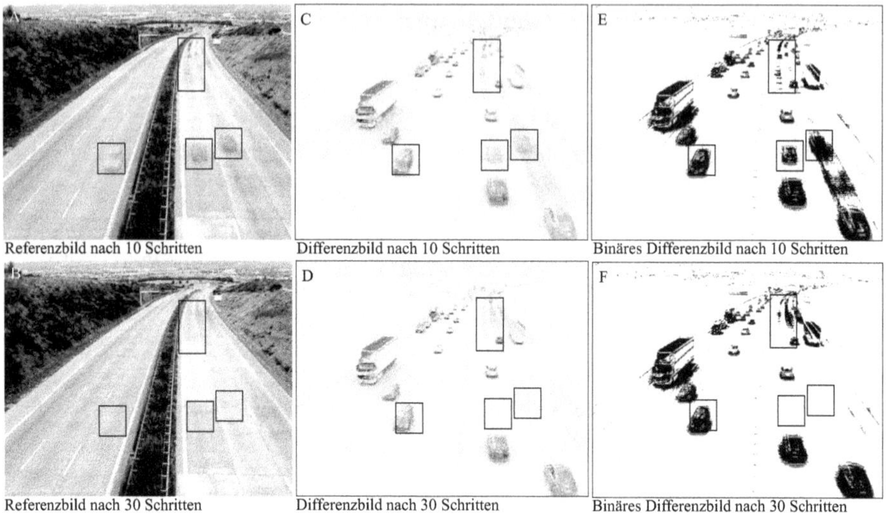

Abb. 5.39: *Beispiel für die zeitabhängige exponentiellen Gewichtung: A und B zeigen das ermittelte Referenzbild, C und D liefern die Differenz zu Abbildung 5.32, E und F zeigen die an einem Schwellenwert bewerteten Differenzbilder.*

Bildabhängige exponentielle Gewichtung

Neben der soeben dargestellten Möglichkeit der zeitabhängigen exponentiellen Gewichtung – mit wachsender Zeit fällt das resultierende Gewicht in Abhängigkeit des Wertes von α mehr (großes α) oder weniger schnell (kleines α) exponentiell ab – lässt sich α selbst als Parameter verwenden. Einen Ansatz, in dem sich α an die Helligkeitsänderungen im Bild anpasst, findet sich in [69]. Hierbei wird für die Bildrepräsentation das Farbbild im RGB-Farbraum verwendet. Laut der genannten Quelle reagieren Farbbilder weniger empfindlich auf Beleuchtungsänderungen und Reflexionen als Graustufenbilder. Im Folgenden wird in Ergänzung der genannten Quelle neben der prinzipiellen Eignung des Verfahrens untersucht, wie es sich auf Grauwertbilder anwenden lässt. Zunächst aber wollen wir der Idee von [69] folgen. Dafür wird ein Differenzbild

$$\begin{aligned}\mathbf{B}_{D,k} = \quad & |\mathbf{B}_k - |\mathbf{B}_{R,k-1}||_{\mathrm{rot}} \\ & + |\mathbf{B}_k - |\mathbf{B}_{R,k-1}||_{\mathrm{grün}} \\ & + |\mathbf{B}_k - |\mathbf{B}_{R,k-1}||_{\mathrm{blau}}\end{aligned} \tag{5.27}$$

aus den RGB-Komponenten des aktuellen Bildes $\mathbf{B}_k$ und des letzten Referenzbildes $\mathbf{B}_{R,k-1}$ berechnet. Hierbei steht $|\cdot|$ für eine Betragsbildung. Im Unterschied zur Originalquelle erfolgt diese auch für $\mathbf{B}_{R,k-1}$, was zu einem verbesserten Einschwingverhalten führt. Um diejenigen Bildelemente im Differenzbild $\mathbf{B}_{D,k}$ zu finden, die sich signifikant geändert haben, wird ein Schwellenwert

$$SW = \begin{cases} d \cdot s & \text{wenn } \frac{\max(\mathbf{B}_{D,k})}{d} \geqslant 10 \\ (d-1)\,\frac{\max(\mathbf{B}_{D,k})}{d} & \text{sonst} \end{cases} \tag{5.28}$$

aus dem Histogramm von $\mathbf{B}_{D,k}$ ermittelt. Dabei ist d der Abstand vom Ursprung auf der Abszisse zum Maximum des Histogramms. Der Parameter $s = 7$ sowie die Bewertung anhand des Wertes 10 sind empirisch. Eine Änderung dieser Werte verändert das Zeitverhalten. Den so berechneten Verlauf von SW zeigt Abbildung 5.41. Es ist zu erkennen, dass das Verfahren eine Einschwingzeit besitzt. Im Beispiel waren 16 Bilder notwendig, um ein zuverlässiges Hintergrundmodell zu schätzen.

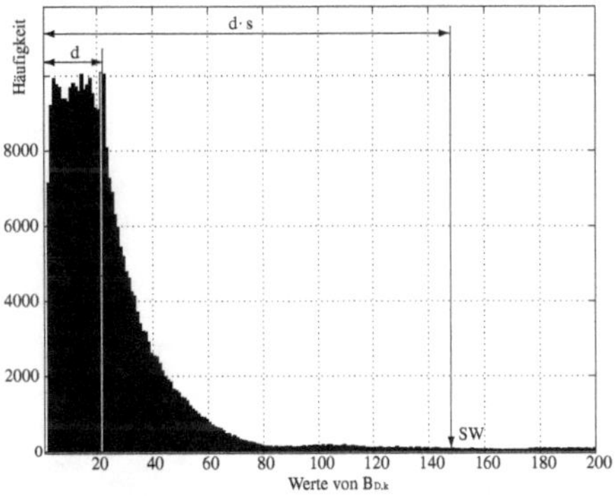

Abb. 5.40: *Histogramm von* $\mathbf{B}_{D,k}$

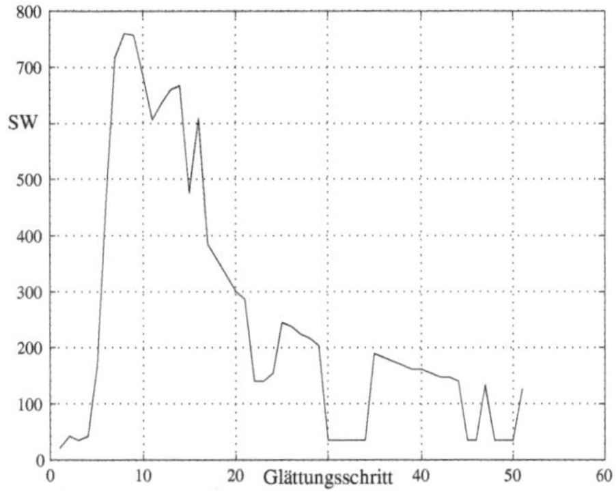

Abb. 5.41: *Entwicklung des Schwellenwertes* SW

Mit dem berechneten Schwellenwert wird nun eine Binärmaske

$$\mathbf{B}_{M,k} = \begin{cases} 1 \text{ (weiß)} & \text{wenn } \mathbf{B}_{D,k} < SW \\ 0 \text{ (schwarz)} & \text{sonst} \end{cases} \tag{5.29}$$

erzeugt, welche die wesentlichen Änderungen im Bild enthält. Aus $\mathbf{B}_{M,k}$ und der Inversen $\bar{\mathbf{B}}_{M,k}$ wird ein temporäres Hintergrundbild

$$\mathbf{B}_{TR,k} = \bar{\mathbf{B}}_{M,k} \wedge \mathbf{B}_k - \mathbf{B}_{M,k} \wedge \mathbf{B}_{R,k-1} \tag{5.30}$$

ermittelt. Dieses besteht aus den Koordinaten der Bildpunkten der Binärmaske, die als nicht veränderlich angenommen werden, angewandt auf das aktuelle Bild (Minuend), und den Koordinaten der Bildpunkte der Binärmaske, die als veränderlich angenommen werden, angewandt auf das letzte geschätzte Hintergrundbild (Subtrahend). Die resultierende Differenz entspricht den Helligkeitswerten des aktuellen Bildes, die an den Stellen der aktuellen Maske durch Helligkeitswerte des letzten Hintergrundes ersetzt werden. Mit diesem temporären Hintergrundbild wird durch exponentielle Glättung ein neues Hintergrundbild erzeugt:

$$\mathbf{B}_{R,k} = (1 - \alpha) \cdot \mathbf{B}_{R,k-1} - \alpha \cdot \mathbf{B}_{TR,k}. \tag{5.31}$$

Der Wert für α kann laut [69] wie folgt aus dem Histogramm berechnet werden:

$$\alpha = \min\left(0{,}1 + \frac{d}{\max\left(\mathbf{B}_{D,k}\right)}; 0{,}5\right). \tag{5.32}$$

Dabei sorgt der min-Operator dafür, dass die Berechnung durch zu kleine α-Werte nicht zu langsam wird. Ebenso wie der Schwellenwert SW findet sich α im Laufe der Berechnung auf einem geeigneten Wert ein (Abbildung 5.42). Die geringen Werte von α bedeuten, dass dem temporären Hintergrundbild $\mathbf{B}_{TR,k}$ mit fortschreitender Zeit eine immer geringere Bedeutung für die Hintergrundschätzung zukommt. Der Einfluss des sich in jedem Schritt verbessernden Hintergrundbildes $\mathbf{B}_{R,k-1}$ nimmt dagegen zu.

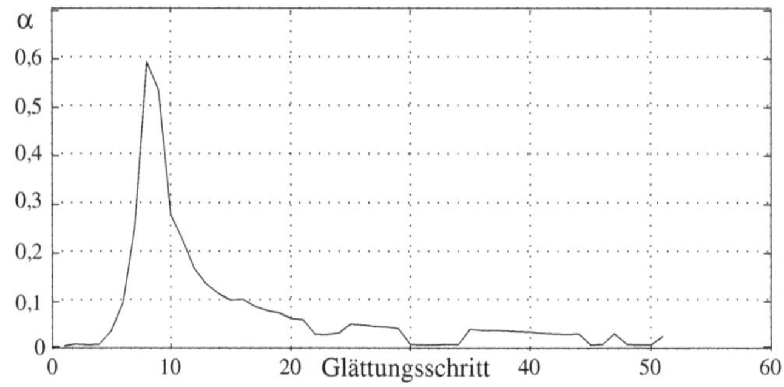

Abb. 5.42: *Die Entwicklung des Glättungsparameters α.*

Die Abbildung 5.43 zeigt das mit der bildabhängigen exponentiellen Gewichtung aus RGB-Bildern ermittelte Hintergrundbild nach 10 bzw. 30 Schritten. Die Rechtecke markieren Fehler, die nach 10 Schritten im Hintergrundbild oder Differenzbild noch zu sehen sind. Diese fehlerhaften Bereiche werden zum Vergleich in das Referenzbild und die Differenzbilder nach 30 Schritten übertragen.

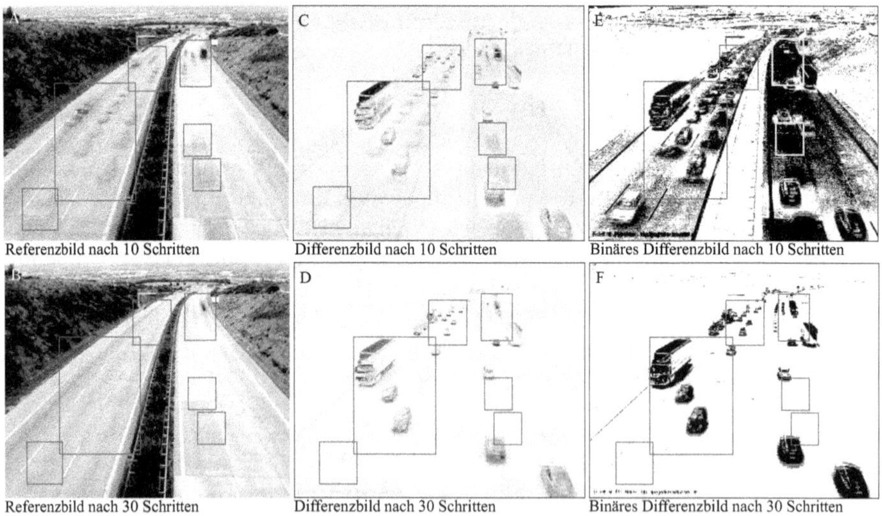

Abb. 5.43: *Beispiel für die bildabhängige exponentielle Gewichtung von RGB-Farbbildern: A und B zeigen das ermittelte Referenzbild, C und D liefern die Differenz zu Abbildung 5.32, E und F zeigen die an einem Schwellenwert bewerteten Differenzbilder.*

Die nach 10 Schritten in der Anlaufphase des Verfahrens auftretenden Fehler sind andere als bei der Mittelwertbildung und der zeitabhängigen exponentiellen Glättung. Anhand der Abbildungen 5.41 und 5.42 wurde bereits deutlich, dass das Verfahren eine Einschwingphase besitzt. Die in den Abbildung 5.43 A, C und E gezeigten Ergebnisbilder verdeutlichen darüber hinaus, dass das Verfahren in der Einschwingphase nicht angewandt werden kann. Die Helligkeitsänderungen des Hintergrundes, wie sie von Bild zu Bild auftreten, sind im Vergleich zu den anderen Verfahren nach 10 Schritten noch deutlich sichtbar. Außerdem sind mehr und deutlichere Fahrzeuge im Hintergrundbild vorhanden als bei den vorher behandelten Verfahren.

Der entgegenkommende Verkehr führt ebenso zu virtuellen Fahrzeugketten wie der weitaus dichtere, vom Betrachter wegfließende Verkehr. Anders sieht es nach 30 Schritten aus. Hier wird die Eigenschaft des Verfahrens erkennbar, sich durch den bildabhängigen Parameter α an wechselnde Umgebungsbedingungen anpassen zu können. Die Bildung virtueller Fahrzeugketten ist im hinteren Bereich des Bildes schwächer als bei den anderen Verfahren, so dass man davon ausgehen kann, dieses Verfahren auch noch bei geringeren Bildauflösungen einsetzen zu können. Das führt zu einer Vergrößerung der nutzbaren Sichtweite. Gerade wenn die Kamera tief hängt, ist häufig nur ein geringer Teil im vorderen Bereich des Bildes für eine automatische Auswertung überhaupt nutzbar.

Das Verfahren wurde für die Analyse von Farbbildern entwickelt, da diese weniger empfindlich auf Beleuchtungsänderungen reagieren als Grauwertbilder. Diese sind andererseits für die Analyse des Verkehrsgeschehens nicht zu vernachlässigen, wenn bei Dunkelheit Infrarotscheinwerfer eingesetzt werden sollen. Dann sind Kameras ohne Infrarot-Sperrfilter notwendig. Um keine Farbverfälschungen zu erhalten, wird man in einem solchen Falle Grauwertbilder verwenden. Deshalb soll im Folgenden neben der prinzipiellen Eignung untersucht werden, wie sich das Verfahren auf Grauwertbilder anwenden lässt. Die einzige Änderung erfährt das Verfahren in Gleichung 5.27. Hier wird anstelle der Summe der Differenzen der drei Farbkanäle aus aktuellem Bild und letztem Differenzbild deren Helligkeit verwendet:

$$\mathbf{B}_{D,k} = |\mathbf{B}_k - |\mathbf{B}_{R,k-1}|| \,. \tag{5.33}$$

Die Abbildung 5.44 zeigt die Ergebnisse der bildabhängigen exponentiellen Gewichtung bei der Verwendung von Grauwertbildern. Der auffälligste Unterschied zur Variante mit Farbbildern findet sich im binären Differenzbild nach 10 Schritten. Durch einen Vergleich des Straßenhintergrundes beider Varianten findet die Aussage Bestätigung, dass Grauwertbilder rauschanfälliger sind als Farbbilder. Für den praktischen Einsatz sind aber sowohl der Ansatz mit Farb- als auch der mit Grauwertbildern geeignet. Die bildabhängige exponentielle Glättung besitzt zwar eine längere Einschwingzeit als andere Verfahren, bietet jedoch den Vorteil, sich mittels des Parameters α an wechselnde Umgebungsbedingungen anpassen zu können.

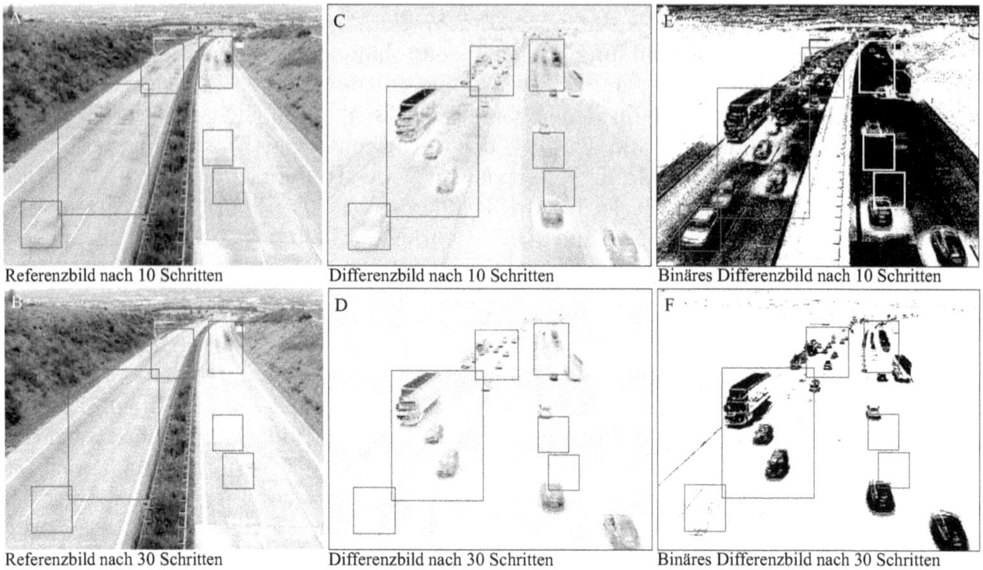

Abb. 5.44: *Beispiel für die bildabhängige exponentielle Gewichtung von Grauwertbildern: A und B zeigen das ermittelte Referenzbild, C und D liefern die Differenz zu Abbildung 5.32, E und F zeigen die an einem Schwellenwert bewerteten Differenzbilder.*

Analyse der Helligkeitsverteilung

Die bisher beschriebenen Methoden basieren auf der Ermittlung eines Mittelwertes für die Helligkeits- oder Farbwerte der einzelnen Bildpunkte des zu schätzenden Hintergrundbildes. Eine andere Modellvorstellung für den Bildhintergrund geht davon aus, dass die am häufigsten auftretenden Helligkeits- oder Intensitätswerte eines einzelnen Bildelementes zum Hintergrund gehören [63]. Damit ist dieser Ansatz ebenso wie die Mittelwertbildung, auf die Analyse des fließenden Verkehrs beschränkt. Im Falle von stehenden Fahrzeugen, z.B im Stau, würden die Helligkeits- oder Intensitätswerte der Fahrzeuge am häufigsten auftreten.

Abbildung 5.45 zeigt die schon vorher verwendete Autobahnszene. Zur Verdeutlichung der Idee von [63] wurde aus den drei charakteristischen Bereichen A: Randbepflanzung, B: Seitenstreifen und C: Fahrbahn jeweils ein Punkt ausgewählt. Für jeden dieser Punkte wurde ein Histogramm ermittelt.

Die Aussage, welcher Intensitätswert für den einzelnen Bildpunkt am häufigsten auftritt, lässt sich natürlich als Einzelwert auch ohne Histogramm ermitteln. Eine Hintergrundschätzung ist jedoch nur mit einem deutlich von anderen Werten abgesetzten Wert möglich. Ob das so ist, wird im Histogramm sichtbar.

Zu beachten ist, dass bei der Darstellung der Histogramme die Abszissen nur den genutzten Bereich darstellen. So umfasst das Histogramm von Punkt A einen Bereich von nur 14 Werten, von Punkt B einen Bereich von 175 Werten und von Punkt C einen Bereich von 50 Werten.

Abb. 5.45: *Szene des fließenden Verkehrs.*

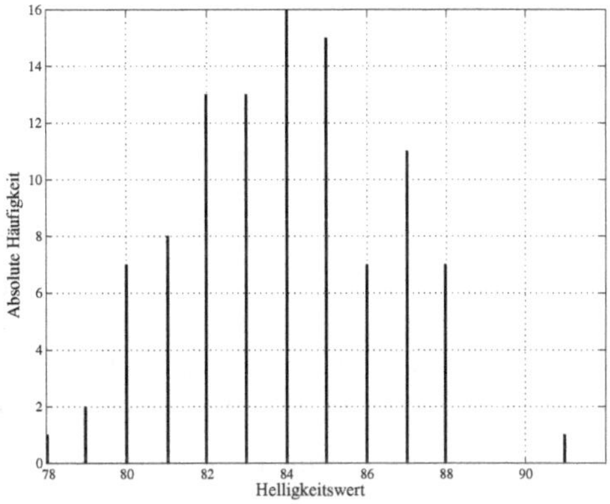

Abb. 5.46: *Histogramm A: Bewuchs*

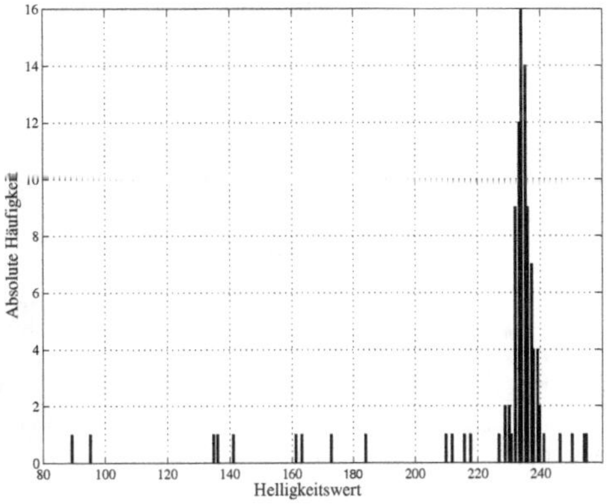

Abb. 5.47: *Histogramm B: Seitenstreifen*

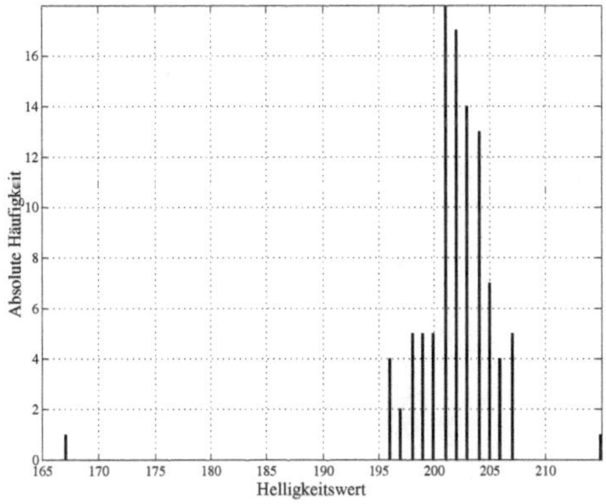

Abb. 5.48: *Histogramm C: Fahrbahn*

Im Histogramm für die Randbepflanzung (Abbildung 5.46) findet sich zwar eine geringe Streuung um den am häufigsten auftretenden Wert, aber die Häufigkeiten im Bereich des Maximums unterscheiden sich nur gering voneinander. Dies ist auf die Windbewegung der Bepflanzung zurückzuführen, was wiederum verdeutlicht, dass die Schätzung des Hintergrundes auch bei diesem Verfahren keine alleinige Elimination der Fahrzeuge, sondern *aller* Helligkeitsschwankungen im Bild bedeutet. Abbildung 5.47 das Histogramm des Seitenstreifens. Hier ist der Maximalwert deutlicher sichtbar, so dass der innerhalb der Testszene gültige Hintergrundwert klar erkennbar ist. Die einzeln auftretenden Abweichungen sind auf Änderungen der Beleuchtung und auf Fahrzeuge zurückzuführen, deren Schatten in den Seitenstreifen ragt. Auf der Fahrbahn (Abbildung 5.48) ist der am häufigsten auftretende Wert ebenfalls gut zu erkennen. Er ist von Abweichungen in beide Richtungen umgeben, die auf Fahrzeuge zurückzuführen sind. Die gezeigten Histogramme wurden aus 100 Einzelbildern erzeugt. Für die praktische Anwendbarkeit ist es jedoch wichtig, dass das Verfahren keine zu lange Anlaufzeit benötigt. Deshalb soll im Folgenden wieder anhand von 10 bzw. 30 Bildern überprüft werden, ob das Verfahren brauchbare Referenzbilder liefert.

Die Abbildung 5.49 zeigt das aus der Analyse der Helligkeitsverteilung ermittelte Hintergrundbild. Dieses besteht gemäß der in [63] beschriebenen Idee aus dem nach 10 bzw. 30 Schritten am häufigsten aufgetretenen Helligkeitswert jedes Bildpunktes. Die Rechtecke markieren Fehler, die nach 10 Schritten im Hintergrundbild oder Differenzbild noch zu sehen sind. Diese fehlerhaften Bereiche werden zum Vergleich in das Referenzbild und die Differenzbilder nach 30 Schritten übertragen.

Die nach 10 Schritten im Differenzbild auftretenden Fehler sind andere als bei der Mittelwertbildung und den beiden beschriebenen Varianten der exponentiellen Glättung. Zunächst ist auffällig, dass keine virtuellen Fahrzeugketten auftreten, da keine Mittelwertbildung über eine Zeitreihe von Intensitätswerten erfolgt.

In der rechten unteren Ecke ist eine deutliche Abweichung vom Hintergrund zu sehen, die durch die Oberseite einer LKW-Plane verursacht wurde – nach 10 Schritten waren in diesem Bereich die Helligkeitswerte der Plane häufiger aufgetreten als die Helligkeitswerte der Fahrbahn. Nach 30 Schritten ist dies nicht mehr der Fall und man erhält ein brauchbares Hintergrundbild.

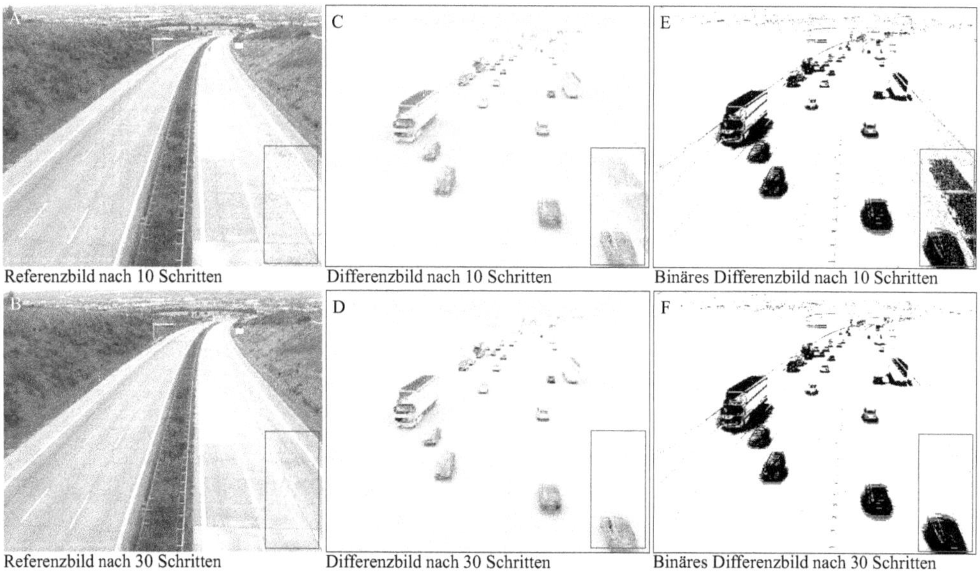

Abb. 5.49: *Beispiel für die Analyse der Helligkeitsverteilung: A und B zeigen das ermittelte Referenzbild, C und D liefern die Differenz zu Abbildung 5.32, E und F zeigen die an einem Schwellenwert bewerteten Differenzbilder.*

Das Referenzbild als stochastisch gestörte Zustandsgröße

Die bisher vorgestellten Methoden haben verdeutlicht, dass die Ermittlung des Hintergrundbildes einer Szene eine Schätzung darstellt. Dabei wurde zwar erkannt, dass die Schätzmethoden und die Modellannahmen fehlerbehaftet sind, aber diese Einflüsse wurden nicht explizit berücksichtigt. Geht man von einem stochastischen Charakter dieser Störungen aus, führt das zu dem bekannten Verfahren der Filterung nach Kalman [57].

Die Grundlage des Filterentwurfs bildet ein Systemmodell, welches die Zustandsgrößen des Systems in Form von *Zustandsgleichungen* und den Zusammenhang zwischen Zustands- und Messgrößen in *Messgleichungen* nachbildet. Ein grundlegendes und mehrfach variiertes (z.B. [12] und [106]) Systemmodell wurde von KARMANN in [58] vorgestellt. Abbildung 5.50 zeigt eine vereinfachte[7] Variante dieses Modells, welches im Folgenden zur Darstellung des Prinzips der Hintergrundschätzung mittels Kalmanfilter dienen wird.

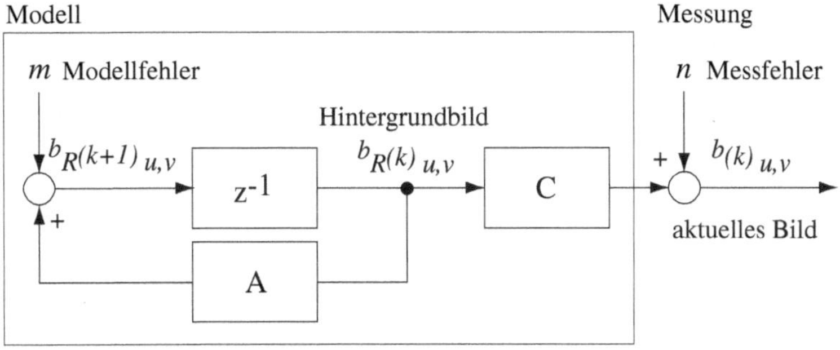

Abb. 5.50: *Das Zustandsraummodell mit dem Hintergrundbild als Zustandsgröße.*

Die in Abbildung 5.50 gezeigte Struktur für das Modell findet sich in der Zustandsgleichung

$$b_R\,(k+1)_{u,v} = b_R\,(k)_{u,v} + \mu\,(k) \tag{5.34}$$

und der Messvorgang in der Messgleichung

$$b\,(k)_{u,v} = b_R\,(k)_{u,v} + \nu\,(k)\,. \tag{5.35}$$

wieder. Dabei haben die Systemmatrix **A** und die Messmatrix **C** jeweils den Wert eins.

Zustandsgleichung:

Die zu schätzende Zustandsgröße ist der Helligkeitswert $b_R\,(k)_{u,v}$ des Hintergrundbildes mit den Matrixkoordinaten u und v zum Zeitpunkt k. Das Hintergrundbild $b_R\,(k+1)_{u,v}$ ergibt sich aus seinem Vorgänger $b_R\,(k)_{u,v}$ zuzüglich einer Störgröße μ. Diese Störung wird als gaußverteiltes weißes Rauschen mit dem Erwartungswert Null und der Varianz Φ angenommen. In der Realität tritt diese Störung als Überdeckung des Hintergrundes durch die Fahrzeuge auf und kann somit als Modellfehler bezeichnet werden.

Messgleichung:

Die Messgleichung sagt aus, dass die Helligkeiten $b_R\,(k)_{u,v}$ des Hintergrundbildes aus den Helligkeiten $b\,(k)_{u,v}$ des aktuellen Bildes ermittelt werden. Diese werden von einer Störgröße ν überlagert, die als gaußverteiltes weißes Rauschen mit dem Erwartungswert Null und der Varianz Θ angenommen wird. In der Realität tritt das Messrauschen als Variation des Hintergrundbildes auf Grund wechselnder Lichtverhältnisse auf.

[7]Die Vereinfachung besteht darin, dass die Varianzen von Modellfehler μ und Messfehler ν als unabhängig von der Zeit k und den Bildkoordinaten (u, v) betrachtet werden.

Damit ist das Modell für eine Schätzung mit dem Kalmanfilter vollständig beschrieben. Für die Darstellung des Filtervorgangs hat sich eine Schreibweise durchgesetzt, die auf Matrixgleichungen basiert. Dies ist bei nur einer Zustands- und Messgröße zwar nicht notwendig, ordnet aber das hier behandelte Problem in den vertrauten Kontext ein. Gleichung 5.36 zeigt die Zustandsgleichung und 5.37 zeigt die Messgleichung in dieser verallgemeinerten Schreibweise:

$$\mathbf{x}(k+1) = \mathbf{A}\mathbf{x}(k) + \mathbf{v}, \tag{5.36}$$

$$\mathbf{y}(k) = \mathbf{C}\mathbf{x}(k) + \mathbf{w}. \tag{5.37}$$

Die Komponenten der Zustandsgleichung:

Der Zustandsvektor

$$\mathbf{x}(k)_{u,v} = \left[b_R(k)_{u,v}\right] \tag{5.38}$$

besteht aus dem Helligkeitswert $b_R(k)_{u,v}$ des zu schätzenden Hintergrundbildes mit den Matrixkoordinaten u und v zum Zeitpunkt k. Die Systemmatrix

$$\mathbf{A} = [1] \tag{5.39}$$

lässt sich aus Gleichung 5.36 ablesen. Der Vektor für den Modellfehler lautet

$$\mathbf{v} = [\mu]. \tag{5.40}$$

Die Komponenten der Messgleichung:

Der Messvektor lautet

$$\mathbf{y}(k)_{u,v} = \left[b(k)_{u,v}\right]. \tag{5.41}$$

Die Messmatrix

$$\mathbf{C} = [1] \tag{5.42}$$

lässt sich aus Gleichung 5.35 ablesen. Der Messfehlervektor lautet

$$\mathbf{w}(k) = [\nu]. \tag{5.43}$$

Die Modell- und Messfehler gehen durch ihre Varianzen in die Berechnung ein. Dafür werden die Varianz des Modellfehlers

$$\mathbf{Q} = [\Phi] \tag{5.44}$$

und die Varianz des Messfehlers

$$\mathbf{R} = [\Theta] \tag{5.45}$$

benötigt.

Jetzt lassen sich die Kalmanfiltergleichungen in gewohnter Weise formulieren. Zuerst erfolgt die Prädiktion der Zustandsgröße

$$\hat{b}_R(k)_{u,v} = \hat{b}_R(k-1)_{u,v} \tag{5.46}$$

und der Kovarianz des Vorhersagefehlers

$$\mathbf{P}(k) = \mathbf{A}\mathbf{P}(k-1)\mathbf{A}^T + \mathbf{Q} \tag{5.47}$$

aus dem jeweils letzten Wert. Dann folgt die Berechnung der so genannten Kalmanverstärkung

$$\mathbf{L}(k) = \mathbf{P}(k)\mathbf{C}^T\left(\mathbf{C}\mathbf{P}(k)\mathbf{C}^T + \mathbf{R}\right)^{-1}, \tag{5.48}$$

deren zeitlichen Verlauf Abbildung 5.51 zeigt. Diese Verstärkung bestimmt, wie die prädizierten Helligkeitswerte des Hintergrundbildes durch das neu erfasste Bild korrigiert werden:

$$\hat{b}_R(k)_{u,v} = \hat{b}_R(k-1)_{u,v} + \mathbf{L}(k)\left(b(k)_{u,v} - \hat{b}_R(k-1)_{u,v}\right). \tag{5.49}$$

Am Beginn der Rechnung ist $\hat{b}_R(0)_{u,v} = \hat{b}(0)_{u,v}$ zu setzen, also das Hintergrundbild mit dem ersten Bild zu initialisieren. Ebenfalls korrigiert wird die Kovarianz des Vorhersagefehlers

$$\mathbf{P}(k) = (\mathbf{I} - \mathbf{L}(k)\mathbf{C})\mathbf{P}(k-1), \tag{5.50}$$

dessen zeitlichen Verlauf Abbildung 5.52 zeigt. Dabei muss im ersten Schritt $\mathbf{P}(0)$ vorgegeben werden. Die Ergebnisse der Gleichungen 5.49 und 5.50 werden wiederum für eine Prädiktion verwendet, die durch die nächste Messung, also das nächste erfasste Bild, korrigiert wird.

Häufig wird darauf hingewiesen, dass die Berechnung der Kalmanverstärkung und der Kovarianz des Vorhersagefehlers vor der Kalmanfilterung erfolgen kann, um Rechenleistung zu sparen. Die hier durchgeführten Versuche haben gezeigt, dass die Prädiktion und Korrektur bereits bei einer Bildauflösung von 640×480 signifikant mehr Zeit verbraucht als die Berechnung der Kalmanverstärkung und der Kovarianz des Vorhersagefehlers. Bei den heute üblichen Bildauflösungen von bis zu 5 Mega Pixeln kann die Kalmanfilterung die Echtzeitfähigkeit eines Gesamtsystems maßgeblich beeinträchtigen.

Für die Berechnung des Hintergrundbildes der Testszene wurden die folgenden Parameter verwendet: $\mathbf{P}(0) = 5$, $\Theta = 20$ und $\Phi = 0{,}1$. Die obigen Abbildungen zeigen ein stabiles und schnelles Einschwingen des Filters.

Die Abbildung 5.53 zeigen das mit der Kalmanfilterung ermittelte Hintergrundbild nach 10 bzw. 30 Schritten. Die Rechtecke markieren Fehler, die nach 10 Schritten im Hintergrundbild oder Differenzbild noch zu sehen sind. Diese fehlerhaften Bereiche werden zum Vergleich in das Referenzbild und die Differenzbilder nach 30 Schritten übertragen.

Die nach 10 Schritten in der Anlaufphase des Verfahrens auftretenden Fehler sind vergleichbar mit denen der Mittelwertbildung und der exponentiellen Glättung.

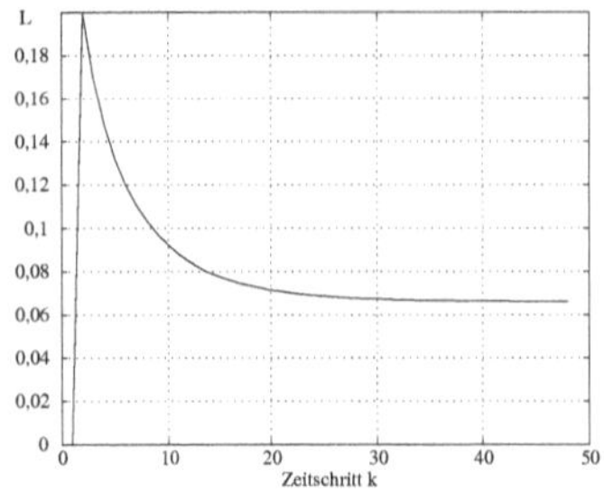

Abb. 5.51: *Zeitverlauf der Kalmanverstärkung*

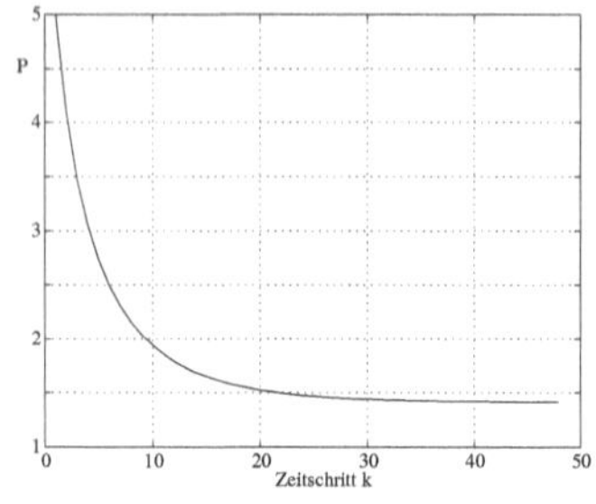

Abb. 5.52: *Zeitverlauf der Kovarianz des Vorhersagefehlers*

Es befindet sich nach Anwendung des Schwellenwertes noch ein falsches Fahrzeug im Differenzbild. Im hinteren Teil des Differenzbildes ist eine virtuelle Fahrzeugkette zu erkennen. Nach 30 Bildern ist diese immer noch sichtbar. Im vorderen, für die weitere Analyse des Signalmodells relevanten, Bildbereich erfolgt die Ermittlung des Hintergrundbildes zuverlässig und bestätigt die Richtigkeit der gemachten Modellannahmen.

Was die Einsetzbarkeit des Verfahrens einschränkt, ist die begrenzte Echtzeitfähigkeit, auf die bereits hingewiesen wurde. Der Vorteil des Verfahrens liegt darin, dass sich Annahmen über den Modellfehler und das Messrauschen über die jeweiligen Varianzen explizit berücksichtigen lassen.

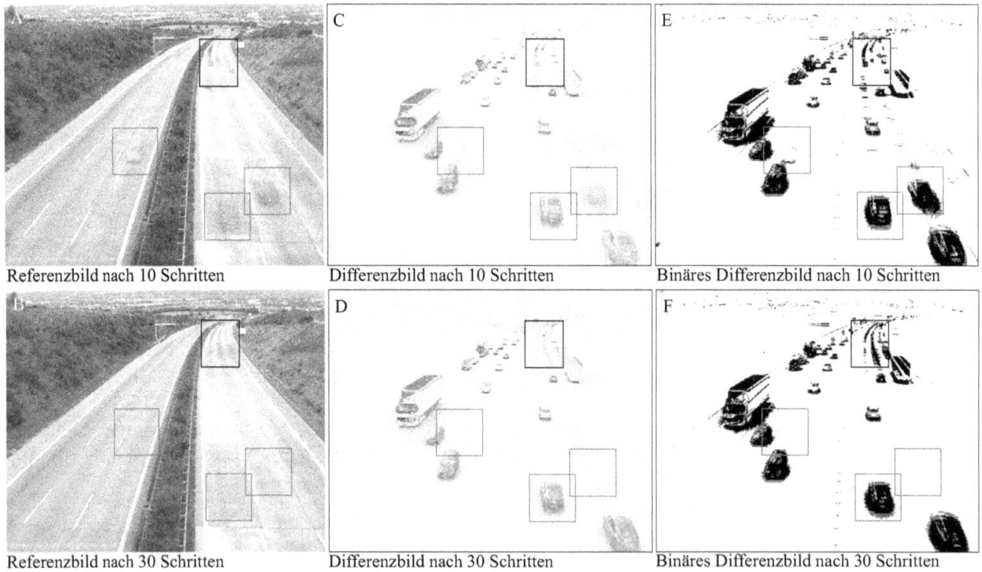

Abb. 5.53: *Beispiel für die Kalmanfilterung: A und B zeigen das ermittelte Referenzbild, C und D liefern die Differenz zu Abbildung 5.32, E und F zeigen die an einem Schwellenwert bewerteten Differenzbilder.*

5.4.5 Optischer Fluss

Fahrzeugbewegungen führen zu einer Helligkeitsänderung im Bild. Die Bewegung dieser Helligkeitswerte in der Bildebene bezeichnet man als optischen Fluss oder auch als Grauwertfluss.

Beachtet man, dass der optische Fluss nicht nur durch Fahrzeugbewegungen, sondern durch jede Bewegung und Helligkeitsänderung im Bild hervorgerufen wird, dann liefert der optische Fluss ein stochastisch gestörtes Signal für die Analyse von Fahrzeugbewegungen. Die hohe Störanfälligkeit dieses Signalmodells gegenüber ungewollten Helligkeitsänderungen schränkt die Verwendung für die Analyse des Straßenverkehrs ein. Dies wird unterstrichen durch Ergebnisse aus Veröffentlichungen, die sich ausschließlich mit der Bewertung der Leistungsfähigkeit der unterschiedlichen Verfahren beschäftigen. Eine grundlegende Arbeit dazu, die auch einen guten Einstieg in das Thema bietet, wurde von *Barron et al.*[8] veröffentlicht [7].

Andererseits ist der optische Fluss ein interessantes Signalmodell für die Verkehrsflussanalyse, da er nichtmodellbasiert arbeitet und somit eine gewisse Robustheit gegenüber der Vielfalt an Fahrzeuggrößen und -formen sowie Überdeckung bietet. Einige Anwendungen finden sich in [39],[65] und [71].

Die Verfahren zur Ermittlung des optischen Flusses sind mannigfaltig. Beispielsweise finden differentielle Techniken, Korrelationsanalyse und die Phaseninformation aus dem Bildbereich der Fouriertransformation Anwendung. Eine auch nur prinzipielle Darstellung dieser mit dem Begriff des optischen Flusses verbundenen Vielfalt ist im Rahmen der vorliegenden Abhandlung nicht möglich. Der interessierte Leser findet eine Erläuterung dieser und anderer Grundprinzipien in [7].

Die folgende Darstellung beschränkt sich auf die am häufigsten verwendeten Techniken – die differentiellen Techniken. Hierbei erfolgt die Bestimmung des optischen Flusses aus einer Kontinuitätsgleichung, welche die räumliche und zeitliche Variation der Helligkeitswerte in Form von partiellen Ableitungen nachbildet.

Aus der Tatsache, dass sich die partiellen Ableitungen der zeit- und wertdiskreten Helligkeitswerte nur näherungsweise bestimmen lassen, ergeben sich allein für deren Bestimmung eine Vielzahl von Möglichkeiten. Diese Vielfalt wird noch dadurch erhöht, dass – in Abhängigkeit von der Bildqualität – eine Bildglättung notwendig ist. Die Berechnung der räumlichen partiellen Ableitung der Helligkeitswerte entspricht einer Hochpassfilterung (siehe Unterabschnitt 4.1.1), die Bildglättung entspricht einer Tiefpassfilterung (siehe Unterabschnitt 4.1.2) und die zeitliche Ableitung der Helligkeitswerte erreicht man durch Berechnung von Differenzbildern (siehe Unterabschnitt 5.4.1).

Die zwei bekanntesten Methoden zur Ermittlung des optischen Flusses mittels Differentiation sind die Verfahren von *Lucas/Kanade*[66] und *Horn/Schunck*[48]. Sie unterscheiden sich dadurch, dass im ersten Fall eine lokale Schätzung und im zweiten Fall eine globale Schätzung der Flussvektoren erfolgt. Nach einer Erläuterung der Kontinuitätsgleichung werden beide Verfahren im Folgenden näher betrachtet.

[8] Der angegebene Aufsatz ist unter dem Titel „Performance of Optical Flow Techniques“ in mehreren Varianten erschienen und hat einen sehr hohen Bekanntheitsgrad erreicht. Die hier aufgeführte Quelle beinhaltet die umfangreichste Darstellung.

Den differentiellen Techniken liegt die mathematische Modellierung des optischen Flusses mittels einer Kontinuitätsgleichung zu Grunde. Diese bildet die räumliche und zeitliche Veränderung der Grauwerte ab. Die Formulierung dieser Kontinuitätsgleichung erfolgt mit den partiellen räumlichen und zeitlichen Ableitungen der Helligkeitswerte. Abbildung 5.54 stellt diese beispielhaft dar.

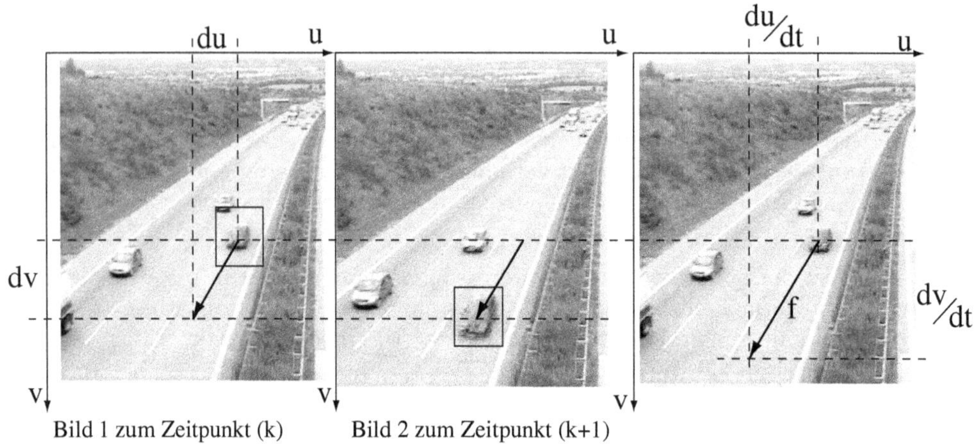

Abb. 5.54: *Darstellung der Größen der Kontinuitätsgleichung des optischen Flusses. Das linke Bild zeigt die partiellen räumlichen Ableitungen, das mittlere Bild den Verschiebungsvektor des Fahrzeuges. Das rechte Bild zeigt den Vektor des optischen Flusses eines einzelnen Bildpunktes als partielle zeitliche Ableitung des Helligkeitswertes dieses Bildpunktes.*

Ausgangspunkt der Betrachtung ist, dass die Helligkeitswerte $b_{u,v}$ einer Bildmatrix als skalares Feld aufgefasst werden können. Außerdem lässt sich jedem einzelnen Helligkeitswert, zunächst gedanklich, ein Geschwindigkeitsvektor zuordnen, der Betrag und Richtung der Bewegung in der Bildebene repräsentiert.

Die Gesamtheit all dieser Vektoren bildet ein Geschwindigkeitsvektorfeld. Dieses repräsentiert den optischen Fluss in einer mathematisch handhabbaren Form. Die Aufgabe besteht also darin, das Geschwindigkeitsvektorfeld der Helligkeitswerte zu ermitteln.

Die Helligkeiten $b_{u,v}$ eines Bildes lassen sich als skalare Größen durch eine orts- und zeitabhängige Funktion $b\,(u,v,t)$ der zugehörigen Bildpunkte darstellen. Der Ort wird durch die Koordinaten u und v der Bildpunkte repräsentiert. Die Zeit entspricht der Aufnahmezeit t des Bildes. Damit lässt sich die Helligkeitsänderung zwischen zwei Bildern als Funktion $b\,(u+du, v+dv, t+dt)$ beschreiben. Diese Funktion lässt sich in eine Taylorreihe entwickeln:

$$b\,(u+du, v+dv, t+dt) = b\,(u,v,t) + \frac{du}{1!}\frac{\partial b}{\partial u} + \frac{dv}{1!}\frac{\partial b}{\partial v} + \frac{dt}{1!}\frac{\partial b}{\partial t} + \ldots \tag{5.51}$$

Unter optimalen Bedingungen, das bedeutet, die Beleuchtung von Fahrzeug und Umgebung ändert sich während der Bewegung nicht, bewegt sich der einzelne Helligkeitswert unverändert über die Bildfläche und es gilt:

$$b\,(u+du, v+dv, t+dt) - b\,(u, v, t) = 0. \tag{5.52}$$

Unter Berücksichtigung dieser Gleichung erhält man durch die zeitliche Ableitung

$$\frac{\partial b}{\partial t} + \frac{du}{dt}\frac{\partial b}{\partial u} + \frac{dv}{dt}\frac{\partial b}{\partial v} = 0 \tag{5.53}$$

der gezeigten Glieder der Taylorreihe eine Näherungsgleichung für die räumliche und zeitliche Veränderung der Helligkeit des einzelnen Bildpunktes. Die zeitlichen Ableitungen der Richtungskomponenten du und dv bilden den bereits angesprochenen Geschwindigkeitsvektor

$$\mathbf{f} = \left(\frac{du}{dt}, \frac{dv}{dt}\right) = (f_u, f_v)\,. \tag{5.54}$$

Die partiellen Ableitungen des Helligkeitswertes b nach den Richtungen u und v lassen sich mit Hilfe des Nabla-Operators

$$\nabla b = \left(\frac{\partial b}{\partial u}, \frac{\partial b}{\partial v}\right)^T \tag{5.55}$$

darstellen. Damit erhält man die Kontinuitätsgleichung

$$\frac{\partial b}{\partial t} + \mathbf{f}\nabla b = 0 \tag{5.56}$$

des optischen Flusses. Abbildung 5.55 zeigt den Geschwindigkeitsvektor $\mathbf{f} = (f_u, f_v)$ in einem f_u-f_v-Diagramm.

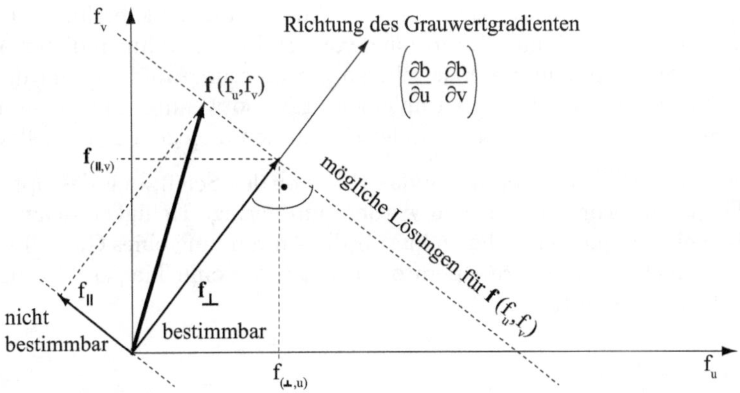

Abb. 5.55: *Blendenproblem und optischer Fluss. Nur die Geschwindigkeitskomponente in Verschiebungsrichtung $f_\perp$ ist bestimmbar. Die Mehrdeutigkeit von $f_\parallel$ platziert mögliche Lösungen von $\mathbf{f} = (f_u, f_v)$ auf eine Gerade.*

Im f_u-f_v-Raum bilden die möglichen Lösungen der Kontinuitätsgleichung für $\mathbf{f} = (f_u, f_v)$ für f_u und f_v eine Gerade. Zerlegt man $\mathbf{f} = (f_u, f_v)$ in zwei Vektoren $\mathbf{f}_\perp$ und $\mathbf{f}_\parallel$ die senkrecht bzw. parallel zu dieser Gerade stehen, dann ist nur die senkrechte Komponente $\mathbf{f}_\perp$ aus der Kontinuitätsgleichung bestimmbar.

Die Richtung von $\mathbf{f}_\perp$ entspricht der Bewegungsrichtung des Fahrzeuges von ∇b. Der Betrag von $\mathbf{f}_\perp$ lässt sich berechnen indem man $\mathbf{f}_\perp = (f_{\perp,u}, f_{\perp,v})$ in die Kontinuitätsgleichung einsetzt:

$$\frac{\partial b}{\partial t} + f_{\perp,u}\frac{\partial b}{\partial u} + f_{\perp,v}\frac{\partial b}{\partial v} = 0, \tag{5.57}$$

$$\frac{\partial b}{\partial t} + \mathbf{f}_\perp \left(\frac{\partial b}{\partial u}, \frac{\partial b}{\partial v}\right)^T = 0, \text{ mit } \mathbf{f}_\perp = (f_{u_u}, f_{u_v}), \tag{5.58}$$

$$|\mathbf{f}_\perp| = \frac{\frac{\partial b}{\partial t}}{\sqrt{\left(\frac{\partial b}{\partial u}\right)^2 + \left(\frac{\partial b}{\partial v}\right)^2}}. \tag{5.59}$$

Die Komponente $f_\parallel$ des Geschwindigkeitsvektors lässt sich mit Hilfe der Kontinuitätsgleichung somit nicht direkt bestimmen. Dies wäre auch mit einem anderen Ansatz nicht möglich, denn dieses Problem ist nur eine andere Darstellung des Blendenproblems (vgl. Abbildung 1.5 in Abschnitt 1.2). Die Grundaussage hierbei war, dass nur die senkrechte Komponente des Verschiebungsvektors einer Kante bestimmt werden kann, wenn keine Ecke einbezogen ist.

Da der optische Fluss somit nicht direkt messbar ist, existieren eine Reihe von Verfahren, welche durch Einführung von Zusatzbedingungen die für die Bestimmung der fehlenden Komponente notwendige Bedingung ergänzt. Dies führt zu einer Optimierungsaufgabe, deren Lösung eine Schätzung des gesuchten Geschwindigkeitsvektorfeldes ist.

Im Folgenden werden zwei Vertreter der für die Analyse des Verkehrsflusses häufig eingesetzten differentiellen Methoden 1. Ordnung vorgestellt. Im Rahmen dieser Abhandlung wurde sich auf die Darstellung der jeweiligen Optimierungsaufgabe und deren Lösung beschränkt. Nur letztere ist für eine Implementation notwendig. Eine ausführliche Darstellung dieser komplexen Methoden findet sich in den angegebenen Quellen.

Bei Auftreten von Bildrauschen sollte das Bild vor der Schätzung des optischen Flusses einer Tiefpassfilterung unterzogen werden, um geringe Helligkeitsschwankungen zu glätten. Die meisten Quellen schlagen hierfür die Anwendung eines Gaußfilter vor. Prinzipiell ist aber auch jeder andere Operator geeignet, der eine Tiefpassfilterung realisiert (siehe dazu Unterabschnitt 4.1.2).

Lokale Schätzung: Das Verfahren nach Lucas/Kanade

Das Verfahren nach *Lucas* und *Kanade* [7],[66] ist ein nichtiteratives Verfahren, welches unter der Annahme, dass der optische Fluss in einem kleinen Bildbereich konstant ist, aus zwei Folgebildern die Schätzung eines dichten Vektorfeldes vornimmt. Der optische Fluss wird für einen Bildausschnitt

$$\mathbf{A} = \begin{bmatrix} a_{1,1} & \cdots & a_{1,l} \\ \vdots & \ddots & \vdots \\ a_{k,1} & \cdots & a_{k,l} \end{bmatrix}$$

bestimmt. Somit handelt es sich um eine lokale Schätzung des optischen Flusses. Der entsprechende Bildausschnitt bekommt für alle Bildpunkte *einen* Geschwindigkeitsvektor zugeordnet. Das Bild wird bei Bedarf mit einem Gaußfilter vorverarbeitet.

Optimierungsaufgabe: Die Optimierungsaufgabe ergibt sich aus einem überbestimmten Gleichungssystem. Dieses entsteht aus der Menge von Kontinuitätsgleichungen (Gleichung 5.56) der Bildpunkte im jeweiligen Bildausschnitt **A**. Somit liegen $k \times l$ Gleichungen zur Bestimmung der beiden Unbekannten f_u und f_v vor:

$$\forall\,(u,v) \in \mathbf{A} : f_u \frac{\partial a}{\partial u} + f_v \frac{\partial a}{\partial v} = -\frac{\partial a}{\partial t}. \tag{5.60}$$

Eine Lösung dieses Gleichungssystems ist gefunden, wenn Werte für f_u und f_v gefunden werden, die jede Gleichung möglichst gut erfüllen, das heißt wenn

$$\forall\,(u,v) \in \mathbf{A} : f_u \frac{\partial a}{\partial u} + f_v \frac{\partial a}{\partial v} + \frac{\partial a}{\partial t} \to \min \tag{5.61}$$

gilt. Mit den quadrierten Abweichungen lässt sich damit die Optimierungsaufgabe wie folgt formulieren:

$$\sum_{\mathbf{r} \in \mathbf{A}} \mathbf{W}^2(\mathbf{r}) \left(\mathbf{f} \nabla a_{u,v} + \frac{\partial a}{\partial t} \right)^2 \mapsto \min \quad \text{mit } \mathbf{r} = (u,v)^T. \tag{5.62}$$

Die Gewichtsmatrix

$$\mathbf{W} = \begin{bmatrix} w_{1,1} & 0 & 0 \\ 0 & \ddots & 0 \\ 0 & 0 & w_{k,l} \end{bmatrix} = \begin{bmatrix} 0,25 & 0 & 0 & 0 & 0 \\ 0 & 0,5 & 0 & 0 & 0 \\ 0 & 0 & 0,6124 & 0 & 0 \\ 0 & 0 & 0 & 0,5 & 0 \\ 0 & 0 & 0 & 0 & 0,25 \end{bmatrix}$$

dient dazu, den durch die Annahme eines konstanten optischen Flusses gemachten Fehler zu verringern. Sollte diese Annahme nicht zutreffen, wird der Einfluss des Fehlers mit steigendem Abstand vom betrachteten Bildpunkt größer. Dieser Effekt wird durch nach „außen" fallende Gewichte verringert. Die Werte der Gewichtsmatrix sind [7] entnommen. Andere Werte sind möglich

Lösung der Optimierungsaufgabe: Die Lösung der Optimierungsaufgabe erfolgt durch Ermittlung der Summe der kleinsten Fehlerquadrate und lautet:

$$\mathbf{f} = \left(\bar{\mathbf{A}}^T \mathbf{W}^2 \bar{\mathbf{A}}\right)^{-1} \bar{\mathbf{A}}^T \mathbf{W}^2 \mathbf{a}. \tag{5.63}$$

Dabei enthält

$$\bar{\mathbf{A}} = \left(\nabla a_{1,1} \dots \nabla a_{k,l}\right)^T = \left(\begin{bmatrix} \frac{\partial a_{1,1}}{\partial u} \\ \frac{\partial a_{1,1}}{\partial v} \end{bmatrix} \cdots \begin{bmatrix} \frac{\partial a_{k,l}}{\partial u} \\ \frac{\partial a_{k,l}}{\partial v} \end{bmatrix} \right)^T$$

die partiellen Ableitungen der Helligkeitswerte in horizontaler und vertikaler Richtung. Zur Berechnung der partiellen Ableitungen werden in der Literatur unterschiedliche Operatoren vorgeschlagen. Prinzipiell sind alle Operatoren geeignet, die eine Hochpassfilterung realisieren (siehe dazu Unterabschnitt 4.1.1). In [7] finden die hier gezeigten Operatoren

$$\mathbf{O}_h = \frac{1}{12} \begin{bmatrix} 0 & 0 & 0 & 0 & 0 \\ 0 & 0 & 0 & 0 & 0 \\ -1 & 8 & 0 & -8 & 1 \\ 0 & 0 & 0 & 0 & 0 \\ 0 & 0 & 0 & 0 & 0 \end{bmatrix}, \mathbf{O}_v = \frac{1}{12} \begin{bmatrix} 0 & 0 & -1 & 0 & 0 \\ 0 & 0 & 8 & 0 & 0 \\ 0 & 0 & 0 & 0 & 0 \\ 0 & 0 & -8 & 0 & 0 \\ 0 & 0 & 1 & 0 & 0 \end{bmatrix}$$

für die Ableitung in u- bzw. v-Richtung Verwendung. Einen Schätzwert der partiellen Ableitungen erhält man durch Faltung von Bild und Operator. Der Vektor

$$\mathbf{a} = -\left(\frac{\partial a_{1,1}}{\partial t} \dots \frac{\partial a_{k,l}}{\partial t}\right)$$

enthält die negativen partiellen Ableitungen der Helligkeitswerte nach der Zeit. Diese werden aus dem Differenzbild der zwei Folgebilder, dividiert durch den Aufnahmeabstand berechnet.

Abbildung 5.56 zeigt ein Beispiel für die Ermittlung des optischen Flusses aus zwei Beispielbildern gemäß Gleichung 5.63. Die Implementation erfolgte wie bisher angegeben, jedoch mit dem Unterschied, dass keine Gewichtsmatrix $\mathbf{W}$ verwendet wurde. Außerdem erfolgte auch keine Glättung der Bilder. Entsprechende Versuche ergaben, dass dies auf Grund der guten Bildqualität nicht notwendig war.

Für die Analyse von fortlaufenden Szenen in Echtzeit sollte aber eine solche Glättung durchgeführt werden, um die Variabilität der Umgebungsbedingungen wenigstens ansatzweise berücksichtigen zu können. Geeignet dafür ist beispielsweise ein 5×5 Gaußfilter mit einer Standardabweichung von 3 bis 5 Helligkeitsstufen. Die Abbildung zeigt, dass die großen Beträge der Flussvektoren an Stellen auftreten, in denen auch eine Fahrzeugbewegung im Bild auftritt. Die Richtungen der Vektoren stimmen jedoch nur bedingt mit der Bewegungsrichtung des Fahrzeuges überein.

Dennoch ist auch die Betragsinformation allein wertvoll, da beispielsweise durch Anwendung eines Schwellenwertes eine Segmentation von Vordergrund, das heißt Fahrzeug und Hintergrund, gemeint ist die Straße, erfolgen kann. Eine bessere Ermittlung der Verschiebungsrichtung erlaubt das Verfahren nach *Horn* und *Schunck*, das im Folgenden erläutert werden soll.

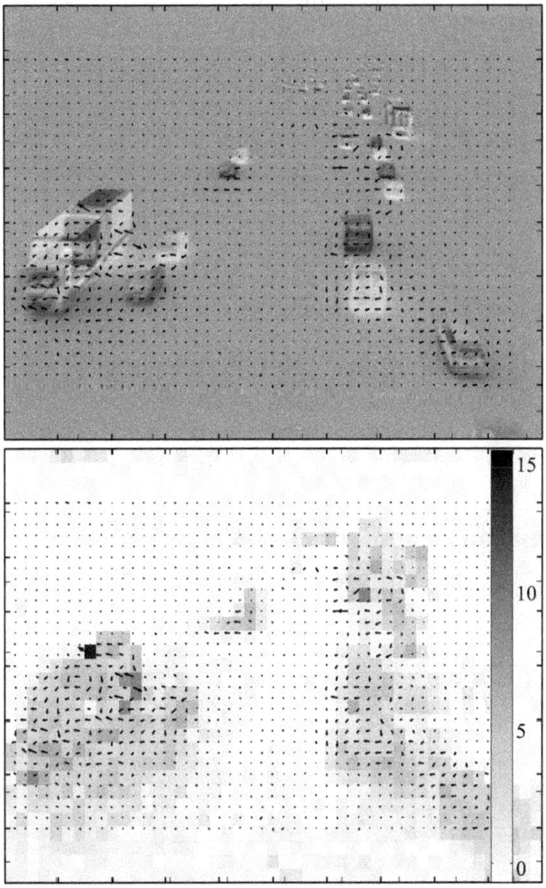

Abb. 5.56: *Ein Beispiel für die Schätzung des optischen Flusses mit dem Verfahren von Lucas/Kanade. Die obere Abbildung zeigt das Differenzbild der zwei analysierten Bilder mit den Flussvektoren. Die untere Abbildung zeigt zusätzlich die Beträge der Flussvektoren (je dunkler, umso größer). Diese Abbildung verdeutlicht, dass der Betrag der Flussvektoren auch zur Segmentierung von Vordergrund und Hintergrund verwendet werden kann.*

Globale Schätzung: Das Verfahren nach Horn/Schunck

Das Verfahren nach *Horn* und *Schunck* [7],[48] ist ein iteratives Verfahren, welches aus zwei Folgebildern für jeden einzelnen Bildpunkt die Schätzung der Verschiebungsvektoren ermöglicht. Der optische Fluss wird für die gesamte Bildmatrix B bestimmt. Somit handelt es sich um eine globale Schätzung. Jeder Bildpunkt bekommt einen Geschwindigkeitsvektor zugeordnet. Das Bild wird mit einem Gaußfilter vorverarbeitet.

Optimierungsaufgabe: Die Optimierungsaufgabe

$$\int_{\mathbf{B}} \left(\nabla b_{u,v}\mathbf{f} + \frac{\partial b}{\partial t}\right)^2 + \lambda^2 \underbrace{\left[\left(\frac{\partial f_u}{\partial u}\right)^2 + \left(\frac{\partial f_u}{\partial v}\right)^2 + \left(\frac{\partial f_v}{\partial u}\right)^2 + \left(\frac{\partial f_v}{\partial v}\right)^2\right]}_{\text{Glattheitsterm}} d\mathbf{r} \mapsto \min \tag{5.64}$$

setzt auf die von *Lucas/Kanade* bekannte Minimierung der Fehlerquadrate der Kontinuitätsgleichung auf. Zusätzlich wird ein mit λ^2 gewichteter Term, der so genannte Glattheitsterm, eingeführt. Dieser soll dafür sorgen, dass die Änderung des optischen Flusses in der Umgebung eines Bildpunktes möglichst „glatt", also ohne größere Sprünge, erfolgt. Um diese Forderung zu erfüllen, werden die partiellen Ableitungen der Komponenten der Geschwindigkeitsvektoren minimiert. Mittels λ^2 kann der Einfluss des Glattheitsterms gesteuert werden

Lösung der Optimierungsaufgabe: Die Lösung der Optimierungsaufgabe lässt sich für jede der beiden Komponenten des Geschwindigkeitsvektors $\mathbf{f} = (f_u, f_v)^T$ rekursiv angeben:

$$f_u(k+1) = \bar{f}_u(k) - \frac{\partial b}{\partial u} \frac{\left(\frac{\partial b}{\partial u}\bar{f}_u(k) + \frac{\partial b}{\partial v}\bar{f}_v(k) + \frac{\partial b}{\partial t}\right)}{\lambda^2 + \left(\frac{\partial b}{\partial u}\right)^2 + \left(\frac{\partial b}{\partial v}\right)^2}, \tag{5.65}$$

$$f_v(k+1) = \bar{f}_v(k) - \frac{\partial b}{\partial v} \frac{\left(\frac{\partial b}{\partial u}\bar{f}_u(k) + \frac{\partial b}{\partial v}\bar{f}_v(k) + \frac{\partial b}{\partial t}\right)}{\lambda^2 + \left(\frac{\partial b}{\partial u}\right)^2 + \left(\frac{\partial b}{\partial v}\right)^2}. \tag{5.66}$$

Dabei sind $\bar{f}_u(k)$ und $\bar{f}_v(k)$ die räumlichen Durchschnittswerte der Komponenten des Geschwindigkeitsvektors in einer Umgebung des jeweiligen Bildpunktes. Geeignete Größen für diese Umgebung sind 3×3 oder 5×5.

Die Schätzung der partiellen Ableitungen kann wieder auf unterschiedliche Weise durch Hochpassfilterung erfolgen. In der Originalquelle [48] werden die folgenden Approximationen verwendet:

$$\begin{aligned}\frac{\partial b}{\partial u} \approx & \frac{1}{4}\Big(b(k)_{u,v+1} - b(k)_{u,v} + b(k)_{u+1,v+1} - b(k)_{u+1,v} + \\ & b(k+1)_{u,v+1} - b(k+1)_{u,v} + b(k+1)_{u+1,v+1} - b(k+1)_{u+1,v}\Big),\end{aligned} \tag{5.67}$$

$$\frac{\partial b}{\partial v} \approx \frac{1}{4}\Big(b\,(k)_{u+1,v} - b\,(k)_{u,v} + b\,(k)_{u+1,v+1} - b\,(k)_{u,v+1} + b\,(k+1)_{u+1,v} - b\,(k+1)_{u,v} + b\,(k+1)_{u+1,v+1} - b\,(k)_{u,v+1}\Big)\,, \tag{5.68}$$

$$\frac{\partial b}{\partial t} \approx \frac{1}{4}\Big(b\,(k+1)_{u,v} - b\,(k)_{u,v} + b\,(k+1)_{u+1,v} - b\,(k)_{u+1,v} + b\,(k+1)_{u,v+1} - b\,(k)_{u,v+1} + b\,(k+1)_{u+1,v+1} - b\,(k)_{u+1,v+1}\Big)\,. \tag{5.69}$$

Die Gleichungen 5.65 und 5.66 sind einerseits rückgekoppelt und andererseits miteinander verkoppelt. Durch die Rückkopplung liegen die Ergebnisse nicht nach einem Schritt vor, sondern erst wenn beide Systeme eingeschwungen sind.

Abbildung 5.57 zeigt beispielhaft für einige Bildpunkte des Beispiels aus Abbildung 5.58 das Einschwingen des Betrags des Verschiebungsvektors. Da sowohl Bildpunkte des Fahrzeuges als auch des Hintergrundes verwendet wurden, war eine logarithmische Darstellung erforderlich. Die Dauer des Einschwingvorgangs lag hier bei etwa 15 Iterationen, ist aber im Allgemeinen nicht abschätzbar, was ein Nachteil für die Echtzeitfähigkeit des Verfahrens ist.

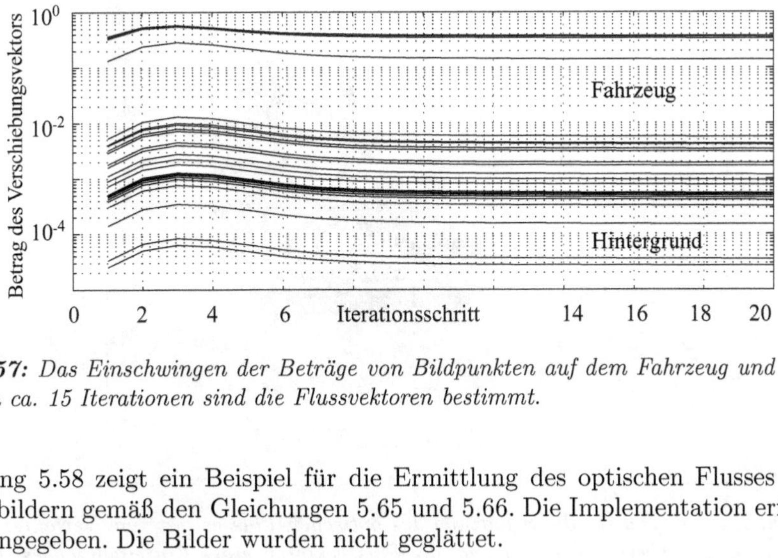

Abb. 5.57: *Das Einschwingen der Beträge von Bildpunkten auf dem Fahrzeug und der Straße. Nach ca. 15 Iterationen sind die Flussvektoren bestimmt.*

Abbildung 5.58 zeigt ein Beispiel für die Ermittlung des optischen Flusses aus zwei Beispielbildern gemäß den Gleichungen 5.65 und 5.66. Die Implementation erfolgte wie bisher angegeben. Die Bilder wurden nicht geglättet.

Zusammenfassend lässt sich feststellen, dass der optische Fluss ein für die Analyse des Straßenverkehrs prinzipiell geeignetes Signalmodell ist, das aber auf Grund der zahlreichen Varianten für die Bildglättung und der Schätzung der partiellen Ableitungen einer profunden Sachkenntnis bedarf. Die Empfindlichkeit gegenüber Helligkeitsschwankungen stellt einen Nachteil dar, der vor allem bei der Auswertung von Nachtbildern oder schlechter Bildqualität zum Tragen kommt.

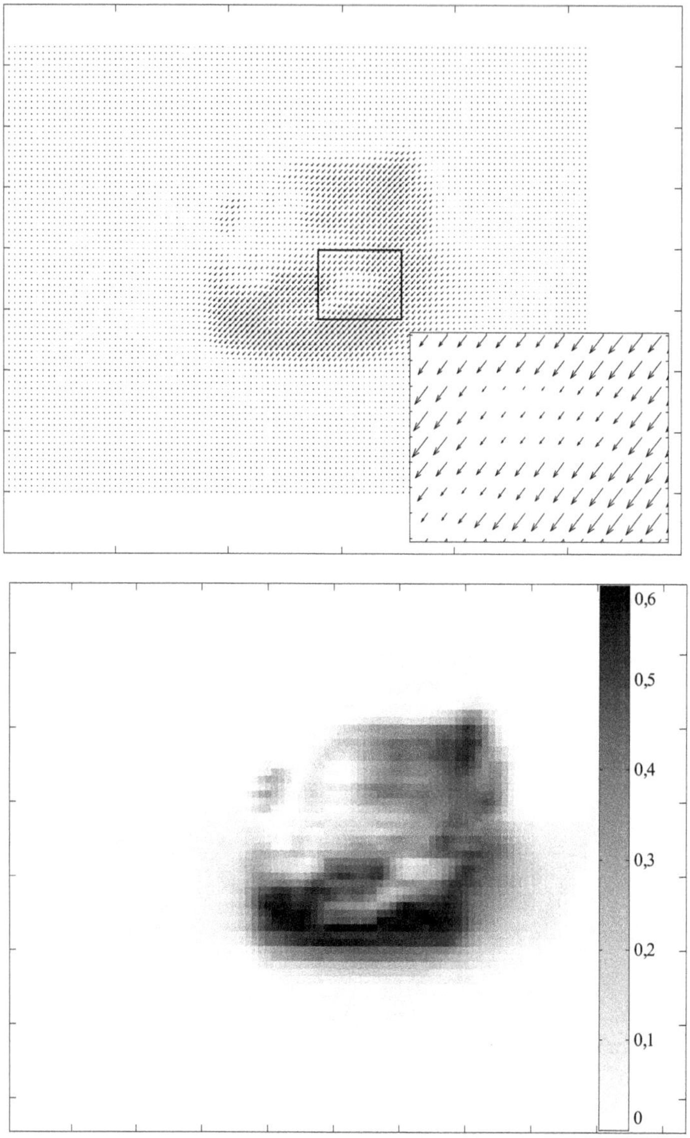

Abb. 5.58: *Ein Beispiel für die Schätzung des optischen Flusses mit dem Verfahren von Horn/Schunck. Die obere Abbildung zeigt die Flussvektoren eines Einzelfahrzeuges. Der vergrößerte Ausschnitt zeigt den Unterschied zum Verfahren nach Lucas/Kanade: Die Bewegungsrichtung des Fahrzeuges und die Richtung der Verschiebungsvektoren stimmen sehr gut überein. Die untere Abbildung zeigt die Beträge der Flussvektoren (je dunkler, umso größer).*

6 Signalmodelle für Schatten

Schatten stellen für die Analyse eines zweidimensionalen Bildsignals ein ernsthafte Herausforderung dar, da sie im Bild von anderen dunklen Objekten kaum zu unterscheiden sind. Zwei typische Probleme die bei der Analyse des fließenden Verkehrs auftreten sind die Folgenden: Das Verschmelzen von Fahrzeug und Schatten zu einem Objekt, was die Wiederkennung und Klassifizierung des Fahrzeuges erschwert bzw. verhindert, sowie das Auftreten des Schattens in benachbarten Fahrstreifen. Im ruhenden Verkehr ist das Hauptproblem die scheinbare Belegung von Parkflächen durch Schatten. Um diesen Problemen zu begegnen ist es notwendig, sich dem Erkennen und Entfernen von Schatten im Bildanalyseprozess separat zu widmen.

Signalmodelle für Schatten unterscheiden sich grundlegend von den bisher behandelten Modellen fur Fahrzeug und Hintergrund. Die Grundlage für das Verständnis der entsprechenden Verfahren liefert eine Beschreibung des Phänomens „Schatten“ die deutlich über die aus dem Alltag gewonnenen Vorstellungen hinausgeht. Ausgehend von der Ursache und den Voraussetzungen für das Auftreten von Schatten werden dafür grundlegende Begriffe definiert und unterschiedliche Schattenarten vorgestellt. Um die Verfahren zur Schattenanalyse später bewerten zu können, werden Anforderungen abgeleitet die jedes Verfahren zu Schattenerkennung erfüllen muss.

Als unverzichtbare theoretische Grundlage werden zwei photometrische Invarianten, das „normalisierte RGB“ und das „Reflexionsverhältnis“ vorgestellt. Hierbei handelt es sich um Größen, die einerseits invariant auf das Abdecken der Fahrbahn durch einen Schatten reagieren und andererseits die Abdeckung der Fahrbahn durch ein Fahrzeug deutlich anzeigen. Behandelt werden überwiegend nichtmodellbasierte Ansätze. Neben Möglichkeiten zur Nutzung von Helligkeitswerten wird die Analyse von Farbwerte im RGB- und HSV-Farbraum vorgestellt.

Die Analyse von Schattenmodellen ist derzeit noch nicht umfassend theoretisch und systematisch in der Literatur behandelt. Aus diesem Grund enthält das Kapitel eine vergleichende Bewertung der untersuchten Verfahren. Diese vergleichende Untersuchung wird für jedes Verfahren an den gleichen Testbildern vorgenommen und erfolgt anhand der vorher bestimmten Anforderungen. Aus dem Vergleich ist weiterer Forschungsbedarf zu erkennen. Ein weiteres – vom Autor entwickeltes Verfahren – zur Schattenerkennung findet sich in der Fallstudie zum ruhenden Verkehr in Kapitel 8.

6.1 Problembeschreibung

Schatten können aus Sicht eines automatischen Verfahrens den Bildinhalt wesentlich verändern und somit das Detektionsergebnis beeinflussen. Für das Entstehen von Schatten sind drei Dinge notwendig: eine oder mehrere Lichtquellen, eine Projektionsfläche, auf die der Schatten fällt, und Objekte, die sich zwischen dem Hintergrund und den Lichtquellen befinden.

Abbildung 6.1 zeigt, dass die naheliegende Betrachtung mit der Sonne als Lichtquelle, dem Fahrzeug als schattenwerfendem Objekt und der Fahrbahn als Projektionsfläche das Problem nur unvollständig beschreibt. Deshalb soll die Schattenproblematik im Folgenden aus unterschiedlichen Perspektiven betrachtet werden. Diese sind:

1. Schattenwerfende Objekte und deren unterschiedliche Wirkung.
2. Lichtquellen: Fremdlicht, am Tag und bei Dunkelheit, Eigenlicht der Fahrzeuge.
3. Eigenschaften des Hintergrundes als Projektionsfläche für die Schatten.
4. Die physikalischen Zusammenhänge: Etablierte Grundbegriffe zur Beschreibung des Phänomens „Schatten“.

Abb. 6.1: *Links: Ruhende und bewegliche Schatten im fließenden Verkehr. Mitte: Ruhende und bewegliche Schatten im ruhenden Verkehr. Der bewegliche Schatten wird durch das im Hintergrund durchfahrende Fahrzeug verursacht. Rechts: Ruhende Schatten im ruhenden Verkehr, verursacht durch Fahrzeuge und Bebauung. Der Schatten rechts unten im Bild wird durch ein nicht sichtbares Fahrzeug hinter dem Grünstreifen verursacht.*

Schattenwerfende Objekte und deren Wirkung

Aus Abbildung 6.1 lässt sich ablesen, dass sowohl fahrzeuggebundene Schatten als *auch* die Schatten von Objekten aus der Umgebung den Bildinhalt wesentlich beeinflussen können, wobei sich die Art der Wirkung im fließenden und ruhenden Verkehr unterscheiden kann.

Fahrzeuggebundene Schatten führen bei automatischer Auswertung von Verkehrslagebildern zu zwei Arten von Problemen:

1. Im fließenden Verkehr können bei der Erkennung und Verfolgung von Fahrzeugen Schatten als Fahrzeuge identifiziert werden, wenn sie in den benachbarten Fahrstreifen oder auf den Standstreifen fallen. Gleiches gilt für den ruhenden Verkehr, wenn Schatten auf anliegende Parkflächen fallen.

2. Die Klassifikation von Fahrzeugen wird erschwert oder auch unmöglich gemacht, da im zweidimensionalen Abbild der fahrzeugebundene Schatten mit dem Fahrzeug verschmilzt.

Schatten aus der unmittelbaren Umgebung werden vor allem durch Gebäude und Bewuchs hervorgerufen und bewirken Folgendes:

1. Schatten können als Fahrzeuge erkannt werden. Das gilt vor allem für schmale Gebäudeschatten.

2. Schatten können eine Szene so abdunkeln, dass die Bildanalyse generell erschwert wird. Das gilt vor allem für breite Gebäudeschatten.

3. Vor allem bei tiefstehender Sonne ist die Bewegung von Umgebungsschatten häufig nicht zu vernachlässigen. Dies gilt in besonderem Maße für die Analyse des ruhenden Verkehrs, falls die Bewegung von Fahrzeugen mit einer Zustandsänderung gleichgesetzt wird.

Eine weitere Art von Schatten entsteht in der nicht unmittelbaren Umgebung. Beispiele hierfür sind Wolkenschatten oder – eher selten – Schatten von Flugzeugen oder Heißluftballons. Wenn die hierbei auftretenden Helligkeitsänderungen als Bewegung interpretiert werden, kann es zu Fehlern bei der Fahrzeugverfolgung oder Geschwindigkeitsermittlung kommen.

Lichtquellen

Für den Außenbereich ist zunächst festzustellen, dass die Sonne zwar für die Schattenentstehung am Tage allein verantwortlich ist, jedoch auch der Himmel als Lichtquelle wirksam werden kann. In beiden Fällen handelt es sich um Flächenlichtquellen, die sich von Punktlichtquellen dadurch unterscheiden, dass neben dem eigentlichen Kernschatten auch Halbschatten erzeugt werden können. Der Himmel als Lichtquelle soll hier nicht näher untersucht werden. Eine erste Einführung findet der interessierte Leser in [76]. Bei Dunkelheit ist für die Analyse des ruhenden Verkehrs im Außenbereich häufig eine Beleuchtung durch Infrarotlicht notwendig, wenn die Parkplatzbeleuchtung die Anforderungen, die eine automatische Bildauswertung stellt, nicht erfüllt. Auch hier kann es zur Abschattung der Lichtquelle kommen (siehe dazu die Fallstudie in Kapitel 8).

Auch im Innenbereich, beispielsweise in Parkhäusern und Tunneln, tritt Schattenbildung auf. Die Lichtquellen haben hier jedoch bezüglich ihres Spektrums, ihrer Position und ihrer Anzahl andere Eigenschaften als die Sonnenlichtquelle.

Auch das Eigenlicht der Fahrzeuge spielt eine Rolle bei der Entstehung von Schatten. Im fließenden Verkehr treten die Frontscheinwerfer als vielfache Lichtquellen in Erscheinung, die durch Überlagerung zu komplexen Schattenstrukturen führen können. Für den ruhenden Verkehr gilt Ähnliches, das Phänomen tritt jedoch immer nur kurzzeitig bei Ankunft oder Abfahrt eines Fahrzeuges auf.

Hintergrund

Der Hintergrund, auf den der Schatten projiziert wird, hat wesentlichen Einfluss darauf, wie der Schatten erkannt werden kann. Hierbei spielen die Textur und die dreidimensionale Ausprägung des Hintergrundes eine Rolle.

Bei einem homogenen Hintergrund, beispielsweise auf Autobahnen, hat auch der Schatten eine homogene Textur. Fällt der Schatten beispielsweise auf die Randbepflanzung eines Fahrstreifens oder auf einen Fußweg, übernimmt er die entsprechende Textur. Dies ist nur dann nicht der Fall, wenn die Dynamikbegrenzung der Kamera dafür sorgt, dass die Schattenbildpunkte mit dem Wert Null (schwarz) abgebildet werden. In diesem Fall ist keine Textur im Schattenbereich des Bildes vorhanden.

Fällt der Schatten auf ein erhabenes Objekt, beispielsweise ein anderes Fahrzeug oder ein Gebäude, dann ist die Form des Schattens nicht mehr der Form des verursachenden Fahrzeuges zuzuordnen.

Grundbegriffe zur Schattenbeschreibung

Aus Grundlagenaufsätzen zum Thema Schatten, beispielsweise [35] und [90], lassen sich eine Reihe etablierter Begriffe ablesen, die für das Verständnis des Themas unerlässlich sind. Diese sollen im Folgenden anhand von Abbildung 6.2 erläutert werden.

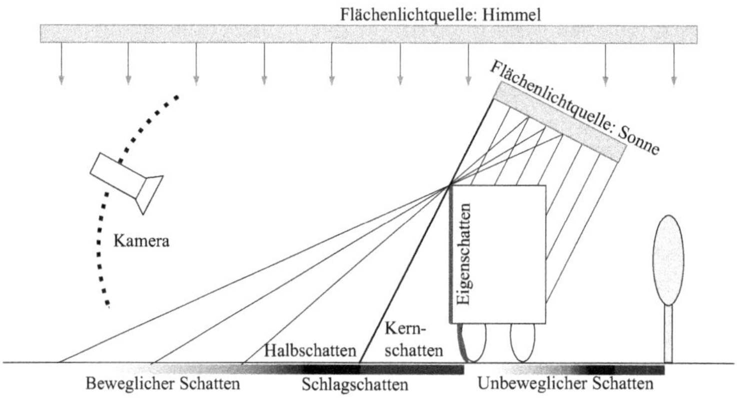

Abb. 6.2: *Illustration wichtiger Begriffe zum Thema Schatten.*

Der eigentliche Schattenwurf besteht aus unterschiedlichen Bestandteilen. Zunächst aus dem Schlagschatten, der durch die Projektion der verdeckenden Fläche auf einen Hintergrund entsteht. Der Schlagschatten wiederum besteht aus einem homogenen Anteil, dem Kernschatten, und aus einem mit der Entfernung zum Objekt schwächer werdenden Anteil, der als Halbschatten bezeichnet wird.

Der Kernschatten ist der Bereich, von dem aus ein Betrachter die Lichtquelle nicht sehen könnte, da sie vollständig verdeckt ist. Im Bereich des Halbschattens ist ein Teil der Lichtquelle nicht verdeckt. Je weniger diese Verdeckung ausgeprägt ist, umso heller ist der entsprechende Teil des Halbschattens.

Neben dem projizierten Schlagschatten existiert eine weitere Art der Abschattung, der so genannte Eigenschatten. Dieser tritt in dem Bereich des Objektes auf, welcher der Lichtquelle abgewandt ist[1].

Abbildung 6.3 zeigt einige Varianten für das Auftreten von Schlagschatten und Eigenschatten. Hierbei wird ein Hauptproblem für die angestrebte Unterscheidung von Fahrzeug und Schatten erkennbar: Bei starkem Eigenschatten ist der entsprechende Fahrzeugteil nicht vom Schlagschatten zu unterscheiden. Dies kann nur bei schwachem, das heißt im Verhältnis zum Schlagschatten hellerem Eigenschatten gelingen.

Abb. 6.3: *Beispiele für Eigenschatten und Schlagschatten. Links: Schlagschatten und starker Eigenschatten. Mitte: Schlagschatten und schwacher Eigenschatten. Rechts: Starker Eigenschatten sowie ein Schlagschatten mit komplizierter Form und ein Schlagschatten auf der Ladefläche des Fahrzeuges.*

Anforderungen an Schattenmodelle

Aus dem bisher Gesagten lassen sich drei Anforderungen an ein Verfahren zur Schattenerkennung ableiten. Anhand dieser Anforderungen lassen sich außerdem die im Folgenden vorgestellten Verfahren vergleichend bewerten.

1. Erkennung des Schlagschattens inklusive Kernschatten und Halbschatten.
2. „Übersehen“ des Eigenschattens am Fahrzeug.
3. Fähigkeit, beim Nichtvorhandensein von Schatten dies zu erkennen.

[1] Da sich entsprechende Ausführungen für Verkehrsanwendungen hauptsächlich in englischsprachigen Veröffentlichungen finden lassen, sei hier auf die dort verwendeten Begriffe für Schlagschatten (eng. cast shadow) und Eigenschatten (eng. self shadow) hingewiesen.

6.2 Photometrische Invarianten

Das Prinzip der Nutzung von Invarianten zur Schattenerkennung kann anhand von Abbildung 6.4 wie folgt beschrieben werden. Gezeigt ist das Raster eines Digitalbildes, welches ein Abbild der Fahrbahn enthalten soll.

Dieses Fahrbahnabbild im Digitalbild kann einerseits durch Objekte wie Fahrzeuge oder Personen und andererseits durch Schatten dieser Objekte stellenweise verdeckt werden. Eine Invariante ist eine Größe, deren Wert sich ausgehend von der nicht verdeckten Fahrbahn beim Auftreten eines Schattens nicht oder nur wenig und beim Auftreten eines Objektes wesentlich ändert. Die Invarianten werden aus benachbarten Bildpunkten (z.B. 1 und 2 in Abbildung 6.4) des zu analysierenden Bildes berechnet und mit den Werten der Invariante eines Referenzbildes verglichen.

Im vorliegenden Fall sind als Invarianten photometrische Größen wie das Reflexionsvermögen geeignet, weshalb von photometrischen Invarianten gesprochen werden soll. Diese sollen zunächst abgeleitet und später in Unterkapitel 6.5 anhand von Anwendungsbeispielen bewertet werden. Die Ableitung dient dazu, die Grenzen der Einsetzbarkeit anhand der für die Ableitungen getroffenen Annahmen zu erkennen.

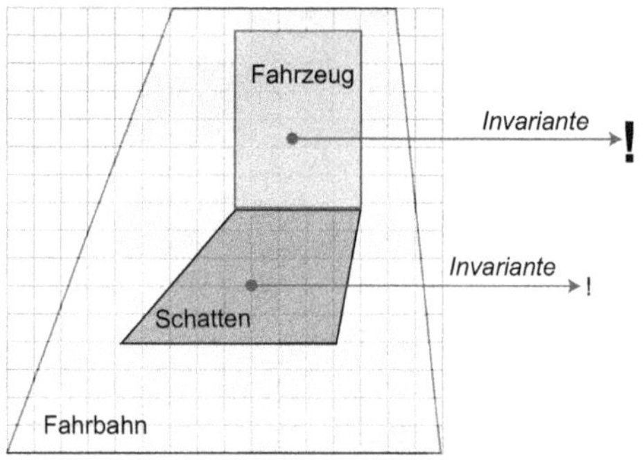

Abb. 6.4: *Eine Skizze zur Erklärung der Invarianten.*

Wie erläutert, erwächst die inhaltliche Bedeutung der Invarianten aus der Vorstellung, dass die Fahrbahn entweder durch Fahrzeuge oder Schatten verdeckt sein kann. Um den natürlich trotzdem auftretenden Fall der nicht verdeckten Fahrbahn auszuschließen, wird in einigen Verfahren als Analysebild das Differenzbild der Szene benutzt, und daraus wiederum nur die zum Hintergrund veränderlichen Bildanteile.

Dadurch wird die leere Fahrbahn ausgeblendet. In diese Rechnungen werden also ausschließlich Bildpunkte einbezogen, die in den binären Differenzbildern der Abbildung 6.8 schwarz markiert sind. Aus Gründen der Übersichtlichkeit erfolgt keine spezielle Indizierung dieser Bildpunkte. Wenn ein Differenzbild ausgewertet wird, dann wird im Folgenden davon ausgegangen, dass sowohl im Analysebild als auch im Hintergrundbild nur Bildpunkte ausgewertet werden, deren Intensitäts- oder Farbwerte sich auf Grund einer Fahrzeugbewegung geändert haben. Die entsprechenden Verfahren sind in der Überschrift mit dem Begriff „Differenzbild“ gekennzeichnet.

Modellierung der Farbabbildung

Für die Modellierung der mit einem Bildaufnehmer *beobachteten* RGB-Farbkomponente hat sich der folgende, vielfach variierte, Ansatz etabliert (z.B [15], [32], [35], [38], [85]). Hierbei werden Kamera, Oberfläche und Lichtquelle in Abhängigkeit von der Wellenlänge λ der Strahlung wie folgt berücksichtigt:

1. Kamera: Empfindlichkeit des Kamerasensors $\sigma_x(\lambda)$,
2. Oberfläche: das spektrale Rückstrahlungsvermögen $\rho(\lambda)$,
3. Lichtquelle: das Spektrum $E(\lambda)$.

Die Reaktion des Bildaufnehmers $b_{x,x\in\{r,g,b\}}$ wird durch Integration des Produktes obiger Größen über den Wellenlängenbereich Λ berechnet:

$$b_x = \int_\Lambda \sigma_x(\lambda)\,\rho(\lambda)\,E(\lambda)\,d\lambda,\ x \in \{r,g,b\}. \tag{6.1}$$

Die einzelnen Sensoren für rot, grün und blau reagieren naturgemäß im jeweiligen Wellenlängenbereich besonders empfindlich. Jetzt wird die Annahme getroffen, dass die Kamerasensoren nur auf exakt eine Wellenlänge λ_x reagieren. Unter Nutzung der Ausblendeigenschaften der Dirac-Funktion lässt sich diese Eigenschaft in folgender Gleichung beschreiben:

$$\sigma_x(\lambda) = \sigma_x\delta(\lambda - \lambda_x) = \sigma_x(\lambda_x). \tag{6.2}$$

Damit lässt sich Gleichung 6.1 vereinfachen

$$b_{x,x\in\{r,g,b\}} = \sigma_x(\lambda_x)\,\rho(\lambda_x)\,E(\lambda_x), \tag{6.3}$$

da nun nicht mehr der gesamte Wellenlängenbereich λ berücksichtigt werden muss, sondern nur noch die Wellenlänge λ_x, auf welche der Sensor reagiert.

Die Invariante „Normalisiertes RGB“

Unter der Annahme, dass ein Schatten alle drei Farbkomponenten gleichermaßen abdunkelt, wird außerdem ein Faktor $\alpha = 0\ldots 1$ eingeführt, der diese Intensitätsänderung nachbildet. Die spektrale Strahldichte eines Körpers[2] in Abhängigkeit von der Wellenlänge lässt sich mit Hilfe des Planckschen Strahlungsgesetzes ausdrücken [15],[32]:

$$E(\lambda, T) = \frac{2hc^2}{\Omega_0} \cdot \lambda^{-5} \cdot \frac{1}{e^{\frac{hc}{\lambda kT}} - 1}. \tag{6.4}$$

Hierbei ist h das Plancksche Wirkungsquantum, c die Lichtgeschwindigkeit, Ω_0 der Raumwinkel, über den abgestrahlt wird, λ die Wellenlänge der Strahlung, k die Bolzmann-Konstante und T die absolute Temperatur des bestrahlten Körpers[3].

[2] Das Plancksche Strahlungsgesetz gilt genau genommen nur für das Modell des schwarzen Körpers, also für einen Körper, der die gesamte auftreffende Strahlung absorbiert.

[3] Die absolute Temperatur wird in Kelvin angegeben. Hierbei entsprechen $0\ K = -273.15°C$

Für die weitere Betrachtung lassen sich die physikalischen Konstanten und die Temperatur in $c_1 = \frac{2hc^2}{\Omega_0}$ und $c_2 = \frac{hc}{kT}$ zusammenführen und man erhält

$$E(\lambda) = c_1 \cdot \lambda^{-5} \cdot \left(e^{\frac{c_2}{\lambda}} - 1\right)^{-1}. \tag{6.5}$$

Durch Einsetzen von Gleichung 6.5 in Gleichung 6.3 erhält man

$$b_{x, x \in \{r,g,b\}} = \sigma_x(\lambda_x)\,\rho(\lambda_x)\,c_1 \cdot \lambda^{-5} \cdot \left(e^{\frac{c_2}{\lambda}} - 1\right)^{-1} \alpha. \tag{6.6}$$

Hierbei wird zusätzlich ein Parameter $\alpha = 0 \ldots 1$ eingeführt, der die Abdunklung der Farbkomponente nachbildet, wie sie auf Grund von Schatten erfolgen kann. Die normalisierten Farbkomponenten erhält man wie folgt (siehe Unterkapitel 3.4):

$$b_{x_{norm}} = \frac{b_x}{\sum_{i \in \{r,g,b\}} b_i}, \; x \in \{r,g,b\}. \tag{6.7}$$

Setzt man die Modellierung der Farbkomponenten gemäß Gleichung 6.6 in obige Gleichung ein, erhält man

$$b_{x_{norm}} = \frac{\sigma_x(\lambda_x)\,\rho(\lambda_x)\,c_1 \cdot \lambda^{-5} \cdot \left(e^{\frac{c_2}{\lambda}} - 1\right)^{-1} \alpha}{\sum_{i \in \{r,g,b\}} \sigma_i(\lambda_i)\,\rho(\lambda_i)\,c_1 \cdot \lambda^{-5} \cdot \left(e^{\frac{c_2}{\lambda}} - 1\right)^{-1} \alpha}, \; x \in \{r,g,b\}. \tag{6.8}$$

Die Größen α und c_1 lassen sich kürzen und man erhält für die normalisierten RGB-Werte einen Ausdruck

$$b_{x_{norm}} = \frac{\sigma_x(\lambda_x)\,\rho(\lambda_x) \cdot \lambda^{-5} \cdot \left(e^{\frac{c_2}{\lambda}} - 1\right)^{-1}}{\sum_{i \in \{r,g,b\}} \sigma_i(\lambda_i)\,\rho(\lambda_i) \cdot \lambda^{-5} \cdot \left(e^{\frac{c_2}{\lambda}} - 1\right)^{-1}}, \; x \in \{r,g,b\}, \tag{6.9}$$

der die Eigenschaften von Kamera und Hintergrund berücksichtigt, jedoch keine Abhängigkeit von der Abdunklung α aufweist. Somit ist $b_{x_{norm}}$ invariant gegenüber Änderungen der Beleuchtungsintensität.

Diese Eigenschaft kann dazu genutzt werden, um die Abdeckung der Fahrbahn durch ein Fahrzeug von der Abdeckung durch einen Schatten zu unterscheiden. Vergleicht man die normalisierten RGB-Werte von Bildvorder- und Bildhintergrund, werden diese nur im letzten Fall nahezu unverändert bleiben.

Die Invariante „Reflexionsverhältnis"

Das Prinzip, das Verhältnis des spektralen Rückstrahlungsvermögens $\rho(\lambda)$ unterschiedlicher Bildpunkte als Invariante zu nutzen, wurde von NAYAR und BOLLE [78] entwickelt. Gleichung 6.3 auf zwei Bildpunkte $b^{p1}_{x,x\in\{r,g,b\}}$ und $b^{p2}_{x,x\in\{r,g,b\}}$ angewandt, ergibt

$$b^{p1}_{x,x\in\{r,g,b\}} = \sigma_x(\lambda_x)\,\rho^{p1}(\lambda_x)\,E^{p1}(\lambda_x)\,, \tag{6.10}$$

$$b^{p2}_{x,x\in\{r,g,b\}} = \sigma_x(\lambda_x)\,\rho^{p2}(\lambda_x)\,E^{p2}(\lambda_x)\,. \tag{6.11}$$

Liegen die Bildpunkte nah beieinander, dann sind sie gleichartigen Beleuchtungsverhältnissen ausgesetzt, so dass $E^{p1} = E^{p2}$ gilt und es wird außerdem angenommen, dass die Sensoren über die gleiche Empfindlichkeit σ_x verfügen. Setzt man ρ^{p1} und ρ^{p2} ins Verhältnis, erhält man

$$\rho = \frac{\rho^{p1}}{\rho^{p2}} = \frac{b^{p1}}{b^{p2}},\; x \in \{r,g,b\}\,. \tag{6.12}$$

Da sich das spektrale Rückstrahlungsvermögen einer abgeschatteten Oberfläche nicht ändert, erhält man mit diesem Verhältnis eine photometrische Invariante, die sich beispielsweise aus dem Verhältnis der Intensitäten der Farbkanäle ermitteln lässt. Eine Schwierigkeit ergibt sich, wenn der zweite Bildpunkt in einem Kanal den Wert Null, also schwarz, annimmt. Dann ist die Quotientenbildung nicht möglich. In [78] wird deshalb folgende Korrektur von Gleichung 6.12 vorgeschlagen, die weite Verbreitung gefunden hat:

$$\rho^* = \frac{b^{p1}_x - b^{p2}_x}{b^{p1}_x + b^{p2}_x},\; x \in \{r,g,b\}\,. \tag{6.13}$$

Abbildung 6.5 zeigt, dass diese modifizierte Funktion einen ähnlichen Verlauf aufweist wie die ursprüngliche Funktion. Die Singularität bei $b^{p2}_x = 0$ wurde jedoch behoben.

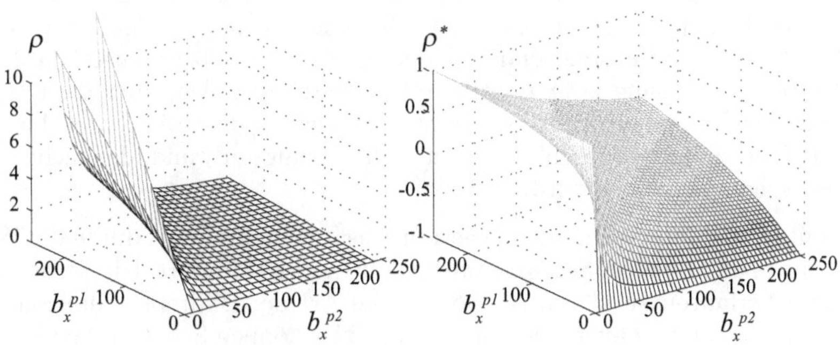

Abb. 6.5: *Links: Die Originalfunktion, welche bei $b^{p2}_x = 0$ nicht definiert ist. Rechts: Die angepasste Funktion mit einem Wertebereich von $[-1,+1]$.*

6.3 Klassifikation

Abbildung 6.6 zeigt die in dieser Arbeit angewandte Klassifikation der Schattenmodelle. Es soll nicht unerwähnt bleiben, dass dafür auch andere Möglichkeiten existieren. So findet sich beispielsweise in [80] eine sehr umfassende Klassifikation für die wissenschaftliche Arbeit, die unabhängig von konkreten Anwendungsgebieten aufgebaut ist. Deshalb finden dort auch viele Methoden Berücksichtigung, die für verkehrstelematische Anwendungen nur bedingt geeignet sind.

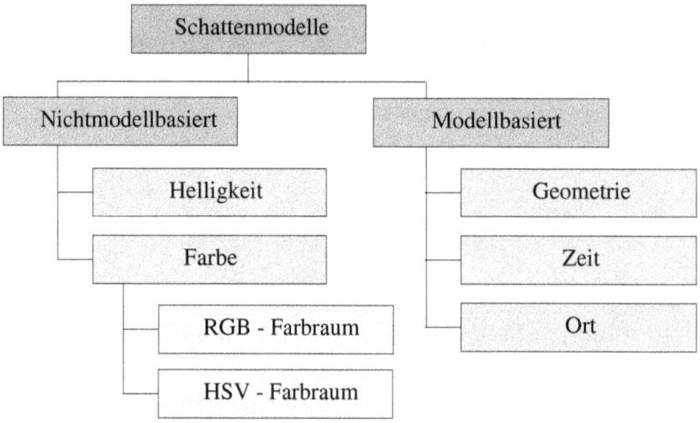

Abb. 6.6: *Übersicht über die Schattenmodelle*

Aus diesem Grund soll hier eine andere – einfachere – Klassifikation unter dem Aspekt der praktischen Anwendbarkeit benutzt werden. Die grundlegende Frage ist, ob in die Verfahren konkretes Vorwissen über Objekte, Szene und Beleuchtung eingehen kann, dann handelt es sich um modellbasierte Signalmodelle, oder ob eine solche Information nicht vorliegt, dann handelt es sich um nichtmodellbasierte Signalmodelle.

Dem Anliegen dieses Buches folgend, liegt der Schwerpunkt der weiteren Betrachtung bei den nichtmodellbasierten Signalmodellen. In der Praxis, und insbesondere für verkehrstelematische Anwendungen, ist es oft schwierig, das notwendige Vorwissen in ausreichender Qualität und ausreichendem Umfang in *Echtzeit* bereitzustellen. Dabei sind Zeit und Ort der Messung zwar relativ einfach bereitzustellen, aber die geometrische Ausprägung der Szene, beispielsweise die Straßenneigung oder die genaue Lage der Kamera in 3D-Koordinaten, führen zu einem Kalibrierungsaufwand, der nicht von jedem Anwender akzeptiert werden wird.

Demgegenüber sind die nichtmodellbasierten Ansätze in der Regel durch die Wahl eines Bildausschnitts und diverser Schwellenwerte vollständig kalibriert. Die wichtigste Frage, die für diese Verfahren zu klären ist, betrifft die Art der Bildrepräsentation. Wünscht man eine Bildauswertung auch bei Dunkelheit – hier können Schatten durch Kunstlicht entstehen – so sind Grauwertbilder vorteilhaft, da die entsprechenden Bildaufnehmer heutzutage lichtempfindlicher sind als RGB-Bildaufnehmer. Farbbilder haben für die Schattenerkennung andererseits den Vorteil, mehr Information zu bieten. Die Art dieser Information hängt außerdem vom verwendeten Farbmodell ab. Hier werden das RGB- und das HSV-Farbmodell behandelt.

6.4 Modellbasierte Signalmodelle

Da das vorliegende Buch auf Signalmodelle und Analyseverfahren ausgerichtet ist, die den stochastischen Charakter der Verkehrsprozesse und der videobasierten Messverfahren berücksichtigen, soll auf modellbasierte Signalmodelle nur im Sinne eines Überblicks eingegangen werden.

Modellbasierte Signalmodelle zur Schattenerkennung beziehen, im Unterschied zu nichtmodellbasierten Signalmodellen, konkrete Eigenschaften der zu analysierende Szene von vornherein in die Modellbildung ein. Es werden also Annahmen über die Szene getroffen, nach denen sie möglichst genau im Voraus modelliert werden kann, woraus auch die Bezeichnung dieser Art von Signalmodellen resultiert. Die notwendigen Annahmen müssen als Vorwissen verfügbar sein. Sie betreffen den Bildhintergrund (Textur von Straße oder Parkfläche), die Objekte (Fahrzeuge, Personen) sowie die Umgebung (Beleuchtung). Typische Informationen dieser Art sind beispielsweise: 1. Datum und Uhrzeit [102],[59], 2. Beleuchtungsrichtung bezogen auf die Projektionsfläche [32], 3. Richtung der Straße [59] sowie geometrische Formen für Fahrzeugumrisse und Schatten [104].

Hierbei wird die Information über Datum und Uhrzeit zu unterschiedlichen Zwecken eingesetzt. Einerseits lässt sich diese Information dazu benutzen, das Auftreten von Schatten auf Grund der Tageszeit auszuschließen. Dadurch wird die Anforderung, in einem schattenfreien Bild keine Schatten fehlerhaft zu identifizieren, automatisch erfüllt. Da dann die entsprechenden Algorithmen gar nicht erst zum Einsatz kommen, wird außerdem Rechenleistung eingespart. Da Schattenmodelle in der Regel Flächenmodelle sind, kann dies auch beim Einsatz leistungsfähiger Rechentechnik von Bedeutung sein.

Andererseits kann die Datums- und Zeitinformation auch dazu benutzt werden, die Richtung des Schattenwurfes im Voraus zu berechnen oder einen zunächst ermittelten Schatten anhand seiner Größe und Richtung auf Plausibilität zu prüfen. Als Beispiel dafür sollen hier die in Abbildung 6.7 gezeigten und von YONEYAMA in [104] definierten Typen von Schlagschatten in Abhängigkeit von der Beleuchtungsrichtung dienen.

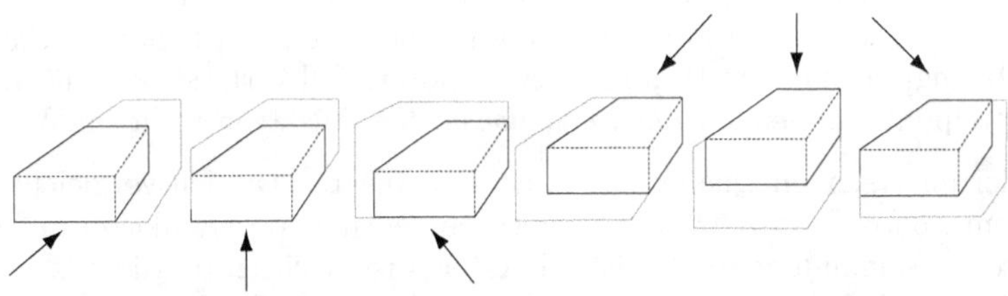

Abb. 6.7: *Sechs Varianten des Schattenwurfes, sinngemäß übernommen aus* YONEYAMA*[104]. Die dunkle Linie zeigt das zweidimensionale Fahrzeugmodell. Die helle Linie zeigt Form und Richtung des Schlagschattens in Abhängigkeit der durch Pfeile markierten Beleuchtungsrichtung.*

Hierbei wurde das Fahrzeug als perspektivisch verzerrter Quader dargestellt. Die Verzerrung wird anhand des Fluchtpunktes ermittelt. Da das Fahrzeug zweidimensional modelliert wird, gehören nur die durchgezogenen Außenkanten des Quaders zum Fahrzeugmodell. Die gestrichelten Linien sind hier, im Unterschied zur Originalquelle, nur zur Erhöhung der Anschaulichkeit eingezeichnet worden.

Die gezeigten Modelle lassen drei Analysemöglichkeiten zu: Erkennung des Fahrzeuges, Erkennung des Schattens oder die Betrachtung als ganzes Objekt, das in Fahrzeug und Schatten segmentiert werden kann.

Modellbasierte Signalmodelle erfordern in der Regel eine Art Lernprozess bzw. im einfacheren Fall das Sammeln von Informationen über einen bestimmten Zeitraum. Ein Beispiel, wie man auf diese Art Vorwissen erzeugen kann ist, das für eine konkrete Szene mögliche Schattenformen und -richtungen in Abhängigkeit von Datum und Zeit gespeichert werden. Diese Information dient in einem weiteren Schritt zur Verifikation oder Falsifikation von Schattenkandidaten [59].

Dieses Beispiel macht eine wichtige Eigenschaft modellbasierter Signalmodelle deutlich: Wenn es möglich ist, die notwendigen Vorinformationen in ausreichender Qualität und Quantität zu ermitteln, erhält man ein – im Vergleich zu nichtmodellbasierten Signalmodellen – genaueres, aber sehr spezielles Signalmodell, welches auf andere Szenen und Objekte kaum anwendbar sein wird. Diesen Nachteil haben nichtmodellbasierte Signalmodelle nicht. Allerdings liefern diese Modelle eine geringere Zuverlässigkeit und Genauigkeit in der Schattenerkennung.

6.5 Nichtmodellbasierte Signalmodelle

Nichtmodellbasierte Signalmodelle verzichten auf Vorinformationen über Ort und Zeit der Bildaufnahme, die Straßenneigung oder -richtung sowie geometrische Eigenschaften oder Farbe der Fahrzeuge. Dennoch wird die Farbinformation verwendet, um Schatten und Fahrbahn oder Fahrzeug und Eigenschatten zu unterscheiden. Hierbei sind die Werte der einzelnen Farbkanäle von vornherein unbekannt, so dass beispielsweise deren Verhältnis oder statistische Eigenschaften ausgewertet werden.

Quellen, die sich mit der Schattenerkennung befassen, waren zum Zeitpunkt der Erstellung dieser Schrift bei weitem nicht so zahlreich vorhanden wie für andere Themen der videobasierten Verkehrslageerfassung. Grundlagenarbeiten zur Schattenerkennung sind häufig unabhängig von einem konkreten Anwendungsfall verfasst, was naturgemäß den hier im Mittelpunkt stehenden *nichtmodellbasierten* Ansätzen nicht im Wege stand.

In keiner der analysierten Quellen fand sich ein Ansatz, der sich vergleichend mit den drei Problemfeldern Eigenschatten, Schlagschatten und der Reaktion auf das Fehlen von Schatten auseinandergesetzt hätte. Letzteres ist wichtig, da die falsche Detektion von Bildinhalten als Schatten ebenso zu Fehlern führt wie das Übersehen von Schatten im Bild. Um diese Lücke schließen zu helfen, erfolgt die Analyse und Systematisierung der hier diskutierten Methoden anhand der in Abbildung 6.8 gezeigten Testbilder.

Die binären Differenzbilder der beiden linken Testbilder zeigen, dass ein Differenzbild generell Schwierigkeiten hat, Fahrzeugbereiche wiederzugeben, die ähnliche Helligkeitswerte wie der Hintergrund aufweisen. Dadurch werden die Oberseite des linken Fahrzeuges und die dem Betrachter zugewandte Seite des mittleren Fahrzeuges dem Hintergrund zugeordnet.

Da hier das Fahrzeug ohnehin nicht identifiziert werden soll, ist dies für die Schattenerkennung kein Nachteil, hat aber für die Bewertung von Verfahren zur Schattenerkennung folgende Bedeutung: Wenn durch die Differenzbildung Fahrzeugbereiche ausgeblendet werden, auf denen ein Eigenschatten liegt, dann darf diese Reduktion des Eigenschattens nicht irrtümlicherweise dem schattenerkennenden Verfahren zugerechnet werden.

Das mittlere Bild zeigt, dass von der dem Betrachter zugewandten Seite mit dem Eigenschatten nur ein kleiner Bereich im Differenzbild erhalten bleibt. Nur dieser Bereich darf bei der Bewertung der Eigenschaft „Übersehen des Eigenschattens“ berücksichtigt werden. Im rechten Bild ist der Eigenschatten durch die Binärmaske komplett ausgeblendet und darf deshalb bei der Bewertung des Verfahrens gar keine Berücksichtigung finden.

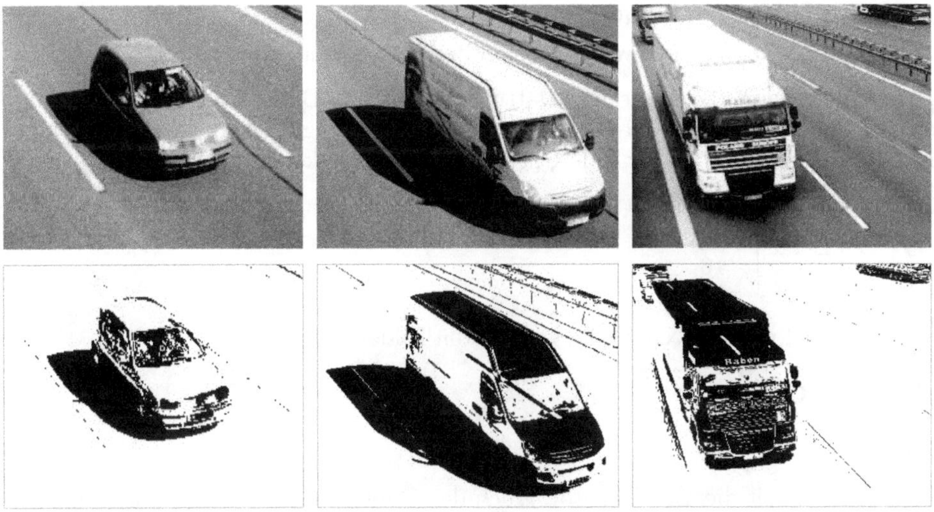

Abb. 6.8: *Die Analysebilder für die Schattenmodelle vertreten unterschiedliche Problemklassen. Links: Schlagschatten und starker Eigenschatten. Mitte: Schlagschatten und schwacher Eigenschatten. Rechts: schwacher Schlag- und schwacher Eigenschatten. Eine Abdunklung tritt hierbei hauptsächlich unter dem Fahrzeug auf. In der oberen Zeile sind die Bilder unverändert gezeigt. Für einige Verfahren wird das Differenzbild zum Hintergrund benötigt. Die binären Differenzbilder nach Anwendung eines Schwellenwertes* $SW = 40$ *(siehe dazu Unterabschnitt 5.4.4) zeigt die untere Zeile. Durch die Differenzbildung werden Bildteile ausgeblendet und es ergibt sich Folgendes. Links: Keine Änderung, Schlagschatten und starker Eigenschatten sind nach wie vor vorhanden. Mitte: Schlagschatten und schwacher Eigenschatten, der durch Differenzbildung zum großen Teil ausgeblendet wurde. Rechts: Schwacher Schlagschatten an der Fahrbahnmarkierung und komplett ausgeblendeter Eigenschatten. Die Abdunklung unter dem Fahrzeug bleibt erhalten.*

Die genauere Betrachtung des rechten Testbildes weist auf ein weiteres grundsätzliches Problem hin: Es gibt am Tag im Prinzip kein Bild ohne Schatten. Schlagschatten treten auch bei diffuser Beleuchtung auf und können dann aber im Bild auf Grund der begrenzten Dynamik oder der wertmäßigen Diskretisierung für den menschlichen Betrachter kaum noch sichtbar sein.

6.5.1 Signalmodelle unter Nutzung der Bildhelligkeit

Quotientenbild mit Glättung

Das Verfahren des Quotientenbildes beruht auf der einfachen Annahme, dass Schatten immer dunkler sind als jeder andere Bereich im Hintergrundbild. *Rosin* in [2] und [9] liefert die Begründung, dass das Verhältnis der Intensitätswerte aller Schatten- und Hintergrundbildelemente nahezu konstant ist.

Letztendlich ist dies eine Anwendung der Invariante „Reflexionsverhältnis" (Gleichung 6.12) auf Grauwertbilder und führt zur Berechnung eines Quotientenbildes

$$\mathbf{B}_{quot} = \mathbf{B}_R^G \oslash \mathbf{B}^G \tag{6.14}$$

aus einem Hintergrundbild $\mathbf{B}_R^G$ und dem zu analysierenden Bild $\mathbf{B}^G$. Hierbei beinhaltet der Operator $\oslash$ die elementweise Division der Matrixelemente

In [2] und [9] wird die vorherige Glättung der beiden Bilder durch Filterung mit einem Gaußoperator dritter Ordnung empfohlen, um geringe Helligkeitsschwankungen zu unterdrücken. Für die vorliegende Untersuchung wurde konkret

$$\mathbf{O}^G = \begin{bmatrix} 1 & 2 & 1 \\ 2 & 4 & 2 \\ 1 & 2 & 1 \end{bmatrix} \cdot \frac{1}{16}$$

verwendet und man berechnet die geglätteten Bilder

$$\mathbf{B}^G = \mathbf{B} * \mathbf{O}^G, \tag{6.15}$$

$$\mathbf{B}_R^G = \mathbf{B}_R * \mathbf{O}^G \tag{6.16}$$

durch Faltung mit diesem Operator. Auch das Quotientenbild wird geglättet:

$$\mathbf{B}_{quot}^G = \mathbf{B}_{quot} * \mathbf{O}^G. \tag{6.17}$$

Die Werte dieses Bildes umfassen nicht den gesamten darstellbaren Bereich von 0 bis 255. Um für alle Bilder zur Erstellung der Binärmaske einen einheitlichen Schwellenwert festlegen zu können, werden die Intensitätswerte Bilder wie folgt skaliert:

$$\mathbf{B}_{quot,255}^G = \mathbf{B}_{quot}^G \cdot \frac{255}{max\left(\mathbf{B}_{quot}^G\right)}. \tag{6.18}$$

Zur Illustration obiger Gleichungen zeigt die folgende Abbildung 6.9 die drei Bildmatrizen $\mathbf{B}^G$, $\mathbf{B}_R^G$ und $\mathbf{B}_{quot,255}^G$ an einem Beispiel.

Abb. 6.9: *Links das geglättete Hintergrundbild* $\mathbf{B}_R^G$*, in der Mitte das geglättete Bild* $\mathbf{B}^G$*, auf dem der Schatten erkannt werden soll, und rechts -invertiert dargestellt- das geglättete Quotientenbild* $\mathbf{B}_{quot,255}^G$*. Die erwarteten „großen" Werte im Bereich des Schattens sind deutlich zu erkennen.*

Die dieser Betrachtung vorangestellte Annahme, dass Schattenbildelemente immer dunkler als die Elemente des Hintergrundbildes sind, erfährt durch die Berechnung des Quotientenbildes eine Bestätigung. Wie Abbildung 6.9 zeigt, werden die Werte im Quotientenbild umso größer, je dunkler die Bildelemente im zu analysierenden Bild sind. Damit lassen sich die im Schatten liegenden Bildelemente in Form einer Schattenmaske $\mathbf{B}_S$ wie folgt bestimmen:

$$\mathbf{B}_S = \begin{cases} 0 \text{ (schwarz)}, & \text{wenn } \mathbf{B}_{quot} \leq SW, \\ 1 \text{ (weiß)} & \text{sonst.} \end{cases} \tag{6.19}$$

Abbildung 6.10 zeigt die Schattenmasken der drei Testbilder aus Abbildung 6.8. Trotz seiner Einfachheit zeigt das Verfahren ein sehr gutes Verhalten für alle drei Testfälle. Der starke Eigenschatten des ersten Bildes wird nahezu vollständig nicht detektiert, so dass der abgedunkelte Teil des Fahrzeuges weiterhin dem Fahrzeug zugeordnet wird. Gleiches gilt für das mittlere Testbild. Im rechten Bild wurde der sehr schwache Schlagschatten nicht erkannt und der ebenfalls schwache Eigenschatten richtig übersehen.

Abb. 6.10: *Die ermittelten Schattenmasken für die drei Testbilder aus Abbildung 6.8. Links: Der starke Schlagschatten wurde erkannt und der starke Eigenschatten richtigerweise übersehen. Mitte: Der starke Schlagschatten wurde erkannt und der schwache Eigenschatten richtigerweise übersehen. Rechts: Der schwache Schlagschatten wurde nicht erkannt. Der schwache Eigenschatten wurde richtigerweise übersehen. Die Abdunklung unter dem Fahrzeug wurde richtig erkannt.*

Nutzung der statistischen Kennwerte Mittelwert und Median

Von Scanlan wurde in [86] ein Verfahren zur Erkennung von Schatten vorgeschlagen, das auf der Analyse des Medians der Mittelwerte von Bildbereichen beruht. Durch die Art der Nutzung der statistischen Kenngrößen handelt es sich um ein nichtmodellbasiertes Verfahren. Interessant ist hierbei die Möglichkeit, die erkannten Schatten aus dem Bild so zu entfernen, dass man ein praktisch schattenfreies Bild erhält. Im Folgenden soll anhand der Testbilder aus Abbildung 6.8 überprüft werden, ob diese ursprünglich für Luftbilder entwickelte Methode auch auf Straßenverkehrsbilder anwendbar ist.

Da das Verfahren ohne eine binäre Schattenmaske arbeitet, wird in Ergänzung zur Originalquelle gezeigt, wie eine solche erhalten werden kann.

Die Grundidee des Verfahrens lässt sich wie folgt beschreiben: Der Bildinhalt wird in zwei Mengen aufgeteilt: den Vordergrund Z und den Hintergrund $\bar{Z}$. Es gilt $Z \cap \bar{Z} = 0$. Die Mengen werden aus den arithmetische Mittelwerten μ_i von Bildausschnitten der Größe $l \times l$ gebildet.

Die Trennung der Mengen erfolgt mit Hilfe des Median M der μ_i. Zeichnet man diesen in die normalisierten Histogramme der μ_i ein, so erkennt man, dass es zulässig ist, den Wert des Medians dem Hintergrund – zu dem hier auch der Schatten gerechnet wird – zuzurechnen (Abbildung 6.11). Dies ist die Grundannahme für das Verfahren.

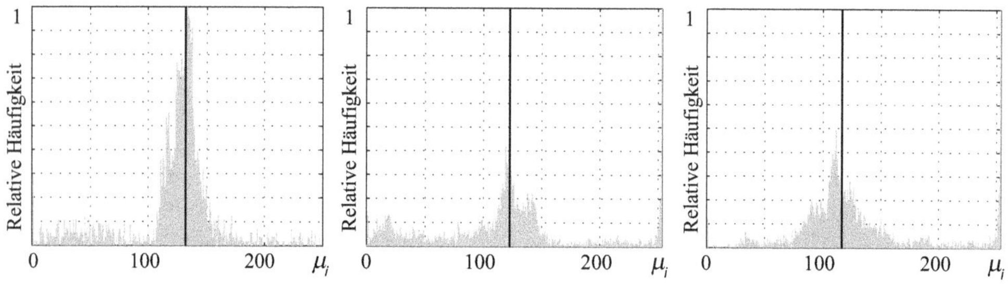

Abb. 6.11: *Gezeigt sind die normalisierten Histogramme der μ_i für die Beispielbilder aus Abbildung 6.8. Die Blockgröße beträgt $l = 5$. Der Median ist als senkrechte Linie eingezeichnet. Das Verfahren nach [86] beruht auf der Annahme, dass sich Intensitätswerte, die zum Schatten gehören, links vom Median befinden.*

Die Aussage „Der Erwartungswert der Intensität eines Schattens liegt unterhalb des Medians“ lässt sich in folgender Rechenvorschrift zusammenfassen:

$$b_{u,v} = \begin{cases} b_{u,v} \frac{M}{\mu_i} & \text{wenn } \mu_i \leq M, \\ b_{u,v} & \text{sonst.} \end{cases} \tag{6.20}$$

Hierbei werden Intensitätswerte im Bild skaliert, wenn sich der Mittelwert des zugehörigen Blocks unterhalb von M befindet. Also genau dann, wenn man annimmt, dass der zum μ_i gehörende Bildbereich im Schatten liegt. Als Skalierungsfaktor wurde in der Originalquelle der Wert $\frac{M}{\mu_i}$ verwendet.

Auf Bildanteile, die sich in Blocks befinden, deren Mittelwert oberhalb des Median liegt, hat diese Operation somit keinen Einfluss. Blocks mit einem Mittelwert unterhalb des Median werden als Hintergrund aufgefasst. Abweichungen in diesem Hintergrund, wie z.B Schatten, werden durch die Skalierung vereinheitlicht. Um die Bildpunkte darzustellen, die von der Skalierung betroffen sind, wird außerdem noch eine Binärmaske berechnet:

$$b_{S u,v} = \begin{cases} 0 \text{ (schwarz)}, & \text{wenn } \mu_i \leq M, \\ 1 \text{ (weiß)} & \text{sonst.} \end{cases} \tag{6.21}$$

Die folgenden Abbildungen 6.12–6.14 zeigen für die Beispielbilder aus Abbildung 6.8 jeweils das Mittelwertbild, gebildet aus den μ_i der Blocks. Der Wert für μ_i wird hierbei auf jede Position im Block geschrieben, um die Größe des dargestellten Bildes verglichen mit Abbildung 6.8 beibehalten zu können. Daneben findet sich die mit Gleichung 6.21 berechnete Binärmaske, gefolgt vom gemäß Gleichung 6.20 korrigierten Bild ohne Schatten.

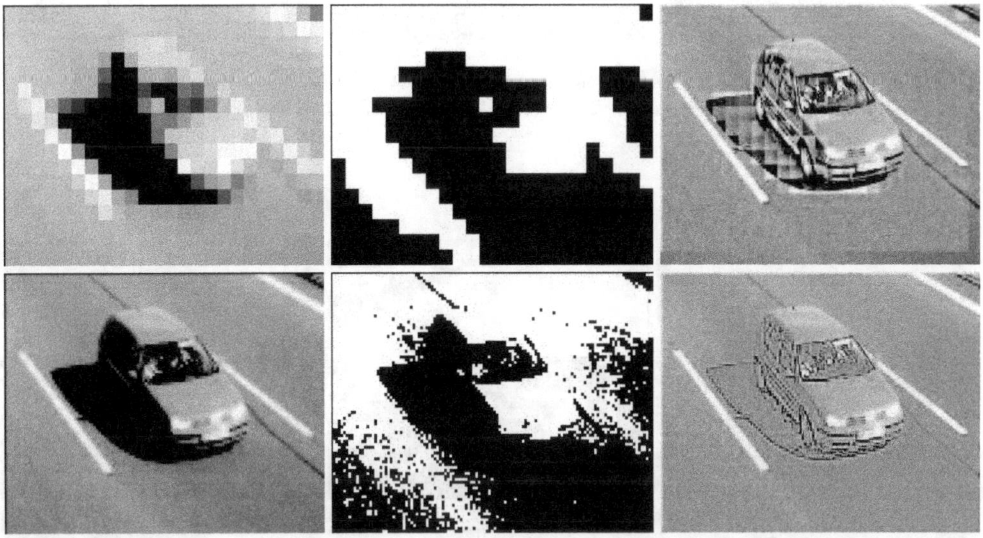

Abb. 6.12: *Mittelwertbild, Binärmaske und korrigiertes Bild für das Testbild „PKW“ aus Abbildung 6.8. Oben jeweils für $l = 10$, unten jeweils für $l = 2$.*

Für alle drei analysierten Bilder ist offensichtlich die Blockgröße $l = 10$ zu grob bemessen, um ein brauchbares Ergebnis zu erzielen. Dennoch ist diese Rasterung hervorragend geeignet, um das erläuterte Prinzip zu illustrieren.

Beispielsweise sieht man im Bereich der Schlagschatten, dass die Skalierung, die ja aus einem aggregierten Wert, nämlich dem Erwartungswert des Blocks, berechnet wurde, auf jeden Bildpunkt einzeln angewandt wird.

Obwohl die für $l = 10$ erhaltenen Binärmasken kaum Ähnlichkeit mit der Szene erkennen lassen, ist die Korrektur der Schattenbildpunkte deutlich zu erkennen.

Abb. 6.13: *Mittelwertbild, Binärmaske und korrigiertes Bild für das Testbild „Transporter" aus Abbildung 6.8. Oben jeweils für $l = 10$, unten jeweils für $l = 2$.*

Abb. 6.14: *Mittelwertbild, Binärmaske und korrigiertes Bild für das Testbild „LKW" aus Abbildung 6.8. Oben jeweils für $l = 10$, unten jeweils für $l = 2$.*

Eine interessante Eigenschaft des Verfahrens ist außerdem, dass die fälschlicherweise vorgenommene Korrektur vieler Nichtschattenbildpunkte auf Grund der Skalierung kaum zu Fehlern führt. Dies erkennt man, wenn man die schwarzen Punkte der Binärmaske, die ja im Originalbild alle korrigiert werden, im Originalbild aufsucht.

Die Schlagschatten der Abbildungen 6.12 und 6.13 werden bei kleinteiliger Rasterung $l = 2$ gut korrigiert. Die Intensität der Bildbereiche mit Eigenschatten wird in beiden Bildern verfahrensbedingt so verändert, dass ein Teil der Fahrzeugtextur verlorengeht.

Das gilt nicht für Abbildung 6.14. Der Eigenschatten ist dort so schwach, dass die entsprechende Seite des Fahrzeuges kaum verändert wird. Ebenfalls sehr gut gelungen ist hier das „Übersehen" des kaum vorhandenen Schlagschattens. Es ist außerdem zu beachten, dass der Wert von l Einfluss auf die Rechenzeit nimmt. In Abhängigkeit von der Bildauflösung muss hier im Einzelfall der Kompromiss zwischen Rechenzeit und Genauigkeit gefunden werden.

Wegen der variablen Skalierung führt im Gegensatz zu allen anderen hier behandelten Verfahren ein Fehler in den Binärmasken nicht automatisch zu einem Fehler bei der Schattenerkennung. Um dennoch eine mit den anderen Verfahren vergleichbare Schattenmaske zu erhalten, wird folgende einfache Modifizierung von Gleichung 6.21 vorgenommen:

$$b^*_{Su,v} = \begin{cases} 0 \text{ (schwarz)}, & \text{wenn } \mu_i \leq M/2, \\ 1 \text{ (weiß)} & \text{sonst.} \end{cases} \tag{6.22}$$

Durch die Verwendung des halben Median werden nun die Punkte sichtbar, die sich in Blöcken befinden, deren Mittelwert sich nicht nur links vom Median, sondern im Abstand $M/2$ befindet. Diese Schattenmasken zeigen ein mit den anderen Verfahren vergleichbares Bild. Natürlich lässt sich auch mit dieser Maske $b^*_{Su,v}$ eine Schattenkorrektur vornehmen. Die Ergebnisse der Abbildungen 6.12 bis 6.14 zeigen aber, dass der hier für die Vergleichbarkeit empirisch eingeführte Parameter $M/2$ nicht unbedingt notwendig ist.

Abb. 6.15: *Die Schattenmasken $b^*_{Su,v}$ der drei Testbilder aus Abbildung 6.8. Links: Der starke Schlagschatten wurde erkannt und der starke Eigenschatten fälschlicherweise nicht übersehen. Mitte: Der starke Schlagschatten wurde erkannt, der schwache Eigenschatten wurde teilweise nicht übersehen. Rechts: Der schwache Schlagschatten wurde nicht erkannt. Der schwache Eigenschatten wurde richtigerweise übersehen. Die Abdunklung unter dem Fahrzeug wurde richtig erkannt. An der Fahrzeugfront finden sich eine Reihe von Fehldetektionen.*

6.5.2 Signalmodelle unter Nutzung der Farbinformation

Nutzung der Invariante „Reflektionsverhältnis“ für RGB-Farbbilder am Differenzbild

Die Invariante „Reflexionsverhältnis“ (siehe Gleichung 6.13) lässt sich für Farbbilder einsetzen, deren Repräsentation durch ein Farbmodell erfolgt, dessen einzelne Komponenten eine gleichartige Information beinhalten. Dies ist zum Beispiel beim RGB-Modell der Fall, dessen Komponenten eine Aussage über die Intensität des roten, grünen und blauen Farbanteils eines Bildelementes beinhalten. Ein Beispiel für ein nicht geeignetes Farbmodell ist das HSV-Farbmodell. Dessen Komponenten sind: der Farbton (eng. hue), die Farbsättigung (eng. saturation) und der Hellwert (eng. value). Eine Möglichkeit, die speziellen Eigenschaften dieses Farbmodells zur Schattenerkennung zu nutzen, wird später in diesem Kapitel vorgestellt.

Für die Invariante „Reflexionsverhältnis“ gemäß Gleichung 6.13 findet sich in [15] eine Anwendung zur Schattenerkennung bei Personen im Innen- und Außenbereich. Im Folgenden soll die Anwendbarkeit auf die Testbilder aus Abbildung 6.8 überprüft werden. Die folgenden Berechnungen werden nur an den Bildpunkten vorgenommen, die nach einer Differenzbildauswertung als verändert markiert wurden (siehe Abbildung 6.8). Die Berechnung der Invariante ρ_x^* wurde in Gleichung 6.13 anhand zweier benachbarter Bildpunkte vorgestellt, ohne die Art der Nachbarschaft zu benennen. Hier soll gemäß [15] eine vierer-Nachbarschaft verwendet werden, indem ρ_x^* für einen speziellen Bildpunkt aus seinen diagonalen Nachbarn berechnet wird. Dies findet sich in der Bedingung $i \in \{-1, 1\}$; $j \in \{-1, 1\}$ wieder. Andere Nachbarschaften sind möglich. Somit berechnet sich die Invariante für das zu analysierende Bild wie folgt:

$$\begin{aligned} \rho_x^*(u, v, i, j) &= \frac{b_x(u, v) - b_x(u+i, v+j)}{b_x(u, v) + b_x(u+i, v+j)}, \\ x &\in \{r, g, b\};\ i \in \{-1, 1\};\ j \in \{-1, 1\}. \end{aligned} \tag{6.23}$$

Die Invariante wird außerdem für ein Hintergrundbild der Szene berechnet und durch den Index R für das Referenzbild gekennzeichnet

$$\begin{aligned} \rho_{R,x}^*(u, v, i, j) &= \frac{b_{R,x}(u, v) - b_{R,x}(u+i, v+j)}{b_{R,x}(u, v) + b_{R,x}(u+i, v+j)}, \\ x &\in \{r, g, b\};\ i \in \{-1, 1\};\ j \in \{-1, 1\}. \end{aligned} \tag{6.24}$$

Somit wurde die Invariante „Reflexionsverhältnis“ für jeden RGB-Farbkanal eines jeden Bildpunktes von Analyse- und Hintergrundbild berechnet. Da die Bedeutung der verwendeten Invariante darin besteht, sich bei Auftreten eines Schattens nicht zu verändern, lässt sich die resultierende Bedingung für die Schattenerkennung wie folgt formulieren:

$$\mathbf{B}_S = \begin{cases} 0 \text{ (schwarz)}, & \text{wenn } \sum_{x \in \{r,g,b\}} \mid \rho_{R,x}^*(u, v, i, j) - \rho_x^*(u, v, i, j) \mid \leq SW, \\ 1 \text{ (weiß)} & \text{sonst.} \end{cases} \tag{6.25}$$

Es werden also die Beträge der Differenzen der Invariante zwischen Analyse- und Hintergrundbild für die Farbkanäle eines jeden Bildpunktes summiert. Im Falle eines Schattens auf dem Bildpunkt müsste diese Summe Null sein. Um kleine Abweichungen von der theoretisch ermittelten Aussage zuzulassen, wurde ein Schwellenwert $SW = 0,1$ eingeführt. Abbildung 6.16 zeigt die so ermittelten Schattenmasken $\mathbf{B}_S$ für die Testbilder aus Abbildung 6.8.

Im linken Bild konnte der starke Eigenschatten zum Teil eliminiert werden. Er tritt aber noch in Form von vielen einzelnen, häufig nicht verbundenen Punkten auf. Der Schlagschatten wurde gut erkannt, weist am Rand aber eine deutliche Unschärfe auf.

Im mittleren Bild wurde ein großer Teil des Eigenschattens durch das Differenzbild ausgeblendet. Der verbliebene Teil wurde ähnlich wie beim linken Bild unscharf, das heißt durch eine Vielzahl nicht verbundener Punkte erkannt, so dass keine durchgehende Schattenfläche detektiert wird. Der Schlagschatten wurde richtig erkannt. Dafür trat auf der Oberseite des Fahrzeugs ein schwerer Analysefehler auf – dieser Bereich des Fahrzeuges wurde komplett als Schatten erkannt. Die Ursache liegt darin, dass es sich um ein weißes Fahrzeug handelt, dessen RGB-Komponenten nahezu identisch sind. Da Gleiches auch für den Fahrbahnhintergrund gilt, konnte das Verfahren an dieser Stelle keine Unterscheidung vornehmen. Um Unterschied dazu handelte es sich beim Fahrzeug im linken Bild um ein rotes Fahrzeug (siehe dazu: Abbildung 6.19).

Die Schattenmaske des Fahrzeuges im rechten Bild weist auf genau dasselbe Problem hin: Die weiße Plane und das weiße Führerhaus des Fahrzeuges werden als Schatten identifiziert. Da der Eigenschatten durch das Differenzbild vollständig ausgeblendet wurde, lässt sich nicht sagen, wie das Verfahren an dieser Stelle reagiert hätte.

Abb. 6.16: *Die Schattenmasken der drei Testbilder aus Abbildung 6.8. Links: Der Schlagschatten wird im Zentrum gut erkannt, nach außen wird die Erkennung fehlerhaft. Der Eigenschatten wird über seine ganze Ausdehnung unscharf erkannt und es kommt zu einer Fehldetektion mit gleichartigem Muster an der Frontscheibe. Mitte: Der Schlagschatten wird gut, wenngleich etwas unscharf erkannt. Das Fahrzeugdach und die Motorhaube werden fehlerhaft als Schatten detektiert. Der schwache Eigenschatten wird nicht übersehen. Rechts: Der schwache Schlagschatten wird nicht, die Abdunklung unter dem Fahrzeug teilweise erkannt. Es kommt zu einer Fehldetektion an der Oberseite sowie teilweise an der Fahrzeugfront.*

Nutzung statistischer Kenngrößen der Invariante „Reflektionsverhältnis" für RGB-Farbbilder am Differenzbild

Die folgenden Berechnungen werden nur an den Bildpunkten vorgenommen, die nach einer Differenzbildauswertung als verändert markiert wurden (siehe Abbildung 6.8). Das vorher beschriebene Verfahren zur Schattenerkennung nutzte die Invariante „Reflektionsverhältnis" in der durch [78] vorgeschlagenen ursprünglichen Form.

Dabei wird davon ausgegangen, dass sich das Verhältnis der RGB-Komponenten der Bildpunkte auf der Fahrbahn nicht ändert – unabhängig davon – ob die Fahrbahn von einem Schatten bedeckt wird oder nicht. In [89] wird diese Grundidee ergänzt durch die These, dass sich die konstanten Verhältnisse für die einzelnen Farbkanäle unterscheiden. Diese Annahme soll im Folgenden anhand der Testbilder aus Abbildung 6.8 untersucht werden. Es wurde eine Anzahl Punkte $N = 4500$ bestimmt, deren RGB-Werte im Fall der leeren Fahrbahn $b_{FB,x}(u,v)$ und der durch Schatten bedeckten Fahrbahn $b_{Sch,x}(u,v)$ ermittelt wird. Für jeden dieser Bildpunkte wird das Verhältnis

$$v_x(u,v) = \frac{b_{Sch,x}(u,v)}{b_{FB,x}(u,v)}, \; x \in \{r,g,b\} \tag{6.26}$$

der RGB-Komponenten berechnet und in einem Histogramm aufgetragen.

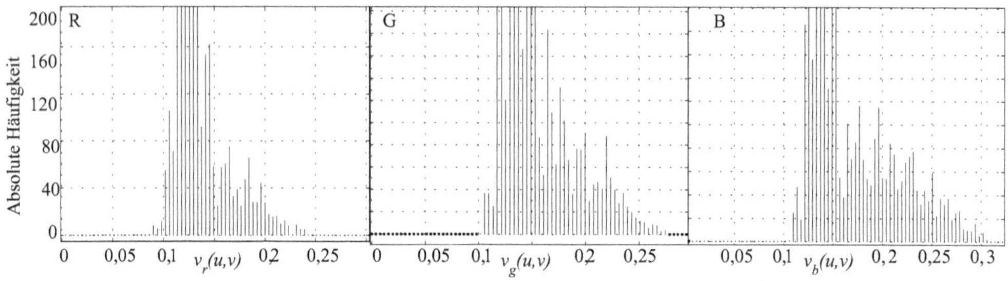

Abb. 6.17: *Die Histogramme für* $v_{x,x\in\{r,g,b\}}(u,v)$. *Links:* $v_r(u,v)$ *mit* $\mu_r = 0,133$ *und* $\sigma_r = 0,0243$, *Mitte:* $v_g(u,v)$ *mit* $\mu_g = 0,151$ *und* $\sigma_g = 0,0331$, *rechts:* $v_b(u,v)$ *mit* $\mu_b = 0,163$ *und* $\sigma_b = 0,0426$. *Die erwarteten Unterschiede zwischen den Verhältnissen der einzelnen Farbkomponenten sind deutlich zu erkennen.*

Abbildung 6.17 bestätigt die zu untersuchende Annahme, dass sich die Verhältnisse für die einzelnen Farbkanäle unterscheiden. Damit lässt sich die Schattenmaske wie folgt bestimmen:

$$\mathbf{B}_S = \begin{cases} 0 \text{ (schwarz)}, \text{ wenn } \left| \frac{b_x(u,v)}{b_{FB,x}(u,v)} - \mu_x \right| \leq 1,5\,\sigma_x, \; \forall x \in \{r,g,b\}, \\ 1 \text{ (weiß)} \quad \text{sonst.} \end{cases} \tag{6.27}$$

Diese Bedingung kann wie folgt interpretiert werden: Der aktuelle RGB-Wert $b_x(u,v)$ wird durch den Intensitätswert der Fahrbahn ohne Schatten $b_{FB,x}(u,v)$ dividiert. Handelt es sich bei $b_x(u,v)$ um einen Schattenpunkt, dann sollte dieser Quotient im Bereich des vorher berechneten Verhältnisses μ_x liegen.

Dieser Bereich wird durch $\pm 1,5\sigma$ begrenzt, das entspricht dem Bereich, in dem 88,6% der Werte einer Gaußverteilung liegen. Abbildung 6.18 zeigt die gemäß Gleichung 6.27 berechneten Schattenmasken der Testbilder aus Abbildung 6.8. Der erste Eindruck, den man beim Betrachten gewinnt, ist, dass die zusätzliche Berücksichtigung der Verteilung der Invariante der einzelnen Farbkanäle eine deutliche Verbesserung für die Schattenerkennung gebracht hat.

Im linken Bild ist der Schlagschatten gut und der Eigenschatten richtigerweise nicht identifiziert worden. Am hinteren Fahrzeugteil wird die Erkennung etwas unscharf und es fehlen etwa 10% des Schlagschattens. Außerdem finden sich einige wenige Fehldetektionen in der Front- und Seitenscheibe des Fahrzeuges. Für das mittlere Bild ist der schwache Eigenschatten ebenso wie der Rest des Fahrzeuges vollständig eliminiert. Zu beachten ist, dass ein Großteil des Eigenschattens bereits durch das Differenzbild entfernt wurde. Der Schlagschatten konnte nahezu vollständig erkannt werden. Vergleichbar mit dem linken Bild fehlen am hinteren Fahrzeugteil etwa 10% des Schlagschattens. Im rechten Bild wurde die Abdunklung unter dem Fahrzeug richtig detektiert. Eine Fehlmessung ist auf der Fahrzeugfront zu verzeichnen. Der Rest des Fahrzeuges wurde korrekt ausgeblendet.

Abb. 6.18: *Die Schattenmasken der drei Testbilder aus Abbildung 6.8. Links: Der Eigenschatten wurde so gut „übersehen", dass das Fahrzeug fast vollständig ausgeblendet wurde. Es fehlen ca.* 10% *des Schlagschattens, der darüber hinaus richtig erkannt wurde. Mitte: Der Eigenschatten wurde so gut „übersehen", dass das Fahrzeug fast vollständig ausgeblendet wurde. Es fehlen ca.* 10% *des Schlagschattens, der darüber hinaus richtig erkannt wurde. Rechts: Bis auf die Fahrzeugfront wurde das Fahrzeug korrekt ausgeblendet. Die Abdunklung unter dem Fahrzeug wurde richtig erkannt.*

Nutzung der Invariante „Normalisiertes RGB" am Differenzbild

Die folgenden Berechnungen werden nur an den Bildpunkten vorgenommen, die nach einer Differenzbildauswertung als verändert markiert wurden (siehe Abbildung 6.8). In Abschnitt 6.2 konnte gezeigt werden, dass das Farbmodell „Normalisiertes RGB" eine photometrische Invariante bezüglich der Intensität der RGB-Werte darstellt. Dies wird zur Schattenerkennung genutzt, indem davon ausgegangen wird, dass ein Bildpunkt im Schatten etwa die gleiche normalisierte RGB-Intensität besitzt wie ein Bildpunkt auf der nicht verschatteten Fahrbahn. Die folgende Abbildung 6.19 zeigt die Intensitäten der RGB-Kanäle und deren normierte Entsprechung. Die Darstellung macht deutlich, dass es sich um ein rotes Fahrzeug handelt. Für die Invariante „Normalisiertes RGB" findet sich in [15] eine Anwendung zur Schattenerkennung bei Personen.

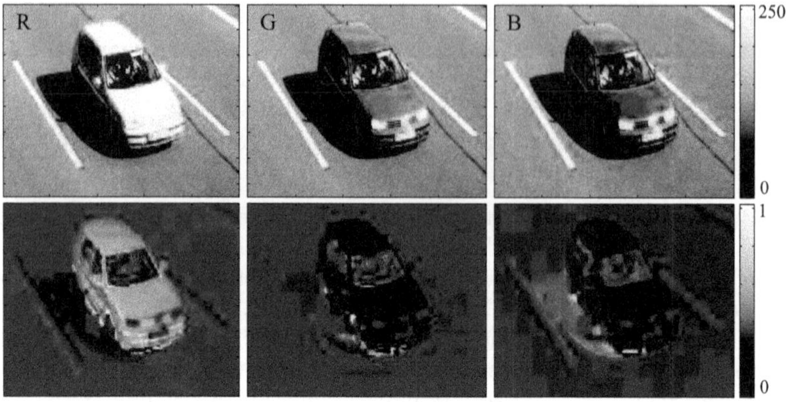

Abb. 6.19: *RGB-Kanäle (obere Zeile) und normierte RGB-Kanäle (untere Zeile) eines roten Fahrzeuges mit starkem Eigen- und Schlagschatten.*

Im Folgenden soll die Anwendbarkeit auf die Testbilder aus Abbildung 6.8 überprüft werden. Die Invariante „Normalisiertes RGB“ wird gemäß Gleichung 6.7 für das zu analysierende Bild wie folgt berechnet:

$$b_{x_{norm}} = \frac{b_x}{\sum_{i \in \{r,g,b\}} b_i}, \; x \in \{r, g, b\}. \tag{6.28}$$

Für das Hintergrundbild erfolgt die Berechnung analog

$$b_{R,x_{norm}} = \frac{b_{R,x}}{\sum_{i \in \{r,g,b\}} b_i}, \; x \in \{r, g, b\}. \tag{6.29}$$

Die Schattenmaske wird nun wie folgt berechnet:

$$\mathbf{B}_S = \begin{cases} 0 \text{ (schwarz)}, & \text{wenn } \mid b_{R,x_{norm}} - b_{x_{norm}} \mid \leq SW, \; \forall x \in \{r, g, b\} \\ 1 \text{ (weiß)} & \text{sonst.} \end{cases} \tag{6.30}$$

Diese Bedingung kann wie folgt interpretiert werden: Wenn die Differenz der normierten RGB-Werte zwischen dem zu analysierenden Bild und einem Hintergrundbild für alle Farbkanäle kleiner als ein Schwellenwert $SW = 0,02$ ist, dann liegt der Bildpunkt im Schatten. Die folgende Abbildung 6.20 zeigt die gemäß Gleichung 6.30 ermittelten Schattenmasken der Testbilder aus Abbildung 6.8. Der Schlagschatten des linken Bildes wurde gut erkannt. Der starke Eigenschatten auf der Fahrzeugseite konnte nur teilweise übersehen werden. Fehler im Eigenschatten finden sich außerdem vor allem im Bereich der Räder und der Seitenscheiben. Außerdem sind Fehldetektionen in der Frontscheibe und den Scheinwerfern zu verzeichnen.

Beim mittleren Fahrzeug wurde der Bereich des schwachen Eigenschattens, der nach der Differenzbildung noch vorhanden war, nicht übersehen. Der Schlagschatten wurde zu großen Teilen richtig erkannt. Eine komplette Fehldetektion ist auf der Motorhaube und dem Fahrzeugdach zu verzeichnen.

Gleiches gilt für das Fahrzeug im rechten Bild. Hier wurde der Hauptteil des Fahrzeuges fast flächendeckend den Schattenpunkten zugeordnet. Die Ursachen für die Fehldedektionen im mittleren und rechten Bild sind wiederum darin zu sehen, dass es sich um Fahrzeuge mit hauptsächlich weißen und grauen Flächen handelt, deren Normierung zu ähnlichen Ergebnissen wie bei den Grauwerten des Straßenhintergrundes führt.

Abb. 6.20: *Die Schattenmasken der drei Testbilder aus Abbildung 6.8. Links: Der Schlagschatten wurde gut erkannt, der Eigenschatten auf den Karosserieteilen ebenfalls. Fehldetektionen sind an den Scheiben und Scheinwerfern zu verzeichnen. Mitte: Der erkannte Schlagschatten weist nur im Bereich der Räder und der Fahrzeugunterseite Lücken auf. Eine komplette Fehldetektion ergibt sich auf der Fahrzeugoberseite und der Motorhaube. Rechts: Eine komplette Fehldetektion ergibt sich auf der Fahrzeugoberseite und der Motorhaube. Die Abdunklung unter dem Fahrzeug wird erkannt.*

Nutzung des HSV-Farbmodells am Differenzbild

Von CUCCIARA wurde eine Nutzung des HSV-Farbmodells vorgeschlagen [19], [20]. Hierbei wird analog zur Verwendung der Invarianten (Abschnitt 6.2) eine Klassifikation der Vordergrundbildelemente in Fahrzeug oder Schatten vorgenommen. Der Fahrbahnhintergrund wird deshalb auch hier durch eine Differenzbildanalyse ausgeblendet (siehe Abbildung 6.8). Nach Untersuchungen in [19] und [20] ändern sich die H- und die S-Komponente beim Auftreffen eines Schattens auf einen nahezu homogenen Hintergrund in einem reproduzierbaren Bereich. Dies sind die zweite und die dritte Bedingung in Gleichung 6.31. Die erste Bedingung betrifft die V-Komponente. Hierbei entscheidet das Verhältnis zwischen Analyse- und Referenzbild einerseits darüber, wie stark die angenommene Abdunklung des Hintergrundes ist, und andererseits, welche Robustheit gegenüber Bildrauschen im Schattenmodell hinterlegt sein soll. Ersteres wird über den Parameter α gesteuert. Je kleiner α, ist umso stärker ist die angenommene Abdunklung. Die Robustheit gegenüber Bildrauschen sinkt mit wachsendem β. Aus der Definition des HSV-Farbmodells folgt, dass Änderungen der Farbsättigung (eng. saturation) absolute Werte und Änderungen im Farbton (eng. hue) Winkel sein müssen. Der Hellwert (eng. value) ist ebenfalls ein Winkel, dessen Verhältnis bestimmt wird. Somit lässt sich die Schattenmaske $\mathbf{B}_S$ wie folgt berechnen:

$$\mathbf{B}_S = \begin{cases} 0 \text{ (schwarz)}, & \text{wenn } \left(\alpha \leq \frac{b_V}{b_{R,V}} \leq \beta\right) \wedge (\mid b_S - b_{R,S} \mid \leq \tau_S) \wedge (D_H \leq \tau_H), \\ 1 \text{ (weiß)} & \text{sonst,} \end{cases} \tag{6.31}$$

$$D_H = min\left(\mid b_H - b_{R,H} \mid, 360° - \mid b_H - b_{R,H} \mid\right). \tag{6.32}$$

Um die Wirkung der Analyse der einzelnen Farbkanäle zu erkennen, wird im Unterschied zu den Originalquellen [19] und [20] zunächst auf die $\wedge$-Verknüpfung der einzelnen Bedingungen verzichtet. Das Ergebnis unter Verwendung der Parameter $\alpha = 0$, $\beta = 1$, $\tau_S = 0,3$ und $\tau_H = 2\pi \cdot 0,4$ zeigt Abbildung 6.21. Offensichtlich ist die Analyse der V-Komponente am besten zur Erkennung von Schatten geeignet. Eigenschatten werden durch das HSV-Modell generell nicht besonders gut erkannt. Die Originalquellen konnten dies nicht feststellen, da dort ein frontaler Blick auf die Fahrzeuge realisiert wurde. Außerdem ist zu erkennen, dass auch das HSV-Modell, genauso wie das RGB-Modell große Schwierigkeiten mit nichtfarbigen Fahrzeugbereichen hat.

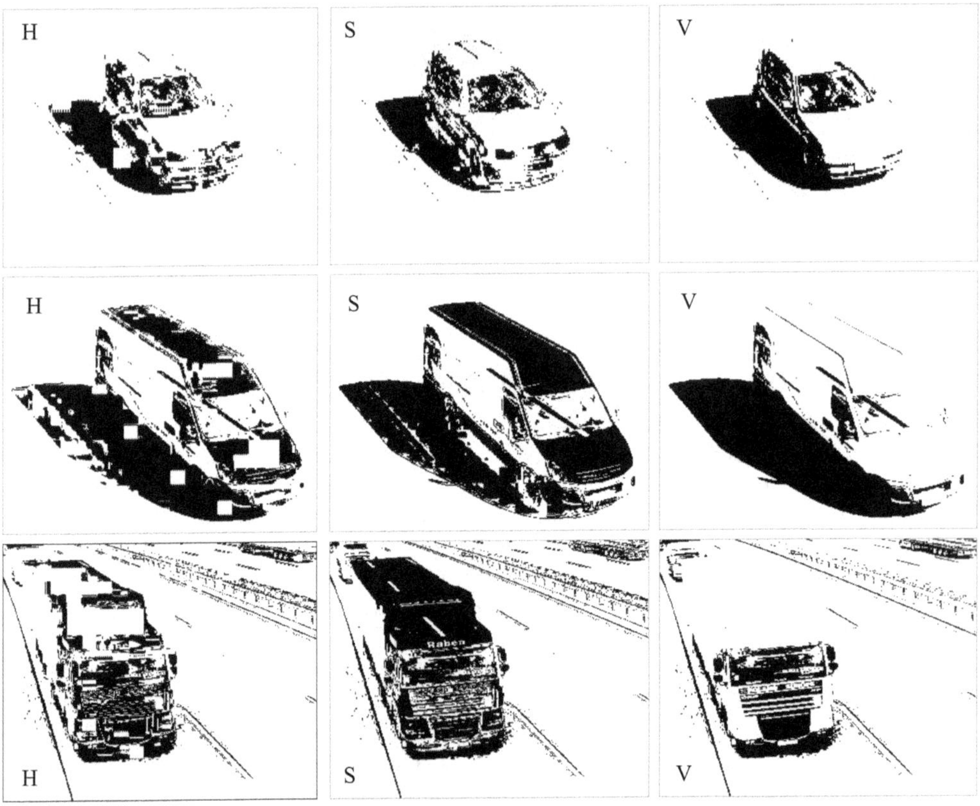

Abb. 6.21: *Die Schattenmasken der drei Testbilder aus Abbildung 6.8 für die HSV-Farbkanäle. Oben: Der starke Schlagschatten wird vom S- und vom V-Kanal sehr gut erkannt, aber es kommt zu Fehldetektionen auf den Scheiben. Der Eigenschatten wird kaum „übersehen". Mitte: Der starke Schlagschatten wird vom S- und vom V-Kanal sehr gut erkannt. Es kommt im H- und S-Kanal aber gleichzeitig zu Fehldetektionen auf der Fahrzeugoberseite. Der nach der Differenzbildung verbleibende Eigenschatten wird so gut wie nicht„übersehen". Unten: Der H- und der S-Kanal liefern eine fast flächendeckende Fehldetektion der Fahrzeugober- und Vorderseite als Schatten. Die Abdunklung unter dem Fahrzeug wird in allen drei Kanälen gut erkannt.*

6.6 Kombinationen

Einige Autoren schlagen zur Verbesserung der Schattenerkennung die Kombination von Ergebnissen vor, die auf unterschiedlichen Wegen ermittelt wurden [15], [19], [20]. Deshalb soll nach der vorangegangenen Beschreibung grundlegender Prinzipien zur Schattenmodellierung noch einführend auf dieses Thema eingegangen werden.

Bei der Analyse von Farbbildern erhält man aus den einzelnen Farbkanälen kombinierbare Informationen; genauso lassen sie aber auch die Ergebnisse der Anwendung unterschiedlicher Verfahren zusammenführen. Das Zusammenführen wird in der Regel durch eine UND-Verknüpfung der Binärmasken $\mathbf{B}_S$ realisiert. Prinzipiell wurde diese Möglichkeit bereits in Unterkapitel 5.4.3 vorgestellt und soll hier beispielhaft an der Kombination der beiden Invarianten „Normalisiertes RGB" und „Reflektionsverhältnis" [15] sowie der HSV-Farbkanäle [19], [20] vorgestellt werden.

Abbildung 6.22 zeigt die Verknüpfung der Invarianten und Abbildung 6.23 die Verknüpfung der HSV-Farbkanäle, jeweils für die Beispielbilder aus Abbildung 6.8.

Abb. 6.22: *Kombination der beiden Invarianten „Normalisiertes RGB" und „Reflektionsverhältnis" durch UND-Verknüpfung der binären Schattenmasken aus Abbildung 6.20 mit denen aus Abbildung 6.16. Es ist keine eindeutige Verbesserung bei der Schattendetektion zu erkennen, sondern eher eine Ausdünnung der richtig detektierten Schattenflächen sowie die Beibehaltung von Detektionsfehlern.*

Abb. 6.23: *Kombination der binären Schattenmasken der HSV-Kanäle aus Abbildung 6.21. Die erkannten Schatten werden etwas ausgedünnt sowie ein großer Teil der Detektionsfehler auf der Karosserie entfernt.*

Aus den Abbildungen 6.22 und 6.23 sind damit folgende Eigenschaften dieser Anwendung der UND-Verknüpfung zu erkennen:

1. Es werden nur Schattenpunkte hinterlassen, die in *allen* verwendeten Verfahren oder analysierten Farbkanälen als solche identifiziert wurden.
2. Fehlerhafte Punkte werden entfernt, sobald ein Analyseteil den Fehler macht.
3. Richtig identifizierte Punkte werden entfernt, sofern sie nicht von jedem Verfahren oder in jedem Kanal erkannt wurden.
4. Bildpunkte, die in jedem Analyseschritt falsch detektiert wurden, bleiben erhalten.

Zusammenfassend lässt sich feststellen, dass die Kombination von Binärmasken nur dann Vorteile bringt, wenn die damit verbundenen Verfahren in etwa gleiche Eigenschaften und Leistungsfähigkeit bei der Schattendetektion aufweisen. Dann besteht die Möglichkeit, zufällig falsch ermittelte Schattenpunkte zu entfernen, ohne gleichzeitig zu viele richtig erkannte Schattenpunkte ebenfalls zu entfernen. Ein Ausgleich von Stärken und Schwächen unterschiedlicher Verfahren oder Farbkanäle ist aus den genannten Gründen nicht möglich.

6.7 Vergleichende Bewertung der Schattenmodelle

Bei der vergleichenden Bewertung der vorgestellten Verfahren ist zu unterscheiden zwischen den Verfahren, die auf Differenzbildanalyse beruhen, und denen, die kein Differenzbild, sondern den gesamten Bildbereich verwenden. Wenn bei der Differenzbildanalyse Bildbereiche ausgeblendet werden, die Eigenschatten beinhalten, dann kann die Reaktion des Verfahrens auf Eigenschatten nicht mehr beurteilt werden. Der tabellearischen Zusammenfassung in den Tabellen 6.1 und 6.2 seien noch einige Bemerkungen vorangestellt, die wiederum einen Extrakt der Aussagen in den Tabellen darstellen.

Starke Schlagschatten werden in der Regel von allen Verfahren gut erkannt. Der sehr schwache Eigenschatten, der auch mit dem Auge kaum zu erkennen ist, wird von keinem der Verfahren auch nur ansatzweise erfasst. Das ist solange unproblematisch, wie das nachgeschaltete Analyseverfahren oder Signalmodell genauso unempfindlich reagiert. Ein Beispiel dafür ist das Grundprinzip der Geschwindigkeitsschätzung der in Kapitel 9 beschriebenen Fallstudie.

Eigenschatten werden teilweise erkannt, wobei das Problem der Ausblendeigenschaft des Differenzbildes zu beachten ist. Es sei in diesem Zusammenhang noch einmal darauf hingewiesen, dass beim Eliminieren des Eigenschattens auch immer der entsprechende Teil des Fahrzeuges mit verlorengeht. Dies kann, je nach Verfahren, für die Fahrzeugverfolgung problematisch sein. Modellbasierte Ansätze werden hier größere Schwierigkeiten haben als nichtmodellbasierte Ansätze. Im Fall der Fahrzeugklassifizierung muss es dagegen zwangsläufig zu Problemen kommen, da die äußere Form des Fahrzeuges verändert wird und außerdem ein Teil der Textur verlorengeht.

Die Abdunklung unter dem Fahrzeug wurde hier als separates Problem behandelt, da es für die Detektionsaufgabe ein solches darstellt. Genau genommen handelt es sich aber um einen Schlagschatten, der durch den Himmel als Flächenlichtquelle entsteht. Dadurch besitzt er zwar eine vergleichbare Stärke bezüglich der Kantenintensität und der Abdunklung, hat aber eine wesentlich geringere räumliche Ausdehnung als ein durch die Sonne direkt verursachter Schatten. Dies hängt offensichtlich mit der Strahlungsrichtung der Lichtquelle zusammen. Der Himmel befindet sich immer über dem Fahrzeug, die Sonne kann auch seitlich stehen und somit zu einem sehr ausgedehnten Schattenwurf führen.

Farbmodelle benutzen im Vergleich zu Helligkeitsmodellen durch die Einbeziehung der Farbkanäle eine erweiterte Information. Die Versuchsergebnisse haben gezeigt, dass dies nur von Vorteil ist, wenn die Fahrzeuge auch wirklich nennenswerte Farbanteile im Bild aufweisen. Ist dies nicht der Fall, dann sind die Intensitätsunterschiede am Fahrzeug von denen auf der Straße kaum zu unterscheiden.

Da heutzutage Kameras in der Wiedergabe von Graustufen, umgangssprachlich als Schwarz-Weiß-Bilder bezeichnet, über eine wesentlich bessere Lichtempfindlichkeit verfügen als bei der Farbwiedergabe, empfiehlt es sich für den 24-Stunden-Einsatz ohnehin, Schwarz-Weiß-Kameras einzusetzen.

Abschließend sei darauf hingewiesen, dass im Kapitel 8 ein weiteres, vom Autor entwickeltes Verfahren zur Schattenerkennung vorgestellt wird, welches in eine Fallstudie zur Analyse des ruhenden Verkehrs eingebunden ist.

Tabelle 6.1: *Vergleichende Bewertung von Schattenmodellen – gesamter Bildbereich*

Verfahren	Erkennung des Schlagschattens	„Übersehen“ des Eigenschattens	Kein bzw. schwacher Schatten
Quotientenbild mit Glättung	Ein Großteil des Schlagschattens wird erkannt. Der schwache Schlagschatten wird nicht erkannt.	Starke und schwache Eigenschatten werden sehr gut ausgeblendet.	Einige wenige dunkle Stellen am Fahrzeug werden fehlerhaft als Schatten detektiert. Die Abdunklung unter dem Fahrzeug wird gut erkannt.
Nutzung der statistischen Kennwerte Mittelwert und Median	Der starke Schlagschatten wird nahezu vollständig, der sehr schwache Schlagschatten wird nicht erkannt.	Der starke Eigenschatten wird fehlerhaft erkannt. Der schwache Eigenschatten wird richtigerweise übersehen	Große Teile der Fahrzeugfront werden fehlerhaft als Schatten detektiert. Die Abdunklung unter dem Fahrzeug wird nahezu vollständig erkannt.

Tabelle 6.2: *Vergleichende Bewertung von Schattenmodellen – Differenzbild*

Verfahren	Erkennung des Schlagschattens	„Übersehen" des Eigenschattens	Kein bzw. schwacher Schatten
Nutzung der Invariante „Reflektionsverhältnis" für RGB-Farbbilder am Differenzbild	Starke Schlagschatten werden vollständig, aber teilweise unscharf erkannt. Sehr schwache Schlagschatten werden übersehen.	Der starke Eigenschatten wird sehr unscharf, der schwache Eigenschatten kaum erkannt.	Die komplette Front und Oberseite der weiß/grauen Fahrzeuge wird fälschlicherweise als Schatten detektiert. Die Abdunklung unter dem Fahrzeug wird teilweise erkannt.
Nutzung statistischer Kenngrößen der Invariante „Reflektionsverhältnis" für RGB-Farbbilder am Differenzbild	Starker Schlagschatten wurde über die gesamte Breite gut erkannt. Es fehlen aber etwa 10% am hinteren Fahrzeugteil. Sehr schwache Schlagschatten werden übersehen.	Starker und schwacher Eigenschatten wurden fast vollständig eliminiert.	Die Abdunklung unter dem Fahrzeug wurde gut erkannt. An den dunklen Stellen der Fahrzeugfront finden sich Detektionsfehler.
Nutzung der Invariante „Normalisiertes RGB" am Differenzbild	Der erkannte starke Schlagschatten weist im Bereich der Räder und der Fahrzeugunterseite Lücken auf. Der sehr schwache Schlagschatten konnte nicht erkannt werden.	Der Eigenschatten wurde teilweise erkannt.	Bei grau/weißen Fahrzeugen treten flächendeckend Fehldetektionen auf der Fahrzeugoberseite, der Motorhaube und häufig an den Scheiben auf.
Nutzung des HSV-Farbmodells am Differenzbild	Starke Schlagschatten werden in allen drei Farbkanälen erkannt. Am besten im V-Kanal. Der sehr schwache Schlagschatten wird nicht erkannt.	Das HSV-Farbmodell hat Schwierigkeiten, Eigenschatten zu übersehen.	In dunklen Bildbereichen, in denen keine Schatten auftreten, kommt es häufiger zur fehlerhaften Erkennung nicht vorhandener Schatten.

7 Signalanalyse

Die in Kapitel 5 vorgestellten Signalmodelle dienten dazu, Bildinhalte zu extrahieren, welche die Eigenschaften der Entitäten „Fahrzeug“ und „Hintergrund“ abbilden. Die in diesem Kapitel behandelten Analyseverfahren ermitteln aus dieser reduzierten und veränderten Bildinformation die letztendlich interessierenden Verkehrsdaten.

Liegen die mit Hilfe der Signalmodelle aufbereiteten Bilddaten vor, dann ist die weitere Signalverarbeitung nur noch teilweise problemspezifisch für die Anwendung auf Verkehrslagebilder zu sehen. Viele Analysemöglichkeiten, wie beispielsweise die Korrelationsanalyse, die Kalmanfilterung oder der Einsatz künstlicher neuronaler Netze, lassen sich unabhängig von der Herkunft der Daten anwenden. Deshalb wird in diesem Kapitel nur eine überschaubare Anzahl bewährter echtzeitfähiger Analyseverfahren vorgestellt, die in der Regel eine ganze Klasse weiterer Analysemöglichkeiten vertreten.

Die Struktur dieses Kapitels greift die Struktur des Kapitels 5 auf und widmet sich damit in gleicher Reihenfolge den dort behandelten Signalmodellen. Dies sind Punkt-, Linien- und Flächenmodelle. Diese unterscheiden sich hinsichtlich ihres Informationsgehaltes darin, dass dieser mit steigender Dimension zunimmt. Daraus ergibt sich, dass die Möglichkeiten der Analysierbarkeit unterschiedlich sind. Dieser Aspekt wird vergleichend behandelt.

Die Analysemöglichkeiten von Punktmodellen sind sehr begrenzt. Als einer der wenigen praxistauglichen Ansätze wird die Analyse mit dem so genannten Expectation-Maximisation Algorithmus vorgestellt. Dieser erlaubt allerdings sogar die automatische Unterscheidung aller drei Entitäten „Fahrzeug“, „Hintergrund“ und „Schatten“.

Die Möglichkeiten zur Analyse von Linienmodellen sind demgegenüber vielfältiger. Orthogonale Liniensensoren können die Arbeitsweise einer Zählschleife nachbilden, während parallele Liniensensoren die Bestimmung raumbezogener Größen ermöglichen. Beide Arten von Sensoren lassen sich außerdem mit Hilfe des Raum-Zeit-Bildkonzeptes auswerten.

Eine breite Palette von Analysemöglichkeiten erlauben die Flächenmodelle. Diese liefern komplexere Informationen als die anderen beiden Signalarten, so dass sich ihre Analyse im Allgemeinen in drei Schritte gliedert: Fahrzeugerkennung, Merkmalsextraktion und Fahrzeugverfolgung. Die Fahrzeugerkennung liefert zunächst nur die Aussage, dass sich ein oder mehrere Fahrzeuge im Bild befinden. Diese sind damit aber nicht unterscheidbar und es kann auch nicht gesagt werden, welche Bildpunkte zum Fahrzeug gehören. Dafür müssen Merkmale extrahiert werden, die dem Einzelfahrzeug zugeordnet werden können. Ist man außerdem an Geschwindigkeitsinformationen interessiert, dann kann anhand dieser Merkmale eine Fahrzeugverfolgung realisiert werden.

7.1 Analysemöglichkeiten der Signalmodelle

In Kapitel 5 wurden grundlegende Möglichkeiten vorgestellt, aus dem Kamerabild oder einer Bildfolge die Bildbestandteile zu extrahieren, die entweder den Fahrzeugen, dem Hintergrund oder einem Schatten zuzuordnen sind. Da dies auf Grund der stochastischen Eigenschaften des Verkehrsprozesses und der Umgebungsbedingungen immer nur näherungsweise und unter bestimmten Annahmen möglich ist, wurden hierfür Signalmodelle verwendet, welche die wesentlichen Eigenschaften der genannten Entitäten berücksichtigen.

Abbildung 7.1 erläutert die Einordnung der Signalanalyse in die Methodologie. Hier werden die für jede Signalart speziellen grundlegend wichtigen Analysemethoden behandelt. Das Ergebnis der Analyse für den fließenden Verkehr ist die Ermittlung der Größen der Kontinuitätsgleichung des Verkehrsflusses $x_B(t) = x_V(t) \cdot x_D(t)$ für den ruhenden Verkehr, qualitative und quantitative Aussagen zur Anwesenheit von Fahrzeugen und für beide Verkehrsarten Aussagen über die im Bild sichtbaren Fahrzeugklassen.

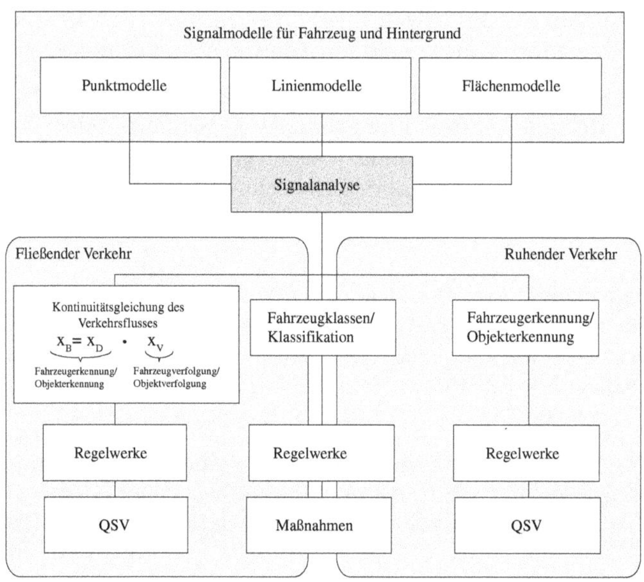

***Abb. 7.1:** Einordnung der Analyseverfahren in die Methodologie.*

Aus Sicht der Bildverarbeitung entspricht die Bestimmung der Verkehrsstärke $x_B(t)$ und der Verkehrsdichte $x_D(t)$ der Aufgabe der Objekterkennung – im vorliegenden Fall also der Fahrzeugerkennung. Für die Ermittlung der Geschwindigkeit $x_V(t)$ ist eine Objektverfolgung innerhalb einer Bildfolge notwendig. Für den ruhenden Verkehr kann man sich auf die Objekterkennung beschränken. Diese deckt die Möglichkeiten der Parkraumanalyse und der Erkennung liegengebliebener oder widerrechtlich abgestellter Fahrzeuge vollständig ab.

Die praktische Anwendung dieser Daten und Informationen findet beispielsweise in Regelwerken, Maßnahmenkatalogen und natürlich in Verkehrsmanagementsystemen Anwendung. Hier besteht deren Hauptnutzen in der Berechnung von Qualitätsstufen und der situationsabhängigen Steuerung von Verkehrsbeeinflussungsanlagen. Diese Aspekte der praktischen Anwendung werden im Rahmen der vorliegenden Darstellung, die der Ermittlung der Daten gewidmet ist, nicht behandelt.

Abbildung 7.2 zeigt beispielhaft Daten der behandelten Signalmodelle. Vor den Einzeldarstellungen in den folgenden Unterkapiteln soll zunächst zusammengefasst werden, welche Informationen die einzelnen Arten der Signalmodelle prinzipiell liefern und wie diese zur Lösung der Aufgaben „Objekterkennung“ und „Objektverfolgung“ eingesetzt werden können.

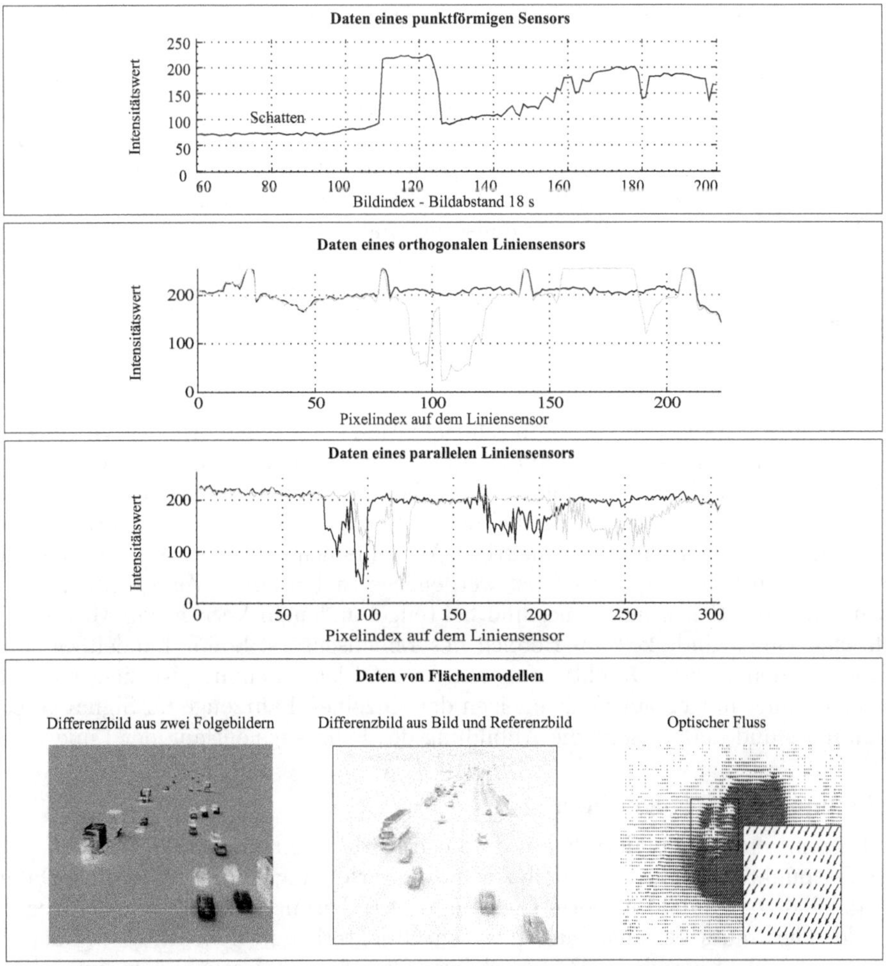

Abb. 7.2: *Übersichtsdarstellung der behandelten Signalmodelle.*

Punktmodelle

Punktmodelle entstehen durch die Erfassung der Intensitätswerte eines einzelnen Bildpunktes. Trägt man diese über einen Zeitraum auf, dann erhält man eine Zeitreihe der Intensitätswerte für einen kleinen Bildausschnitt. Dieses Signal bildet die Helligkeits- oder Farbveränderung sehr genau ab. Auf Grund der sehr begrenzten räumlichen Gültigkeit muss das Signal mehrfach, also beispielsweise in einem festen oder variablen Raster, erzeugt werden. Für sehr dicht liegende Rasterpunkte nähert man sich den Eigenschaften und der Aussagekraft eines Flächenmodells. Bleibt man bei einer groben Rasterung, lässt sich eine Objektverfolgung nicht zuverlässig realisieren. Damit ist dieses Signalmodell vor allem zur Objekterkennung im ruhenden Verkehr geeignet.

Orthogonale Liniensensoren

Orthogonale Liniensensoren entstehen durch Definition eines linienförmigen virtuellen Sensors quer zur Fahrtrichtung. Beim Überfahren erfassen die Bildpunkte dieses Sensors eine kurzzeitige Änderung der Intensitätswerte gegenüber dem Hintergrund. Diese Änderung kann als Zählimpuls ausgewertet werden und ist somit eine Form der nichtmodellbasierten Objekterkennung. Eine Verfolgung von Fahrzeugen ist in diesem Fall nicht möglich, da keine Muster erzeugt werden, die sich bei einer wiederholten Messung einem speziellen Fahrzeug zuordnen lassen. Ein weiteres Problem tritt bei hohen Verkehrsdichten auf, wenn die Einzelimpulse der Fahrzeuge nicht mehr getrennt werden können. Dann erhält man eine scheinbare Dauerbelegung, die von einer echten Dauerbelegung, das heißt einem wirklich auf dem Detektor stehenden Fahrzeug nicht zu unterscheiden ist.

Parallele Liniensensoren

Parallele Liniensensoren entstehen durch Definition eines linienförmigen virtuellen Sensors parallel zur Fahrtrichtung. Beim Überfahren erfassen die Bildpunkte dieses Sensors ein Muster, das in einem Folgebild in ähnlicher Form wieder auftritt. Dies entspricht einer Bewegungserkennung, mit der bei bekanntem Bildabstand eine Schätzung der Geschwindigkeit möglich wird. Bei niedriger Verkehrsdichte kann diese Geschwindigkeit einem einzelnen Fahrzeug zugeordnet werden. Sie ist bei hoher Verkehrsdichte die Geschwindigkeit des Fahrzeugstromes und bei teilgebundenem Verkehr ein Mittelwert der gefahrenen Geschwindigkeit im Bereich des Liniensensors. Somit handelt es sich um eine nichtmodellbasierte Objektverfolgung. Eine Objekterkennung ist nicht möglich, da einerseits immer mit einem Verschmelzen der einzelnen Fahrzeuge im Signal gerechnet werden muss und andererseits die Abbildung des Fahrzeugs entlang der Linie variiert.

Flächenmodelle – Folgebilder

Die Differenz von Folgebildern liefert die Position der Fahrzeugabbilder zu unterschiedlichen Zeitpunkten und kann deshalb zur Objektverfolgung eingesetzt werden. Dabei variiert das Fahrzeugabbild in Form Größe und Detailierungsgrad auf seinem Weg durch das Bild. Dies muss bei einer angestrebten Objekterkennung beachtet werden. Jedes Fahrzeug, das nicht gerade im Bild erschienen ist, ist im Differenzbild zweimal sichtbar. Diese Problem tritt bei Flächenmodellen, die auf einem Referenzbild der leeren Straße beruhen, nicht auf.

Flächenmodelle – Referenzbild

Die Differenz zwischen einem aktuellen Bild und einem Referenzbild, welches nur statischen Bildinhalt enthält, liefert die Fahrzeuge aber auch alle anderen dynamischen Bildinhalte wie Schatten, Personen und windbewegte Bepflanzung. Durch statische, vorzugsweise jedoch adaptive Schwellenwerte lassen sich die nicht signifikanten Änderungen aus dem Differenzbild entfernen. Dieses Signalmodell ist somit für eine Objekterkennung geeignet. Die Objektverfolgung wird durch eine Folge von Differenzbildern mit einem Referenzbild möglich.

Flächenmodelle – Optischer Fluss

Der optische Fluss liefert als Signal den Intensitätsfluss in der Bildebene in Form eines Geschwindigkeitsvektorfeldes. Üblicherweise wird der Fluss der Helligkeiswerte analysiert. Hierbei handelt es sich um eine nichtmodellbasierte Objektverfolgung mit dem Ziel der Geschwindigkeitsschätzung. Eine brauchbare Analyse des optischen Flusses setzt voraus, dass sich die Beleuchtung der Objekte während des Analysezeitraums nicht verändert. Die schränkt die Anwendbarkeit der Methode vor allem bei schwierigeren Sichtbedingungen ein. Eine Objekterkennung aus dem Intensitätsfluss ist nicht möglich.

Tabelle 7.1 fasst die erläuterten Eigenschaften zur Analysefähigkeit der behandelten Signalmodelle zusammen.

Tabelle 7.1: *Die Analysefähigkeit der behandelten Signalmodelle bezüglich der Aspekte Objekterkennung und Objektverfolgung*

	Objekterkennung	Objektverfolgung
Punktmodelle	+	−
Orthogonale Liniensensoren	+	−
Parallele Liniensensoren	−	+
Flächenmodelle-Folgebild	+	+
Flächenmodelle-Referenzbild	+	+
Flächenmodelle-Optischer Fluss	−	+

7.2 Analyse von Punktmodellen mit dem Expectation-Maximisation-Algorithmus

Wie im Einführungskapitel 7.1 bereits dargelegt wurde, eignen sich Punktmodelle auf Grund ihres vergleichsweise geringen Informationsgehaltes nur zur Objekterkennung und nicht zur Objektverfolgung. Damit ist ein geeignetes Anwendungsgebiet die Analyse des ruhenden Verkehrs. Abbildung 7.3 zeigt ein Beispiel dafür. Die Daten des Punktsensors werden in einem Pixel innerhalb des eingezeichneten Rechteckes ermittelt.

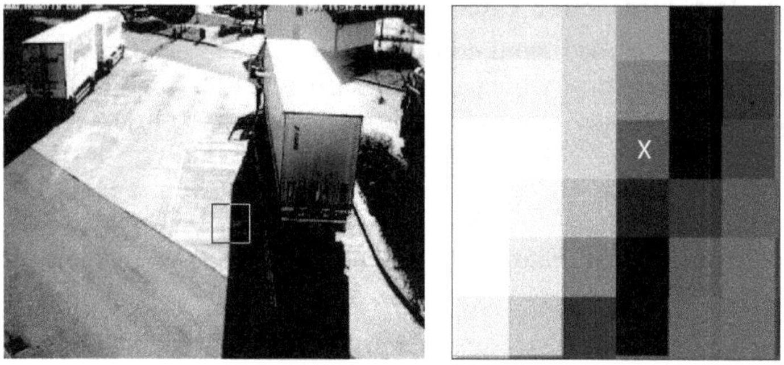

Abb. 7.3: *Ein Beispiel für die Ermittlung der Daten eines Punktsensors. Das rechte Bild ist eine Vergrößerung des markierten Bereiches der zweiten Parkfläche von rechts. Die Markierung wurde so gelegt, dass der Analysepunkt zunächst vom Schatten erfasst wurde und mit fortschreitender Zeit auf einer schattenfreien Stelle lag. Die X-Markierung zeigt die genaue Lage des Analysepunktes.*

Abbildung 7.4 zeigt die erfassten Helligkeitswerte über einen Zeitraum von ca. 3 Stunden. Es sind unterschiedliche Bereiche zu erkennen, für die sich unter den Annahmen:

1. der Schatten ist dunkler als das Fahrzeug,
2. das Fahrzeug ist dunkler als der Hintergrund,

vermuten lässt, welche der drei Entitäten, Fahrzeug, Schatten oder Hintergrund, durch den Analysepunkt abgebildet wurden.

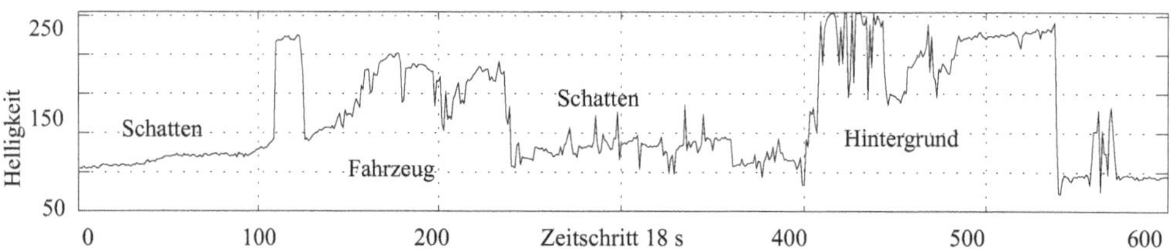

Abb. 7.4: *Die Daten des Punktsensors aus Abbildung 7.3. Eingetragen sind Vermutungen, welche Entität zu welchem Zeitpunkt durch den Punkt abgebildet wurde.*

Abbildung 7.5 zeigt das Histogramm der Daten aus Abbildung 7.4. Die Darstellung bestätigt unter den getroffenen Annahmen die Vermutung, dass die drei Entitäten Fahrzeug, Schatten und Hintergrund im Signalmodell enthalten sind.

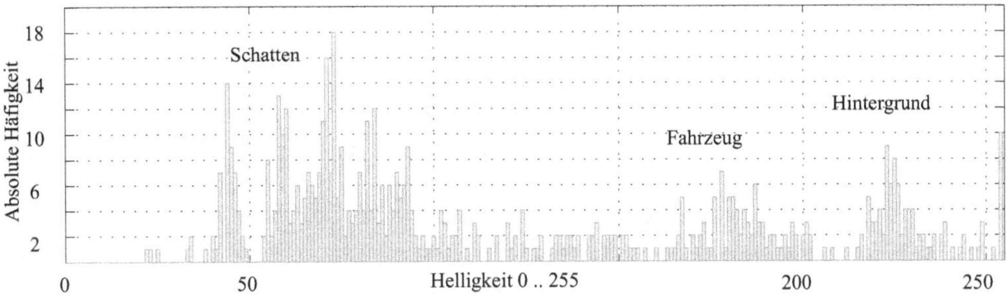

Abb. 7.5: *Das Histogramm der Daten aus Abbildung 7.4.*

Somit wäre es zielführend, eine automatische Trennung der drei Bereiche vorzunehmen. Dies bezeichnet man in der Bildverarbeitung als Segmentierung. Ein Ansatz zur Lösung dieser Aufgabe ist die Modellierung jedes der drei Bereiche durch eine Wahrscheinlichkeitsverteilung mit dem so genannten Expectation-Maximisation-Algorithmus (EM-Algorithmus). Im Folgenden werden nur die für das grundlegende Verständnis und die Anwendung notwendigen Schritte dargelegt. Die Theorie des Algorithmus findet der interessierte Leser beispielsweise in [22] und[74].

Die Grundidee des EM-Algorithmus ist die Maximierung der ersten Ableitung einer bedingten Wahrscheinlichkeit, die mit Hilfe der angenommenen Verteilung formuliert wird. Dabei erfolgt die Ableitung nach den gesuchten Parametern der Verteilung. Im vorliegenden Falle sollen die drei Bereiche im Histogramm durch drei Normalverteilungen modelliert werden:

Schatten:	$N_1\left(\mu_1, \sigma_1^2\right)$,
Fahrzeug:	$N_2\left(\mu_2, \sigma_2^2\right)$,
Hintergrund:	$N_3\left(\mu_3, \sigma_3^2\right)$.

Zur Beschreibung des Algorithmus werden folgende Begriffe und Symbole eingeführt: Das Histogramm wurde aus einer Menge von $M = 600$ Werten $G = \{g_1, \ldots, g_m, \ldots, g_M\}$ gebildet. Es handelt sich um Helligkeitswerte[1] $g \in H = \{0, 1, \ldots, 255\}$.

Ein Bildpunkt kann somit durch seinen Helligkeitswert einer der drei Klassen Schatten, Fahrzeug oder Hintergrund zugewiesen werden, wodurch eine Segmentierung des Bildes erreicht wird.

Es wird nun angenommen, dass ausgehend von K Segmentklassen ein mathematisches Modell Ψ existiert, dessen Parameter für jede Klasse k in einem Vektor $\boldsymbol{\psi}_k$ enthalten sind.

[1] Das Gesagte gilt ebenso für Farbwerte.

Das Histogramm repräsentiert K überlagerte Segmentklassen

$$p_{mix}(g_m|\Psi) = \sum_{k=1}^{K} p_k(g_m|\boldsymbol{\psi}_k) L_k, \tag{7.1}$$

die mit den Gewichten L_k versehen sind. Gemäß der getroffenen Annahmen wird als mathematisches Modell Ψ für die Segmentklassen die Wahrscheinlichkeitsverteilungsdichte der Normalverteilung angenommen. Damit erhält man einen Parametervektor $\boldsymbol{\psi}_k = (\mu_k, \sigma_k)^T$ und die bedingte Wahrscheinlichkeit $p_k(g_m|\boldsymbol{\psi}_k)$ lässt sich wie folgt schreiben:

$$p_k(g_m|\boldsymbol{\psi}_k) = p_k(g_m|\mu_k, \sigma_k) = \frac{1}{\sqrt{2\pi\sigma_k^2}} e^{-\frac{(g_m-\mu_k)^2}{2\sigma^2{}_k}}. \tag{7.2}$$

Es gilt also den Erwartungswert, die Varianz und einen Wichtungsfaktor der Normalverteilung jeder Segmentklasse aus dem Histogramm zu schätzen. Diese Wichtungsfaktoren beschreiben das Verhältnis der angenommenen Verteilungen zueinander.

Zunächst wird mit der Bayesschen Regel ein erster Schätzwert für die bedingten Wahrscheinlichkeiten

$$w_{mk} = p(k|g_m) = \frac{p_k(g_m|\boldsymbol{\psi}_k) P(k)}{\sum_{i=1}^{K} p(g_m|\boldsymbol{\psi}_i) P(i)} \tag{7.3}$$

mit angenommenen Werten für μ_k, σ_k und L_k berechnet. Dieser Wert ist ein Maß für die Zugehörigkeit, mit der ein Pixel auf Grund seines Helligkeitswertes g_m zur Klasse k gehört. Auf Grund der angenommenen Werte für die Parameter wird dieser Schritt als **expectation** bezeichnet. Die Schätzung der gesuchten Parameter μ_k und σ_k erfolgt durch Nullsetzen der partiellen Ableitung der log-likelihood Funktion von Gleichung 7.1 nach der gesuchten Größe:

$$l(\Psi) = \sum_{m=1}^{M} \log p_{mix}(g_m|\Psi). \tag{7.4}$$

Dadurch werden die Parameter so ermittelt, dass diese Funktion maximiert wird. Dieser Schritt wird als **maximisation** bezeichnet. Die partielle Ableitung nach μ_k lautet:

$$\frac{\partial l(\Psi)}{\partial \mu_k} = \sum_{m=1}^{M} w_{mk}(g_m - \mu_k). \tag{7.5}$$

Durch Nullsetzen erhält man einen Schätzwert für den Erwartungswert

$$\mu_k = \frac{\sum_{m=1}^{M} w_{mk} g_m}{\sum_{m=1}^{M} w_{mk}}. \tag{7.6}$$

Die partielle Ableitung der log-likelihood Funktion nach σ_k ergibt

$$\frac{\partial l(\Psi)}{\partial \sigma_k} = \sum_{m=1}^{M} w_{mk}\left(\sigma_k^2 + (g_m - \mu_k)^2\right). \tag{7.7}$$

Durch Nullsetzen erhält man einen Schätzwert für die Varianz

$$\sigma_k^2 = \frac{\sum_{m=1}^{M} w_{mk} \left(g_m - \mu_k\right)^2}{\sum_{m=1}^{M} w_{mk}}. \tag{7.8}$$

Die neuen Werte für die Gewichte ergeben sich aus:

$$L_k = \frac{1}{M} \sum_{m=1}^{M} w_{mk}. \tag{7.9}$$

Die Gleichungen 7.3, 7.6, 7.8 und 7.9 werden solange durchlaufen, bis die gesuchten Parameter μ_k, σ_k und L_k konvergieren. Abbildung 7.6 zeigt die Konvergenz der Parameter der angenommenen Verteilungen des Histogramms aus Abbildung 7.5.

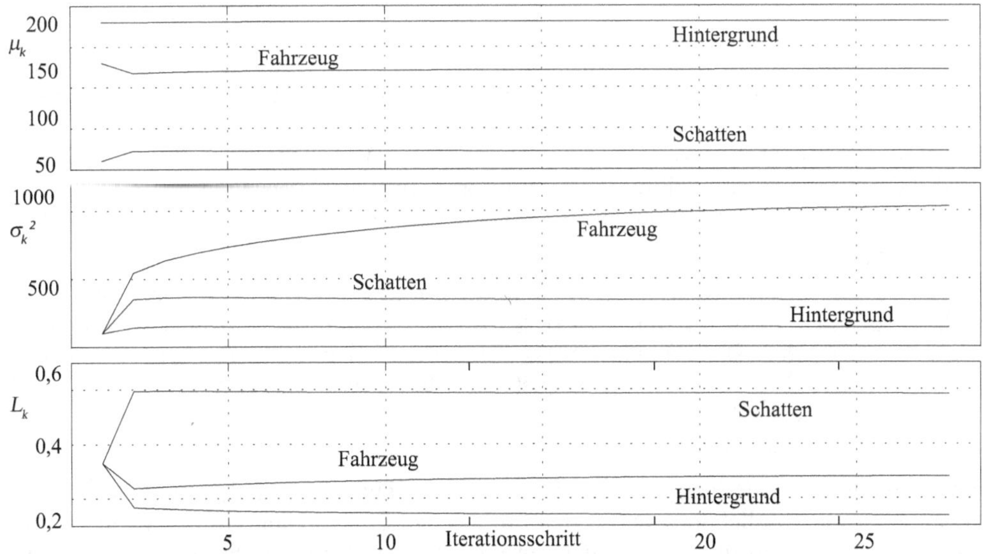

Abb. 7.6: *Iterative Schätzung der Parameter der Normalverteilungen für Fahrzeug, Hintergrund und Schatten gemäß Abbildung 7.5*

Tabelle 7.2: *Die gemäß Abbildung 7.6 ermittelten Parameter der Normalverteilungen N_1, N_2, und N_3. In Klammern stehen die jeweiligen Initialisierungswerte.*

		μ_k	σ_k^2	L_k
Schatten:	$N_1\left(\mu_1, \sigma_1^2\right)$	72 (60)	343 (100)	0,58 (0,33)
Fahrzeug:	$N_2\left(\mu_2, \sigma_2^2\right)$	171 (180)	1028 (100)	0,28 (0,33)
Hintergrund:	$N_3\left(\mu_3, \sigma_3^2\right)$	230 (220)	141 (100)	0,1365 (0,33)

Abbildung 7.7 zeigt die gemäß den Parametern aus Tabelle 7.2 ermittelten Normalverteilungen, eingetragen in das Histogramm aus Abbildung 7.5.

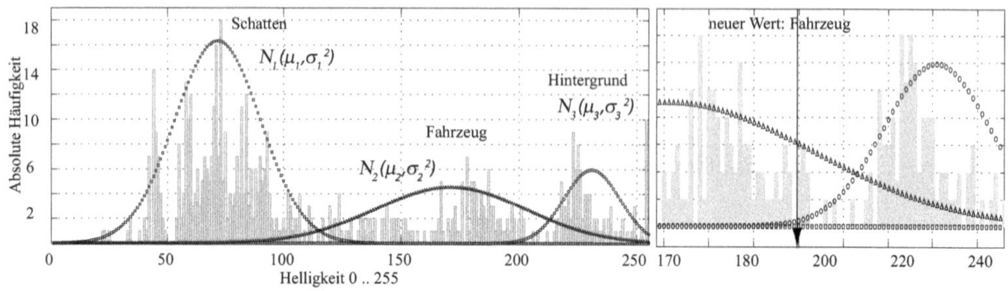

Abb. 7.7: *Die mit dem EM-Algorithmus ermittelten Normalverteilungen für Schatten, Fahrzeug und Hintergrund. Rechts ein Ausschnitt des Bereiches zwischen 170 und 240.*

Die ermittelten Verteilungen beschreiben offensichtlich die gewollten Bereiche im Histogramm in guter Näherung. Um nun neu ermittelte Helligkeitswerte des Punktsensors entweder dem Hintergrund, einem Fahrzeug oder einem Schatten zuordnen zu können, werden diese als Argument in die Wahrscheinlichkeitsdichten der ermittelten Normalverteilungen eingesetzt. Die Verteilung mit dem größten Wert liefert die gesuchte Aussage (vgl. Bildausschnitt in Abbildung 7.7). Im gezeigten Beispiel wird ein neu hinzugekommener Helligkeitswert 190 also einem Fahrzeug zugeordnet.

Da der EM-Algorithmus eine lokale Optimierung der Parameter vornimmt, können deren Startwerte nicht willkürlich gewählt werden. Das Verfahren konvergiert nur in eine richtige Lösung, wenn für die Startwerte $\mu_1 \ldots \mu_3$ gemäß der getroffenen Annahmen $\mu_1 < \mu_2 < \mu_3$ gilt. Die Wahl der Startwerte für die Varianzen hat erheblichen Einfluss auf die Rechenzeit. Eine ungeeignete, das bedeutet vom Konvergenzziel deutlich abweichende Wahl, führt jedoch nicht zu Konvergenzproblemen. Die Wahl der Anfangsgewichte L_k ist unkritisch.

Die Darstellung des Prinzips wurde bisher an einem einzelnen Analysepunkt vorgenommen. Selbstverständlich müssen für den praktischen Einsatz mehrere Punktsensoren im Messbereich rasterförmig angeordnet werden. Da es sich um ein Schätzverfahren handelt, wird eine große Anzahl Analysepunkte die Genauigkeit der getroffenen Aussage erhöhen. Dabei ist aber zu beachten, dass die Parameter der Normalverteilungen nicht nur einmal bestimmt, sondern nachgeführt werden müssen, um die wechselnden Umgebungsbedingungen zu berücksichtigen. Im vorliegenden Beispiel hat das Verfahren nach etwa 26 Schritten konvergiert. Unter anderen Bedingungen muss mit einer größeren Anzahl Iterationsschritte gerechnet werden, vor allem, wenn zufällig sehr ungenaue Startwerte für die Varianzen angesetzt werden.

Das gesamte Verfahren beruht auf der Annahme, dass der Schatten das dunkelste Element im Detektionsbereich ist und dass die Fahrzeuge wiederum dunkler sind als der Hintergrund. Eine Verletzung dieser Annahmen in der Realität führt unweigerlich zu falschen Ergebnissen. Dabei sind Fahrzeuge, die dunkler als der Schatten sind, seltener zu erwarten als Fahrzeuge die in großen Teilen heller als der Hintergrund sind. Der Vorteil der Methode ist, dass ohne Vorwissen über die Ausprägung der Entitäten Schatten, Fahrzeug und Hintergrund gearbeitet werden kann. Somit sind beliebige Schatten- und Fahrzeugformen erkennbar.

7.3 Analyse von Linienmodellen

Linienmodelle liefern in der Ausprägung des orthogonalen Liniensensors (Abbildung 7.8) einen pixelbreiten Querausschnitt und im Falle des parallelen Liniensensors (Abbildung 7.9) einen pixelbreiten Längsausschnitt der Fahrzeug- oder der Fahrbahnoberfläche. Die entsprechenden Helligkeitsverläufe über dem Pixelindex der Linie aufgetragen, ergeben in beiden Fällen ein Zufallssignal, da die optischen und geometrischen Eigenschaften der Fahrzeuge sowie die Umgebungsbedingungen nicht vorhersehbar sind.

Das Konzept des Raum-Zeit-Bildes liefert für beide Arten von Linienmodellen eine anschauliche und automatisch auswertbare Form der Signaldarstellung.

Abb. 7.8: *Zur Fahrtrichtung orthogonaler Liniensensor.*

Abb. 7.9: *Zur Fahrtrichtung paralleler Liniensensor.*

7.3.1 Orthogonale Liniensensoren

Orthogonale Liniensensoren sind in ihrer Wirkung mit einer Induktionszählschleife vergleichbar. Sie liefern beim Überfahren einen Impuls. Abbildung 7.10 zeigt jeweils ein Beispiel für ein helles und ein dunkles Fahrzeug. Wie gezeigt, ist die Impulshöhe abhängig von der Helligkeitsdifferenz zwischen Fahrbahn und Fahrzeug, die Impulsrichtung vom Vorzeichen dieser Differenz. Ist das Fahrzeug dunkler als die Fahrbahn, erfolgt die Auslenkung nach unten, ist das Fahrzeug heller als die Fahrbahn, erfolgt die Auslenkung nach oben. Bei einem Bild mit geringem Kontrast oder bei ähnlichen Helligkeiten zwischen Fahrbahn und Fahrzeug erfolgt eine geringe Auslenkung. Die Erfassung des Impulses über einen Schwellenwert ist also fehlerbehaftet.

Das Beispiel des hellen Fahrzeuges in Abbildung 7.10 zeigt, dass die Auslenkung bei einer entsprechenden Helligkeitsverteilung auf dem Fahrzeug auch in zwei Richtungen erfolgen kann. Am Beispiel des dunklen Fahrzeuges wird deutlich, dass der Impuls in beliebiger Form auftreten kann.

Somit ist eine einfache Auswertung über Impulshöhe, -breite oder -fläche ebenfalls fehlerbehaftet. Zur Verminderung dieser Fehlereinflüsse kann eine weitere Information, nämlich die zeitliche Ausdehnung des Impulses, herangezogen werden.

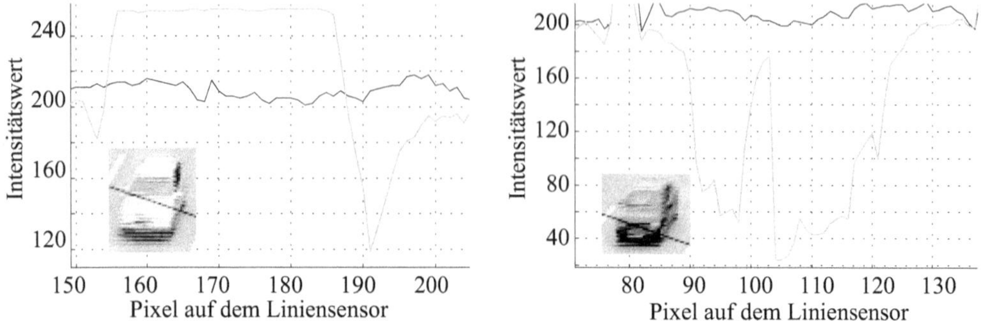

Abb. 7.10: *Daten eines orthogonalen Liniensensors für ein helles und ein dunkles Fahrzeug.*

Dies ist möglich, wenn der virtuelle Sensor beim Überfahren durch ein Fahrzeug mehrfach hintereinander auslöst. Der orthogonale Sensor liefert bei bekanntem Bildabstand die Überfahrzeit des Sensors, das heißt die Information einer Geschwindigkeit einer Bewegung quer zur Sensorrichtung. Hierbei wird vorausgesetzt, dass der Bildabstand gering genug ist, die Überfahrt eines Fahrzeuges durch mehrere Messungen, also mehrfaches Auslösen, zu erfassen.

Abbildung 7.11 liefert eine Hilfe zur Abschätzung der Bildwiederholrate in Abhängigkeit von Fahrzeuglänge und Geschwindigkeit. Ein Ablesebeispiel zeigt, dass ein Fahrzeug mit einer Länge von 10 m und einer Geschwindigkeit von 70 km/h den Liniensensor in 0,5 s überfährt. Um dieses Fahrzeug 5 mal zu erfassen, wird also eine Bildwiederholrate von 10 Bildern/s benötigt. Analoge Kameras mit PAL-Standard liefern 25 Bilder pro Sekunde. Beim Einsatz von Digitalkameras ist hingegen sorgfältig zu prüfen, ob die erforderliche Bildwiederholrate für *alle* Kameras im Netzwerk sichergestellt ist.

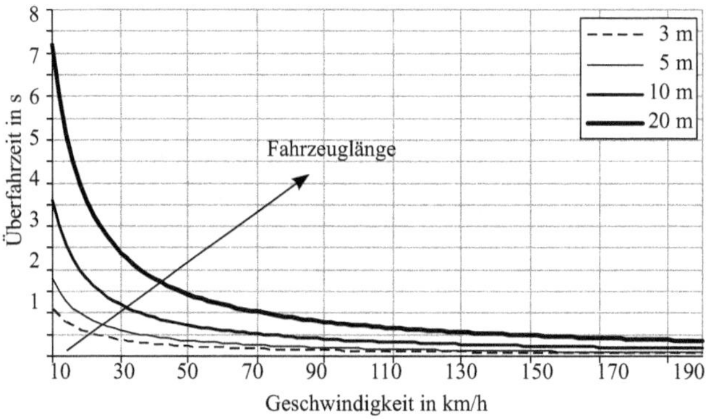

Abb. 7.11: *Zur Bestimmung der Bildwiederholrate für einen orthogonalen Raum-Zeit-Sensor. Ablesbar ist die Überfahrzeit des Sensors in Abhängigkeit von der Fahrzeuglänge und Geschwindigkeit. Während der Überfahrzeit muss die benötigte Anzahl Bilder aufgenommen werden.*

Die in Abbildung 7.10 gezeigten Daten mit Fahrzeugen lassen sich als Folge von zeitlich unterschiedlich langen Impulsen über den Intensitätswerten der Fahrbahn auffassen. Die Länge der Impulse hängt einerseits von der Länge des Fahrzeuges und andererseits von der Geschwindigkeit des Fahrzeuges ab. Dies lässt sich mit dem Konzept des Raum-Zeit-Bildes [103] verdeutlichen. Hierbei bilden die zu aufeinanderfolgenden Zeitpunkten aufgenommenen Bildmatrizen ein Bildvolumen, das durch die Liniensensoren geschnitten wird. Die Intensitätswerte der Schnittfläche liefern ein zweidimensionales Signal: das Raum-Zeit-Bild. Abbildung 7.12 zeigt das Raum-Zeit-Bild des orthogonalen Sensors aus Abbildung 7.8.

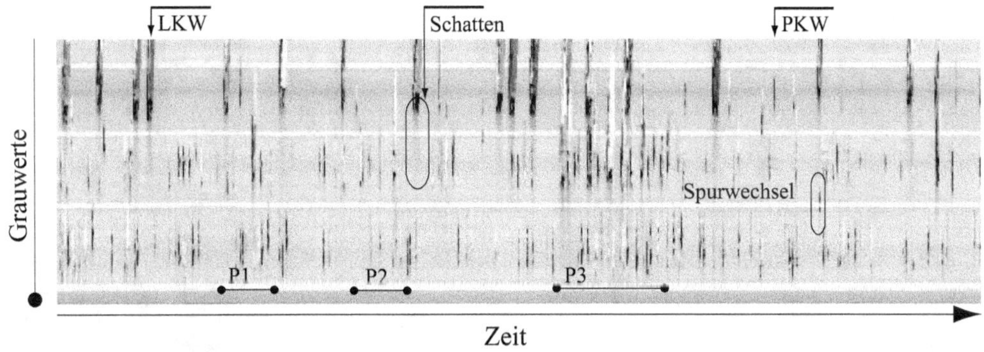

Abb. 7.12: *Raum-Zeit-Bild des orthogonalen Liniensensors*

Im oberen Bereich von Abbildung 7.12 befindet sich die rechte Fahrspur. Es ist zu erkennen, dass LKW entlang der Zeitachse deutlich längere und entlang des orthogonalen Sensors deutlich breitere Impulse als PKW erzeugen. Zur Stauerkennung kann ein Vielfaches der zeitlichen Ausdehnung der Impulse herangezogen werden. Dabei ist zu beachten, dass die Impulsbreite sich proportional mit der Bildwiederholrate ändert.

Die Erfassung dieser Impulse liefert als Basisgröße die Verkehrsstärke. Durch Hintereinanderlegen von orthogonalen Liniensensoren lässt sich über eine Wegstrecke bilanzieren und es lassen sich Schätzwerte der Verkehrsdichte oder der Verkehrsstromgeschwindigkeit ermitteln. Eine Fahrzeugklassifizierung lässt sich anhand der Impulsbreite vornehmen. In Anlehnung an das Funktionsprinzip werden Verfahren, die mit orthogonalen Sensoren arbeiten, auch als Tripwire-Verfahren bezeichnet (eng. tripwire, Stolperdraht).

Im unteren Bereich von Abbildung 7.12 befindet sich die linke Fahrspur. Dort sind einzelne Fahrzeugpulks, gekennzeichnet mit P1–P3, zu erkennen. Diese sind auch im Raum-Zeit-Bild des parallelen Liniensensors in Abbildung 7.16 zu erkennen.

Somit lässt sich festhalten, dass erst die Einbeziehung der zeitlichen Dimension der vom orthogonalen Liniensensor erfassten Daten eine zuverlässige Ermittlung von Verkehrsstärke, Verkehrsdichte und Verkehrsstromgeschwindigkeit ermöglichen kann. Eine grobe Klassifizierung, beispielsweise die Schätzung des Schwerlastanteils, lässt sich anhand der Breite der Impulse vornehmen.

7.3.2 Parallele Liniensensoren

Parallele Liniensensoren liefern im Unterschied zu orthogonalen Liniensensoren eine raumbezogene Information. Abbildung 7.13 zeigt wiederum ein Beispiel für ein helles und ein dunkles Fahrzeug. Man erkennt für jedes Fahrzeug ein charakteristisches Muster, das sich gegenüber der Fahrbahn abzeichnet. Ist das Fahrzeug dunkler als die Fahrbahn, erfolgt die Auslenkung nach unten, ist das Fahrzeug heller als die Fahrbahn, erfolgt die Auslenkung nach oben. Wie auch beim orthogonalen Liniensensor ist bei geringem Kontrast oder bei ähnlichen Helligkeiten zwischen Fahrbahn und Fahrzeug das Muster wenig signifikant. Somit ist auch hier die Erfassung der Fahrzeuge über einen Schwellenwert nicht zuverlässig möglich.

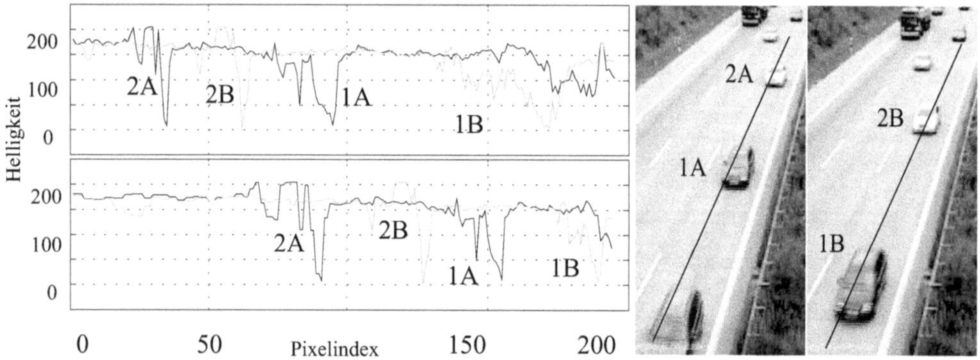

Abb. 7.13: *Ein Beispiel der Daten eines parallelen Liniensensors für ein helles und ein dunkles Fahrzeug. Hierbei wurde Bild A vor Bild B aufgenommen. Die Diagramme zeigen den Helligkeitsverlauf auf der Linie, wobei die dunkle Linie zu Bild A und die helle Linie zu Bild B gehört. Im unteren Diagramm wurde der Einfluss der Objektstauchung im hinteren Bildbereich eliminiert.*

Die Analyse der fahrzeugspezifischen Intensitätsmuster kann ohne Vorinformationen über spezielle Merkmale wie Fahrzeuggeometrie oder Fahrzeugklassen erfolgen, wenn statistische Methoden wie die Korrelationsanalyse zur Anwendung kommen (vgl. [24]). Dann erfolgt der Vergleich nicht mit einem gespeicherten Muster, sondern zwischen einem erfassten Muster und den Folgemustern. Es handelt sich somit um ein nichtmodellbasiertes Signalmodell. Die mit wachsender Entfernung zunehmende Verkürzung des Bildinhaltes und somit auch der Fahrzeugabbilder beeinträchtigt die Fähigkeit des menschlichen Betrachters zur Interpretation des Bildinhaltes nicht. Hingegen treten bei Anwendung eines automatischen Verfahrens folgende Schwierigkeiten auf:

1. Die Vergleichbarkeit der Muster ist erschwert oder auch unmöglich.
2. Die durch die Fahrzeuge zurückgelegten Wege werden fehlerhaft bestimmt.

Bevor die Korrelationsanalyse oder eine andere Art des Mustervergleichs, gegebenenfalls auch eine modellbasierte Variante, zur Anwendung kommen kann, muss die Verkürzung der Fahrzeuge nach hinten im Bild ausgeglichen werden. Dafür ist die Kenntnis des prinzipiellen Verlaufs dieser Verkürzung als Funktion von den Montageparametern der Kamera und der Entfernung zwischen Kamera und Fahrzeug notwendig. Abbildung 7.14 zeigt die Festlegung der dafür notwendigen Größen.

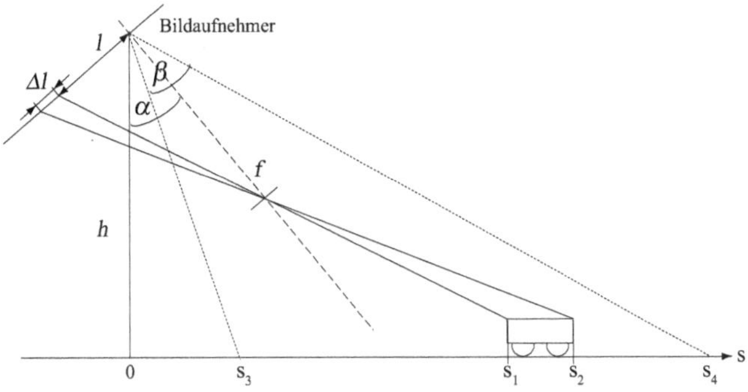

Abb. 7.14: *Skizze zur Bestimmung der Verkürzung des Fahrzeugabbildes in Abhängigkeit von der Entfernung zur Kamera. Hierbei ist h die Montagehöhe der Kamera, α der Neigungswinkel der Kamera, β der Öffnungswinkel der Kamera und f die Objektivbrennweite.*

Das Abbild einer Position s als Abstand l vom Mittelpunkt des Bildaufnehmers lässt sich aus den in Abbildung 7.14 gezeigten Größen wie folgt berechnen:

$$l(s) = f \cdot \tan\left(\frac{\pi}{2} - \alpha - \arctan\left(\frac{h - f \cdot \cos\alpha}{s - f \cdot \sin\alpha}\right)\right). \tag{7.10}$$

Das Abbild Δl einer Fahrzeuglänge ergibt sich somit aus der Differenz

$$\Delta l = l(s_2) - l(s_1) \tag{7.11}$$

zweier abgebildeter Punkte. Aus dem Öffnungswinkel der Kamera lässt sich außerdem der durch s_3 und s_4 begrenzte Sichtbereich auf der Strecke ermitteln

$$s_3 = h \tan\left(\alpha - \frac{\beta}{2}\right), \quad s_4 = h \tan\left(\alpha + \frac{\beta}{2}\right). \tag{7.12}$$

Abbildung 7.15 zeigt den prinzipiellen Verlauf von Δl und l. Die Berechnung wurde mit den Parametern der in den Fallstudien (Kapitel 8 und 9) verwendeten Kameras durchgeführt:

Tabelle 7.3: *Beispielhafte Berechnungsparameter für Gleichung 7.10*

α	β	h	f
45°	11°–67°	12 m	135–22 mm

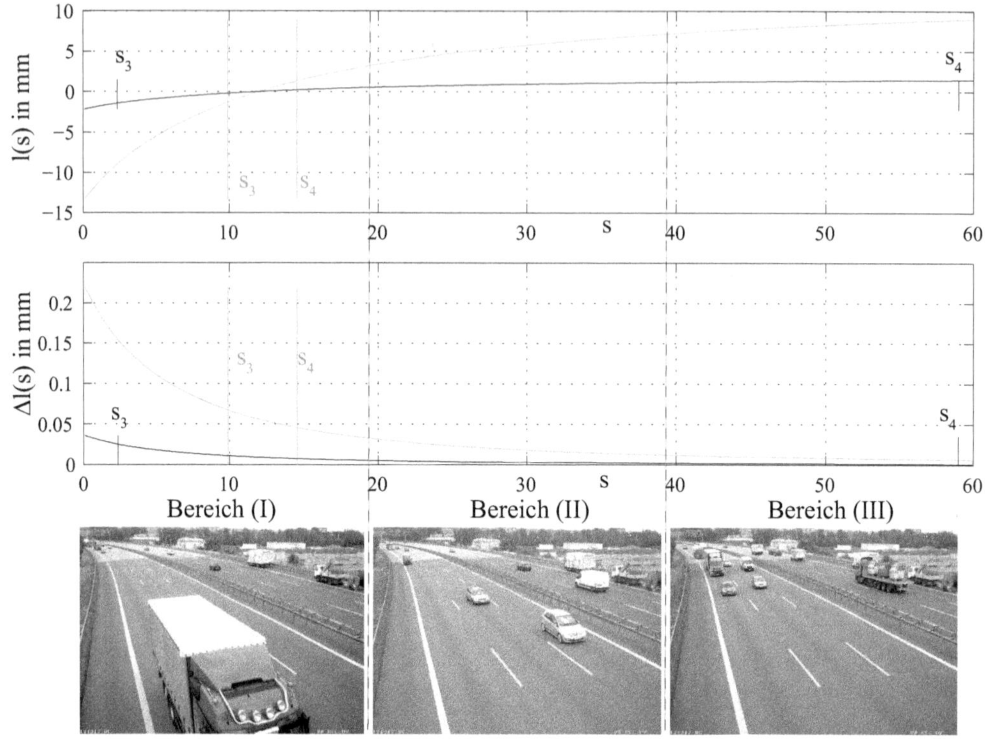

Abb. 7.15: *Der prinzipielle Verlauf der Abbildung der Fahrzeuglänge Δl in Abhängigkeit von der Entfernung zur Kamera gemäß Gleichung 7.10. Hierbei markieren s_3 und s_4 den Sichtbereich der Kamera. Der Abstand der Bildpunkte auf der Wegachse beträgt 10 cm. Die hellen Kurven wurden mit $f = 135$ mm, $\beta = 11°$, die dunklen Kurven mit $f = 22$ mm, $\beta = 67°$ ermittelt.*

In Abbildung 7.15 lassen sich drei Bereiche unterscheiden. Im Bereich (I), dies ist der vordere Bildbereich, erfolgt eine überproportionale Änderung der Fahrzeuggröße. Bereich (II) entspricht dem mittleren Bildbereich, hier kann die Größenänderung linear approximiert werden. Im hinteren Bildbereich, Bereich (III) von $\Delta l\,(s)$, ist nur eine geringe Größenänderung zu verzeichnen. Dies wäre von Vorteil, wenn die Fahrzeugabbilder nicht so klein wären, dass eine Auswertung praktisch nicht mehr möglich ist. Somit verbleiben zwei Möglichkeiten, die Änderung der Abbildungsgröße in Signalen gemäß Abbildung 7.13 auszugleichen:

1. Besteht die Möglichkeit, im mittleren Bildbereich zu arbeiten, dann lässt sich das Verhältnis der Größenänderung aus Beispielbildern ermitteln und linear approximieren.

2. Wenn der vordere oder der vordere und der mittlere Bildbereich genutzt werden sollen, dann ist Gleichung 7.10 anzuwenden und die Parameter aus Tabelle 7.3 müssen bekannt sein.

Nach Anwendung einer der beiden Methoden erhält man Fahrzeugmuster, die entlang des Liniensensors für gleiche Fahrzeuge etwa die gleiche Ausdehnung besitzen. Abbildung 7.13 zeigt ein Beispiel für die Variante 1, also die Annahme einer linearen Längenänderung entlang des Liniensensors. Hierfür wurde aus den gezeigten Beispielbildern ein Verhältnis von 4 : 1 ermittelt. Das bedeutet, ohne Korrektur wird das Fahrzeug am Ende der Messlinie viermal so lang dargestellt wie an deren Anfang.

Die korrigierten Signale zeigen deutlich, dass gleiche Fahrzeuge sehr ähnliche, aber niemals wirklich gleiche Muster entlang des Sensors erzeugen. Deshalb muss zur Wiedererkennung des Musters und somit des Fahrzeuges in einer Bildfolge ein Schätzverfahren angewendet werden, welches nicht die *Gleichheit*, sondern die *Ähnlichkeit* der Muster bewertet. Dies leistet die bekannte Kreuzkorrelationsfunktion. Diese Funktion liefert ein Maß für den statistischen Zusammenhang zweier gegeneinander verschobener Funktionen. Sie erreicht ihr Maximum bei größtmöglicher Ähnlichkeit der Funktionen. Da die Verschiebungsvariable im vorliegenden Fall eine Wegkoordinate ist, enthält man die vom Fahrzeug zwischen zwei Bildern zurückgelegte Wegstrecke. Dies gilt auch für den Fahrzeugstrom als Ganzes, woraus sich die Möglichkeit der Schätzung der Verkehrsstromgeschwindigkeit ergibt[2]. Neben der Analyse der Einzelsignale lässt sich analog zum orthogonalen Sensor auch für den parallelen Liniensensor ein Raum-Zeit-Bild ermitteln [68], das die Bewegung der Fahrzeuge auf dem Sensor entlang der Zeitachse liefert.

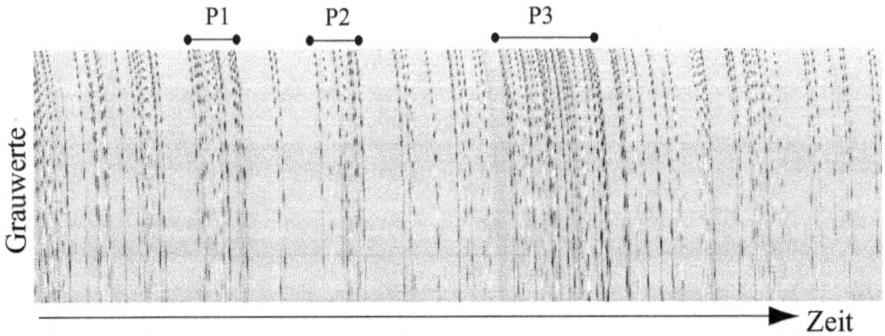

Abb. 7.16: *Raum-Zeit-Bild des parallelen Liniensensors. Die Lage des Sensors ist in Abbildung 7.9 gezeigt.*

Das gezeigte Intensitätsmuster ergibt sich bei einem einzelnen parallelen Sensor daraus, dass dieser im Fahrstreifen dort platziert wird, wo die Fahrzeuge am häufigsten erwartet werden können – also in Fahrtrichtung rechts. In breiten Fahrstreifen, beispielsweise auf Autobahnen, können die Fahrzeuge eine einzelne Verfolgerachse umfahren oder anschneiden. Das Problem der dadurch auftretenden Messfehler lässt sich durch das direkte Nebeneinanderlegen mehrerer Verfolgerachsen beheben [16] oder auch durch mehrere Verfolgerachsen mit Abstand [1] und bietet zusätzlich die Möglichkeit, eine Glättung der Intensitätswerte vorzunehmen. Die bereits in Abbildung 7.12 gezeigten Fahrzeugpulks P1–P3 sind im Raum-Zeit-Bild des parallelen Liniensensors mit noch größerer Deutlichkeit zu erkennen.

[2] Dieser Ansatz liefert die grundlegende Idee für die Fallstudie „Fließender Verkehr" in Kapitel 9 und wird dort ausführlich erläutert.

7.4 Analyse von Flächenmodellen

Innerhalb der vorliegenden Methodologie werden Flächenmodelle entweder in der Ausprägung Regionenbild oder Kantenbild verwendet. Das Regionenbild entsteht durch Differenzbildung des aktuellen Bildes mit einem Folgebild oder Referenzbild. Das Ergebnis wird an einem Schwellenwert so bewertet, dass im Wesentlichen nur sich bewegende Fahrzeuge im Signal verbleiben und statische Bildanteile entfernt werden. Diese beweglichen Regionen können anhand ihrer Farbwerte, Helligkeitswerte oder binär weiterverarbeitet werden.

Das Kantenbild entsteht durch Hochpassfilterung. Beide Signalmodelle können durch Ausmaskierung relevanter Bildbereiche, z.B. der Fahrbahn oder der Parkfläche, an die weitere Analyse angepasst werden. Die Ausmaskierung führt einerseits zu einer Verringerung der Datenmenge und andererseits zum Ausblenden nicht relevanter oder störender Informationen, wie der Windbewegung der Randbepflanzung. Da diese Signalmodelle die Informationen über die Fahrzeuge zunächst nur in dem Sinne enthalten, dass andere Informationen, die das Ausgangsbild ursprünglich enthielt, ausgeblendet wurden, ist eine Analyse der Signale erforderlich (Abbildung 7.17).

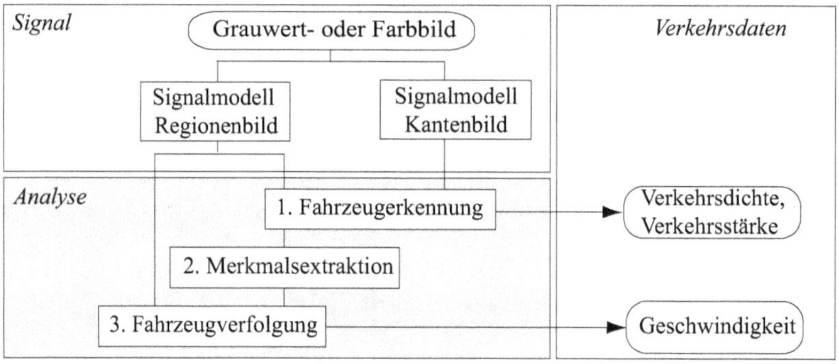

Abb. 7.17: *Die Arbeitsschritte zur Analyse von Flächenmodellen und deren Einordnung in die Methodologie.*

Interessiert nicht das Einzelfahrzeug, sondern der Fahrzeugstrom als Ganzes, dann kann eine Analyse der Bewegung des Fahrzeugstromes in der weiteren Bildfolge direkt im Regionenbild erfolgen.

Die Fahrzeuge sind an dieser Stelle jedoch noch nicht unterscheidbar. Interessiert das Einzelfahrzeug, dann muss ausgehend von der Variante des Signalmodells eine Fahrzeugerkennung erfolgen. Diese Fahrzeugerkennung liefert als Ergebnis die einem Fahrzeug zugehörigen Bildpunkte. Die Fahrzeugerkennung ist der Ausgangspunkt für die Zählung von Fahrzeugen, also für die Ermittlung der Verkehrsstärke oder der Verkehrsdichte.

Interessiert darüber hinaus auch die Geschwindigkeit von Einzelfahrzeugen, dann müssen in einem nächsten Schritt Merkmale aus den Bildpunkten des Fahrzeuges ermittelt werden, deren individuelle Ausprägung eine Unterscheidung der Fahrzeuge innerhalb einer Bildfolge ermöglicht. Anhand dieser Merkmale ist dann eine Verfolgung der Einzelfahrzeuge möglich.

Die Inhalte der Punkte Fahrzeugerkennung und Fahrzeugverfolgung findet man unter den Begriffen Objekterkennung, Segmentierung, und Bewegungsanalyse bzw. Bewegungserkennung auch in der allgemein gültigen Bildverarbeitungsliteratur. In der vorliegenden Betrachtung werden zusätzlich die speziellen Eigenschaften der Fahrzeugabbilder und Umgebungsbedingungen von vornherein berücksichtigt.

Die getroffene Auswahl der vorgestellten Methoden kann nur einen ersten Einblick in die Möglichkeiten der Signalanalyse geben. Sie ist dennoch geeignet, praxistaugliche Verfahren zu entwickeln, da sie sich an den Forderungen, die ein verkehrstelematisches Gesamtsystem bezüglich Echtzeitfähigkeit und Robustheit im 24-Stunden-Betrieb stellt, orientiert.

7.4.1 Fahrzeugerkennung

Die Fahrzeugerkennung dient dazu, die im Signalmodell enthaltene Information über die Einzelfahrzeuge für eine weitere Auswertung nutzbar zu machen. Im Folgenden sollen drei grundlegende Methoden zur Fahrzeugerkennung vorgestellt und bewertet werden. Dies sind die Hough-Transformation in zwei Varianten, die Segmentierung, das heißt die automatische Trennung unterschiedlicher Objekte mit der *Otsu*-Methode und ein Verfahren der kunstlichen Intelligenz, die Fahrzeugklassifikation mittels künstlicher neuronaler Netze.

Hough-Transformation

Die Hough-Transformation wurde von Paul V.C. Hough zur Mustererkennung entwickelt [50]. Heute existieren zahlreiche Varianten, die einerseits für unterschiedliche Arten von Mustern ausgelegt wurden, und andererseits laufzeitoptimiert sind. Die Hough-Transformation ist eng verwandt mit der Radon-Transformation[3].

Fahrzeugabbilder lassen sich in einfache Strukturen wie Linien, Rechtecke und Geraden zerlegen. Im Folgenden soll daher nicht mehr von Mustern, sondern von den oben genannten Strukturen gesprochen werden.

Die Hough-Transformation besteht aus zwei Schritten:

1. Festlegen und Parametrieren einer Referenzstruktur.
2. Aufsummieren der Abbildung der vom Bild gelieferten Merkmale für die Referenzstruktur.

Die einfachste Form der Hough-Transformation dient zur Erkennung von Linien. Die Referenzstruktur kann somit durch eine Gerade gebildet werden. Die Parameter der Geraden sind die Polarkoordinaten r und ϕ des Schnittpunktes zwischen der Geraden und dem Lot vom Koordinatenursprung auf die Gerade (linkes Bild in Abbildung 7.18).

[3] Die Radon-Transformation wurde 1917 von J. Radon entwickelt und später nach ihm benannt[83],[84]. Der Unterschied zur Hough-Transformation besteht darin, dass es sich um eine Integraltransformation handelt, dass hier also wertkontinuierliche Signale verarbeitet werden.

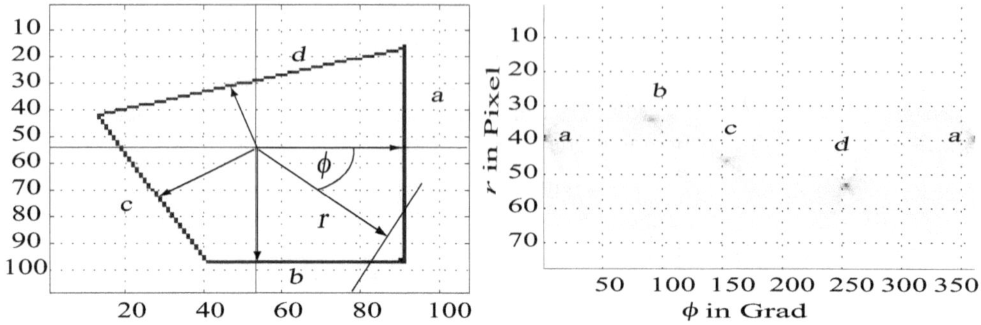

Abb. 7.18: *Erläuterung des Prinzips der Linienerkennung mittels Hough-Transformation: Die linke Abbildung zeigt vier Beispielgeraden a–d, die durch ihre Lotabstände r und Winkel ϕ des Lots zur Abszisse beschrieben sind. Die rechte Abbildung zeigt die Abbildung der Beispielgeraden im (r, ϕ) Merkmalsraum. Die Gerade a tritt dort zweimal auf, da aus Sicht der Transformation die Winkel* $0°$ *und* $360°$ *identisch sind.*

Die Durchführung der Transformation einer Bildmatrix $\mathbf{B}$ mit den Elementen $b_{u,v}$ für die gewünschten (r, ϕ)-Kombinationen wird wie folgt ausgeführt:

$$b^{HT}(r,\phi) = \sum_{u=-n/2}^{u=+n/2} \sum_{v=-m/2}^{v=+m/2} b_{u,v}\, \delta\left(\mathbf{x}^{\mathbf{T}}\mathbf{e} - r\right). \tag{7.13}$$

Um das in Abbildung 7.18 gezeigte Beispielbild vollständig zu transformieren, wäre als Definitionsbereich für $\phi = 0 \ldots 360°$ und für r die Länge der halben Bilddiagonale zu wählen. Je nach Lage des Koordinatensystems, in dem r und ϕ festgelegt werden, können sich hier auch andere Definitionsbereiche ergeben.

In Gleichung 7.13 ist

$$\mathbf{x} = (x, y)^T \tag{7.14}$$

der Ortsvektor eines Bildpunktes im Bild $\mathbf{B}$ und

$$\mathbf{e} = \begin{pmatrix} \cos(\phi) \\ \sin(\phi) \end{pmatrix} \tag{7.15}$$

ein Vektor mit den Richtungskomponenten von r. Der Transformationskern

$$\delta\left(\mathbf{x}^{\mathbf{T}}\mathbf{e} - r\right) = \begin{cases} 0 \text{ für } \left(\mathbf{x}^{\mathbf{T}}\mathbf{e} - r\right) \neq 0 \\ 1 \text{ für } \left(\mathbf{x}^{\mathbf{T}}\mathbf{e} - r\right) = 0 \end{cases} \tag{7.16}$$

ist so konstruiert, dass die Helligkeitswerte $b_{u,v}$ einer Linie im Bild aufsummiert werden. Das rechte Bild in Abbildung 7.18 zeigt das Ergebnis dieser Summation im (r, ϕ)-Raum. Hierbei wird jede Gerade eindeutig durch einen Punkt, der sich als lokales Maximum finden lässt, repräsentiert. Im Folgenden soll untersucht werden, ob diese eindeutigen Ergebnisse auch in einem realen Verkehrslagebild erzielt werden können.

Abbildung 7.19 zeigt ein Beispiel für eine Szene des fließenden Verkehrs. Bei der Interpretation der Ergebnisse ist zu beachten, dass hier das (r, ϕ)-Koordinatensystem in die linke obere Ecke gelegt wurde. Damit hat der Abstand r seinen Definitionsbereich über die gesamte Bilddiagonale und der Winkel ϕ von $0° \ldots 90°$. Die oberen zwei Bilder zeigen die Transformation eines 8-Bit Graustufenbildes. Da sich in jeder dunklen Fläche des Bildes sehr viele Linien finden lassen, ist die Hough-Transformierte nicht weiter interpretierbar. Die durch Fahrzeuge verursachten Linien im Bild sind so zahlreich, dass sie sich untereinander und von anderen Linien nicht unterscheiden lassen. Für die vorliegende Aufgabe der Fahrzeugerkennung ist die einfache, auf Liniendetektion basierende Hough-Transformation somit nicht anwendbar.

Die unteren zwei Bilder zeigen die Hough-Transformation eines binären Kantenbildes, das an einem Schwellenwert so bewertet wurde, dass nur noch starke Kanten im Bild verblieben sind. Helligkeitsänderungen auf der Fahrbahn oder in der Randbepflanzung wurden entfernt. Hier zeigt die Hough-Transformierte eine differenziertere Struktur. Eine Unterscheidung einzelner Bildkanten ist aber auch hier nicht möglich. Dafür ist eine Ausmaskierung des interessierenden Bildbereiches, im vorliegenden Fall also der Fahrbahn, erforderlich. Die Möglichkeiten dieser Vorgehensweise werden in einer Fallstudie in Kapitel 8 ausführlich an einem Beispiel zur Analyse des ruhenden Verkehrs behandelt und sollen deshalb hier nicht weiter erläutert werden.

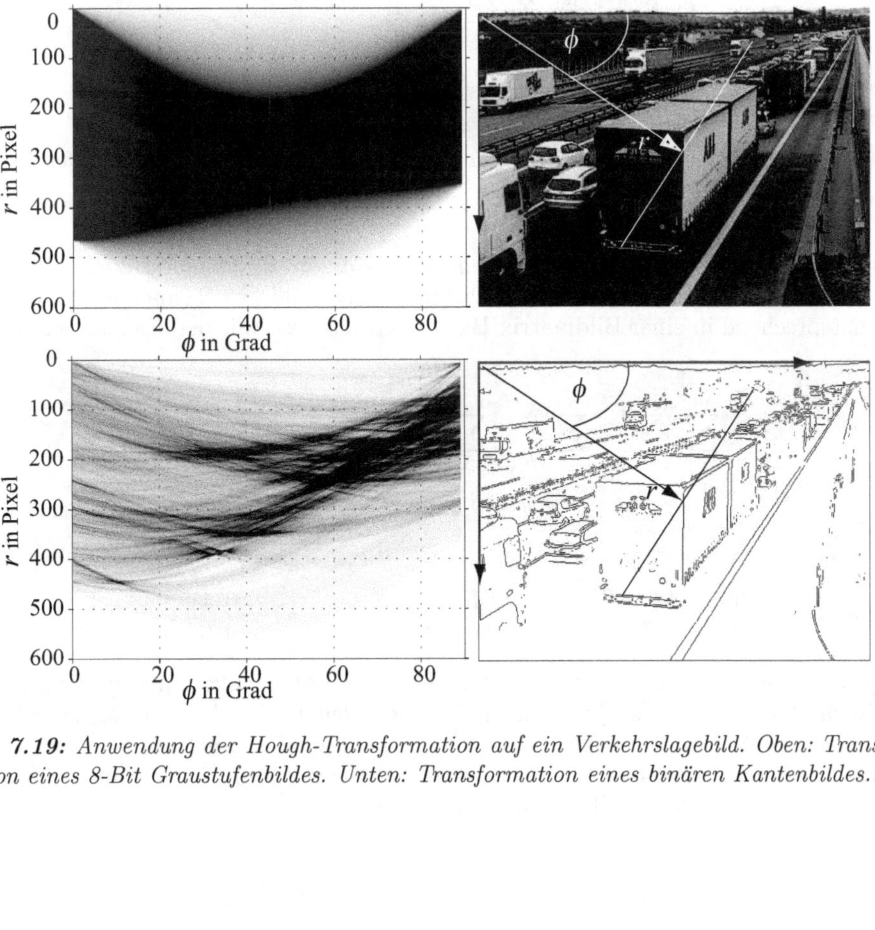

Abb. 7.19: *Anwendung der Hough-Transformation auf ein Verkehrslagebild. Oben: Transformation eines 8-Bit Graustufenbildes. Unten: Transformation eines binären Kantenbildes.*

Erweiterte Hough-Transformation

Die einfache Hough-Transformation ist zum prinzipiellen Erkennen von Fahrzeugen anhand ihrer Bildkanten geeignet. Eine Unterscheidung von Fahrzeugen oder Fahrzeugklassen ist damit jedoch nicht möglich. Hierfür werden fahrzeugspezifische Merkmale benötigt. Dafür bietet die so genannte erweiterte Hough-Transformation die Möglichkeit, beliebige Formen in einem Bild wiedererkennen zu können.

Da diese Methode, verglichen mit der einfachen Hough-Transformation, gemäß Gleichung 7.13 sehr viel mehr Rechenschritte erfordert, wird man sich in der praktischen Anwendung auf wenige Grundformen beschränken müssen. Für die vorliegende Aufgabe der Analyse von Verkehrslagebildern sind der Kreis und das Rechteck geeignete Grundformen. Das Rechteck kann beispielsweise zur Erkennung von Scheiben, dem Heckrechteck bei LKW oder von Nummernschildern benutzt werden. Der Kreis findet sich in der Heckansicht von Tanklastzügen, oder, eine entsprechend hohe Bildauflösung vorausgesetzt, in Frontscheinwerfern der Fahrzeuge wieder.

Abbildung 7.20 zeigt, welche Größen zur Berechnung der erweiterten Hough-Transformation festgelegt werden müssen.

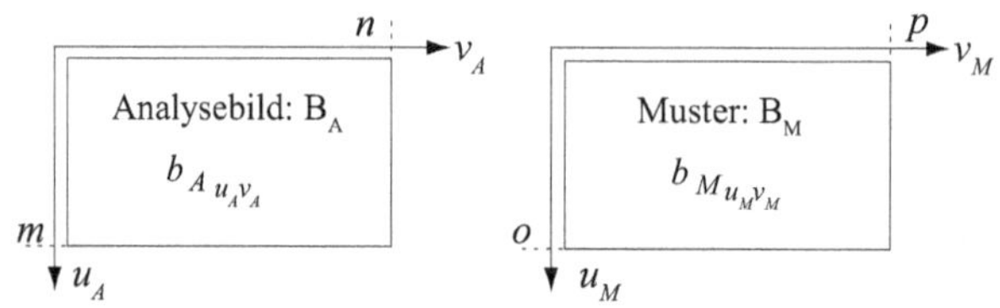

Abb. 7.20: *Definition der Größen zur Berechnung der erweiterten Hough-Transformation gemäß Gleichung 7.17.*

Das zu analysierende Bild mit der Dimension $m \times n$ wird durch eine Bildmatrix $\mathbf{B}_A$ mit den Elementen $b_{A_{u_A,v_A}}$ repräsentiert. Das im Analysebild zu erkennende Muster findet sich entsprechend in einer Bildmatrix $\mathbf{B}_M$ der Größe $o \times p$ mit den Elementen $b_{M_{u_M,v_M}}$ wieder

$$b^{EHT}(u,v) = \sum_{u_A=1}^{m} \sum_{v_A=1}^{n} \sum_{u_M=-o/2}^{o/2} \sum_{v_M=-p/2}^{p/2} \delta\left(b_{A_{u_A,v_A}}\right) \delta\left(b_{M_{(o/2)-u_M,(p/2)+v_M}}\right) \\ \delta(u_A - u_M)\,\delta_m(u_A - u_M)\,\delta(v_A - v_M)\,\delta_n(v_A - v_M)\,. \tag{7.17}$$

Dabei sind

$$\delta(x) = \begin{cases} 1 \text{ für } x > 0 \\ 0 \text{ sonst} \end{cases}, \quad \delta_m(x) = \begin{cases} 1 \text{ für } x > m \\ 0 \text{ sonst} \end{cases}, \quad \delta_n(x) = \begin{cases} 1 \text{ für } x > n \\ 0 \text{ sonst} \end{cases}.$$

Die erweiterte Hough-Transformation bietet zwar die Möglichkeit, prinzipiell jede Form in einem Bild erkennen zu können, die Schwierigkeit in der Anwendung besteht aber darin, dass die Muster nicht nur auf die Musterform, sondern auch auf jede andere Form im Bild ansprechen. So liefert beispielsweise ein Kreismuster eine spezifische Antwort, wenn es auf ein Rechteck trifft – und umgekehrt.

Abbildung 7.21 zeigt dafür einige Beispiele, die sich in dieser Deutlichkeit nur mit synthetischen Daten erzeugen lassen. Das linke Bild der Abbildung zeigt drei Quadrate, eine Ellipse und ein Viereck, dessen Form sich in realen Bildern häufig auf der Oberseite von LKW-Planen wiederfindet. Das mittelgroße Quadrat hat die gleiche Größe wie das Muster. Dieses ist quadratisch und in Originalgröße im Analysebild links oben eingezeichnet.

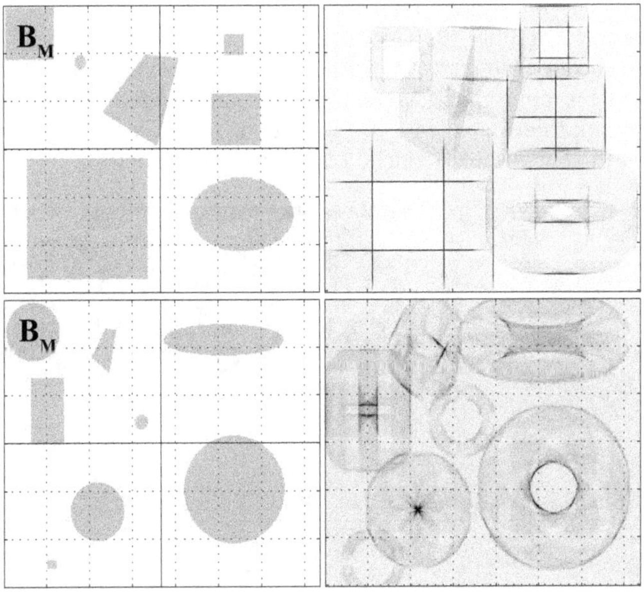

Abb. 7.21: *Anwendung von Gleichung 7.17 auf einfache Grundformen. In den Analysebildern sind links oben jeweils die Muster in Originalgröße eingezeichnet. Die Transformation erfolgte an den hier nicht gezeigten Kantenbildern.*

Neben diesem Bild ist das Ergebnis der Transformation gezeigt. Bei genauer Übereinstimmung zwischen dem Muster und einem Objekt im Bild findet sich der Mittelpunkt des Objektes im Schnittpunkt zweier zueinander orthogonaler Geraden wieder. Weichen das Muster und das gefundene Objekt von der Größe ab, dann erkennt man, dass es sich eigentlich um vier Geraden handelt. Diese begrenzen einen Bereich, in dem sich der Mittelpunkt des gefundenen Objektes befindet.

Demgegenüber ist die Antwort der Transformation auf einen zum Muster kleineren Kreis nicht von der Antwort auf die Quadrate zu unterscheiden. Auch die Transformation der Ellipse zeigt ein durch vier Linien begrenztes Gebiet, in dem sich ihr Mittelpunkt befindet. Die beiden rechten Bilder zeigen die Anwendung eines Kreismusters auf unterschiedliche Formen. Findet die Transformation einen identischen Kreis, dann erhält man an der Stelle des Kreismittelpunktes ein lokales Maximum. Ein größerer Kreis wird als Kreisring abgebildet, dessen innerer Bereich wiederum den Mittelpunkt des gefundenen Kreises enthält. Für die praktische Anwendung problematisch ist die Abbildung von kleinen Kreisen oder Rechtecken. Diese werden ebenfalls als Kreisringe, aber mit schmalem Rand, dargestellt. Dieser Effekt tritt bei allen kleinen Objekten, also auch bei einzelnen Bildpunkten, auf: Jeder einzeln stehende Bildpunkt, aber auch jede Gruppe von Bildpunkten, wird durch einen im Verhältnis zum Objekt großen Kreisring dargestellt. In realen Bildern ist also mit einer Überlagerung vieler unterschiedlicher Strukturen zu rechnen, welche die angestrebte Trennung der Fahrzeuge erschwert oder unmöglich machen könnte.

Nach dieser Vorbetrachtung mit idealen Bildobjekten zeigt Abbildung 7.22 nun die Anwendung der erweiterten Hough-Transformation auf ein reales Bild. Gezeigt ist eine Szene des ruhenden Verkehrs als Graustufenbild und als Kantenbild. Um das angesprochene Problem der „kleinen" Objekte zu begrenzen, wurde das Kantenbild einer einmaligen Dilatation ohne nachfolgende Erosion unterzogen[4]. Dennoch erkennt man, dass die Stellplatzmarkierungen und die Bildkante vom Übergang zwischen Fahrgasse und Parkplätzen in sehr breite Bereiche transformiert werden.

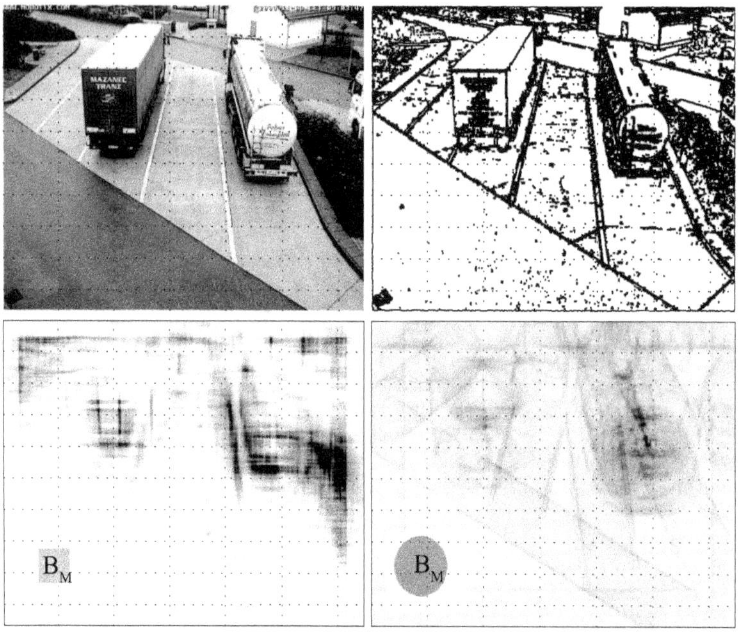

Abb. 7.22: *Anwendung von Gleichung 7.17 auf eine Szene des ruhenden Verkehrs. Gezeigt sind das Originalbild sowie das Kantenbild und die Ergebnisse der Transformation für ein Rechteck bzw. einen Kreis. Beide Muster sind in Originalgröße eingezeichnet.*

Das Bild wurde so gewählt, dass eine deutliche Rechteckform und eine deutliche Kreisform, diese sind jeweils am Fahrzeugheck zu erkennen, auftreten. Auch hier sind die verwendeten Muster in Originalgröße eingezeichnet. Interessant ist nun, wie die Transformationen das erwartete, also dem Muster entsprechende Objekt, und vor allem auch die im Bild außerdem vorkommenden Formen abbildet.

[4] Die Dilatation ist eine Operation zum Zusammenfügen einzeln stehender Bildpunkte, wobei das Objekt vergrößert wird. Die Erosion verkleinert das Bild und trennt einzeln stehende Bildbereiche weiter auf. Einzelheiten zu diesen Operationen finden sich in Unterkapitel 4.2.2

Das Rechteckmuster wurde bewusst kleiner als das Fahrzeugheck gewählt, um zu berücksichtigen, dass die eigentliche Objektgröße normalerweise nicht bekannt ist. Das Heckrechteck wird durch ein Kreuz aus vier Linien erkannt, das jedoch nicht so separiert abgebildet ist wie in den synthetischen Daten. Die Kreisform liefert zahlreiche Maxima, aber keine automatisch identifizierbare Struktur. Das Kreismuster wurde in annähernd gleicher Größe wie der zu findende Kreis gewählt. Anders war eine Mustererkennung nicht möglich. Problematisch ist, dass die Rechteckformen des linken LKW durch zahlreiche Kreise abgebildet werden.

Somit lässt sich feststellen, dass für die Analyse realer Bilder die Erkennung von Rechtecken möglich ist, wenn eine Hochpass- und Dilatationsfilterung vorgenommen wird. Kreise können in kontrastreichen Bildern ebenfalls erkannt werden, jedoch muss mit der Erkennung nicht vorhandener Kreisobjekte gerechnet werden.

Segmentierung nach Otsu

Eine andere Möglichkeit der Fahrzeugerkennung bieten Techniken zur Bildsegmentierung. Darunter versteht man die automatische Aufteilung des Bildes in zusammengehörige Bereiche. Ein parameterfreies Verfahren zur Segmentierung in einen hellen und einen dunklen Bildbereich anhand von Histogrammen beschreibt *Otsu* in [79]. Anhand von Abbildung 7.23 soll dieses Verfahren im Folgenden vorgestellt werden.

Abb. 7.23: *Testbild zur Erläuterung des Verfahrens nach* Otsu. *Durch Ausmaskierung wurden sechs Flächensensoren definiert. Die rechte Abbildung zeigt das Ergebnis der Segmentierung.*

Ein Grauwertbild mit $L = 256$ Graustufen von 0 bis 255 möge N Bildpunkte besitzen. Die absolute Häufigkeit für das Auftreten einer Graustufe im Bild wird mit n_i bezeichnet. Durch das Auftragen von n_i über den Graustufen entsteht ein Grauwerthistogramm. Für die weitere Rechnung werden die Histogramme auf die Anzahl der Bildelemente normiert:

$$p_i = \frac{n_i}{N}, \qquad \sum_{i=1}^{L} p_i = 1. \tag{7.18}$$

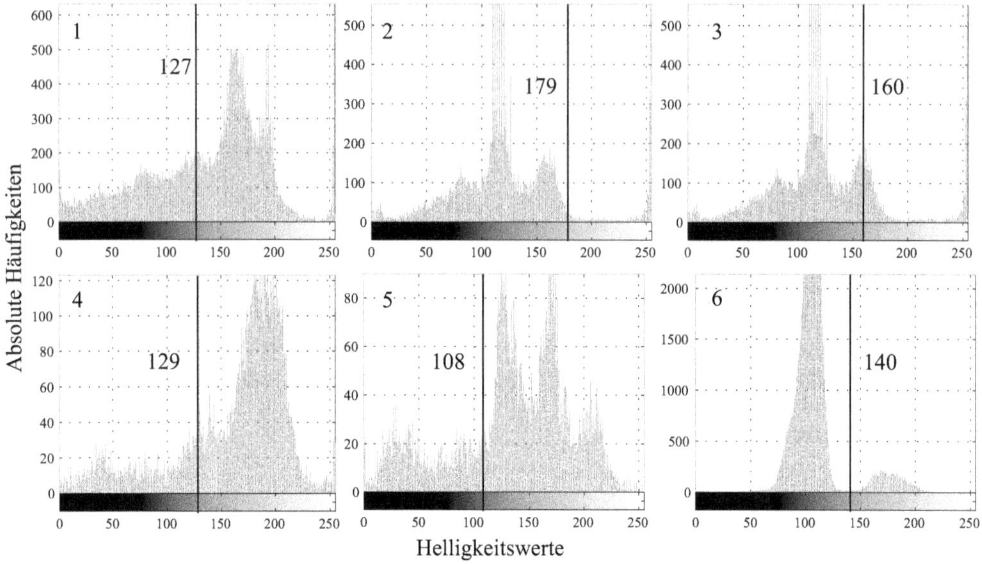

Abb. 7.24: *Die Histogramme der Sensoren aus Abbildung 7.23 mit Schwellenwerten.*

Gesucht ist nun ein Wert k, der die Histogramme in zwei Klassen C_0 und C_1 teilt, welche die Bildpunkte dem Vordergrund, also dem Fahrzeug *inklusive* Schatten, oder dem Hintergrund, also der Parkfläche, zuordnen. Zur Einschätzung der Güte von k werden in [79] drei Diskriminantenkriterien vorgeschlagen:

$$\lambda = \frac{\sigma_B^2}{\sigma_W^2}, \quad (7.19) \qquad \kappa = \frac{\sigma_T^2}{\sigma_W^2}, \quad (7.20) \qquad \eta = \frac{\sigma_B^2}{\sigma_T^2}. \quad (7.21)$$

Diese werden berechnet aus der inneren Klassenvarianz

$$\sigma_W^2 = \omega_0 \sigma_0^2 + \omega_1 \sigma_1^2, \tag{7.22}$$

der Zwischenklassen-Varianz

$$\sigma_B^2 = \omega_0 \left(\mu_0 - \mu_T\right)^2 + \omega_1 \left(\mu_1 - \mu_T\right)^2 = \omega_0 \omega_1 \left(\mu_1 - \mu_0\right)^2, \tag{7.23}$$

und der absoluten Varianz[5]

$$\sigma_T^2 = \sum_{i=1}^{L} \left(i - \mu_T\right)^2 p_i. \tag{7.24}$$

[5]Die Varianzbegriffe sind der Originalquelle [79] entnommen.

Zur Berechnung der genannten Größen müssen zunächst die folgenden statistischen Kenngrößen ermittelt werden:

ω_0	nulltes Moment der Klasse C_0,
ω_1	nulltes Moment der Klasse C_1,
μ_0	erstes Moment der Klasse C_0,
μ_1	erstes Moment der Klasse C_1,
σ_0^2	zweites Zentralmoment der Klasse C_0,
σ_1^2	zweites Zentralmoment der Klasse C_1.

Die Wahrscheinlichkeit für die Zugehörigkeit eines Bildpunktes zur Klasse C_0 ergibt sich aus dem nullten Moment des Histogrammes bis zur Klasse k:

$$\omega_0 = P(C_0) = \sum_{i=1}^{k} p_i = \omega(k). \tag{7.25}$$

Daraus folgt die Wahrscheinlichkeit der Zugehörigkeit eines Bildpunktes zur Klasse C_1:

$$\omega_1 - P(C_1) = 1 - \omega(k). \tag{7.26}$$

Die Erwartungswerte μ_0 und μ_1 der Klassen lassen sich aus den bedingten Wahrscheinlichkeiten der Zugehörigkeit einer Graustufe zur jeweiligen Klasse berechnen:

$$\mu_0 = \sum_{i=1}^{k} iP(i \mid C_0) = \frac{\mu(k)}{\omega(k)}, \tag{7.27}$$

$$\mu_1 = \sum_{i=k+1}^{L} iP(i \mid C_1) = \frac{\mu_L - \mu(k)}{1 - \omega(k)}. \tag{7.28}$$

Dabei ist $\mu(k)$ das erste Moment des Histogrammes bis zur Stufe k

$$\mu(k) = \sum_{i=1}^{k} ip_i, \tag{7.29}$$

und μ_L das erste Moment des gesamten Histogrammes

$$\mu_L = \mu(L) = \sum_{i=1}^{L} ip_i. \tag{7.30}$$

Aus den Erwartungswerten der Klassen lassen sich nun die zweiten Zentralmomente, die Varianzen σ_0^2 und σ_1^2 der Klassen C_0 und C_1, berechnen:

$$\sigma_0^2 = \sum_{i=1}^{k} (i - \mu_0)^2 P(i \mid C_0) = \sum_{i=1}^{k} (i - \mu_0)^2 p_i/\omega_0, \tag{7.31}$$

$$\sigma_1^2 = \sum_{i=k+1}^{L} (i - \mu_1)^2 P(i \mid C_1) = \sum_{i=k+1}^{L} (i - \mu_1)^2 p_i/\omega_1. \tag{7.32}$$

Damit sind die in den Gleichungen 7.19, 7.20 und 7.21 enthaltenen Kriterien berechenbar. Zur Ermittlung eines optimalen Wertes für k erfolgt eine Maximierung der Kriterien in Abhängigkeit von k. Die drei Diskriminantenkriterien führen zu gleichwertigen Lösungen. Am einfachsten zu lösen ist Gleichung 7.21.

Die Lösung der Optimierungsaufgabe

$$\sigma_B^2(k^*) = \max_{1 \leq k < L} \sigma_B^2(k) \tag{7.33}$$

lautet:

$$\sigma_B^2(k) = \frac{(\mu_L \omega(k) - \mu(k))^2}{\omega(k)(1 - \omega(k))}. \tag{7.34}$$

Den Verlauf von $\sigma_B^2(k)$ gemäß Gleichung 7.34 zeigt Abbildung 7.25.

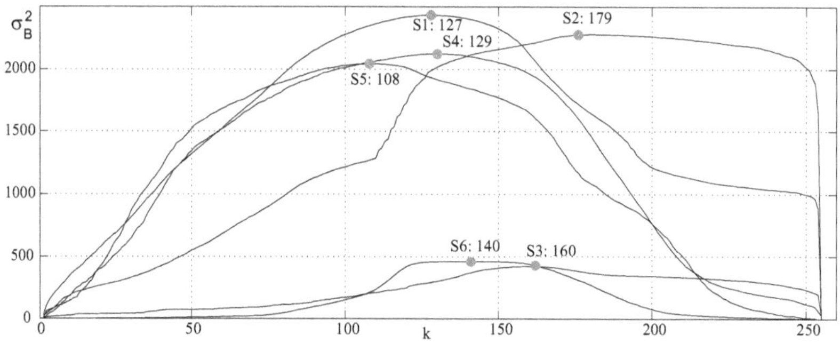

Abb. 7.25: *Die Diskriminantenkriterien für alle Sensoren aus Abbildung 7.23.*

Die Maximierung dieser Funktion führt zu dem gesuchten Schwellenwert zur Trennung von Vordergrund und Hintergrund. Die Trennung gemäß der berechneten Schwellenwerte zeigt das rechte Bild in Abbildung 7.23.

Diese Ergebnisse zeigen, dass eine generelle Trennung von Fahrzeug und Hintergrund nicht erreicht werden kann, wenn helle und dunkle Bereiche in Fahrzeug und Hintergrund auftreten.

Ebenso ist es problematisch, wenn deutlich unterschiedliche Bereiche gar nicht auftreten. Dann segmentiert das *Otsu*-Verfahren anhand sehr geringer Unterschiede, die praktisch keine Bedeutung haben. Ein solches Beispiel liefert das Analyseergebnis von Sensor sechs. Trotz dieser Eigenschaften ist es aber zum Beispiel möglich, diese Methode ohne weitere Modifikation zur Schattenerkennung zu verwenden. Ein entsprechender Ansatz ist in Unterkapitel 8.2.3 beschrieben.

Fahrzeugerkennung mittels künstlicher neuronaler Netze

Künstliche neuronale Netze können immer dann vorteilhaft eingesetzt werden, wenn der Zusammenhang zwischen Eingabe- und Ausgabedaten eines zu realisierenden Systems analytisch nicht oder nur schwer zu beschreiben ist. Sie gestatten prinzipiell beliebige Abbildungen von Eingabe- auf Ausgabedaten. Im vorliegenden Fall sollen die Möglichkeiten einer Mustererkennung untersucht werden. Dafür geeignet sind Hopfield[6]-Netze [47]. Abbildung 7.26 zeigt den prinzipiellen Aufbau eines solchen Netzes.

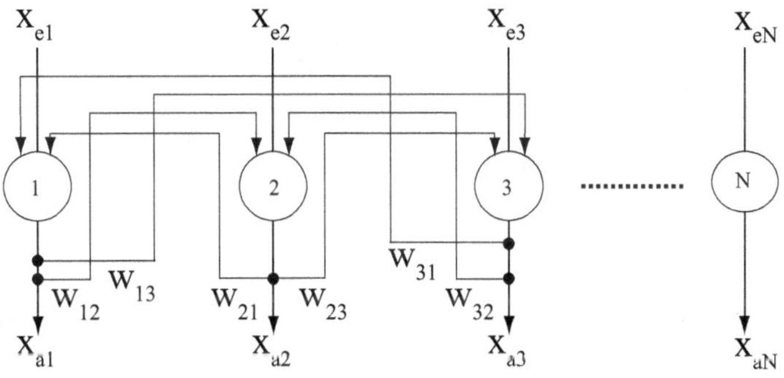

Abb. 7.26: *Die Struktur des Hopfield-Netzes, gezeigt an einem Beispiel mit drei Neuronen.*

Es handelt sich um ein Netz mit einer vollständig vernetzten Schicht: jedes Neuron ist mit jedem anderen Neuron gewichtet verbunden. Diese Gewichtung ist symmetrisch, das heißt sie hat von Neuron i zu Neuron j den gleichen Wert wie von Neuron j zu Neuron i. Jedes Neuron arbeitet gleichzeitig als Eingabe- und Ausgabeneuron. Im Inneren sind alle Neuronen mit einer Summenfunktion als Eingangsfunktion und einer linearen Schwellenwertfunktion als Aktivierungsfunktion ausgestattet.

Diese Art der neuronalen Netze erlaubt das Speichern und anschließende Wiedererkennen von binären Mustern. Die wichtigste Eigenschaft für die vorliegende Anwendung ist, dass die Netze in gewissen Grenzen generalisieren können, dass also auch ähnliche Muster wiedererkannt werden können.

Zur Darstellung des Prinzips wird beispielhaft folgende Aufgabenstellung[7] untersucht: Für einen Bildausschnitt, der zwei Fahrstreifen umfasst, sollen Trainingsmuster gespeichert werden, welche die Situationen „PKW im mittleren Fahrstreifen“, „LKW im mittleren Fahrstreifen“ und „LKW im rechten Fahrstreifen“ abbilden. Nach dem Netztraining soll die Situation „PKW Mitte“ in anderen Bildern wiedererkannt werden. Die dafür erstellten Trainingsmuster zeigt Abbildung 7.27. Da das Netz nur binäre Werte verarbeitet, erfolgte eine Kantenfilterung mit anschließender Binarisierung anhand eines Schwellenwertes (zweite Zeile in Abbildung 7.27). Da jeder Bildpunkt durch ein eigenes Neuron abgebildet werden müsste, wurde zur Reduzierung der Datenmenge eine Rasterung des Bildes (dritte Zeile in Abbildung 7.27) vorgenommen.

[6] Benannt nach dem Erfinder, dem amerikanischen Physiker John Hopfield, geboren 1933.

[7] Eine ausführliche Darstellung dieser Anwendung findet sich in [87].

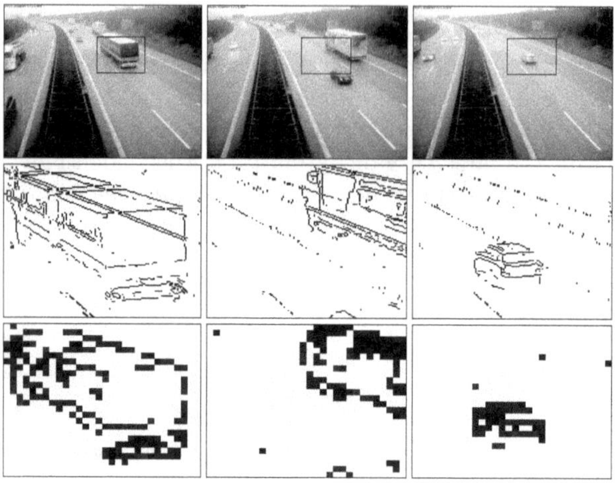

Abb. 7.27: *Die drei Trainingsmuster des Hopfield-Netzes: „LKW Mitte"„, LKW rechts" und „PKW Mitte". Oben: Grauwertbilder, Mitte: Kantenfilterung des Bildausschnittes mit Sobel-Filter, unten: Rasterung des Bildausschnittes in* 5×5 *Bildpunkte große Bildbereiche.*

Nach dem Lernvorgang der drei Trainingsmuster sollte das Netz nun in der Lage sein neue Muster die den drei gelernten Fällen entsprechen, unterscheiden zu können. Gewählt wurden dafür die Situation „PKW Mitte" bei gleichzeitiger teilweiser Sichtbarkeit eines LKW im rechten Fahrstreifen und dem Vorhandensein von Schatten sowie „LKW Rechts" bei gleichzeitiger Sichtbarkeit eines PKW in der Nebenspur. Die entsprechenden Bildausschnitt wurde genauso wie die Trainingsmuster vorverarbeitet. Die entstandene Analysemuster zeigt Abbildung 7.28.

Abb. 7.28: *Die Vorverarbeitung der Analysemuster. Obere Zeile: „PKW Mitte", untere Zeile: „LKW Rechts". Von links nach rechts sind analog Abbildung 7.27 das Grauwertbild, das Kantenbild und das gerasterte Kantenbild zu sehen.*

Das Erkennen des Analysemusters ist ein iterativer Vorgang, dessen Abbruchkriterium die Konvergenz der so genannten „Netzenergie" in ein lokales Minimum liefert. Die Netzenergie berechnet sich für ein Netz mit N Neuronen wie folgt:

$$E(t) = -\frac{1}{2}\sum_{i=1}^{N}\sum_{j=1}^{N} w_{ij}\, x_{ai}(t)\, x_{aj}(t) - \sum_{j=1}^{N} x_{ei}(t)\, x_{ai}(t) + \sum_{j=1}^{N} \Upsilon_j\, x_{ai}(t)\,. \tag{7.35}$$

Dabei sind x_{ei} und x_{ai} die Eingangs- und Ausgangsgrößen von Neuron i. Der Wert Υ_i ist der Schwellenwert, also der Wert, den die Ausgabe der Aktivierungsfunktion von Neuron i überschreiten muss, um eine Ausgabe zu liefern. Die Verbindungsgewichte zwischen den Neuronen i und j sind durch und w_{ij} bezeichnet. Die Abbildungen 7.29 und 7.30 zeigen für das jeweilige Analysemuster die Entwicklung des Musters während der Konvergenz, zusammen mit den Werten der Netzenergie. In beiden Bildfolgen ist sehr gut zu erkennen, wie das jeweils nicht im Trainingsvorgang gelernte Objekt schrittweise entfernt und das antrainierte Objekt schrittweise hervorgehoben wird.

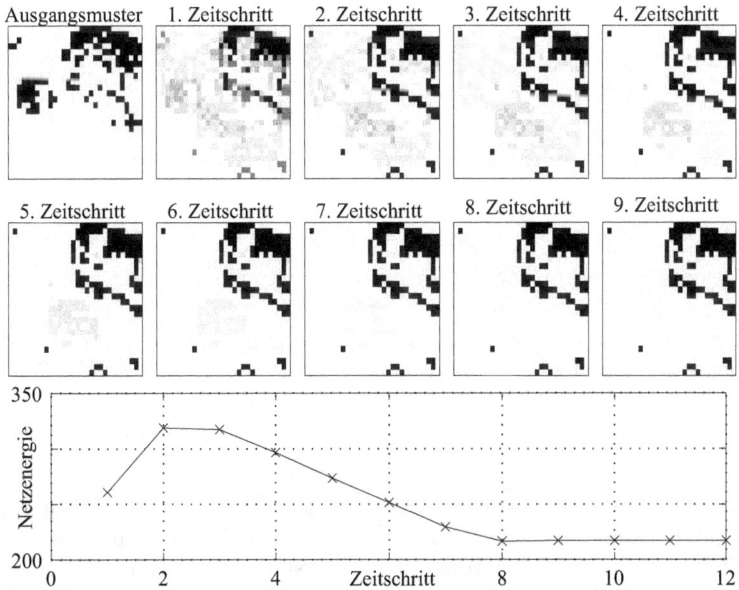

Abb. 7.29: *Die Konvergenz des Musters zur Erkennung von „LKW rechts", gezeigt mit der Entwicklung der Netzenergie. Der LKW wird schrittweise hervorgehoben, während der PKW entfernt wird.*

Nachdem die Abbildungen 7.29 und 7.30 gezeigt haben, dass das Netz in jeweils ein Muster konvergiert ist, muss nun ermittelt werden, *welches* der drei Muster erkannt wurde. Eine manuelle Auswertung zeigt auf den ersten Blick die Richtigkeit der Ergebnisse, jedoch muss natürlich auch ein Weg gefunden werden dieses Ergebnis automatisch zu erhalten. Ein automatischer Vergleich der erhaltenen und trainierten Muster kann durch Berechnung der Kreuzkorrelationsfunktion des jeweils ermittelten Musters mit den drei Mustern des Netzes durchgeführt werden.

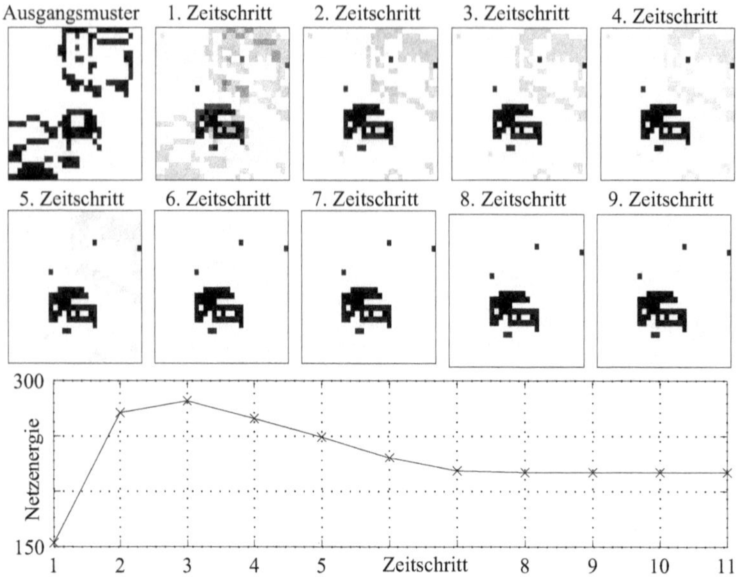

Abb. 7.30: Die Konvergenz des Musters zur Erkennung von „PKW Mitte", gezeigt mit der Entwicklung der Netzenergie. Der PKW wird schrittweise hervorgehoben, während der LKW entfernt wird.

Naturgemäß muss die Kreuzkorrelationsfunktion mit dem größten globalen Maximum die größte Ähnlichkeit zum entsprechenden Netzmuster anzeigen. Abbildung 7.31 zeigt die Trainingsmuster und die beiden Muster, in welches das Netz konvergiert ist, noch einmal gemeinsam. Die Maxima der Kreuzkorrelationsfunktionen bestätigen die Richtigkeit der Ergebnisse: Trotz des Vorhandenseins von Schatten und einem jeweils anderen Fahrzeug, hat das Netz in beiden Fällen die richtige Klassifizierung vorgenommen.

Zusammenfassend lässt sich sagen, dass künstliche neuronale Netze ein leistungsfähiges und vielfältig anwendbares Werkzeug für die Analyse von Verkehrslagebildern liefern. Dabei ist, auch für andere Netzarten, zu beachten, dass das Vorhandensein repräsentativer Beispielbilder für das Netztraining die wichtigste Voraussetzung für eine erfolgreiche Anwendung darstellt. Neuronale Netze können Gelerntes in einem gewissen Rahmen generalisieren. Im gezeigten Beispiel war das Netz in der Lage, den PKW bei gleichzeitigem Vorhandensein eines Schattens und eines LKW, bzw. den LKW trotz der gleichzeitigen Anwesenheit eines PKW zu erkennen. Somit existiert ein durchaus praxistauglicher Spielraum für die Eingabedaten.

Es darf jedoch nicht übersehen werden, dass fehlerhafte Detektionen nur durch erneutes Netztraining mit weiteren Bildern behoben werden können. Dafür existieren Verfahren, die adaptiv im Sinne von selbstlernend sind – jedoch ohne eine berechenbare Erfolgsgarantie. Zwar kann für die Hopfield-Netze berechnet werden, unter welchen Bedingungen sie im Training konvergieren, dies lässt aber keine Aussage über die im Einsatz erreichbare Genauigkeit zu.

Eine Wahrscheinlichkeit für richtige Detektionsergebnisse lässt sich nicht angeben. Somit ist die Genauigkeit eines solchen Verfahrens höchstens empirisch zu ermitteln. Je genauer die Trainingsdaten die zu erwartenden Situationen widerspiegeln, umso genauer werden die Detektionsergebnisse sein. Es lässt sich im Voraus nicht angeben, wie weit die Fähigkeit des Netzes zum Generalisieren des Gelernten reicht.

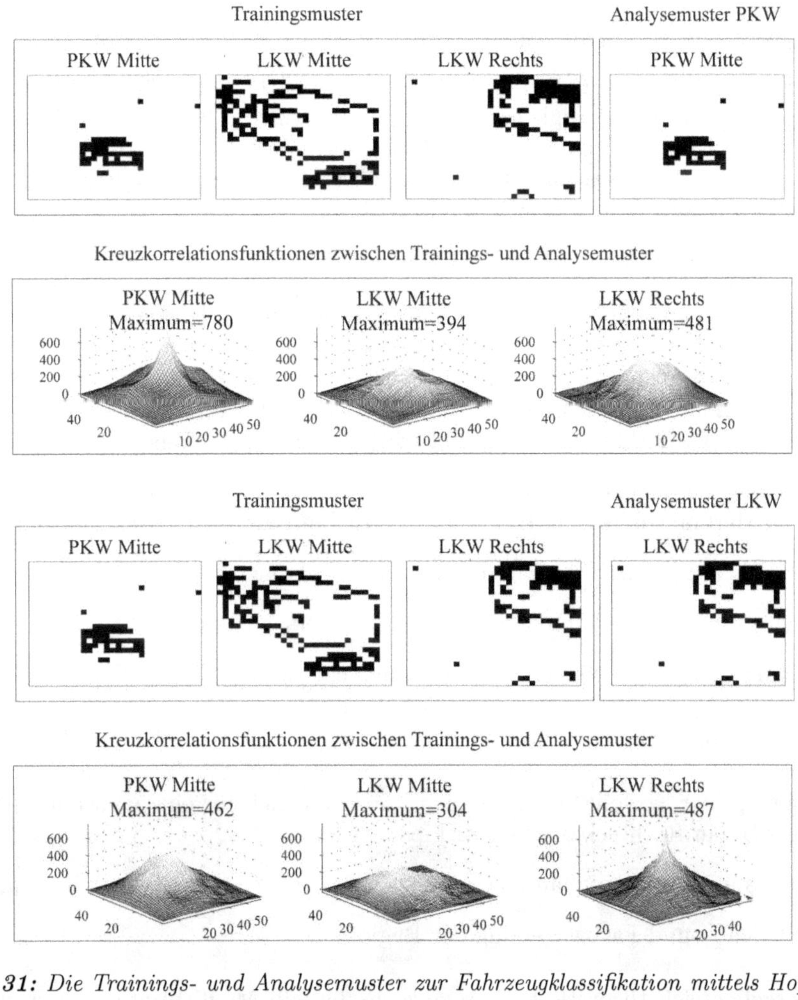

Abb. 7.31: *Die Trainings- und Analysemuster zur Fahrzeugklassifikation mittels Hopfield-Netz. Die globalen Maxima der Kreuzkorrelationsfunktionen, berechnet aus den Trainings- und Analysedaten dienen der automatischen Zuordnung des ermittelten Musters zu den Trainingsmustern.*

7.4.2 Merkmalsextraktion

Die Erkennung von Fahrzeugen liefert zunächst nur eine Aussage darüber, ob sich Fahrzeuge im Bild befinden und wenn ja, wie viele es sind. Damit ist eine Fahrzeugverfolgung, welche die Grundlage für eine Geschwindigkeitsschätzung liefert, nicht möglich. Die reine Anzahl der Fahrzeuge kann jedoch bei einer Messung am Querschnitt zur Ermittlung der Verkehrsstärke oder bei einer raumbezogenen Messung zur Ermittlung der Verkehrsdichte herangezogen werden.

Die Ermittlung, *welches* Fahrzeug sich *wo* im Bild befindet, ist der entscheidende Schritt, um auch Geschwindigkeiten ermitteln zu können. Dafür müssen Merkmale extrahiert werden, die innerhalb einer Bildfolge wiedererkennbar sind. Das gilt für Einzelfahrzeuge. Für den Verkehrsstrom als Ganzes kann eine Verfolgung auch ohne die vorherige Ermittlung spezieller Merkmale erfolgen.

Da Flächensignalmodelle in den meisten Fällen ein Regionenbild liefern, soll im Folgenden auf die Merkmalsextraktion für diese eingegangen werden. Um die Brauchbarkeit eines Merkmals beurteilen zu können, sind die folgenden allgemeingültigen Merkmale eines Regionenbildes bzw. der Einzelregionen zu berücksichtigen:

1. Eine erkannte Region ist dem Verlauf einer Bildfolge nicht immanent. Sie kann scheinbar wiederholt auftreten und wird nach einer gewissen Zeit verschwinden.
2. Regionen können sich bei geometrisch und optisch ähnlichen Fahrzeugen in mehreren Merkmalen ähneln. Dieser Effekt wird mit geringerer Bildauflösung stärker.
3. Ein Fahrzeug kann aus mehreren Regionen bestehen.
4. Mehrere Fahrzeuge können in einer Region verschmelzen.
5. Erkannte Regionen können, aber müssen nicht zwangsläufig zu Fahrzeugen gehören.

Es existieren eine Reihe von automatisch ermittelbaren Merkmalen für Regionen:

1. Schwerpunkt, sowohl für die Region selbst als auch für eine umschließende Form wie z.B. ein Rechteck oder eine Ellipse.
2. Umriss und Flächeninhalt sowie ein daraus berechenbares Dispersionsmaß.
3. Helligkeits- und Farbverteilung der Region.

Daraus ergeben sich theoretisch eine ganze Reihe von Möglichkeiten, deren wirkliche Anwendbarkeit im Einzelfall jedoch sorgfältig zu prüfen ist. Im Folgenden werden einige ausgewählte Methoden vorgestellt, von denen Echtzeitfähigkeit im Sinne der Analyse von Verkehrsprozessen und eine gute Robustheit gegenüber wechselnden Umfeldbedingungen erwartet werden kann. Die genannten Möglichkeiten der Merkmalsextraktion werden auf die einzelne Region und nicht auf das Regionenbild als Ganzes angewendet. Daraus ergibt sich eine Reihe von Arbeitsschritten, die unabhängig von der Art und Weise der eigentlichen Merkmalsextraktion durchzuführen sind. Ein allgemeingültiges Schema zeigt Abbildung 7.32.

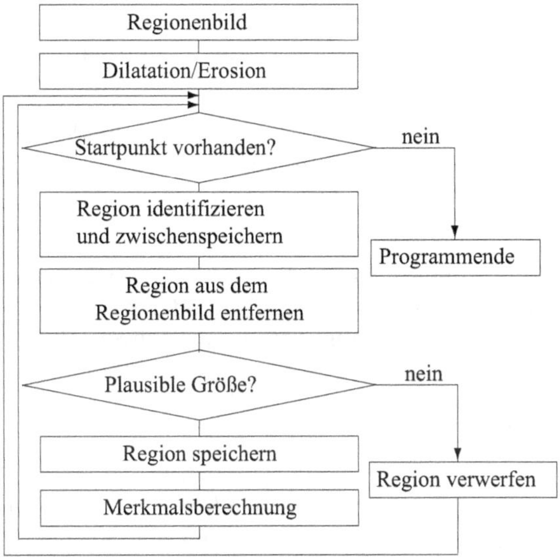

Abb. 7.32: *Übersicht der im allgemeinen notwendigen Arbeitsschritte, in die eine Merkmalsextraktion aus einem binären Regionenbild eingebunden ist.*

Ausgangspunkt ist ein Binärbild, welches eine unbekannte Anzahl Regionen enthält. Befindet sich kein Fahrzeug auf der Straße, wird kein Startpunkt gefunden und es werden keine Merkmale berechnet. Unabhängig davon, wird zunächst eine mehrfache Dilatation und gleiche Anzahl Erosionsoperationen auf das Gesamtbild angewendet (siehe dazu Unterabschnitt 4.2.2). Diese Operationen dienen dazu, eventuelle Lücken in den Regionen zu schließen und somit ein homogenes Abbild der Region zu erhalten. Das ist beispielsweise wichtig, um die Fläche einer Region direkt aus der Anzahl der zugehörigen Bildpunkte berechnen zu können. Fehlen im Inneren der Region Bildpunkte, dann wird dieser Wert fehlerhaft bestimmt. Sind die Regionen in diesem Sinne nachbearbeitet, dann ist der nächste Schritt, sie im Bild zu lokalisieren. Hierfür wird zunächst ein beliebiger Vordergrundbildpunkt, in der grafischen Darstellung ein schwarzer Bildpunkt, ermittelt.

Von diesem ausgehend wird eine Operation durchgeführt, die in der Fachliteratur als „region growing“ bezeichnet wird. Es wird also ausgehend vom Startpunkt untersucht, wie groß die entsprechende gesamte Region ist, in der sich der gefundene Punkt befindet. Hierfür existieren zwei prinzipielle Vorgehensweisen: „von innen“, also von einem Startpunkt, „von außen“, dieser Ansatz arbeitet zeilenweise. Der Ansatz „von innen“ ist in das vorliegende Schema eingebettet. Hierbei werden die Regionen nacheinander in mehreren Bilddurchläufen bestimmt. Beim Ansatz „von außen“ erfolgt die Bestimmung gleichzeitig in einem Bilddurchlauf.

Wenn eine Region gefunden ist, dann wird diese auf die Plausibilität geprüft, zu einem Fahrzeug zu gehören. Bewährt hat sich für die in dieser Arbeit generell verwendete Bildauflösung von 640×480 Bildpunkten das Abprüfen einer Mindestgröße von 10×10 Bildpunkten.

Dies ist ein Richtwert, der von der erwarteten Abbildungsgröße der Fahrzeuge abhängt. Ist die gefundene Region auf diese Art verifiziert, dann wird sie separat gespeichert. Jetzt können die gewünschten Merkmale berechnet werden.

Bevor der nächste Startpunkt gesucht wird, wird die gefundene Region aus dem Ausgangsbild gelöscht. Wird ein weiterer Startpunkt gefunden, dann beginnt der beschriebene Ablauf von vorn. Das Schema endet, wenn alle Vordergrundbildpunkte aus dem Ausgangsbild entfernt wurden.

Der letzte Schritt ist die Analyse der Merkmale. Hierbei wird eine bestimmte Relation zwischen ihnen, also beispielsweise der räumliche oder zeitliche Abstand, ermittelt. Im Folgenden werden die Merkmale Helligkeits- bzw. Farbverteilung, Fächenschwerpunkt und Dispersionsmaß diskutiert.

Helligkeits- und Farbverteilung

Die im Sichtbereich der Kamera befindlichen Fahrzeuge weisen in der Regel unterschiedliche optische und geometrische Eigenschaften sowie unterschiedliche Farben auf. Deshalb ist die Helligkeits- und Farbverteilung, die sich beispielsweise in einem Histogramm abbilden lässt, auf den ersten Blick ein geeignetes Merkmal zur Unterscheidung der Fahrzeuge. Schaut man genauer hin, dann wird deutlich, dass für alle nichtfarbigen Fahrzeuge, dies sind weiße, schwarze und vor allem auch die sehr häufigen silbernen, unterscheidbare Merkmale kaum zu ermitteln sind. Wird weiterhin berücksichtigt, dass bei Dunkelheit die Farbinformationen nahezu vollständig verlorengehen, dann wird es sehr schwierig, reproduzierbare Merkmale für eine automatische Auswertung zu bestimmen.

Dasselbe Problem für einen anderen Zugang ist auch bereits bei der Analyse des optischen Flusses in Unterkapitel 5.4.5 sichtbar geworden. Auch dort war die grundlegende Bedingung, dass sich die Helligkeitseigenschaften des Einzelfahrzeuges im Messzeitraum nicht ändern sollten. Somit war auch dieses Verfahren unter den Bedingungen eines 24-Stunden-Betriebes nicht einsetzbar.

Anwendbar sind derartige Verfahren also höchstens innerhalb eines kleinen Zeitabschnittes mit vergleichbaren Umfeldbedingungen. Wegen dieser Einschränkung soll der Ansatz der Analyse von Helligkeits- und Farbverteilung hier nicht weiter verfolgt werden.

Flächenschwerpunkt der Fahrzeugregion

Ein einfach und zuverlässig bestimmbares Maß einer Region ist deren Flächenschwerpunkt $S\left(u_S, v_S\right)$ mit den Koordinaten

$$u_S = \frac{1}{n}\sum u_i,\ v_S = \frac{1}{n}\sum v_i \tag{7.36}$$

wobei n die Anzahl und u_i bzw. v_i die Koordinaten der Bildpunkte einer Region bedeuten [5]. Abbildung 7.33 zeigt Beispiele für solche Flächenschwerpunkte.

Die Flächenschwerpunkte im Einzelbild liefern die Information, wo sich die einzelnen Fahrzeuge befinden, und somit auch deren Anzahl. Über eine räumliche Zuordnung zur Lage der einzelnen Fahrstreifen lässt sich damit eine Verkehrsstärke, bzw. in längeren Abschnitten auch eine Verkehrsdichte abschätzen.

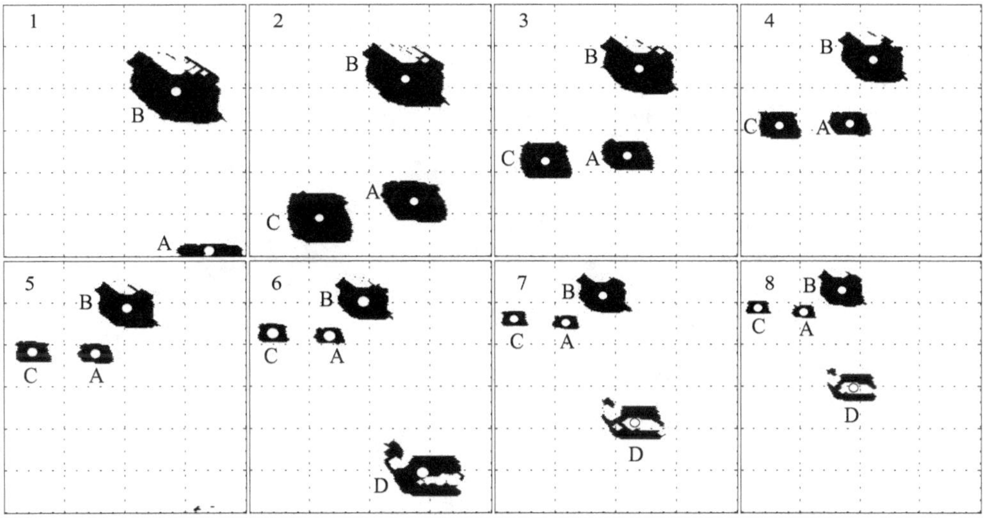

Abb. 7.33: *Eine Bildfolge von acht binären Regionenbildern, entnommen einer Autobahnszene des fließenden Verkehrs. Die Nummerierung der Bilder entspricht dem zeitlichen Verlauf. Es sind vier Fahrzeuge durch die Buchstaben A bis D in der Reihenfolge ihres Erscheinens gekennzeichnet. Der weiße Kreis in den Regionen markiert den gemäß Gleichung 7.36 berechneten Schwerpunkt der Region.*

Soll aus den Schwerpunkten auch die Geschwindigkeit ermittelt werden, dann muss die Zusammengehörigkeit innerhalb einer Bildfolge festgestellt werden. Dafür ist wiederum die räumliche Zuordnung zur Lage des Fahrstreifens unverzichtbar. Abbildung 7.34 zeigt die Bewegung der Flächenschwerpunkte aus Abbildung 7.33. Die Zahlen geben hierbei die Bildnummer aus Abbildung 7.33 an und die Buchstaben kennzeichnen das Fahrzeug. Auf den äußeren Fahrstreifen fahren die Fahrzeuge B und C, im mittleren Fahrstreifen das Fahrzeug A und in den Bildern 6–8 die Fahrzeuge A und D gemeinsam.

Durch die räumliche Zuordnung lässt sich nun bei bekanntem Bildabstand aus den Abständen der Schwerpunkte in den Fahrstreifen eine Schätzung der Geschwindigkeiten der Einzelfahrzeuge vornehmen. Hierbei wird folgendes angenommen:

1. Es fanden keine Überholvorgänge zwischen Bild und Folgebild statt.
2. Der Abstand der Schwerpunkte eines Fahrzeuges ist geringer als der Abstand der Schwerpunkte unterschiedlicher Fahrzeuge. Mit anderen Worten: es wird ein gewisser Sicherheitsabstand eingehalten.

Keine der beiden Anforderungen wird immer erfüllt sein. Jedoch kann man davon ausgehen, dass bei längerer Messdauer die resultierenden Abweichungen nur gelegentlich auftreten und somit brauchbare Mittelwerte der wahren Geschwindigkeiten ermittelt werden können.

Der in Abbildung 7.34 dargestellte Verlauf der Fahrzeugbewegungen zeigt, dass die abgebildeten Abstände der Fahrzeuge im hinteren Bildbereich geringer werden. Dies ist auf die nach hinten verkürzte Abbildung der Fahrzeuge zurückzuführen. Auf eine Lösung dieses Problems wurde bereits in Unterkapitel 7.3.2 eingegangen.

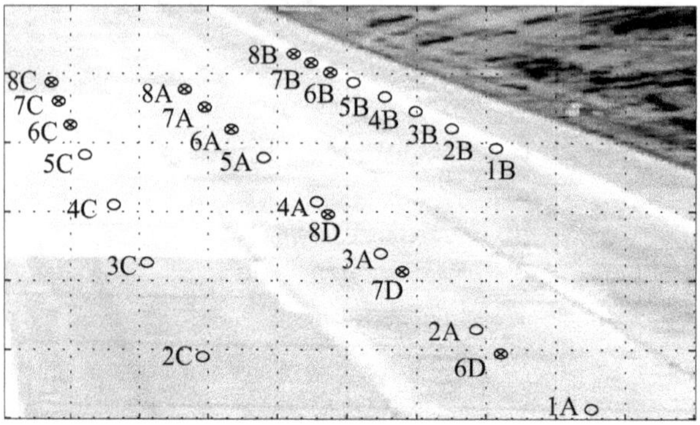

Abb. 7.34: *Die Trajektorien der Flächenschwerpunkte aus Abbildung 7.33.*

Ein Merkmal, das gegenüber diesem Effekt relativ unempfindlich ist, ist das so genannte Dispersionsmaß, das im Folgenden betrachtet werden soll.

Dispersionsmaß

In [67] verwendet *Lipton* ein so genanntes Dispersionsmaß, um in einem Regionenbild die Objekte „Fahrzeug" und „Person" unterscheiden zu können. Dieses Maß berechnet sich wie folgt:

$$D = \frac{(\text{Umfang der Region})^2}{\text{Fläche der Region}}. \tag{7.37}$$

Sind die Regionen ermittelt, dann lässt sich dieses Maß auch für hoch aufgelöste Bilder oder Bildfolgen mit sehr geringer Rechenleistung ermitteln. Wegen der Tatsache, dass ein Verhältnis berechnet wird, ist das Dispersionsmaß

1. nahezu unabhängig von der Bildauflösung,
2. nahezu unabhängig von den Beleuchtungsverhältnissen und
3. nahezu unabhängig von Blickwinkel und Blickrichtung der Kamera, so dass keine Kalibrierung notwendig ist.

Abbildung 7.35 zeigt ein Beispiel für reale Werte des Dispersionsmaßes. Bemerkenswert ist, dass für einen LKW (helle Linie in Abbildung 7.35, Fahrzeug B in Abbildung 7.33) und einen PKW (dunkle Linie in Abbildung 7.35, Fahrzeug C in Abbildung 7.33) einerseits ein nahezu konstanter Verlauf über der Zeit und auch eine große Ähnlichkeit des Merkmals im Vergleich der Fahrzeuge auftritt.

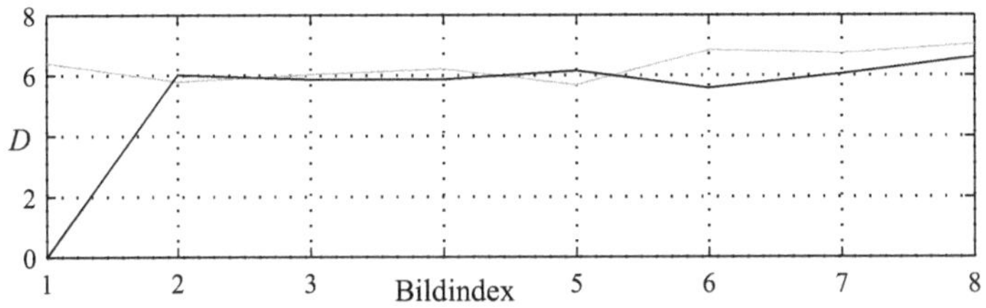

Abb. 7.35: *Zwei Beispiele für das gemäß Gleichung 7.37 berechnete Dispersionsmaß. Gezeigt ist der Verlauf für zwei Fahrzeuge aus Abbildung 7.33. Helle Linie: Fahrzeug B, dunkle Linie Fahrzeug C.*

Diese Darstellung unterstreicht, dass das Maß gemäß Gleichung 7.37 für unterschiedliche Formen, nicht jedoch für ähnliche Formen unterschiedlicher Größe, einen unterscheidbaren Wert liefert. Es handelt sich also um ein Formmerkmal, welches nicht auf die nach hinten verkürzte Abbildung der Fahrzeuge reagiert.

Zusammengefasst ist Folgendes zu beachten, um das Dispersionsmaß auf Straßenverkehrsbilder anwenden zu können:

1. Eine Unterscheidung von Fahrzeugklassen ist nicht anhand der Größe, sondern nur anhand der Form möglich. Um deutlich unterscheidbare Formen zu erhalten, ist einerseits eine hinreichende Bildauflösung und andererseits eine Blickrichtung zu wählen, die fahrzeugspezifische Formmerkmale sichtbar macht. Wie gezeigt wurde, ist der im betrachteten Beispiel verwendete „Blick von oben“ dafür nicht geeignet. Besser wäre hier ein Blick von der Seite, der Unterschiede in den Fahrzeugsilhouetten deutlicher abbildet.

2. Das Dispersionsmaß ist unabhängig von der verkürzten Abbildung der Fahrzeuge im hinteren Bildbereich. Diese muss somit nicht korrigiert werden, so dass die Eigenschaft der benötigten geringen[8] Rechenleistung erhalten bleibt.

7.4.3 Fahrzeugverfolgung

Unter Fahrzeugverfolgung wird im vorliegenden Kontext das Wiedererkennen von Fahrzeugen verstanden. Diese Wiedererkennung ist die Grundlage der Geschwindigkeitsschätzung. Sie kann entweder anhand spezieller Merkmale, siehe dazu den vorigen Abschnitt zur Merkmalsextraktion, oder merkmalsunabhängig mittels statistischer Analyseverfahren wie der Korrelationsanalyse durchgeführt werden.

Objektverfolgung mittels Kreuzkorrelation

Die Kreuzkorrelationsfunktion von Bildern ist eine zweidimensionale Funktion, welche den Bildinhalt eines Analysebildes mit einem vorgegebenen Musterbild vergleicht. Die Maxima dieser Funktion zeigen Stellen an, in denen das Muster im Analysebild auftritt.

[8] „gering“ im Vergleich zu den meisten anderen Bildverarbeitungsoperationen, die in der Fläche arbeiten.

Zur Fahrzeugverfolgung lässt sich diese Funktion benutzen, indem man für das Analyse- und das Musterbild jeweils Bild und Folgebild einer Bildfolge einsetzt. Hierbei ist zu beachten, dass die Verschiebung jeweils über den ganzen Bildbereich erfolgen muss, um auch Fahrzeuge am Rand des Bildes zu erfassen. Dies wird in Gleichung 7.38 durch die Verschiebung über den Bildrand hinaus erreicht: $\Delta u = -m \dots 2m, \Delta v = -n \dots 2n$

$$\Theta\left(\Delta u, \Delta v\right) = \frac{1}{m+n} \sum_{u=1}^{m} \sum_{v=1}^{n} b_{1_{u,v}} b_{2_{u+\Delta u, v+\Delta v}}. \tag{7.38}$$

Die Anwendung von Gleichung 7.38 auf zwei Grauwertbilder zeigt Abbildung 7.36. Im rechten Bild ist die Kreuzkorrelationsfunktion in pseudo-dreidimensionaler Darstellung gezeigt, wobei dunkle Werte hohe Funktionswerte darstellen. Das Maximum der Funktion liegt bei $u = 0, v = 0$. Somit wurde die größte Ähnlichkeit beim direkten Übereinanderliegen der Bilder berechnet. Die Verschiebung der Fahrzeuge ist nicht sichtbar geworden, da der statische Bildinhalt von Randbepflanzung, Fahrbahn und Mittelstreifen gegenüber den flächenmäßig kleinen Fahrzeugen dominiert. Das Ausblenden des statischen Bildinhaltes kann mit Hilfe eines Referenzbildes erfolgen. Die unterschiedlichen Möglichkeiten dafür wurden in Unterkapitel 5.4.4 vorgestellt.

Abb. 7.36: *Die Kreuzkorrelationsfunktion von Bild und Folgebild einer Autobahnszene gemäß Gleichung 7.38. Das Maximum der Funktion ist durch einen Kreis gekennzeichnet. Die Fahrzeugbewegung wird nicht erkannt, da der statische Anteil in beiden Bildern überwiegt.*

Abbildung 7.37 zeigt drei Beispiele für die Berechnung der Kreuzkorrelationsfunktion von Regionenbildern. Hierbei wurden die Fahrtrichtungen einmal getrennt und dann gemeinsam berücksichtigt. Die erkannte Fahrzeugbewegung ist durch das globale Maximum der Kreuzkorrelationsfunktion ausgewiesen. Die Verbindung vom Koordinatenursprung der Verschiebung zu diesem Maximum kann als Vektor interpretiert werden, dessen Richtung die Fahrtrichtung des Fahrzeugstromes und dessen Betrag die Fahrstrecke des Fahrzeugstromes angibt. Für die getrennte Betrachtung der Fahrtrichtungen ergeben sich Verschiebungsvektoren, deren Betrag bei bekannter Bildauflösung in eine Fahrstrecke umgerechnet werden kann. Bei bekanntem Bildaufnahmeabstand erhält man daraus einen Schätzwert der Verkehrsstromgeschwindigkeit. In Szene C ist keine Fahrzeugverfolgung durch Kreuzkorrelation möglich, da das gleichzeitige Auftreten von entgegengesetzten Bewegungen durch Verschiebung der Bilder gegeneinander nicht erkannt werden kann. Es entstehen mehrere Maxima, von denen keines einen Verschiebungsvektor des Verkehrsstromes repräsentiert. Das globale Maximum liegt bei $u = 0, v = 0$.

Zusammenfassend lässt sich feststellen, dass die Kreuzkorrelationsfunktion von Bild und Folgebild eine Fahrzeugverfolgung *ohne* die vorherige Bestimmung von Merkmalen erlaubt. Dabei ist zu beachten, dass es sich bei dem ermittelten Geschwindigkeitswert um den räumlichen Mittelwert der Verkehrsstromgeschwindigkeit handelt. Dieser ist vergleichbar mit dem in Unterkapitel 7.3.2 bzw. Kapitel 9 vorgestellten Ergebnis der eindimensionalen Kreuzkorrelation für Liniensensoren. Der Vorteil des zweidimensionalen Ansatzes ist, dass die Fahrzeuge immer komplett erfasst werden. Ein Anschneiden oder Umfahren des Sensors durch kleinere Fahrzeuge kann hier nicht auftreten. Nachteilig kann sich die starke Abhängigkeit der Rechenzeit von der Bildauflösung auswirken, da alle Bildpunkte in die Auswertung einbezogen werden.

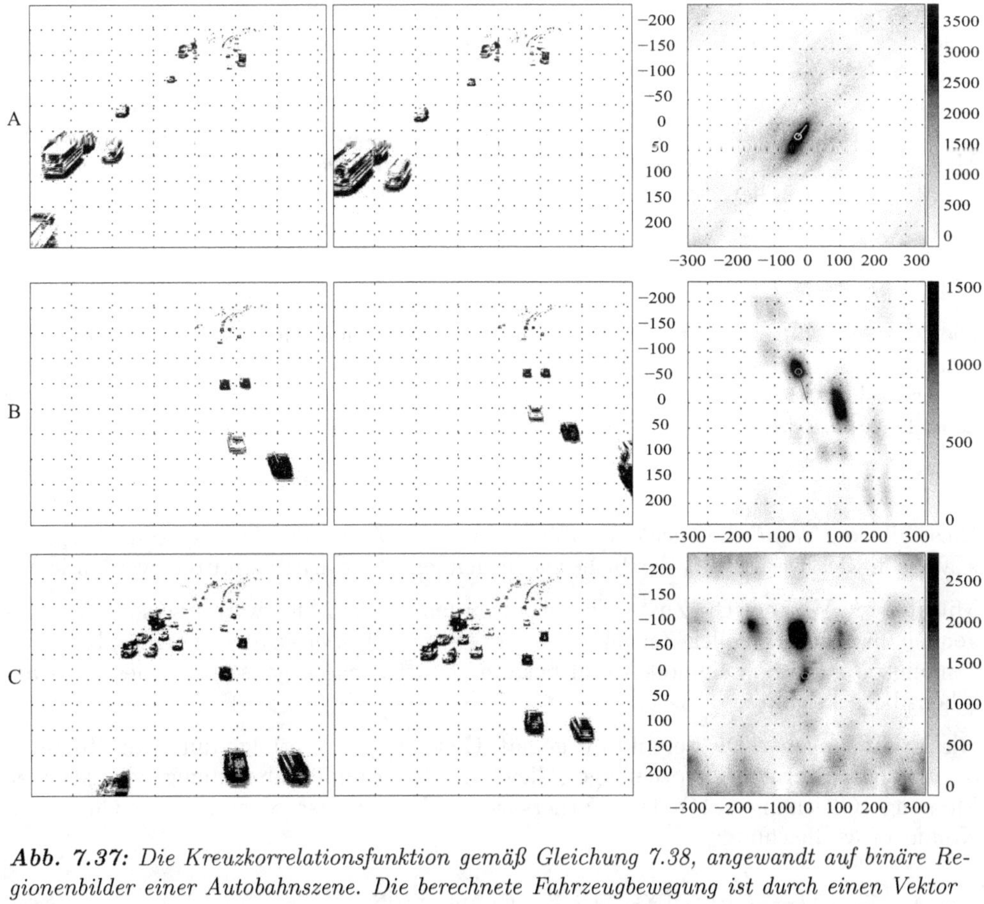

Abb. 7.37: *Die Kreuzkorrelationsfunktion gemäß Gleichung 7.38, angewandt auf binäre Regionenbilder einer Autobahnszene. Die berechnete Fahrzeugbewegung ist durch einen Vektor vom Koordinatenursprung zum globalen Maximum der Funktion gekennzeichnet. Das gleichzeitige Auftreten entgegengesetzter Bewegungen kann prinzipbedingt nicht erkannt werden.*

Objektverfolgung durch Filterung/Parameterschätzer

Die Positionen der Fahrzeuge im Bild können beispielsweise durch die Positionen der Flächenschwerpunkte im binären Regionenbild modelliert werden (vgl. Abbildungen 7.33 und 7.34). Aufgrund von Ungenauigkeiten der Fahrzeugabbildung, vor allem im hinteren Bildbereich bei geringen Auflösungen oder durch partielle Verdeckung der Fahrzeuge, liefern die Positionen der Flächenschwerpunkte oder vergleichbarer Merkmale, nur eine ungefähre Angabe der Fahrzeugposition.

Die Positionen der Fahrzeuge oder auch andere Merkmale, wie die Geschwindigkeiten der Fahrzeuge, lassen sich als Zustandsgrößen $\mathbf{x}_k$ eines Systems auffassen. Eine mögliche Modellierung des Systems ist die Abbildung von Zustandsgrößen aus der Vergangenheit $\mathbf{x}_{k-1}$ und Störgrößen $\mathbf{v}_{k-1}$ durch eine nichtlineare Funktion $\mathbf{f}_k$.

Systemmodell:

$$\mathbf{x}_k = \mathbf{f}_k\left(\mathbf{x}_{k-1}, \mathbf{v}_{k-1}\right) \tag{7.39}$$

Sind diese Zustandsgrößen, beispielsweise die Positionen der Fahrzeuge, nicht direkt zugänglich, dann müssen sie aus Messwerten $\mathbf{z}_k$ indirekt bestimmt werden. Dies sind im Beispiel die Positionen der Flächenschwerpunkte. Die Messwerte unterliegen einem Messfehler $\mathbf{n}_k$. Die Abbildung der Zustandsgrößen $\mathbf{x}_k$ unter Berücksichtigung des Messfehlers erfolgt durch eine nichtlineare Funktion $\mathbf{h}_k$. Damit lässt sich ein Modell für die Messung formulieren:

Messmodell:

$$\mathbf{z}_k = \mathbf{h}_k\left(\mathbf{x}_k, \mathbf{n}_k\right) \tag{7.40}$$

Die Zustandsgrößen sollen nun als Schätzwerte aus den Messgrößen ermittelt werden. Dabei wird eine optimale Schätzung unter Berücksichtigung des System- und des Messrauschens angestrebt. Diese optimale Schätzung beinhaltet die exakte Schätzung einer Dichtefunktion

$$p\left(\mathbf{x}_k \mid \mathbf{z}_{1:k}\right). \tag{7.41}$$

Diese gibt die Wahrscheinlichkeit dafür an, dass ein Zustandsvektor $\mathbf{x}_k$ zum Zeitpunkt k aus den Messwerten $\mathbf{z}_{1:k}$ der bisher vorliegenden Messchritte ermittelt werden kann.

Mit anderen Worten: Die Zustandsgrößen werden aus den Messwerten aus der Vergangenheit bis zum aktuellen Zeitpunkt herausgefiltert. Dabei werden modellierbare Ungenauigkeiten im Systemmodell und bekannte statistische Eigenschaften des Messrauschens berücksichtigt.

Die Ermittlung der Dichtefunktion gemäß Gleichung 7.41 erfolgt durch die Rekursion von zwei Schritten[9]: Vorhersage (Gleichung 7.42) und Einbeziehung der aktuellen Messung (Gleichung 7.44). Die Vorhersage erfolgt mit der so genannten Chapman-Kolmogorov-Gleichung:

$$p\left(\mathbf{x}_k \mid \mathbf{z}_{1:k-1}\right) = \int p\left(\mathbf{x}_k \mid \mathbf{x}_{k-1}\right) p\left(\mathbf{x}_{k-1} \mid \mathbf{z}_{1:k-1}\right) \mathrm{d}\mathbf{x}_{k-1}. \tag{7.42}$$

[9] Eine genauere Erläuterung dieser Zusammenhänge findet sich in [3]. Hier sind nur die wesentlichen, für das Grundverständnis notwendigen Schritte dargestellt.

Zu Grunde gelegt wird hierbei ein Markov-Prozess 1. Ordnung,

$$p(\mathbf{x}_k \mid \mathbf{x}_{k-1}, \mathbf{z}_{1:k-1}) = p(\mathbf{x}_k \mid \mathbf{x}_{k-1}) \tag{7.43}$$

wobei der zweite Term von Gleichung 7.43 die Entwicklung der Zustandsgrößen beinhaltet und durch das Systemmodell aus Gleichung 7.39 definiert ist.

Liegt eine aktuelle Messung $\mathbf{z}_k$ vor, dann wird diese durch den *Satz von Bayes*[10] wie folgt berücksichtigt:

$$p(\mathbf{x}_k \mid \mathbf{z}_{1:k-1}) = \frac{p(\mathbf{z}_{1:k-1} \mid \mathbf{x}_k)\, p(\mathbf{z}_k \mid \mathbf{x}_k)}{p(\mathbf{z}_k \mid \mathbf{z}_{1:k-1})}. \tag{7.44}$$

Hierbei berechnet sich der Nenner aus

$$p(\mathbf{z}_k \mid \mathbf{z}_{1:k-1}) = \int p(\mathbf{z}_k \mid \mathbf{x}_k)\, p(\mathbf{x}_k \mid \mathbf{z}_{1:k-1})\, \mathrm{d}\mathbf{x}_k, \tag{7.45}$$

wobei die Dichtefunktion $p(\mathbf{z}_k \mid \mathbf{x}_k)$ durch das Messmodell aus Gleichung 7.40 bestimmt wird. Die somit beschriebene rekursive Ermittlung beginnt mit einer angenommenen Dichtefunktion $p(\mathbf{x}_0 \mid \mathbf{z}_0) = p(\mathbf{x}_0)$.

Sie stellt jedoch nur eine konzeptionelle Lösung dar, da die Gleichungen 7.42 und 7.44 im Allgemeinen nicht analytisch lösbar sind. Deshalb wurden eine Reihe von Lösungsmöglichkeiten entwickelt, die Näherungslösungen liefern oder optimale Lösungen unter einschränkenden Bedingungen ermöglichen. Optimale Lösungen sind beispielsweise der Kalmanfilter, hier müssen die angenommenen Wahrscheinlichkeitsdichten der Gaußverteilung entsprechen oder der Gridfilter, dieser setzt einen diskreten Zustandsraum und eine endliche Anzahl von Zuständen voraus. Nicht optimale, also Näherungslösungen, erhält man bei Anwendung des erweiterten Kalmanfilters, hier werden nichtlineare Mess- oder Systemgleichungen linearisiert, oder durch Näherungs-Gridfilter, die im kontinuierlichen Zustandsraum arbeiten.

Neben den genannten Methoden existieren weitere Methoden – jeweils in zahlreichen Varianten – die im Rahmen der vorliegenden Abhandlung keinen Platz finden können. Da die Filterung und Parameterschätzung außerdem unabhängig von der hier interessierenden Ermittlung der Verkehrslage aus Videobildern erläutert werden kann, sei an dieser Stelle auf die zahlreiche Spezialliteratur und, da dieses Gebiet ständig weiterentwickelt wird, auf aktuelle Veröffentlichungen verwiesen.

[10] Thomas Bayes, englischer Mathematiker im 18. Jahrhundert. Der „Satz von Bayes“ dient der Berechnung von bedingten Wahrscheinlichkeiten. Hier zum Beispiel: Berechnung der Wahrscheinlichkeit einer Fahrzeugposition in Abhängigkeit von den ermittelten Positionen der Flächenschwerpunkte.

8 Fallstudie Ruhender Verkehr: Theorie und Anwendung am Beispiel PWC-Nöthnitzgrund Dresden

Das Ziel der hier zusammengefasst vorgestellten Forschungsarbeit war die Entwicklung von Algorithmen zur automatischen Ermittlung der Parkraumbelegung und von Falschparkern aus Live-Kamerabildern auf LKW-Autobahnparkplätzen zur automatischen Weiterverarbeitung in einem Parkleitsystem [27],[28]. Hierbei dient die Ermittlung von freien Parkplätzen zur Erzeugung von Fahrempfehlungen bzw. dem Anbieten von Alternativen bei der Parkplatzsuche.

Das Erkennen von Falschparkern verfolgt nicht das Ziel, Fahrer, die auf Grund des Zielkonfliktes zwischen Lenkzeit und begrenztem Parkraumangebot halten müssen, zu identifizieren; vielmehr geht es darum, bei ausreichend vorhandenen Parkmöglichkeiten die vom Falschparken ausgehenden Gefahren zu reduzieren.

Als Sensoren werden Tagsichtkameras eingesetzt, die bei Dunkelheit durch Infrarotscheinwerfer unterstützt werden. Die wichtigsten technischen Daten sind in den Tabellen 8.1 und 8.2 zusammengestellt.

Die Bildauswertung erfolgte auf einem zentralen Rechner, zu dem die Bilddaten der einzelnen Kameras übertragen wurden. Eine zentrale Auswertung, im Unterschied zur dezentralen Auswertung auf dem Rechner der Kamera, ist möglich, da ein Auswertetakt von 60 Sekunden für die Analyse des ruhenden Verkehrs ausreicht. Signifikante Änderungen treten innerhalb dieser Zeitspanne selten auf und sind auch mit einer Verzögerung von einer Minute für das Parkraummanagement nutzbar.

Die besondere Herausforderung gegenüber der üblichen Objekterkennung bestand darin, dass alle Arten von Fahrzeugen auf den Parkflächen abgestellt werden. Dies hat weitreichende Konsequenzen: Einerseits kann keinerlei Vorinformation über die zu detektierenden Objekte einbezogen werden, andererseits ist beispielsweise bei PKW oder abgestellten Hängern die Position auf der Parkfläche nicht vorhersehbar. Punktuell arbeitende Sensoren können hier versagen.

Die Blickrichtung der Kameras muss von hinten auf die Fahrzeuge gerichtet sein. Der Blick auf die Fahrzeugfront würde zwar die bei allen Fahrzeugen gleichermaßen gut erkennbare Frontscheibe liefern, führt aber dazu, dass das System wegen der Beeinflussung der Privatsphäre der Fahrer unter Umständen nicht akzeptiert wird.

Das für die Fahrzeuge gewählte Signalmodell – vertikale Kanten auf der Parkfläche – trägt den genannten Umständen Rechnung. Somit handelt es sich um ein nichtmodellbasiertes Signalmodell, das bei unterschiedlichen Sichtbedingungen am Tag und mit Infrarotlicht bei Dunkelheit funktioniert. Letzteres ist der Grund, warum auf Farbinformationen verzichtet wurde.

Das Realisierungsgebiet ist der PWC-Nöthnitzgrund an der Autobahn 17 in Fahrtrichtung Prag. Abbildung 8.1 zeigt die Aufstellung der Kameras. Für die Pilotierung wurden insgesamt fünf Masten errichtet, die eine Sichthöhe von 12 m ermöglichen. Die Kameras drei und vier überwachen die Fahrgasse mittels der Sensoren 8 und 9 mit dem Ziel, Falschparker zu erkennen. Die Kameras eins und zwei schauen von rechts und links mit jeweils drei Sensoren auf fünf Parkflächen, wobei Sensor 4 den Bereich der Fahrgasse vor den Parkflächen erfasst.

Tabelle 8.1: *Technische Daten des Infrarotscheinwerfers*

Typ	eneo 300-B-50
Dämmerungsschalter	ja
Emission	880 nm
Strahlwinkel	50°
Lichtquelle	LED
Leistungsaufnahme	80 W
Betriebsbedingungen	IP 66, −30°C bis +50°C

Tabelle 8.2: *Technische Daten der Kameras*

Typ	Mobotix DualNight M12	AXIS 221
Leistungsaufnahme	ca. 4 Watt	5,5 Watt
minimale Lichtstärke Farbe	1 Lux bei 1/60 s, 0,05 Lux bei 1/1 s	0,65 Lux F1,0
minimale Lichtstärke s/w	0,1 Lux bei 1/60 s, 0,005 Lux bei 1/1 s	0,08 Lux F1,0
Bildauflösung Farbe	bis 2048 × 1536	bis 640 × 480
Bildauflösung s/w	bis 1280 × 960	bis 640 × 480
Betriebsbedingungen	−30°C bis +60°C	0 bis −50 °C
Schutzklasse	IP 65	abhängig vom Gehäuse

Abb. 8.1: *Kameraaufstellung der Pilotanlage auf dem PWC-Nöthnitzgrund an der A17, Fahrtrichtung Prag. Die Kameras 3 und 4 beobachten die Ein- bzw. Ausfahrt. Die Kameras 1 und 2 ermitteln die Belegung der Parkflächen. Kamera 1 liefert darüber hinaus eine Information, ob die Fahrgasse vor den einzelnen Parkplätzen belegt ist.*

8.1 Beschreibung der Aufgabe

Um zu einem praxisrelevanten Verfahren zu gelangen, muss eine auf spezielle Testszenen zugeschnittene Verfahrensentwicklung vermieden werden. Im vorliegenden Fall standen die Bilder der in Abbildung 8.1 gezeigten Kamerakonfiguration von Anfang an rund um die Uhr zu Verfügung, so dass auf Testszenen verzichtet werden konnte.

Einen ersten Eindruck von der zu lösenden Aufgabe vermittelte Abbildung 8.1. Die Betrachtung der gezeigten Situationen lässt zunächst wenige Schwierigkeiten erwarten, wenn es darum geht, die An- oder Abwesenheit von Fahrzeugen zu ermitteln. Zur Analyse dieser Situationen erscheinen Standardverfahren zur Objekterkennung, wie in [17] und [55] beschrieben, ausreichend. Die eigentliche Herausforderung wird deutlich, wenn zwei Fragen beantwortet werden:

Welche Bildobjekte können neben den gezeigten in Erscheinung treten?

Eine besondere Herausforderung für die vorliegende Studie ergab sich aus der Berücksichtigung der sehr unterschiedlichen Ausprägung des Bildobjektes „LKW". In Abbildung 1.13 des Abschnittes 1.2 wurde bereits gezeigt, welche Vielfalt an Fahrzeuggrößen und -formen das hier vorgestellte Verfahren abdecken muss. Darüber hinaus konnte bereits nach kurzer Beobachtungszeit festgestellt werden, dass mit jeder Art Fahrzeug auf der Parkfläche gerechnet werden muss und dass das Abstellen teilweise willkürlich, das heißt nicht innerhalb der Einzelplatzmarkierungen, erfolgte.

Welche Situationen können auftreten?

Zusätzlich zu den in Abbildung 8.1 gezeigten Standardsituationen existiert eine Vielzahl von Varianten, die zu einer erheblich anderen Bildinformation, jedoch aus Sicht der Verwendung in einem Parkleitsystem nicht zu neuen Situationen führen. Solche Beispiele zeigt Abbildung 8.2 und verdeutlicht dadurch die Notwendigkeit, Kontextwissen und das Ergebnis der Bildanalyse zu verbinden, um die automatisch ermittelte Information für ein Parkleitsystem nutzbar zu machen. Auf Bild 1 in Abbildung 8.2 ist eine Vorbeifahrt vor den Bildobjekten zu sehen. Diese führt zu einer Überdeckung des zu analysierenden Bildbereiches. Bei Vorhandensein eines Fahrzeuges auf der Parkfläche werden wesentliche Merkmale temporär verändert. Eine leere Parkfläche würde in diesem Moment als belegt angezeigt. Bleibt der Vorbeifahrer stehen, was häufig vorkommt, werden die verdeckten freien oder belegten Parkflächen als permanent belegt angezeigt. Aus Sicht der Nutzbarkeit der Parkfläche, die von der anderen Seite nicht angefahren werden kann, ist das im gezeigten Falle sogar richtig.

Ein ähnliches Problem zeigt Bild 2 in Abbildung 8.2. Das gezeigte Fahrzeug belegt aus Sicht eines automatischen Verfahrens drei Parkflächen. In der Praxis sind die beiden rechten Parkflächen jedoch verfügbar, da das Einsatzfahrzeug für einen herannahenden LKW wahrscheinlich die Parkfläche räumen würde. Die markierte Person kann, je nach Empfindlichkeit des Verfahrens, ebenfalls zu einer falschen Belegtmeldung führen.

Die Bilder 3 und 4 zeigen die Fahrgasse bzw. Parkflächen bei Dunkelheit. Hier wird deutlich, dass spezielle Fahrzeugmerkmale wie das Heckrechteck oder die Umrisse der Fahrzeuge bei Dunkelheit nicht mehr auswertbar sind. Die Abschattung des Infrarotlichtes auf die Parkflächen in Bild 4 durch das quer abgestellte Fahrzeug führt jedoch, vergleichbar mit Abschattung des Sonnenlichtes am Tage, zu einer Verminderung des Bildkontrastes, wodurch beispielsweise Bildkanten weniger deutlich erscheinen. Die hier vorgenommene kurze Beschreibung der Aufgabe verdeutlicht, dass auf den ersten Blick naheliegende Merkmale wie

- die Größe und Form des Bildobjektes,
- die Position des Bildobjektes und
- die Helligkeitsverteilung der Bildobjekte im Vergleich zum Hintergrund und wegen des geforderten 24-Stunden-Betriebes die Farbverteilung

für eine automatische Bildauswertung **nicht** geeignet sind.

Abb. 8.2: *Anforderungen an ein Verfahren zur 24-Stunden Bestimmung der Parkraumbelegung auf LKW-Parkplätzen an der Autobahn.*
Bild 1: *Die gezeigte Situation kann sowohl durch eine Vorbeifahrt als auch durch ein abgestelltes Fahrzeug entstehen. Nur im letzteren Falle müssen alle abgedeckten Parkflächen als belegt detektiert werden, da sie nicht mehr angefahren werden können.*
Bild 2: *Personen verursachen, die entsprechende Empfindlichkeit des Verfahrens vorausgesetzt, eine kurzzeitige Belegung der Parkfläche, die nicht als solche in die Mechanismen der Verkehrssteuerung eingehen darf. Das quer abgestellte Fahrzeug zeigt den Unterschied zwischen Fahrzeugerkennung und Belegung der Parkfläche: Die Anzahl der im Bild befindlichen Fahrzeuge liefert keine Aussage über die noch freien Parkflächen.*
Bild 3: *Bei Dunkelheit werden die am Tag sichtbaren Fahrzeugmerkmale für eine automatische Auswertung bedeutungslos. Das gezeigte Eigenlicht ist beim ruhenden Verkehr immer nur kurz, nämlich bei Ankunft und Abfahrt des Fahrzeuges, auswertbar.*
Bild 4: *Auch bei Dunkelheit können Abschattungen die Bildhelligkeit verändern. Gezeigt ist die Verdeckung des Infrarotlichtes durch ein quer abgestelltes Fahrzeug.*

8.2 Anwendung der Methodologie

Abbildung 8.3 zeigt die Anwendung der Methodologie auf die gestellte Aufgabe der automatischen Ermittlung der Parkraumbelegung und der Erkennung von Falschparkern.

Die Bildrepräsentation beinhaltet die zeitliche, räumliche und wertmäßige Auflösung der Bildinformation sowie die Maskierung der interessierenden Bildausschnitte, im vorliegenden Fall also der Parkflächen. Die zeitliche Auflösung ergibt sich aus dem Bildaufnahmeabstand. Für die Analyse des ruhenden Verkehrs haben sich Werte im Bereich mehrerer Minuten als geeignet erwiesen, da grundlegende Änderungen des Zustandes innerhalb dieses Zeitraums auftreten. Die räumliche Auflösung hängt von der Bildauflösung und vom Abstand der Kamera zur Szene ab. In der vorliegenden Fallstudie wurde bei einer Masthöhe von 12 m eine Bildauflösung von 640 × 480 Bildpunkten verwendet. Die Bilder haben eine 8 Bit Auflösung in Graustufen.

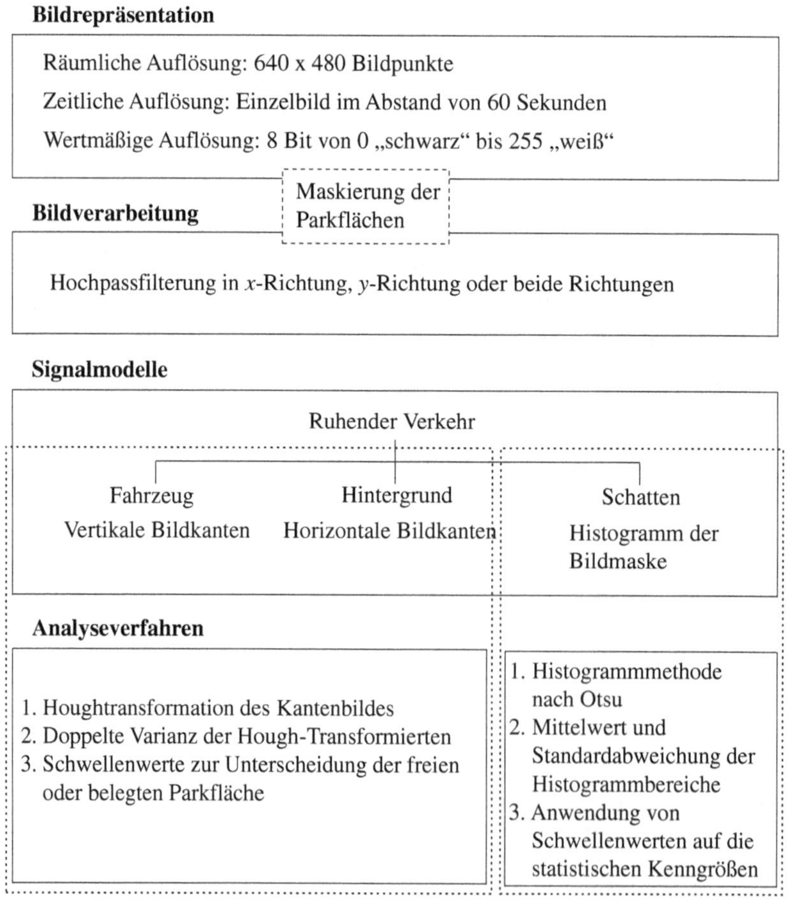

Abb. 8.3: Anwendung der Methodologie auf die Aufgaben Ermittlung der Parkraumbelegung und Ermittlung von Falschparkern.

Um die sich aus der Vielzahl möglicher Fahrzeugvarianten und Umgebungsbedingungen ergebende Mannigfaltigkeit analysieren zu können, wurde ein nichtmodellbasiertes Signalmodell gewählt. Es handelt sich hierbei um die vertikalen Bildkanten auf der Parkfläche als Fahrzeugmodell sowie die horizontalen Bildkanten als Modell des Hintergrundes. Da das Bild die zweidimensionale Information der dreidimensionalen Szene liefert, verursachen die auf die Parkfläche fallenden Schatten vergleichbare bzw. häufig auch stärkere Bildkanten als die Fahrzeuge selbst. Um Schatten nicht irrtümlich als Fahrzeuge zu identifizieren wurde ein zusätzliches Schattenmodell benötigt. Dieses beruht auf der Analyse der Helligkeitswerte auf der Parkfläche und ist somit ebenfalls ein nichtmodellbasiertes Flächenmodell.

Die angewandten Analyseverfahren unterscheiden sich für das kombinierte Fahrzeug- und Hintergrundmodell und das Schattenmodell. Die Intensität der vertikalen Bildkanten der Objekte auf der Parkfläche werden mittels der Hough-Transformation ermittelt. Die Unterscheidung zwischen leerer und belegter Parkfläche erfolgt durch Berechnung einer doppelten Varianz der Hough-Transformierten, auf die sich ein Schwellenwert anwenden lässt. Die Analyse des Schattenmodells erfolgt anhand der statistischen Parameter Mittelwert und Varianz, die ebenfalls anhand von Schwellenwerten bewertet werden. Das durch die Methodologie so beschriebene Verfahren ist gleichermaßen auf die Parkraumanalyse wie auch auf die Erkennung von Falschparkern anwendbar.

8.2.1 Bildrepräsentation

Die gewählte Bildauflösung beträgt 640 × 480 Bildpunkte. Um das Verfahren auch bei Dunkelheit einsetzen zu können, wurden für die Kameras 1 und 2 Infrarotscheinwerfer installiert. Die Farbobjektive der Kameras verfügen über einen Infrarotsperrfilter, um am Tage für das menschliche Sehen farbrichtige Bilder zu liefern. Beim verwendeten Kameramodell ließ sich dieser Sperrfilter nicht wegschalten, so dass auch am Tage das schwarz/weiß Objektiv verwendet wurde[1]. Um also *ohne* Parameteranpassung oder Umschaltung auf andere Algorithmen arbeiten zu können, wurde auf die Nutzung von Farbinformationen verzichtet. Somit haben die aus dem Bild ableitbaren Signalmodelle einen Wertebereich, der sich in 1 × 8 Bit abbilden lässt. Das entspricht 256 Helligkeitsstufen von 0 (schwarz) bis 255 (weiß).

Für die Analyse des ruhenden Verkehrs ist eine zeitliche Auflösung im Minutenbereich ausreichend, da wesentliche Änderungen der Parkraumbelegung diesen Zeitraum benötigen. In der vorliegenden Fallstudie wurde alle 60 Sekunden ein Einzelbild ausgewertet.

Um den Einfluss der Umgebungsbedingungen wenigstens teilweise ausblenden zu können, wurde eine Maskierung der interessierenden Bereiche vorgenommen. Der Inhalt dieser Masken liefert die Grundlage der Signalmodelle für Fahrzeug und Hintergrund sowie für die Schatten. Hierbei bringt die Maskierung der Parkfläche ohne jede Umgebung den größten Ausblendeffekt. Abbildung 8.4 zeigt, dass dann allerdings von den Fahrzeugen nur wenig Information übrig bleibt. Darauf müssen die folgenden Signalmodelle und Analyseverfahren abgestimmt werden.

[1] Eine Umschaltung zwischen den Objektiven hätte auf Grund des vorhandenen Parallaxenfehlers zur Bewegung der definierten Messflächen im Bild geführt.

Abb. 8.4: *Die Abbildung zeigt, was von den Fahrzeugen nach der Ausmaskierung für die nachfolgende Signalmodellbildung und Analyse zur Verfügung steht.*

8.2.2 Bildverarbeitung

Aus der Beschreibung der Aufgabe gemäß Unterkapitel 8.1 geht hervor, dass die Größe, Form und Position sowie die Helligkeits- und Farbverteilung der Fahrzeuge für eine automatische Auswertung *nicht* geeignet sind. Da außerdem die fahrzeugspezifischen Merkmale durch die Ausmaskierung der Parkflächen stark reduziert werden, erscheint es zweckmäßig, für Fahrzeug und Hintergrund nichtmodellbasierte Signalmodelle zu wählen, welche die noch verbleibenden Merkmale beinhalten. Die Arbeitshypothese der nun gefolgt wird, besagt, dass die Verarbeitung des Bildes durch eine Hochpassfilterung solche Merkmale in Form von Bildkanten zur Verfügung stellt. Wie in Unterabschnitt 4.1.1 beschrieben, erfolgt die Ermittlung der Bildkanten durch Faltung der Bildmatrix $\mathbf{B}$ mit einem geeigneten Operator $\mathbf{O}$. Für die vorliegende Anwendung wurde der Sobeloperator

$$\mathbf{O}_v^S = \begin{bmatrix} -1 & 0 & 1 \\ -2 & 0 & 2 \\ -1 & 0 & 1 \end{bmatrix}, \mathbf{O}_h^S = \begin{bmatrix} -1 & -2 & -1 \\ 0 & 0 & 0 \\ 1 & 2 & 1 \end{bmatrix}$$

gewählt, der auf einer Differenzbildung 1. Ordnung mit anschließender Glättung orthogonal zur Ableitungsrichtung beruht. Die aus der Glättung resultierende verminderte Empfindlichkeit gegenüber geringen Helligkeitsschwankungen, die durch Bildrauschen oder Kompressionsartefakte hervorgerufen werden können empfehlen den Sobeloperator für die vorliegende Anwendung. Die Faltung der Operatoren $\mathbf{O}_v^S$ und $\mathbf{O}_h^S$ mit dem Bild $\mathbf{B}$ berechnet die Gradienten jeweils für die vertikale und die horizontale Richtung im Bild $\mathbf{B}$

$$\mathbf{B}_v^S = \mathbf{O}_v^S * \mathbf{B}, \tag{8.1}$$

$$\mathbf{B}_h^S = \mathbf{O}_h^S * \mathbf{B}. \tag{8.2}$$

Daraus lässt sich ein Gradientenvektor bilden, der die horizontale und die vertikale Richtung beinhaltet. Der Betrag des Gradientenvektors berechnet sich aus:

$$\mathbf{B}_{hv}^S = \sqrt{\mathbf{B}_h^{S^2} + \mathbf{B}_v^{S^2}}. \tag{8.3}$$

Das Ergebnis der Faltung ist eine Bildmatrix $\mathbf{B}^S_{(\bullet)}$, mit den Elementen $b^S_{u,v}$ die das Gradientenbild der ersten Ableitung von **B** enthält. Um nur relevante Bildinformationen weiterzuverarbeiten, wird das Gradientenbild an einem Schwellenwert T bewertet, der in der Umsetzung des Verfahrens als Filterparameter zur Einstellung der Empfindlichkeit geführt wird:

$$b^S_{u,v} = \begin{cases} 0 \text{ (schwarz)}, & \text{wenn } b^S_{u,v} \leq T, \\ b^S_{u,v} & \text{sonst.} \end{cases} \tag{8.4}$$

Hierbei werden geringe, also unterhalb von T befindliche Gradientenwerte, zu Null gesetzt. Um für die weitere Auswertung vergleichbare Kantenbilder zu erhalten, ist es notwendig, die Empfindlichkeit T des Kantenfilters an unterschiedliche Beleuchtungsverhältnisse anzupassen. Dies geschieht mit dem in Abbildung 8.5 gezeigten geschlossenen Wirkungsablauf.

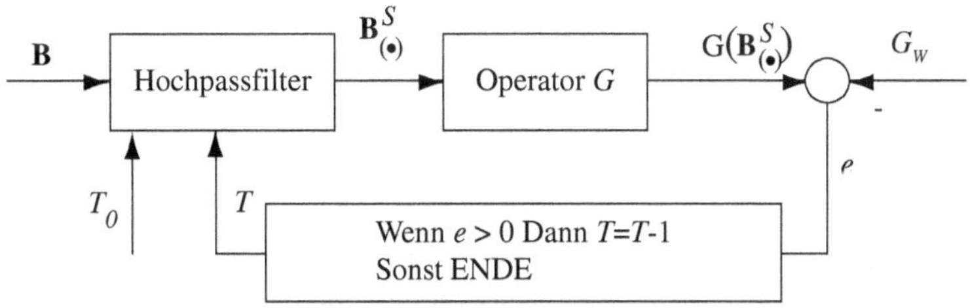

Abb. 8.5: *Anpassung der Filterempfindlichkeit an die Helligkeitswerte im Bild. Dadurch wird sichergestellt, dass auch kontrastarme Bilder nach der Hochpassfilterung auswertbare Kanten enthalten. Dies ist vor allem notwendig, um Tag-Nachtunterschiede auszugleichen.*

Dabei bleibt zunächst noch offen, ob diese Anpassung für das vertikal gefilterte Gradientenbild (Gleichung 8.1), das horizontal gefilterte Gradientenbild (Gleichung 8.2) oder das in beide Richtungen gefilterte Gradientenbild (Gleichung 8.3) vorgenommen wird. Dies findet in der Schreibweise $G\left(\mathbf{B}^S_{(\bullet)}\right)$ Ausdruck, wobei $(\bullet)$ für die jeweilige Richtung h, v oder hv steht.

Zur Bewertung des Gradientenbildes ermittelt ein Operator G ein heuristisches Maß. Im vorliegenden Fall wird die Summe der im gesamten Kantenbild vorhandenen Bildelemente bestimmt, die zu Kanten gehören, also einen Wert größer als Null besitzen. Der Schwellenwert T wird mit $T_0 = 255$ initialisiert gemäß Gleichung 8.4 schrittweise dekrementiert, bis $G\left(\mathbf{B}^S_{(\bullet)}\right)$ die gewünschte Größe G_W erreicht hat. G_W ist ein Standortparameter. Geeignete Werte für G_W wurden experimentell zu $\frac{1}{10}$ bis $\frac{1}{40}$ der Bildauflösung bestimmt. Im vorliegenden Fall wurde $G_W = \frac{640 \cdot 480}{30} = 10240$ gewählt.

Ein Beispiel für die Nachführung der Filterempfindlichkeit mit Einbruch der Dunkelheit zeigt Abbildung 8.6. Gezeigt ist der Verlauf der Filterempfindlichkeit für Kamera 1 und Kamera 3 (vgl. Abbildung 8.1) über einen Zeitraum von 5 Stunden am 9. September 2010. Der Sonnenuntergang war an diesem Tag um 19:36 Uhr und ist in der Abbildung durch (2) gekennzeichnet.

Es wird deutlich, dass sich die Filterempfindlichkeit an die Dunkelheit anpasst, aber auch unter Tagsichtbedingungen nennenswerte Änderungen erfährt. Die Spitzen bei (3) und (4) sind Durchfahrten von LKW, die auf Grund der Helligkeit der Frontscheinwerfer eine kurzzeitige Einstellung wie bei Tageslicht verursachen.

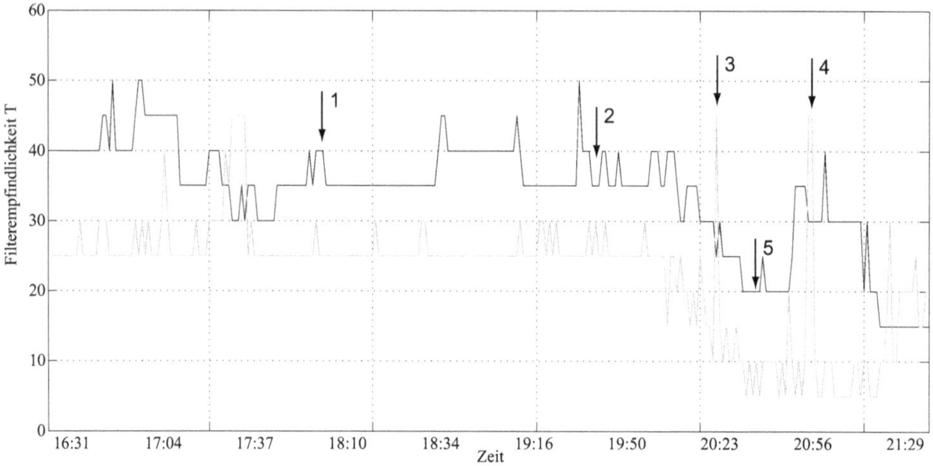

Abb. 8.6: *Anpassung der Filterempfindlichkeit bei Einbruch der Dunkelheit gegen 19:50 Uhr (Punkt 2). Gezeigt sind die Verläufe für die Kameras 1 und 3 (vgl. Abbildung 8.1), die jeweils mit* $G_W = 10240$ *parametriert sind. Die Punkte 3 und 4 markieren die Filterreaktion auf Fahrzeuglicht bei Dunkelheit. Die Punkte 1 und 5 liefern die Referenz für Abbildung 8.7.*

Die Wirkung der automatischen Anpassung der Filterempfindlichkeit auf die Kamerabilder zeigt Abbildung 8.7. Zu der Darstellung ist anzumerken, dass hohe Werte für Gradienten in der üblichen Darstellung des Helligkeitsbereiches von 0 (schwarz) bis 255 (weiß) zu hellen Linien auf dunklem Hintergrund führen. Für die Darstellung von Gradientenbildern ist es deshalb von Vorteil, das Bild zu invertieren, indem jedes Element des Kantenbildes von 255 abgezogen wird. Dadurch erhält man für die gesuchten Gradienten Zahlenwerte, die als dunkle Linien in einem weißen Bild sichtbar werden.

Abbildung 8.7 zeigt das Grauwertbild und das invertierte Gradientenbild um 18 Uhr, also unter Tageslichbedingungen (Markierung 1 in Abbildung 8.7), und die entsprechenden Bilder, aufgenommen um 20:30 Uhr bei Dunkelheit (Markierung 5 in Abbildung 8.7). Wie erwartet, ist es in beiden Fällen gelungen, die für die weitere Auswertung wichtige Bildinformation, nämlich die vertikalen Kanten der Fahrzeuge, deutlich hervorzuheben und *gleichzeitig* die Textur des Hintergrundes zu unterdrücken. Dabei ist für die Gradientenbilder eine vergleichbare Intensität der Kanten erzielt worden, obwohl die Ausgangsbilder einmal am Tage und einmal bei Dunkelheit mit Infrarotlicht aufgenommen wurden.

Abschließend soll nicht unerwähnt bleiben, dass die Anpassung der Filterempfindlichkeit in einem geschlossenen Wirkungskreislauf noch einen wichtigen Nebeneffekt hat: Bei Erreichen der Stellgrößenbeschränkung von T wird der maximal mögliche Dynamikumfang des Bildes genutzt.

Liefert der Operator auch dann keine positive Aussage über die Verwendbarkeit des Bildes, wurde also G_W nicht erreicht, dann wird das Bild als ungeeignet für die nächsten Verarbeitungsschritte erkannt. Somit sind Messfehler auf Grund unzureichender Bildinformation ausgeschlossen. Das tritt beispielsweise bei beschlagenem Kameraobjektiv, einem unscharfen Bild oder einem stark überblendeten Bild auf.

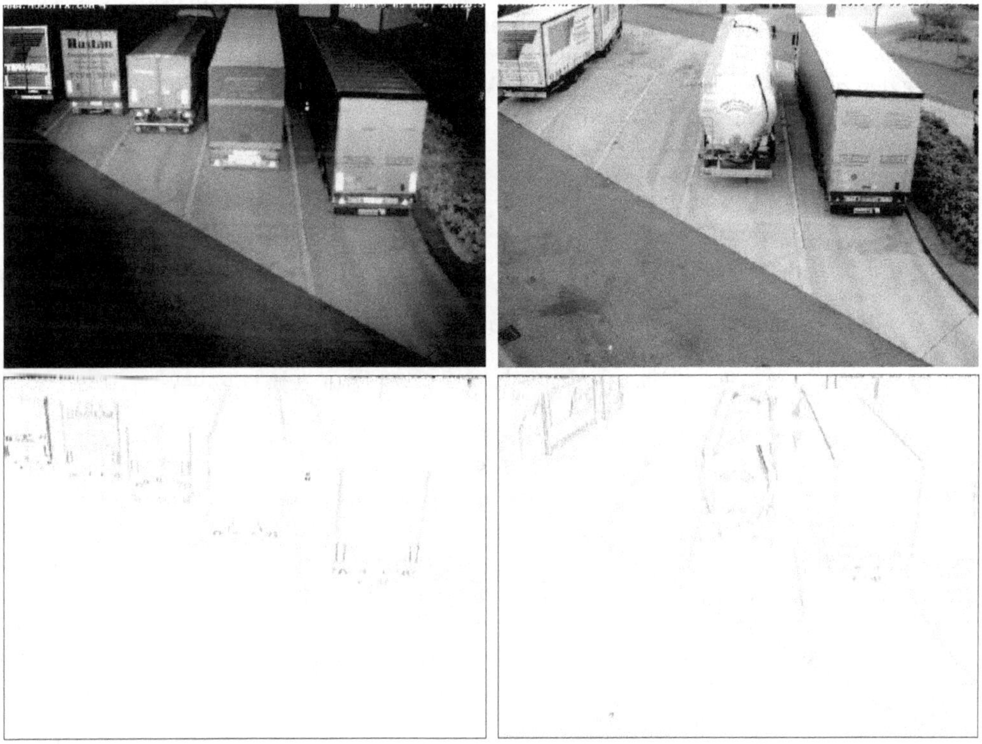

Abb. 8.7: *Durch die Anpassung der Filterempfindlichkeit an das Bild wird eine vergleichbare Kantenintensität bei Dunkelheit und am Tag erzielt, wodurch die folgenden Verarbeitungsschritte nicht an die Helligkeits-und Kontraständerungen des Bildes angepasst werden müssen.*

8.2.3 Signalmodelle

Das Signalmodell für Fahrzeug und Hintergrund

Im vorhergehenden Abschnitt wurde das maskierte Grauwertbild einer Hochpassfilterung unterzogen, um wesentliche, aber auf Grund der Maskierung nicht mehr qualifizierbare Fahrzeugmerkmale zu erhalten. Aus diesen soll nun das nichtmodellbasierte Fahrzeug- bzw. Hintergrundsignalmodell ermittelt werden. Bei der Hochpassfilterung ist neben der ausführlich diskutierten Filterempfindlichkeit die Wirkungsrichtung des Filters der zweite wichtige Parameter. Die Wirkung dieses Parameters auf die leere und die belegte Parkfläche zeigt Abbildung 8.8.

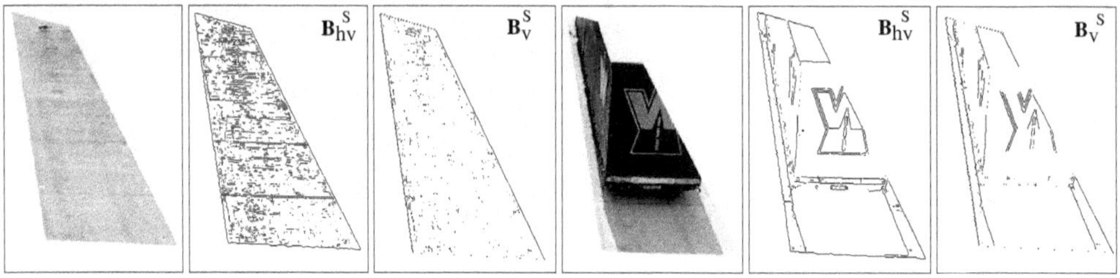

Abb. 8.8: Zur Ermittlung des Signalmodells für Bildobjekt und Bildhintergrund sind die leere und die belegte Parkfläche gezeigt. Das maskierte Grauwertbild wurde mit dem Sobeloperator in horizontaler und vertikaler ($\mathbf{B}_{hv}^S$), bzw. nur in vertikaler ($\mathbf{B}_v^S$) Richtung gefiltert.

Die mittlere Spalte des Bildes zeigt die Filterung gleichzeitig in horizontaler und vertikaler Richtung, also mit $\mathbf{O}_{hv}^S$, wodurch die Gradientenbilder $\mathbf{B}_{hv}^S$ entstehen. Hierbei wird zwar eine gute Abbildung des Fahrzeugs erzielt, die leere Parkfläche liefert jedoch ebenfalls eine nennenswerte Information. Das liegt daran, dass die Textur der Parkflächen im vorliegenden Fall durch horizontale Vertiefungen im Beton geprägt ist. Deshalb wird nun eine Filterung nur in vertikaler Richtung, also mit $\mathbf{O}_v^S$ vorgenommen, wodurch die Gradientenbilder $\mathbf{B}_v^S$ entstehen. Das Ergebnis zeigt die rechte Spalte von Abbildung 8.8. Jetzt wird offensichtlich, dass nun eine Unterscheidung zwischen leerer und belegter Parkfläche möglich wird, da zusammenhängende Kanten nur bei belegter Parkfläche auftreten. Das gesuchte Signalmodell, welches jede Art von Fahrzeug erfasst, sind also die vertikalen Bildkanten der ausmaskierten Parkfläche. Das Hintergrundmodell ist implizit enthalten, da der Hintergrund durch die vertikale Filterrichtung ausgeblendet wird. Dennoch bleibt die Filterrichtung als Parameter in der Implementation des Verfahrens erhalten, um an anderen Standorten andere Hintergrundtexturen berücksichtigen zu können.

Das Signalmodell für Schatten

Zur Einführung in das Problem der Schattenmodellierung zeigt Abbildung 8.9 im linken Bild ein Beispiel für Schatten auf der Parkfläche. Da diese zu Fehldetektionen führen können, müssen sie von Fahrzeugen unterschieden werden. Dem menschlichen Betrachter fällt dies nicht schwer. Er verfügt über Kontextwissen „wie ein Fahrzeug aussieht“ und kann sich gedanklich das Fahrzeug dreidimensional vorstellen, wogegen der auf dem Boden liegende Schatten von ihm als zweidimensional wahrgenommen wird.

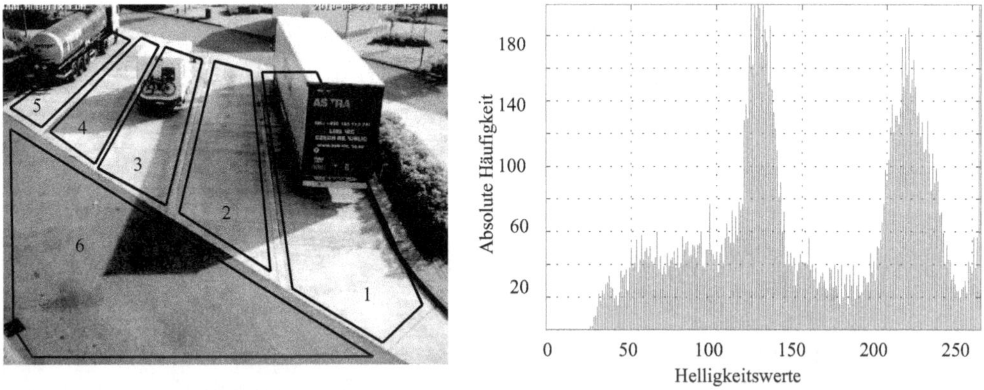

Abb. 8.9: *Linkes Bild: Beispiele für Fahrzeug-, Gebäude- und Bepflanzungsschatten. Rechtes Bild: Das Histogramm der Parkfläche drei lässt deutlich einen dunklen (Schatten) Bereich und einen hellen Bereich erkennen.*

Anders dagegen ein automatisches Verfahren: Das für Fahrzeug und Hintergrund ermittelte Signalmodell der vertikalen Kanten würde auf jeden Fall für Parkfläche 3 und mit einer gewissen Wahrscheinlichkeit auch für die Parkflächen 2 und 4 zutreffen. Gesucht sind also Merkmale, die in der Ebene die Unterscheidung zwischen Schatten und Fahrzeug ermöglichen. Dabei sind folgende Fälle zu unterscheiden, die im Signalmodell oder Analyseverfahren abgebildet sein müssen:

1. leere Parkfläche ohne Schatten,
2. leere Parkfläche mit Schatten,
3. belegte Parkfläche ohne Schatten und
4. belegte Parkfläche mit Schatten.

Wie Abbildung 8.9 außerdem zeigt, ist ein Vorwissen über den Schatten kaum zu formulieren. Neben den vom Fahrzeug ausgehenden Schatten können Schatten auch vom Gebäude – im hinteren Teil des Bildes sichtbar (zu einer späteren Stunde befindet sich der Schatten in der Tat auf Parkfläche 2) – und von der Randbepflanzung, im rechten Teil des Bildes sichtbar, ausgehen. An diesem Beispiel nicht sichtbar, aber trotzdem zu berücksichtigen sind Wolkenschatten.

Somit bleibt wiederum nur die Lösung mit einem nichtmodellbasierten Signalmodell. Ausgehend von der Tatsache, dass sowohl der Schatten als auch die Fahrzeuge die Parkfläche in helle und dunkle Bereiche unterteilen, soll untersucht werden, ob sich diese Bereiche nach ihrer Ursache unterscheiden lassen. Da nicht vorhersehbar ist, wie viele helle und dunkle Bereiche auftreten, kann man diese – auf Ebene der Bildpunkte – zusammenfassen. Die geeignete Darstellungsform, die hier als Signalmodell für den Schatten verwendet wird, ist das Histogramm der Helligkeitswerte auf der Parkfläche und somit ein nichtmodellbasiertes Flächenmodell.

8.2.4 Signalanalyse

Analyse des Signalmodells für Fahrzeug und Hintergrund

Nachdem die Kanten ermittelt wurden, gilt es nun, ein Maß für die Intensität der Kanten zu finden, das unabhängig von deren Lage im Bild funktioniert. Dieses Maß liefert für ein kantengefiltertes Bildes der Dimension m x n die Hough-Transformierte

$$b^{HT}(r,\phi) = \sum_{u=-n/2}^{u=+n/2} \sum_{v=-m/2}^{v=+m/2} b_{u,v}^{S}\, \delta\left(\mathbf{x}^{\mathbf{T}}\mathbf{e} - r\right). \tag{8.5}$$

Dabei ist $\mathbf{x}$ der Ortsvektor eines Bildpunktes im Bild $\mathbf{B}_{(\bullet)}^{S}$ und $\mathbf{e}$ ein Vektor mit den Komponenten der Verschiebungsrichtung von r. Die Anwendbarkeit der Hough-Transformation zur Lösung der vorliegenden Aufgabe wurde anhand des in Abbildung 8.10 gezeigten Versuchsplanes überprüft.

Das Ziel der Untersuchung ist das Auffinden eines Zusammenhangs zwischen den Funktionswerten der Hough-Transformation und der Fahrzeugan- bzw. -abwesenheit in Abhängigkeit von den Parametern „Filterrichtung“ und „Form der Binärmaske“. Es werden zwei Binärmasken untersucht. Die naheliegende Idee: „Stellplatz und Fahrzeug“ wird mit einer Binärmaske verglichen, die nur die Grundfläche des Stellplatzes beinhaltet.

Die umschließenden Rechtecke in Abbildung 8.10 verdeutlichen, dass die Beschränkung auf die Stellfläche dazu führt, dass ein wesentlich geringerer Teil des Fahrzeuges erfasst wird als im Fall der Stellfläche mit dem prinzipiell zu erwartenden Fahrzeugumriss.

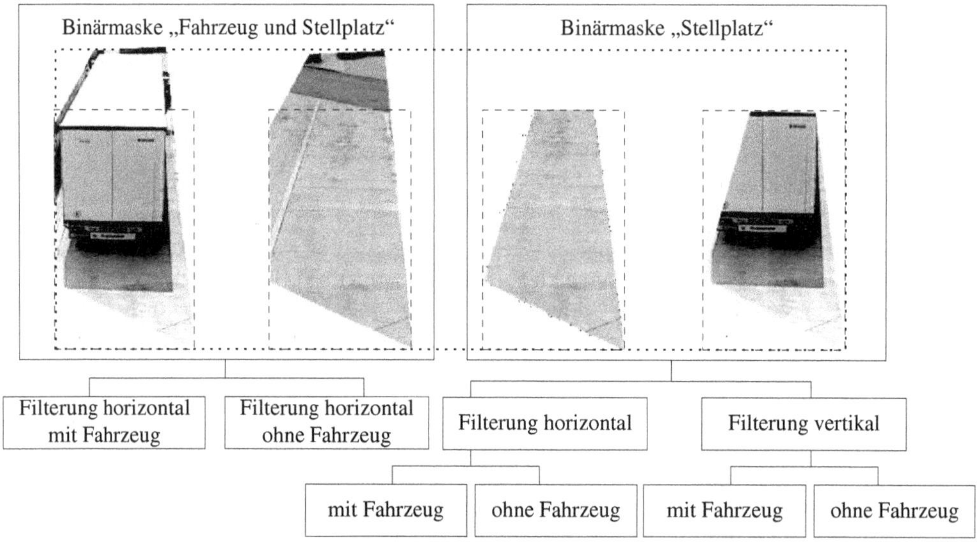

Abb. 8.10: *Versuchsplan zur Hough-Transformation*

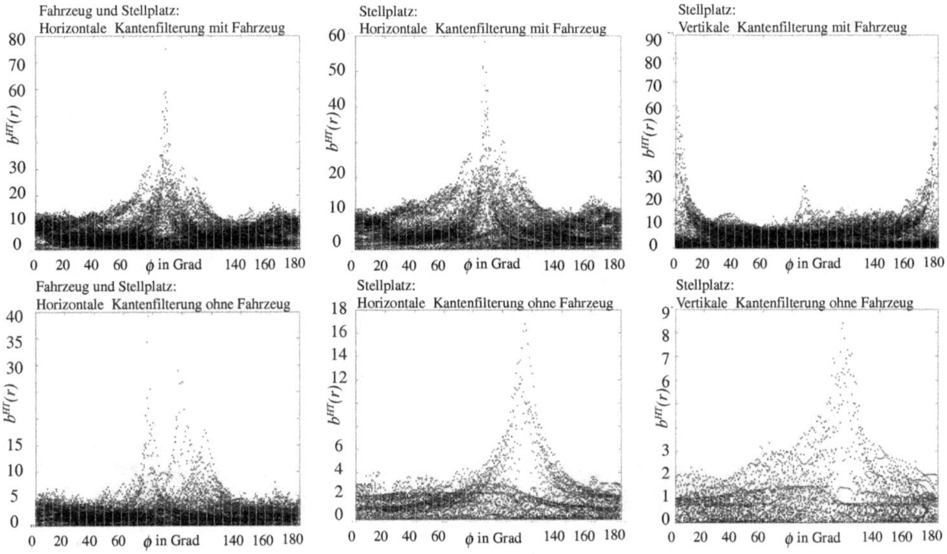

Abb. 8.11: *Ergebnisse zum Versuchsplan gemäß Abb.8.10*

Aus den gemäß Abbildung 8.10 durchgeführten Versuchen lassen sich folgende Schlussfolgerungen ziehen:

Die Binärmaske „Stellplatz und Fahrzeug“ liefert die vollständige Information des Bildobjektes, aber bei Abwesenheit des Bildobjektes auch viele Störungen aus der Umgebung. Die Binärmaske „Fahrzeug“ liefert im Vergleich dazu weniger Informationen vom Objekt, dafür auch wesentlich weniger Störung bei Abwesenheit desselben. LKW als Bildobjekte liefern in x- und y-Richtung sichere Merkmale zur Objekterkennung. Merkmale der x- und der y- Richtung können allein oder kombiniert verwendet werden, aber die Arbeitsrichtung des Kantenfilters hängt von der Richtung der Textur des Bildhintergrundes ab. Die Richtung der Kanten der Objektmerkmale muss sich deutlich von der Richtung der Kanten der Hintergrundtextur unterscheiden, optimal ist orthogonal. Die Ortsinformation der Hough-Transformierten kann negiert werden, da die Position der Kanten im Bild zufällig erfolgt.

Die zweidimensionale Hough-Transformierte, dargestellt als Intensität über dem Winkel, liefert eine automatisch interpretierbare Basis für die Erkennung der Anwesenheit eines Objektes. Bei Anwesenheit eines Fahrzeuges liefert die Hough-Transformierte die in Abbildung 8.12 gezeigten ausgeprägten Maxima für senkrechte Kanten, das heißt in der Nähe von 0° und 180°.

Noch deutlicher wird der Unterschied durch eine zweidimensionale Darstellung. Hierbei wird der Funktionswert der Hough-Transformierten über dem Winkel ϕ für alle Längen r dargestellt. Deutlich zu erkennen sind die Maxima bei 0° und 180° der belegten Parkfläche.

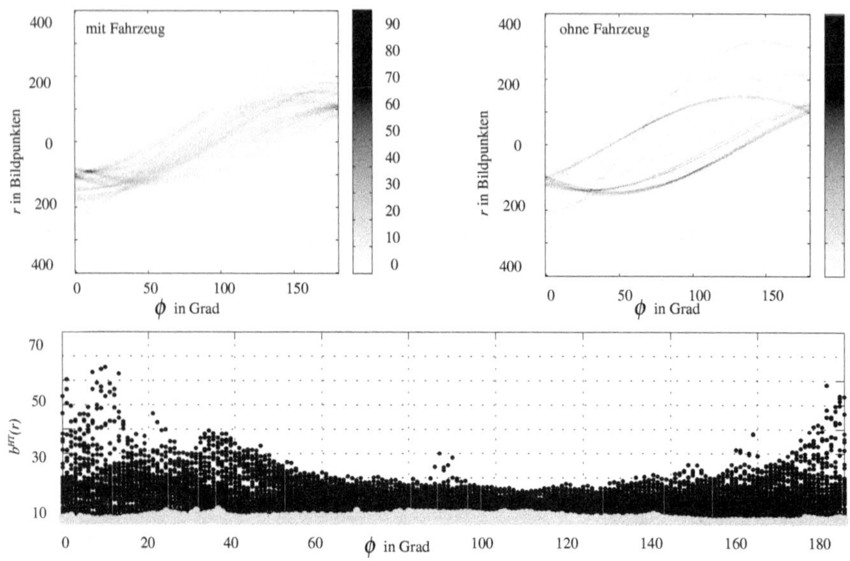

Abb. 8.12: *Die 3D-Hough-Transformierte einer Parkfläche: links mit, rechts ohne Fahrzeug, unten 2D Houghtransformation mit Fahrzeug (dunkle Punkte im oberen Bereich des Diagramms) und ohne Fahrzeug (helle Punkte im unteren Bereich des Diagramms).*

Der Bildinhalt wurde durch die Filterung reduziert und durch die Transformation abstrahiert, ohne bisher den Gewinn einer automatischen Auswertbarkeit zu erzielen. Der Unterschied zwischen der hellen Punktmenge, welche der leeren Parkfläche aus Abbildung 8.8 und der dunklen Punktmenge, welche der belegten Parkfläche aus Abbildung 8.8 entspricht, ist für einen menschlichen Betrachter genauso offensichtlich wie eine direkte Betrachtung des Ausgangsbildes. Das Problem wurde durch die genannten Operationen jedoch in eine mathematisch handhabbare Form überführt, die eine automatische Unterscheidung ermöglicht. Dafür wird zunächst die Varianz über jedem Winkel berechnet:

$$\begin{aligned} \sigma_\phi^2 &= \frac{1}{r_{max}} \sum_{i=0}^{r_{max}} \left(b^{HT}(i,\phi) - \mu_\phi\right)^2, \\ \text{mit } \mu_\phi &= \frac{1}{r_{max}} \sum_{i=0}^{r_{max}} b^{HT}(i,\phi) \text{ für } \phi = 0 \ldots \phi_{max}, \end{aligned} \tag{8.6}$$

und dann noch einmal die Varianz für diese Varianzen bestimmt:

$$\sigma_{\sigma^2}^2 = \frac{1}{\phi_{max}} \sum_{i=0}^{\phi_{max}} \left(\sigma_i^2 - \mu_{\sigma^2}\right)^2 \text{ mit } \mu_{\sigma^2} = \frac{1}{\phi_{max}} \sum_{i=0}^{\phi_{max}} \sigma_i^2. \tag{8.7}$$

Die doppelte Varianz der Punktmengen ergibt durch das zweimalige Quadrieren ein robustes Maß, welches sich für die belegte und die freie Parkfläche durch mehrere Zehnerpotenzen unterscheidet.

Durch die in Abbildung 8.5 erläuterte Nachführung der Filterempfindlichkeit werden vergleichbare Gradientenbilder erzeugt, was die Festlegung eines Schwellenwertes S erlaubt. Abbildung 8.13 zeigt den Verlauf dieser doppelten Varianz von Sensor 1 über einen Zeitraum von 14 Stunden unter Einbeziehung der Nacht. Erst die logarithmische Darstellung macht den Unterschied zwischen leerer und belegter Parkfläche deutlich: In den Nachtstunden war der Sensor eine Weile durchgängig belegt.

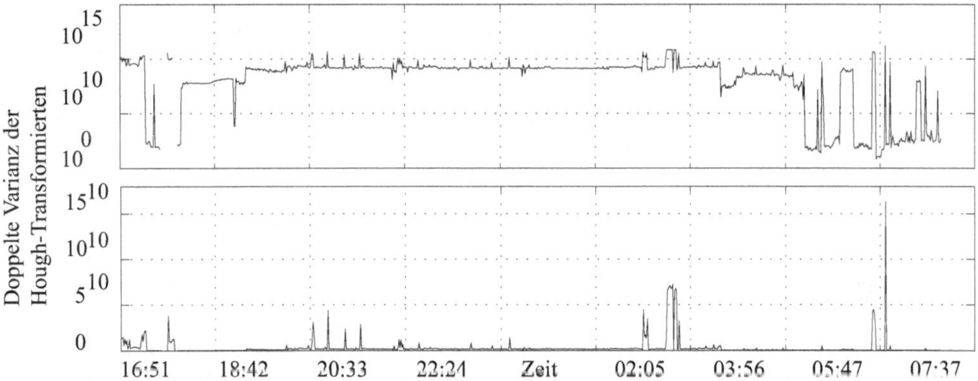

Abb. 8.13: *Ein Beispiel für den zeitlichen Verlauf der doppelten Varianz von Sensor 1 gemäß Abbildung 8.1, oben logarithmische, unten lineare Darstellung der Ordinate.*

Der erkannte Zusammenhang zwischen doppelter Varianz und Belegung des Sensors wird im Folgenden genauer untersucht: Abbildung 8.14 zeigt ein Histogramm über die doppelte Varianz aller neun Sensoren. Die erhoffte deutliche Trennung zwischen leerer und belegter Parkfläche wird hier deutlich sichtbar, wenn man berücksichtigt, dass die Klassen logarithmisch geteilt sind. In dem Bereich des Zusammentreffens der Teilhistogramme (Klasse von 10.000–100.000) muss der Schwellenwert liegen, der für die gezeigte Messung den Wert 30000 hatte.

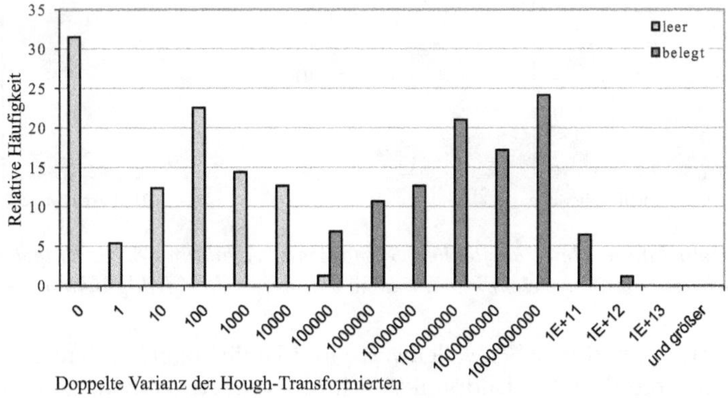

Abb. 8.14: *Ein Histogramm der doppelten Varianzen aller neun Sensoren.*

Hier kann es zu Messfehlern kommen, die aber auf Grund der geringen Klassenstärke in diesem Bereich auch nur eine geringe Auswirkung haben werden. Ein Indiz für das richtige Funktionieren des Nachführens der Filterempfindlichkeit ist, dass die gewünschte Trennung der Bereiche „belegt “und „frei “über alle neun Sensoren der vier unterschiedlich ausgerichteten Kameras gelungen ist.

Analyse des Schattenmodells

In Unterabschnitt 8.2.3 wurde als Signalmodell für die Schattenerkennung das Histogramm vorgeschlagen, da es eine deutliche Trennung zwischen hellen und dunklen Bildbereichen der ausmaskierten Parkfläche ermöglichte. Um daraus eine automatisch generierbare Information zu erhalten, muss also zuerst die automatische Trennung der Bildbereiche vorgenommen und anschließend eine Möglichkeit zur Unterscheidung des dunklen Bildbereiches nach seiner Ursache – Fahrzeug oder Schatten – gefunden werden.

Diese Trennung von hellen und dunklen Bildbereichen bezeichnet man in der Bildverarbeitung als Segmentierung. Diese Segmentierung kann durch Trennung des Histogrammes in zwei Bereiche erfolgen. Eine Möglichkeit dafür ist die Histogrammmethode nach OTSU [79] . Die Algorithmen sind in Unterabschnitt 7.4.1 beschrieben, hier soll nur die Anwendung interessieren. Es handelt sich dabei um ein parameterfreies Verfahren, was bedeutet, dass es ohne Vorwissen über das Histogramm angewandt werden kann. Diese Eigenschaft qualifiziert das Verfahren für die vorliegenden Aufgabe.

Abbildung 8.15 zeigt die Histogramme der Parkflächen 3 und 4 aus Abbildung 8.16. Diese beinhalten die Fälle „leere Parkfläche mit Schatten“ und „belegte Parkfläche mit Schatten“. Für den Betrachter offensichtlich sind in beiden Histogrammen ein „dunkler“ und ein „heller“ Bereich an ausgeprägten Maxima zu erkennen.

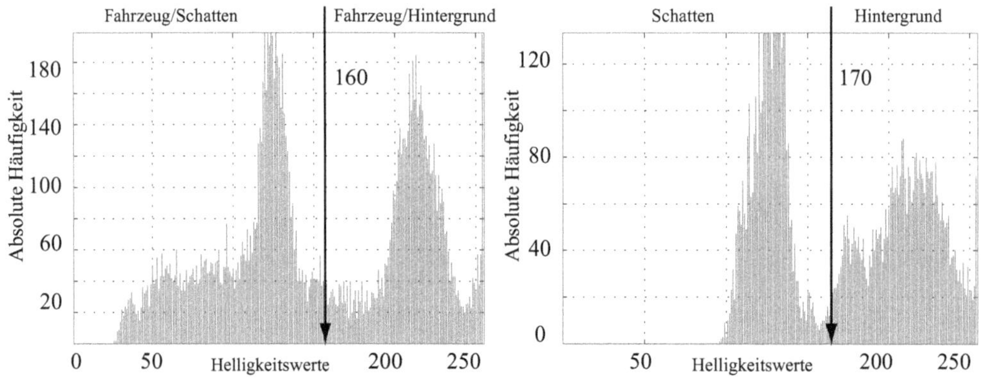

Abb. 8.15: *Histogramme der Parkflächen 3 und 4 aus Abbildung 8.16. Eingetragen sind die berechneten Schwellenwerte, welche die dunklen von den hellen Bildpunkten trennen.*

Erzeugt man mit Hilfe dieser Schwellenwerte nun Binärbilder, in denen die hellen Bildpunkte weiß und die dunklen Bildpunkte schwarz eingetragen werden, erhält man die im rechten Bild von Abbildung 8.16 gezeigte Darstellung. Man erkennt, dass Schatten als dunkle Bildbereiche richtig erkannt werden.

Allerdings zeigt Parkfläche fünf auch, dass ohne die Anwesenheit von Schatten auch ein dunkles Fahrzeug ebenso deutlich herausgestellt wird. Es ist also eine weitergehenden Analyse dieses prinzipiell geeigneten Signalmodells notwendig.

Abb. 8.16: *Linkes Bild: Beispiele für Fahrzeug-, Gebäude- und Bepflanzungsschatten. Rechtes Bild: Die Segmentierung der Parkflächen und der Fahrgasse in helle und dunkle Bereiche gemäß der Histogrammmethode nach Otsu [79].*

Sucht man nun nach einem Unterschied zwischen der Situation mit und ohne Fahrzeuge, ist im „hellen" Bereich der Histogramme nichts Wesentliches auszumachen, da deren Bildpunkte hauptsächlich vom Hintergrund ohne Schatten herrühren. Die dunklen Bereiche hingegen lassen einen Unterschied erkennen: Die Streuung der Helligkeitswerte um den Maximalwert ist mit Fahrzeug deutlich ausgeprägter als ohne Fahrzeug.

Die Ursache für dieses Phänomens ist darin zu sehen, dass der Schatten die im Vergleich zum Fahrzeug homogenere Fläche des Hintergrundes lediglich abdunkelt. Zur weiteren Betrachtung zeigt Abbildung 8.17 die Mittelwerte und Varianzen der hellen und dunklen Bereiche der fünf Parkflächen und der Fahrgasse aus Abbildung 8.16. Die Abbildung bestätigt, dass für das vorliegende Beispielbild die Varianzen beim Auftreten eines Schattens geringer sind als mit Fahrzeug. Tabelle 8.3 zeigt die Zahlenwerte der Grafik aus Abbildung 8.17.

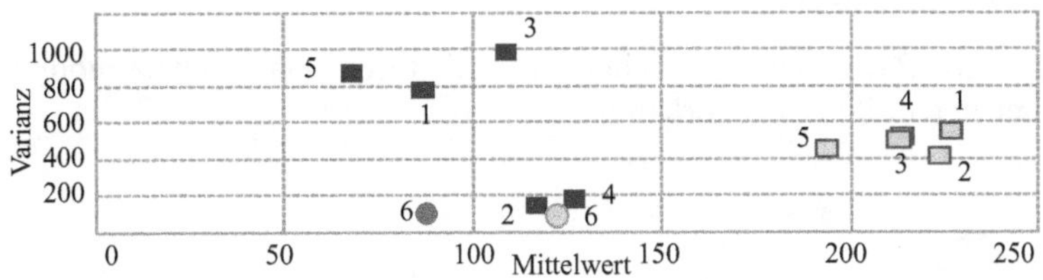

Abb. 8.17: *Aufgetragen sind die Varianzen der hellen und dunklen Bereiche der Parkflächen (Rechtecke 1 bis 5) und der Fahrgasse (Kreis 6) über deren Mittelwerten. Hierbei entspricht die dunkle Markierung dem nach Otsu ermittelten dunklen Bereich des Histogrammes und die helle Markierung dem hellen Bereich.*

Tabelle 8.3: *Die Mittelwerte und Varianzen der Grauwerte in den hellen und dunklen Bereiche der Parkflächen aus Abbildung 8.16*

Sensor	μ hell	σ^2 hell	μ dunkel	σ^2 dunkel	k
1	227	547	87	782	
2	224	417	117	155	
3	214	519	106	985	
4	213	500	127	186	
5	194	455	68	876	
6	125	90	83	107	

Bewertet man also die Varianz und den Erwartungswert des dunklen Bereiches anhand von Schwellenwerten, so lässt sich unterscheiden, ob der dunkle Bereich durch einen Schatten oder ein Fahrzeug erzeugt wurde. Im Falle eines Schattens ist die Varianz geringer, da der Schatten die im Vergleich zum Fahrzeug homogenere Helligkeitsverteilung auf der Parkfläche lediglich abdunkelt.

Die Festlegung der Schwellenwerte erfolgte empirisch zu $\mu \leq 130$ und $\sigma^2 \leq 250$. Die Genauigkeit der Methode ist somit begrenzt. Berücksichtigt man jedoch, dass nur Schatten, die einen nennenswerten vertikalen Anteil haben, durch das Fahrzeugsignalmodell fehlerhaft berücksichtigt werden, dann ergibt sich mit dem Schattenmodell eine deutliche Reduzierung von Falschdetektionen auf Grund von Schatten. Manuelle Auswertungen haben eine Erkennungsrate von etwa 75 Prozent ergeben.

Abschließend soll noch einmal darauf eingegangen werden, wie die vier Fälle, die bei der Entwicklung des Signalmodells in Unterabschnitt 8.2.3 formuliert wurden, nun berücksichtigt werden:

1. Die leere Parkfläche ohne Schatten wird durch das Fahrzeug-, Hintergrundsignalmodell richtig erkannt.

2. Die leere Parkfläche mit Schatten wird durch das Schattenmodell in etwa 75 Prozent der Fälle richtig erkannt.

3. Die belegte Parkfläche ohne Schatten wird durch das Fahrzeug-, Hintergrundsignalmodell richtig erkannt.

4. Die belegte Parkfläche mit Schatten wird durch das Schattenmodell in etwa 75 Prozent der Fälle richtig erkannt.

8.3 Ergebnisse

8.3.1 Vergleich der CCD- und der CMOS-Kamera

Für die Bildaufnahme wurden zwei unterschiedliche Kameratypen, eine CCD- und eine CMOS-Kamera, eingesetzt. Interessant war hierbei weniger ein Vergleich der technischen Daten wie Auflösung und Lichtstärke. Nach diesen waren beide Kameras für die vorliegende Aufgabe gleich gut geeignet. Es ging vielmehr darum, die Eignung der Bauformen sowie die automatischen Einstellfunktionen der Kameras zu vergleichen. Zur Unterscheidung wird im Folgenden die CCD-Kamera (Hersteller: AXIS, Typ: 221) als Gehäusekamera und die CMOS-Kamera (Hersteller: Mobotix, Typ: DualNight M12) als Kompaktkamera bezeichnet[2]. Die Bezeichnung rührt daher, dass letztere in ein Gehäuse integriert ist, während erstere in ein separates Gehäuse mit Heizung eingebaut werden muss. Die Bauform hat wesentlichen Einfluss auf die Art und den Aufwand der Montage und das thermische Verhalten. Die automatischen Einstellfunktionen sind wesentlich dafür verantwortlich, wie lange die Kamera in extremen Situationen, beispielsweise bei sehr heller oder dunkler Umgebung, eine Versorgung des Algorithmus mit brauchbaren Bildern realisieren kann.

Vergleich von Farb- und Schwarzweißobjektiv der Kompaktkamera

In den ersten Versuchen fiel beim Einsatz der Kompaktkamera eine Häufung von falschen Messwerten auf, die eine freie Parkfläche als belegt anzeigten. Dies war auf eine gelegentliche Verschiebung der Messflächen zurückzuführen, die ihre Ursache in einem Parallaxenfehler zwischen den beiden Objektiven der Kamera hatte (Abbildung 8.18).

Abb. 8.18: *Die Messfläche wurde zunächst im rechten Bild für den Farbsensor definiert. Das linke Bild zeigt die Lage dieser Messflächen für den Schwarz-Weiß-Sensor. Durch die Verschiebung auf Grund des Parallaxenfehlers gerieten Bildkanten in den Messbereich, die zu Fehldetektionen führten. Um die Funktionsfähigkeit der Bildauswertung auch bei Dunkelheit zu sichern, wurden die Messflächen für den Schwarz-Weiß-Sensor neu definiert und die automatische Umschaltung zwischen den Sensoren deaktiviert.*

[2] Diese Darstellung stellt keine Bewertung der der Qualität der Kameras dar. Dies ist ausdrücklich nicht das Anliegen der vorliegenden Schrift. Vielmehr geht es um die Darstellung typischer Effekte mit denen i.A. zu rechnen sein wird. Im praktischen Einsatz der Fallstudien haben sich beide Kameraarten bestens bewährt.

Da die Kamera in Abhängigkeit von den Lichtverhältnissen selbst umschaltet, wenn beide Objektive aktiviert sind, kann auf Grund des Parallaxenfehlers entweder nur das Tagobjektiv mit dem Farbbild oder nur das Nachtobjektiv mit dem Grauwertbild eingesetzt werden. Da das Farbobjektiv über einen nicht beweglichen Infrarotfilter verfügt, ist die Nachtsichtfähigkeit nur mit dem Schwarzweißobjektiv gewährleistet, so dass das Farbobjektiv dauerhaft ausgeschaltet werden musste.

Abbildung 8.19 zeigt einen Vergleich der Bildqualität beider Objektive der Kompaktkamera. Man erkennt, dass die höhere Lichtempfindlichkeit des SW-Objektives zu größerem Bildrauschen führt. Hinzu kommt, dass die Automatismen für beide Objektive zu unterschiedlichen Einstellungen der Helligkeit und des Kontrastes führen.

Abb. 8.19: *Die Abbildung zeigt die Unterschiede in Bildschärfe, Kontrast und Dynamik für das Schwarzweißobjektiv (links) und das Farbobjektiv (rechts) der Kompaktkamera. Gezeigt ist ein auf Pixelebene vergrößerter Bildausschnitt vom Ladegut eines LKW, der auf Grund seiner Textur die genannten Unterschiede besonders deutlich hervorhebt.*

Vergleich von Gehäuse- und Kompaktkamera

Ein wichtiger Unterschied zwischen der Gehäusekamera und der Kompaktkamera zeigt sich im Winter. Die Gehäusekamera besitzt eine separate Heizung, welche verhindert, dass die Scheibe vor dem Objektiv beschlägt. Die Kompaktkamera besitzt keine extra Heizung. Hier wird die Abwärme der elektronischen Bauelemente, hauptsächlich des Prozessors, benutzt, um die Objektivabdeckung beschlagfrei zu halten. Das funktioniert prinzipiell gut – aber nicht immer. Abbildung 8.20 zeigt Bilder, die mit beschlagenem Kameraobjektiv aufgenommen wurden.

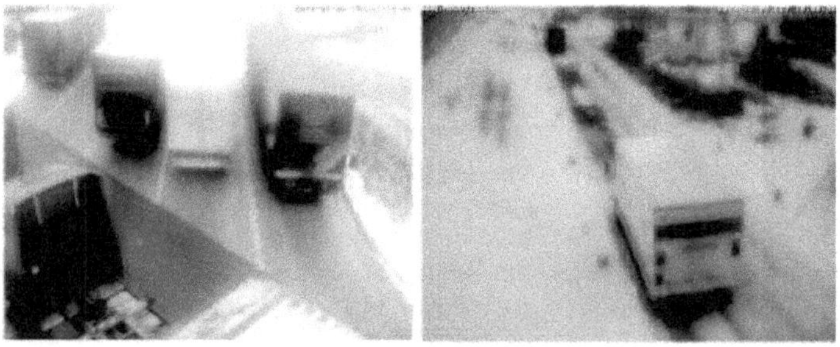

Abb. 8.20: *Zwei Beispiele für ein beschlagenes Kameraobjektiv der Kompaktkamera im Winter. Die Bildunschärfe kann bis zu einem gewissen Grad vom Verfahren kompensiert werden (vgl. dazu Abbildung 8.5).*

Das führt einerseits zu einer gewissen Bildunschärfe und andererseits zu Überblendungen. Die Bildunschärfe kann vom Verfahren bis zu einem gewissen Grad durch die automatische Anpassung der Filterempfindlichkeit ausgeglichen werden (siehe dazu Abbildung 8.5). Im überblendeten Bildbereich ist keine auswertbare Information mehr vorhanden. Neben den konstruktionsbedingten Unterschieden bei der Beheizung unterscheiden sich beide Kameras vor allem in der Art und Weise der automatischen Parametereinstellung.

Abbildung 8.21 zeigt zeitgleich aufgenommene Bilder der beiden Kameras jeweils am Tag und bei Dunkelheit. Es wird deutlich, dass die Gehäusekamera auch unter extremen Lichtbedingungen nicht übersteuert. Diese Eigenschaft ist offensichtlich für eine automatische Bildauswertung sehr wichtig, lässt sich aber in den Produktbeschreibungen der Kameras üblicherweise nicht finden.

Abb. 8.21: *Vergleich der automatischen Parametereinstellung der Gehäusekamera (die linken beiden Bilder) und der Kompaktkamera (die rechten beiden Bilder) anhand gleicher Szenen mit großem Dynamikbereich. Gezeigt sind eine Szene bei Schnee am Tag mit der Plane eines querstehenden LKW und eine Szene mit Schnee und Infrarotlicht bei Dunkelheit und vollständiger Belegung der Parkflächen.*

8.3.2 Messergebnisse

Die Messergebnisse werden anhand von Zeitreihen, Beispielbildern für die Stellplatzdetektion und Beispielbildern für die Alarmbildaufschaltung vorgestellt.

Zeitreihendarstellung

Zur Zeitreihenbeschreibung wird für die Belegung der Parkflächen die Größe $x_\tau(t)$ eingeführt[3]. Hierbei kann $x_\tau(t)$ die Werte Null (freie Parkfläche) und Eins (belegte Parkfläche) annehmen.

Abbildung 8.22 zeigt drei Beispiele für Zeitreihen, die mit dem vorgestellten Verfahren ermittelt wurden. Die Messung erfolgte vom 07.09.2010 zum 08.09.2010 über eine Zeitdauer von 16 Stunden. Sie begann um 16:50 Uhr – zu dieser Zeit begann sich der Parkplatz zu füllen – und endete am nächsten Morgen um 08:50 Uhr.

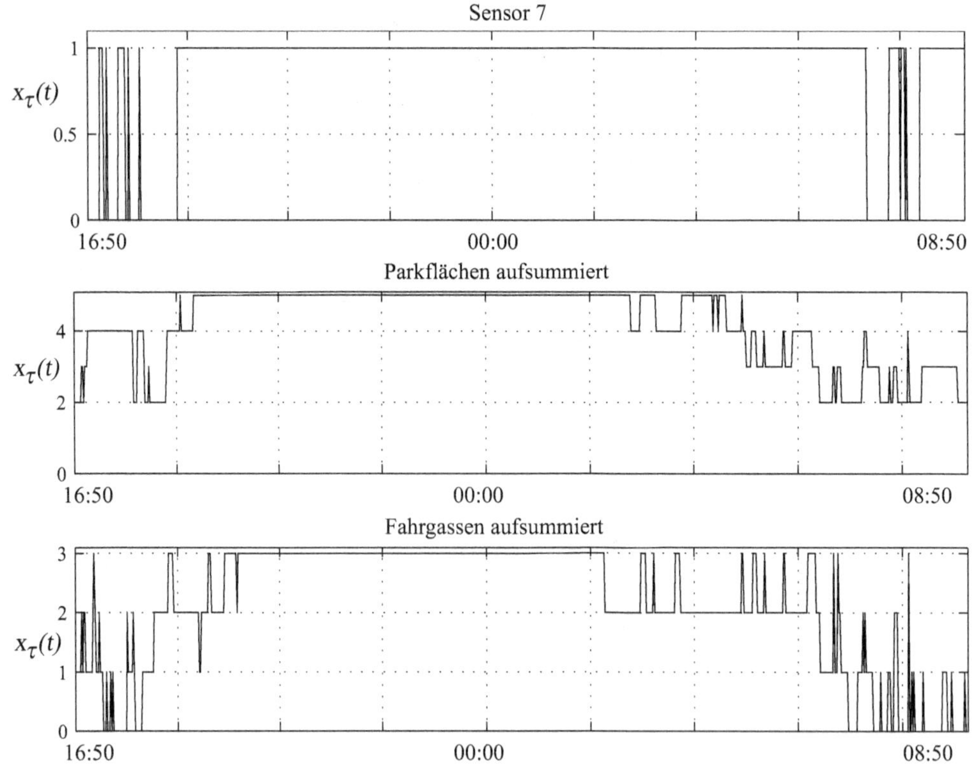

Abb. 8.22: *Drei Beispiele für die Zeitreihendarstellung der Messergebnisse. Oben: Detektion eines einzelnen Stellplatzes, Mitte: Die Summe der belegten Parkplätze im Detektionsbereich, unten: Summe der Ausgabe der Sensoren zur Alarmbildaufschaltung.*

[3] Da für diese Größe kein Formelzeichen etabliert ist, wird mit Bezug auf das griechische Wort $\tau \acute{o} \pi o \varsigma$ (Platz) im Folgenden der griechische Buchstabe τ als Index für die Zustandsgröße x verwendet.

Das obere Diagramm in Abbildung 8.22 zeigt den Verlauf der Belegung für einen einzelnen Stellplatz (Sensor 7 in Abbildung 8.1). Von den frühen Abendstunden bis zum Vormittag war diese Parkfläche dauerhaft belegt. Davor und danach erkennt man sehr kurze Belegungszeiten – das sind Durchfahrten – und etwas längere Belegungszeiten, das sind abgestellte Fahrzeuge.

Das mittlere Diagramm zeigt für den gleichen Untersuchungszeitraum die Summe der Belegung aller fünf in Abbildung 8.1 gezeigten Parkflächen. Im Unterschied zu den Daten des Einzelsensors ist hier zu erkennen, dass die ersten Fahrer bereits in den frühen Morgenstunden den Parkplatz verlassen haben. Während der gesamten Nacht waren alle Parkflächen belegt und davor und danach höchstens drei von fünf Parkflächen verfügbar.

Im unteren Diagramm ist die Belegung der drei Sensoren für die Alarmbildaufschaltung aufsummiert. Dies sind die in Abbildung 8.1 gezeigten Sensoren S8 (Einfahrt), S4 (hinter den Fahrzeugen in der Fahrgasse) und S9 (Ausfahrt). Der ermittelte Verlauf ähnelt dem der aufsummierten Parkflächen. Das rührt daher, dass das Parkraumangebot auf dem PWC-Nöthnitzgrund, gemessen an der Nachfrage, nicht ausreicht. Neben den detektierten Parkständen existieren fünf weitere. Sind diese offiziellen 10 Plätze belegt, werden die Fahrzeuge in Ermangelung von Alternativen in der Fahrgasse abgestellt. Genau das zeigt das untere Diagramm.

Beispiele für Stellplatzdetektion

Die Vielfalt an Situationen, die durch das Verfahren erkannt werden müssen, führt dazu, dass zu der bewertenden Darstellung der Ergebnisse eine Systematisierung der möglichen Zustände auf den Parkflächen erfolgen muss. Als einzelne Zustände können auftreten:

1. auf der Parkfläche befindet sich ein Fahrzeug,
2. auf der Parkfläche befindet sich kein Fahrzeug,
3. auf der Parkfläche befindet sich ein Fahrzeugschatten,
4. auf der Parkfläche befindet sich ein Schatten mit anderer Ursache, beispielsweise von anliegender Bebauung oder Bepflanzung sowie
5. auf der Parkfläche befindet sich kein Schatten.

Das führt zu $2^5 = 32$ unterschiedlichen Zuständen, die unterscheidbar sein müssen. Da diese Zustände unterschiedlich wahrscheinlich sind, erfolgte eine empirische Klassifikation. Diese ergab, dass von den 32 Möglichkeiten 11 unmöglich und 11 wenig wahrscheinlich sind. Die verbleibenden 8 Möglichkeiten wurden durch das Verfahren analysiert. Ihre inhaltliche Bedeutung ist in Tabelle 8.4 zusammengestellt. Eine ausführliche Darstellung der Klassifikation findet sich in [27].

Tabelle 8.4: *Unterscheidungsmerkmale der analysierten Zustände.*

Zustand	Erläuterung
A	Alle Parkflächen sind belegt und es treten keine Schatten auf.
B	Es gibt freie und belegte Parkflächen und es treten keine Schatten auf.
Γ	Alle Parkflächen sind frei und es treten keine Schatten auf.
Δ	Alle Parkflächen sind belegt und es treten Schatten auf.
E	Es gibt freie und belegte Parkflächen, aber nicht alle freien Parkflächen sind durch Fremdschatten belegt.
Z	Es gibt freie und belegte Parkflächen, aber nicht alle freien Parkflächen sind durch Schatten belegt.
H	Es gibt freie und belegte Parkflächen und alle Parkflächen sind entweder durch Fremdschatten oder Fahrzeuge belegt.
Θ	Es gibt freie und belegte Parkflächen und alle Parkflächen sind entweder durch Fahrzeugschatten oder Fahrzeuge belegt.

Abbildung 8.23 zeigt Beispielbilder für die in Tabelle 8.4 unterschiedenen Zustände. Unabhängig von der getroffenen Klassifikation zeigen die ersten sechs Bilder in Abbildung 8.23 jeweils ein Beispiel für die mögliche Belegung der fünf Einzelparkflächen. Dabei ist die Verfügbarkeit aller fünf Plätze als relativ seltenes Ereignis zu bezeichnen.

Eine wichtige Aussage der Beispielbilder ist, dass durch das Verfahren sehr unterschiedliche Fahrzeugtypen erkannt werden können. Im Einzelnen sind das:

1. Personenkraftwagen,
2. Wohnwagen,
3. Kleintransporter,
4. Sattelschlepper ohne Auflieger,
5. LKW mit Anhänger und
6. Tanklastwagen.

Es soll an dieser Stelle noch einmal betont werden, dass die genannte Vielfalt ohne eine vorherige Speicherung der zu erwartenden Fahrzeugmerkmale erreicht wurde. Verwendung fand vielmehr die Analyse von fahrzeugunabhängigen Merkmalen in Form der vertikalen Bildkanten.

Somit ist es auch möglich, Bild A in Abbildung 8.23 richtig zu analysieren. Der quer abgestellte Personenkraftwagen liefert auf den beiden Parkflächen keine Merkmale, die von vornherein absehbar gewesen wären.

Eine besondere Herausforderung für die Videodetektion im Außenbereich stellen Schatten dar. Die gewählten Beispiele zeigen, dass man es dabei nicht nur mit Schatten zu tun hat, die aus einer angenommenen Fahrzeugform prinzipiell berechenbar wären, sondern auch mit nennenswerten Schatten der Randbepflanzung, deren Form sich einer analytischen und in den meisten Fällen sicherlich auch wissensbasierten Beschreibung entzieht. Die möglichen Variationen durch Wachstum, Beschnitt und jahreszeitliche Einflüsse sind aus jetziger Sicht durch ein modellbasiertes Signalmodell mit vertretbarem Aufwand nicht zu beherrschen.

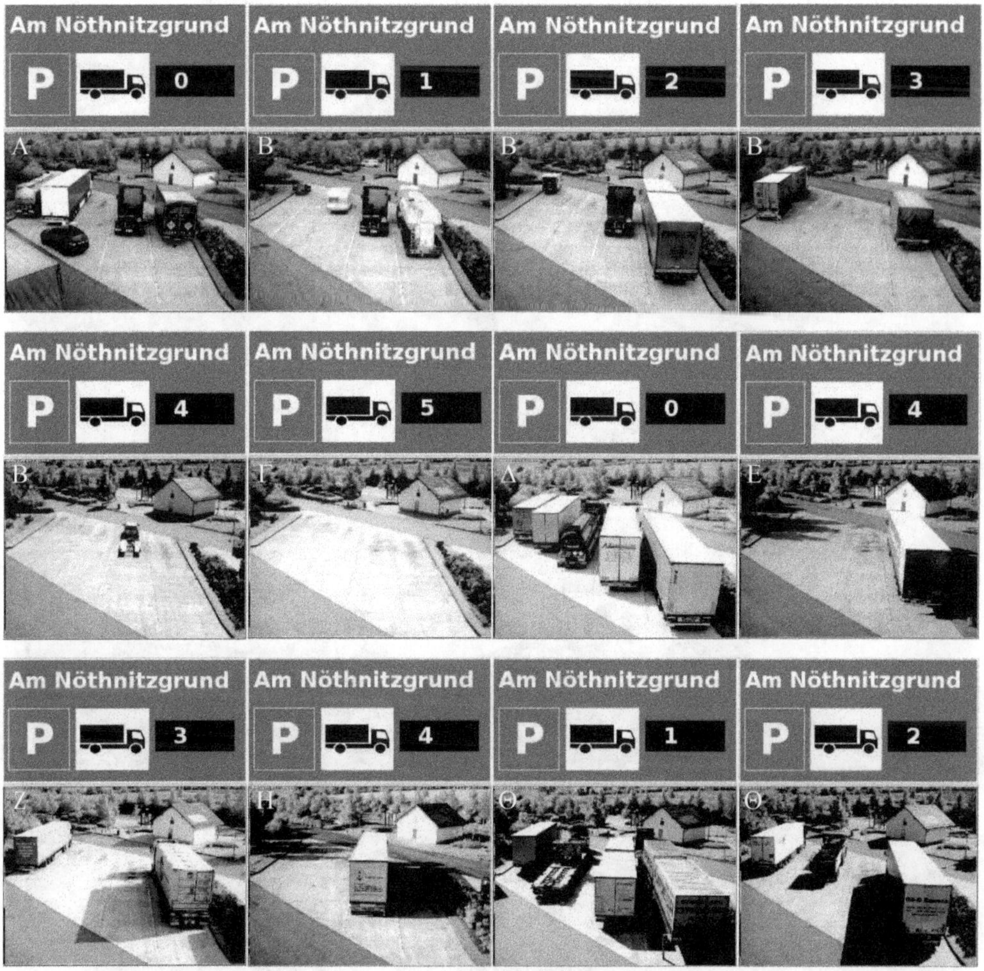

Abb. 8.23: *Beispielbilder für die in Tabelle 8.4 genannten möglichen Zustände auf der Parkfläche. Die Bezeichnung mit den griechischen Buchstaben stellt den Zusammenhang zu Tabelle 8.4 her.*

Beispiele für Alarmbildaufschaltung

Die Auswahl der Bilder für die Alarmbildaufschaltung wurde mit den gleichen Algorithmen und Parametern realisiert wie die Ermittlung der freien und belegten Parkflächen. Eine Eigenschaft der verwendeten Kameras ist das häufige automatische Korrigieren der Bildeinstellungen. Dass das Verfahren damit umgehen kann, zeigen die Beispiele 1 und 2 in Abbildung 8.24. Hervorzuheben ist wiederum die Fähigkeit des Verfahrens, unterschiedliche Objekte erkennen zu können, was sich beispielsweise an dem abgestellten Anhänger aus Bild 4 und dem Kleintransporter in Bild 10 zeigen lässt. Der Anhänger kann außerdem als gutes Beispiel für ein kontrastarmes Objekt gelten.

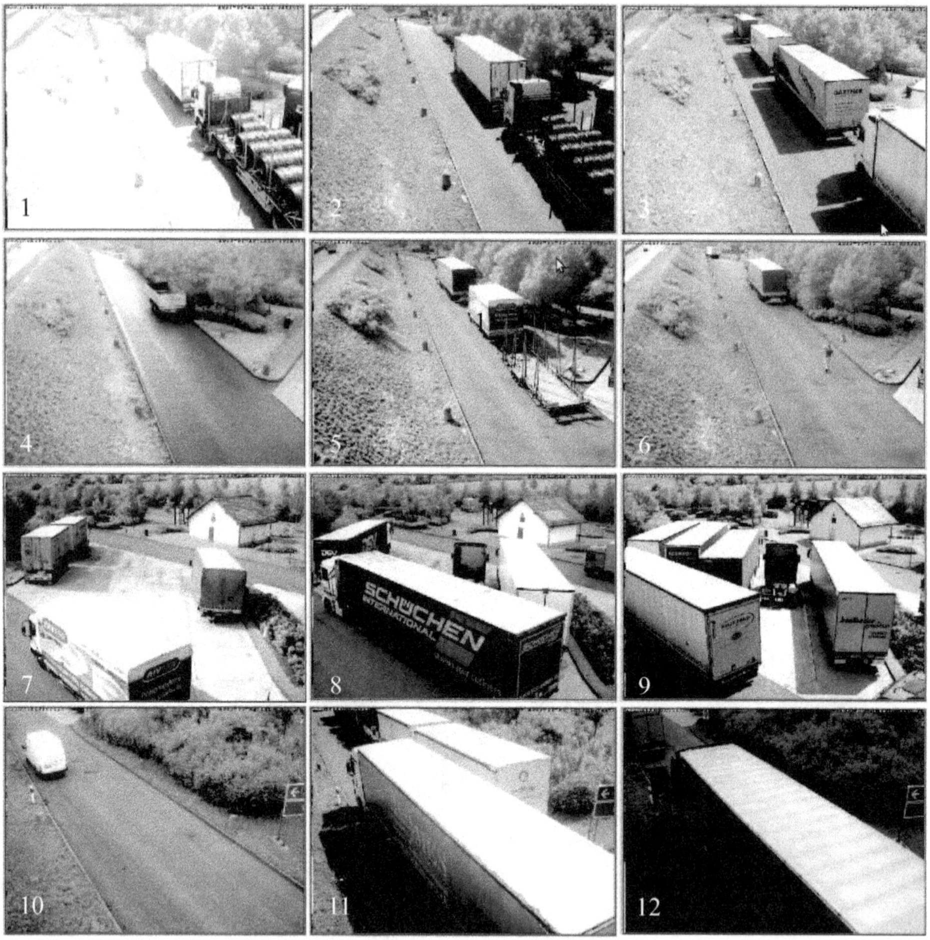

Abb. 8.24: *Einige Beispielbilder, die durch die automatische Alarmaufschaltung aktiviert wurden. Die Bilder 1 bis 6 stammen aus der Ausfahrt, die Bilder 7 bis 9 aus der Fahrgasse hinter den Fahrzeugen – so abgestellte Fahrzeuge verhindern die Einfahrt, die Bilder 10 bis 12 wurden aus der Einfahrt zu den Parkplätzen aufgeschaltet.*

8.3.3 Genauigkeit des Verfahrens

Die Untersuchung der Genauigkeit erfolgt in fünf Schritten:

1. Ermittlung des Messfehlers,
2. Aufstellen der Hypothese zur Art der Verteilung des Messfehlers,
3. Schätzung der Parameter der angenommenen Verteilung,
4. Überprüfung der Hypothese und
5. Schlussfolgerungen.

Ermittlung des Messfehlers

Um eine belastbare Aussage zu erhalten, erfolgte die Messung unter komplizierten Sichtbedingungen, wie sie im Herbst oder Winter auftreten können. Während dieser Jahreszeiten werden besonders hohe Anforderungen an die Videodetektion gestellt, da die tiefstehende Sonne zu langen intensiven Schatten, zu einer starken Hervorhebung der Bodentextur und zu Blendungen im Kamerabild führt.

Abbildung 8.25 illustriert anhand von Beispielbildern die unterschiedlichen Lichtverhältnisse, die während der Messung auftraten. Diese reichten von idealen, das heißt blend- und schattenfreien Bildern über fast vollständig überblendete Bilder bis zur Messung in der Dämmerung und bei vollständiger Dunkelheit.

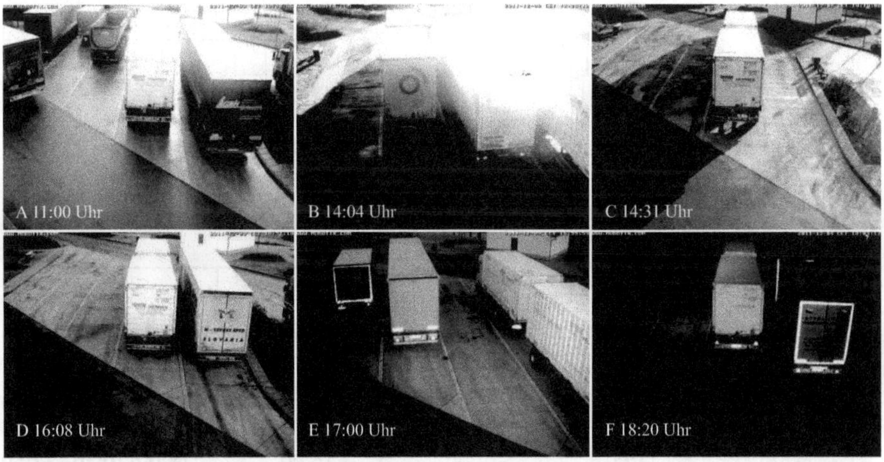

Abb. 8.25: *Beispielbilder der Messdatenreihe, ermittelt am 09.12.2011 von 9:00 Uhr bis 21:40 Uhr. (A) Spiegelung und Schattenwurf auf nasser Fahrbahn, (B) Überblendung des Bildes durch die tiefstehende Sonne, (C) Schattenwurf auf der Parkfläche, verursacht durch Fahrzeug, Bebauung und Bewuchs, (D) ideale Verhältnisse ohne Störeinflüsse, (E) Messung in der Dämmerung, der Infrarotscheinwerfer ist bereits zugeschaltet, (F) Messung bei Dunkelheit.*

Im Verlauf der Messung konnten folgende Fahrzeugarten berücksichtigt werden: PKW, einzeln und mehrfach hintereinander stehend, Wohnwagen, einfach und mehrfach sowie LKW mit und ohne Anhänger, Tanklaster und Autotransporter. Die ausgewählte Tagesganglinie enthält somit die für die Fehleranalyse notwendige Vielfalt an Fahrzeugen und wechselnde Umgebungsbedingungen.

Die automatische Bildauswertung erfolgte im Abstand von 30 Sekunden, wobei die Gesamtanzahl der ermittelten freien Parkflächen den Istwert $x_{\tau,ist}$ der Messung lieferte. Als Sollwert $x_{\tau,soll}$ diente die aus dem Kamerabild manuell ablesbare Anzahl freier Parkplätze. Änderungen im Ist- oder Sollzustand der Belegung der Parkfläche wurden manuell notiert. Aus der Differenz von Ist- und Sollwert ergab sich der absolute Messfehler

$$\mathcal{F}_{abs} = x_{\tau,ist} - x_{\tau,soll}. \tag{8.8}$$

Abbildung 8.26 zeigt die Daten der Messreihe. Die Messung war einmal für 50 Minuten und einmal für 146 Minuten unterbrochen. Es wurden 1078 Einzelbilder ausgewertet.

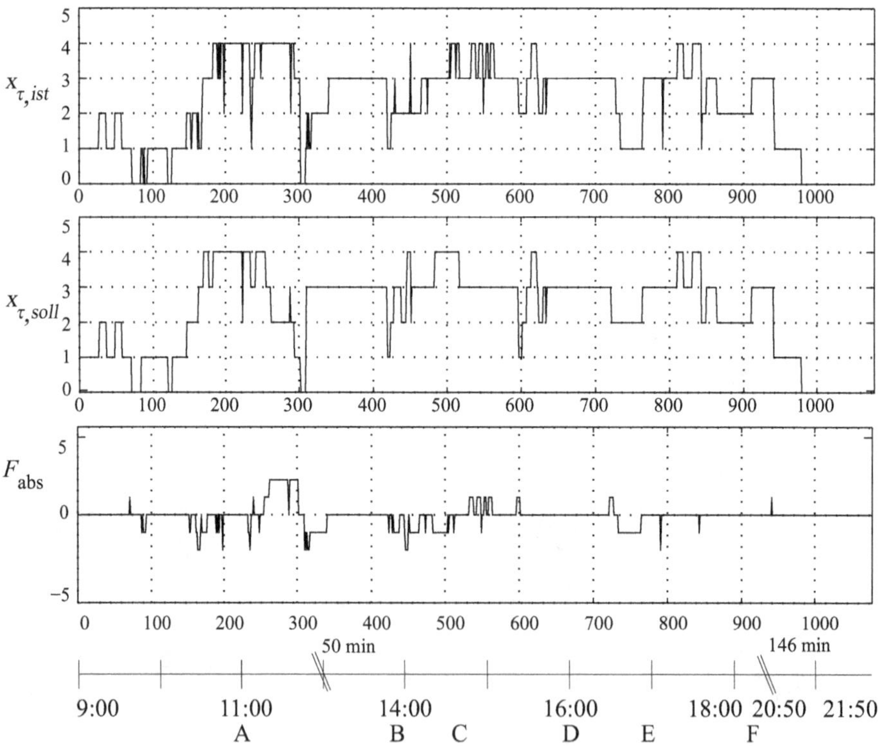

Abb. 8.26: *Die Daten der Messdatenreihe. Von oben nach unten: Der durch das entwickelte Verfahren ermittelte Istwert der Belegung $x_{\tau,ist}$. Der aus dem Kamerabild manuell abgelesene Sollwert der Belegung $x_{\tau,soll}$. Der absolute Messfehler des Verfahrens $\mathcal{F}_{abs} = x_{\tau,ist} - x_{\tau,soll}$.*

Der in Abbildung 8.26 gezeigte Verlauf des Messfehlers zeigt keine vorhersehbare Abfolge. Somit können seine Werte als Stichprobe einer wertdiskreten Zufallsgröße X mit den Werten x_i aufgefasst werden. Das Stichprobenmittel $\bar{x}$ wird als Punktschätzung aus der Stichprobe berechnet:

$$\bar{x} = \frac{1}{n} \sum_{i=1}^{n} x_i. \tag{8.9}$$

Mit diesem Schätzwert erfolgt die Bestimmung der Stichprobenstreuung s^2:

$$s^2 = \frac{1}{n-1} \sum_{i=1}^{n} (x_i - \bar{x})^2. \tag{8.10}$$

Damit lassen sich folgende Kenngrößen für den Messfehler angeben:

Tabelle 8.5: *Zusammenfassung der Kennwerte des Messfehlers des Verfahrens*

Richtige Werte in %	853 von 1078 (79,1 %)
± 1 Fahrzeug	171 von 1078 (15,9 %)
± 2 Fahrzeuge	54 von 1078 (5 %)
mehr als ± 2 Fahrzeuge	0
Stichprobenmittel $\bar{x}$	0,26
Stichprobenstreuung s^2	0,29

Aufstellen der Hypothese

Zum Aufstellen einer Hypothese zur Messfehlerverteilung wird zunächst ein Histogramm der absoluten Häufigkeit h_k der aufgetretenen Messfehler betrachtet (Abbildung 8.27). Negative Werte bedeuten, dass das Verfahren unterschätzt hat, positive Wert entsprechen einer Überschätzung der Anzahl freier Parkplätze.

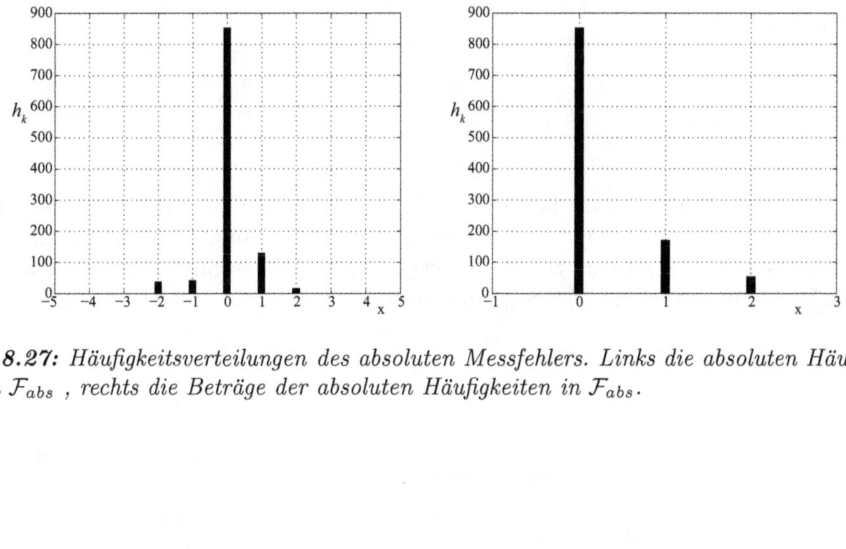

Abb. 8.27: *Häufigkeitsverteilungen des absoluten Messfehlers. Links die absoluten Häufigkeiten in $\mathcal{F}_{abs}$, rechts die Beträge der absoluten Häufigkeiten in $\mathcal{F}_{abs}$.*

Im linken Histogramm erkennt man den für einen Messfehler typischen Verlauf: Um einen sehr häufig vorkommenden Wert gruppieren sich die seltener vorkommenden Abweichungen. Aus den genannten Gründen können diese auch negativ sein. Die bekannten diskreten Verteilungen bilden Prozesse ab, die durch das so genannte Bernoulli-Experiment beschrieben werden können. Dieses realisiert ein Elementarereignis, für dessen Häufigkeit des Auftretens Wahrscheinlichkeiten ermittelt werden. Die Zufallsgröße kann also nur positive Werte oder den Wert Null annehmen. Um trotzdem auf die bekannten Verteilungen zurückgreifen zu können, wird mit dem im rechten Histogramm gezeigten Betrag des Messfehlers weitergearbeitet.

Der Verlauf der Verteilungsfunktion erinnert an eine geometrische Verteilung, was den Inhalt der zu überprüfenden Hypothese liefert. Diese Verteilung gibt an, nach wie vielen Wiederholungen ein Elementarereignis auftritt. Im vorliegenden Fall wird die Verteilung zur Modellierung eines Messfehlers benutzt und wie folgt interpretiert:

Ursprüngliche Bedeutung	Bedeutung für den Messfehler
Das Elementarereignis tritt sofort auf.	Es wird fehlerlos gemessen.
Das Elementarereignis tritt nach dem ersten Versuch auf.	Der Messfehler beträgt ± 1 Fahrzeug.
Das Elementarereignis tritt nach dem zweiten Versuch auf.	Der Messfehler beträgt ± 2 Fahrzeuge. usw.

Angewandt auf das vorliegende Problem der Beschreibung des wertdiskreten Messfehlers X gibt x somit die Anzahl der gleichzeitig falsch detektierten Parkplätze an.

Parameterschätzung

Die Gleichungen für die Wahrscheinlichkeitsfunktion $f(x)$, die Verteilungsfunktion $F(x)$ sowie den Erwartungswert $\mathrm{E}(X)$ und die Varianz $\mathrm{VAR}(X)$ der geometrischen Verteilung lauten:

$$f(x) = P(X = x) = p(1-p)^{x}, \tag{8.11}$$

$$F(x) = P(X \leq x) = 1 - (1-p)^{x+1}, \tag{8.12}$$

$$\mathrm{E}(X) = \frac{1-p}{p}, \tag{8.13}$$

$$\mathrm{VAR}(X) = \frac{1-p}{p^2}. \tag{8.14}$$

Der zu schätzende Parameter ist p. Er gibt die Wahrscheinlichkeit für das sofortige Auftreten des Elementarereignisses an. Stellt man Gleichung 8.13 nach p um, erhält man einen Schätzwert $\hat{p}$ für p. Hierbei liefert das Stichprobenmittel $\bar{x}$ einen Schätzwert für den Erwartungswert $\mathrm{E}(X)$ der geometrischen Verteilung:

$$\hat{p} = \frac{1}{1+\bar{x}} = 0,79. \tag{8.15}$$

Prüfung der Hypothese

Die Prüfung der Hypothese erfolgt mit dem χ^2-Test. Dieser umfasst folgende Schritte:

1. Erstellen eines Histogrammes der Zufallsgröße mit m Klassen und Ermittlung der absoluten Häufigkeiten h_k, mit denen die Werte in der k-ten Klasse auftreten.
2. Berechnung einer Prüfgröße D, welche die hypothetische und die tatsächliche Häufigkeit der Werte in den einzelnen Klassen berücksichtigt.
3. Ermittlung des Quantils $u_{1-\alpha}$ der χ^2-Verteilung zum Signifikanzniveau α.
4. Annahme der Hypothese, wenn $D < u_{1-\alpha}$ gilt.

Die Prüfgröße

$$D = \sum_{k=0}^{m-1} \frac{\left(h_k - nf\left(k\right)\right)^2}{nf\left(k\right)}, \; f\left(k\right) = \hat{p}\left(1-\hat{p}\right)^k \tag{8.16}$$

wird aus der Anzahl der Klassenmitglieder der hypothetischen und der wahren Verteilung berechnet. Dabei ist $f\left(k\right)$ die mit $\hat{p}$ parametrierte Wahrscheinlichkeitsfunktion der geometrischen Verteilung und n die Anzahl der berücksichtigten Werte.

Mit $\hat{p} = 0,794$, $n = 1078$, $m = 3$ Klassen und den aus Abbildung 8.28 ablesbaren absoluten Häufigkeiten:

Klasse	0	1	2
Absolute Häufigkeit h_k	853	171	54

erhält man als Zahlenwert $D = 7,9$. Die Quantile für eine χ^2-Verteilung mit $m - 1 = 2$ Freiheitsgraden sind [72]:

α	$0,5\%$	1%	$2,5\%$	5%
$u_{1-\alpha}$	10,6	9,21	7,38	5,99

Somit wird die Hypothese, dass der Messfehler des entwickelten Verfahrens mit $p = 0,79$ geometrisch verteilt ist, für einen Signifikanzwert von $\alpha \leq 2,5\%$ angenommen. Die Signifikanz beschreibt hierbei die Irrtumswahrscheinlichkeit des Hypothesentests, also die Wahrscheinlichkeit, eine richtige Hypothese zu verwerfen.

Abbildung 8.28 zeigt die Verteilungs- und die Wahrscheinlichkeitsfunktion der angenommenen und der empirischen Verteilung.

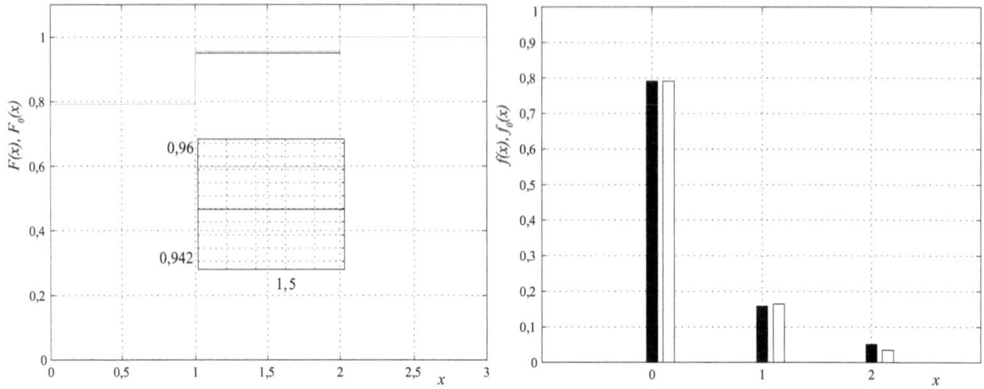

Abb. 8.28: *Darstellung der angenommen (hell dargestellt) und der empirischen (dunkel dargestellt) Verteilung. Links: die Verteilungsfunktion, rechts: die Wahrscheinlichkeitsfunktion.*

Schlussfolgerungen

Die Genauigkeit des entwickelten Verfahrens unter den durch Abbildung 8.25 gekennzeichneten Bedingungen lässt sich somit wie folgt charakterisieren: Unter Einbeziehung von Schatten, Blendungen, kurzzeitigen Störungen sowie den Tag-Nacht-Unterschieden wird eine absolute Genauigkeit der Messung von 80 % erreicht. Die fehlerhaften Messwerte enthalten zu 2/3 den kleinstmöglichen Fehler von ± 1 Fahrzeug und zu 1/3 den Fehler von ± 2 Fahrzeugen. Größere Abweichungen traten nicht auf.

Über die Gültigkeit der Messreihe hinaus lässt sich feststellen: Der Messfehler des Verfahrens genügt einer geometrischen Verteilung. Das Stichprobenmittel $\bar{x} = 0,26$ wurde als Schätzwert für den Erwartungswert $\mathrm{E}(X)$ der Verteilung angesetzt. Damit erhält man $\hat{p} = 0,79$. Mit diesem Wert lässt sich gemäß Gleichung 8.14 die Varianz $\mathrm{VAR}(X) = 0,33$ der Verteilung angeben.

9 Fallstudie Fließender Verkehr: Theorie und Anwendung am Beispiel des sächsischen Autobahnnetzes

Der Einsatz von Livekameras auf der Autobahn bietet den Vorteil, neben der Verkehrslage auch Informationen für den Betriebsdienst der Autobahnmeistereien zu liefern. Das betrifft vor allem die Herbst- und Wintermonate, wenn unterschiedliche Fahrbahnbeschaffenheiten durch Glätte und Nässe auftreten. Im Winter liefert das Livekamerabild einen Anhaltspunkt, ob und in welchem Umfang die Fahrbahn gesalzen werden muss.

Für die vorliegende Fallstudie kamen IP-Kameras zum Einsatz,[1] deren Bilder über Lichtwellenleiter übertragen wurden. Letzteres sichert die notwendige Bandbreite für eine kontinuierliche Bildübertragung.

Die Bildauswertung erfolgte zentral auf einem Rechner, zu dem der Bilddatenstrom der einzelnen Kameras übertragen wurde. Die zentrale Auswertung ist für eine größere Anzahl Kameras möglich, da das gewählte Signalmodell – die Messlinie – sehr viel schneller zu analysieren ist als beispielsweise die gesamte Fahrbahnfläche. Die Helligkeitswerte auf der Linie bilden ein nichtmodellbasiertes Signalmodell, da sie das Bewegungsmuster des Fahrzeugstromes als Ganzes abbilden. Somit ist keine Erfassung von Einzelfahrzeugdaten möglich, der Vorteil besteht jedoch darin, dass bei Dunkelheit die Bewegungsmuster der Lichtkegel mit dem gleichen Verfahren analysiert werden können wie die Bewegung der Fahrzeugabbiler am Tage. In beiden Fällen erhält man einen gleichwertigen Schätzwert der Verkehrsstromgeschwindigkeit.

Auf die Verwendung von Farbinformationen wurde verzichtet, um das Verfahren auch bei Dunkelheit ohne Parameteränderung anwenden zu können.

9.1 Beschreibung der Aufgabe

Die Grundidee zur Ermittlung der Verkehrslage aus Livekamerabildern ist in [26] sowie in [28] dargelegt und durch ein Patent [93] geschützt.

Das Verfahren trägt den Namen AVISTAS – Automatische videobasierte Störfallerkennung auf Autobahnen und Stadtstraßen. Es wurde im Rahmen des Leitprojektes *intermobil* Region Dresden für den Einsatz in der Innenstadt Dresdens entwickelt.

[1] Die technischen Daten der verwendeten Kameras finden sich Tabelle 8.2 in Kapitel 8.

Die Erweiterung des Verfahrens für den Einsatz auf der Autobahn ist Gegenstand der hier vorzustellenden Fallstudie. Diese wurde im Projekt VESUV – Videobasierte Erkennung von Störungen, Unfällen und der Verkehrslage auf dem sächsischen Autobahnnetz realisiert. Die Anwendung auf der Autobahn findet gegenüber der ursprünglich entwickelten Variante andere Randbedingungen vor. Die wesentlichen Unterschiede zum Stadtverkehr sind:

1. Höhere Geschwindigkeiten: Um diese zu erfassen, ist für das vorliegenden Verfahren ein Bildabstand von etwa 0,25 Sekunden notwendig. In der Stadt ist eine Sekunde ausreichend.

2. Häufige Spurwechsel: Das plötzliche Verschwinden und Erscheinen von Fahrzeugen im Messbereich erfordert ebenfalls einen Bildabstand unterhalb des Sekundenbereiches, um Messfehler gering zu halten.

3. Keine Lichtsignalanlagen: Das ist ein Vorteil gegenüber dem Stadtverkehr, da die Umlaufzeit der Lichtsignalanlagen nun nicht mehr in die Glättung der Rohdaten einfließen muss.

4. Bei Dunkelheit ist ausschließlich das Eigenlicht der Fahrzeuge auswertbar (Abbildung 9.1-4).

Zusätzliche Anforderungen ergaben sich aus der Montagehöhe der Kameras. In der hier beschriebenen Fallstudie wurden Montagehöhen bis etwa 6 m verwendet. Dies ergab sich aus der für die Montage nutzbaren Infrastruktur, wie z.B. Schilderbrücken. Neu gesetzte Masten wurden aus Kostengründen ebenfalls in dieser Höhe ausgelegt.

Das hat zur Folge, dass Fahrzeugverdeckungen nur bei sehr geringer Verkehrsdichte oder ohne Schwerlastanteil – die übliche LKW-Höhe beträgt 4 m – nicht auftreten würden (Abbildung 9.1-1) und das nachts Kamerabilder vom entgegenkommenden Fahrzeugstrom überblendet werden (Abbildung 9.1-2). Allein aus diesen Gründen war eine Erfassung von Einzelfahrzeugdaten nicht möglich und es musste auf ein nichtmodellbasiertes Signalmodell für den Fahrzeugstrom als Ganzes zurückgegriffen werden. Außerdem sollte auch die gegenüberliegende Fahrtrichtung automatisch auswertbar sein (Abbildung 9.1-3).

Das in [26] dargestellte Verfahren berücksichtigt diese Anforderungen bereits. Die dort dargestellte Lösung ermöglicht die Schätzung von Verkehrsstromgeschwindigkeit und Verkehrsdichte. Aus diesen beiden Größen lässt sich mittels der Kontinuitätsgleichung des Verkehrsflusses (Gleichung 2.1) auch die Verkehrsstärke ermitteln. Aus der Bewertung dieser Größen anhand von Schwellenwerten lassen sich Qualitätsstufen des Verkehrs bestimmen.

Dieser Ansatz wurde für den Einsatz auf der Autobahn so modifiziert, dass die drei Qualitätsstufen „flüssiger Verkehr“, „zähflüssiger Verkehr“ und „Stau“ allein aus der Verkehrsstromgeschwindigkeit ermittelt werden können, da, wie bereits erwähnt, auf Grund der tief hängenden Kameras eine Ermittlung der Verkehrsdichte bei höherem Schwerlastanteil nicht möglich ist (Abbildung 9.1-1).

Abb. 9.1: *Illustration der Anforderungen an ein Verfahren zur Bestimmung des Verkehrszustandes auf Autobahnen bei Kamerahöhen von ca. 6 m über 24-Stunden.*
Bild 1: *Die Verdeckungen der Fahrzeuge untereinander in Fahrtrichtung und parallel dazu verhindern eine Einzelfahrzeugbetrachtung.*
Bild 2: *Auf die Kamera zufahrende Fahrzeuge führen zur Überblendung des Bildes.*
Bild 3: *Wenn auch die Auswertung der gegenüberliegenden Fahrtrichtung gefordert ist, führt die permanente Überdeckung und geringe Auflösung dazu, dass auf jegliche Vorinformation über die zu detektierenden Objekte verzichtet werden muss, da diese im Stau nicht mehr zuverlässig voneinander unterschieden werden können.*
Bild 4: *Das Eigenlicht der Fahrzeuge ist für eine Detektion nutzbar, wenn die Kamera in Fahrtrichtung schaut. Dieses Beispiel unterstreicht die Notwendigkeit, auf Vorwissen zu verzichten, also ein nichtmodellbasiertes Signalmodell zu verwenden, da die Form und Helligkeitsverteilung des Lichtkegels nicht vorhersehbar ist.*

9.2 Anwendung der Methodologie

Abbildung 9.2 zeigt die Anwendung der Methodologie auf die gestellte Aufgabe der automatischen Unterscheidung von drei Qualitätsstufen des Verkehrs.

***Abb. 9.2:** Anwendung der Methodologie auf die Aufgabe der Ermittlung von Qualitätsstufen des Verkehrs aus Livekamerabildern des fließenden Verkehrs unter Autobahnbedingungen.*

Die Bildrepräsentation beinhaltet die zeitliche, räumliche und wertmäßige Auflösung der Bildinformation. Hierbei bedeutet die zeitliche Auflösung den für die Auswertung notwendigen Bildabstand im Sinne des Abtasttheorems, widmet sich also der Frage, welcher Informationsverlust durch eine nicht permanente Bildaufnahme und Analyse zur Lösung der Aufgabe akzeptierbar ist. Die räumliche Auflösung ist streng genommen für jedes Bildelement anders. Die Unterschiede sind umso größer, je tiefer bzw. seitlicher die Kamera auf die Szene schaut. Man muss also dafür Sorge tragen, dass der *interessierende* Bildausschnitt in der notwendigen Auflösung dargestellt wird. Eine sehr viel höhere als die notwendige Bildauflösung führt bei nahezu jedem Verfahren zu mehr Rechenschritten und kann dadurch die Echtzeitfähigkeit gefährden.

Die wertmäßige Auflösung beinhaltet die Anzahl der Quantisierungsstufen der Intensitätswerte. Das können entweder Helligkeitswerte oder Farbwerte entsprechend den unterschiedlichen Farbmodellen sein. Die konsequente Anwendung der Methodologie zeigt vor allem eins: Durch geeignete Wahl des Fahrzeugsignalmodells und bei Kenntnis der Analyseverfahren lässt sich die gestellte Aufgabe ohne Bildverarbeitung im herkömmlichen Sinne lösen.

Dies führt zur Echtzeitfähigkeit und Robustheit des Verfahrens. Das gewählte Signalmodell ist die Linie parallel zur Fahrtrichtung. Die Helligkeitswerte auf der Linie liefern ein stochastisches Signal, dessen Verschiebung der Bewegung des Fahrzeugstromes entspricht. Diese Verschiebung kann mittels Korrelationsanalyse bestimmt und unter Berücksichtigung der räumlichen und zeitlichen Auflösung daraus ein Schätzwert für die Verkehrsstromgeschwindigkeit ermittelt werden. Im Folgenden werden die in Abbildung 9.2 dargestellten Schritte in einzelnen Unterabschnitten erläutert.

9.2.1 Bildrepräsentation

Die gewählte Bildauflösung beträgt 640 × 480 Bildpunkte. Um das Verfahren auch bei Dunkelheit *ohne* Parameteranpassung oder Umschaltung auf andere Algorithmen einsetzen zu können, wurde auf die Nutzung von Farbinformationen verzichtet. Somit haben die aus dem Bild ableitbaren Signalmodelle einen Wertebereich, der sich in 8 Bit abbilden lässt. Das entspricht den 256 Helligkeitsstufen von 0 (schwarz) bis 255 (weiß).

Entscheidend für eine brauchbare Analyse des fließenden Verkehrs ist die richtige Wahl des Bildabstandes. Bei zu großem Bildabstand ist der Prozess anhand der Signale nicht analysierbar. Ein zu kleiner Bildabstand belastet den Übertragungskanal unnötig und führt zu erhöhtem Rechenaufwand. Im vorliegenden Fall wird der einzelne Geschwindigkeitsmesswert nicht aus dem Einzelbild, sondern aus zwei Folgebildern bestimmt. Deren Abstand entscheidet über die maximal messbare Geschwindigkeit.

Bei einer Länge der Messlinie von 60 m erhält man beispielsweise für eine Geschwindigkeit von 144 km/h=40 m/s einen Bildstand von höchstens 0,5 Sekunden. Dabei fließt ein, dass die Korrelationsverschiebung nur über die Hälfte der Strecke, also 30 m, erfolgt um genügend Werte zu korrelieren. Im Sinne des Shannon'schen Abtasttheorems muss ein Signal mit dem Doppelten der Frequenz abgetastet werden, die nach der Abtastung reproduzierbar sein soll. Die einzelnen Abtastwerte ergeben sich bei unserem Beispiel aus der Analyse von zwei Folgebildern.

Auf die Analyse der Geschwindigkeit des Verkehrsstromes angewandt, muss also die Frage beantwortet werden, welche die schnellste Änderung im Geschwindigkeitsverlauf ist, die erkannt werden soll. Da die gestellte Aufgabe nicht in einer Geschwindigkeitsmessung, sondern in der Unterscheidung von Qualitätsstufen des Verkehrs besteht, ergibt sich die interessierende Änderung also allein aus dem Geschwindigkeitseinbruch bei der Stauentstehung und dem Anstieg der Geschwindigkeit bei Stauauflösung. Diese Werte sind so variabel, dass eine gesicherte Aussage aus anderen Messwerten nicht ableitbar ist. Die Möglichkeiten liegen zwischen dem plötzlichen Stau nach einem Unfall und dem sich mehr oder weniger langsam aufbauenden Stau bei hoher Verkehrsdichte. Eine umfangreiche theoretische Untersuchung findet sich in [88].

9.2.2 Signalmodell

Gesucht ist ein Signalmodell, aus dem sich die Geschwindigkeit der Fahrzeuge ermitteln lässt. Dafür ist eine Linie in Fahrtrichtung geeignet, wenn folgende Voraussetzungen erfüllt sind:

1. Die Helligkeits- bzw. Farbwerte der Fahrzeuge ändern sich während der Bewegung auf der Linie nicht.
2. Die Fahrzeuge bewegen sich auf der Linie.
3. Die Fahrtrichtung ist bekannt.

Es ist offensichtlich, dass bis auf den dritten Punkt die Annahmen in der Praxis nur näherungsweise erfüllt sein können. Betrachtet man das Signalmodell im Ortsraum, sind die Helligkeits- bzw. Farbwerte auf der Linie als Zufallsgrößen anzusehen, da die Anzahl und Positionen sowie die optischen und geometrischen Eigenschaften der Fahrzeuge nicht vorhersehbar sind. Zusätzlich wirken zeitveränderliche, nicht vorhersagbare Umgebungsbedingungen wie z.B. Wolken, Schatten und Nebel auf die Abbildung ein. Solange trotz dieser Einflüsse die Bewegung der Fahrzeuge vor dem Hintergrund erkennbar ist, enthält die entsprechende Bildfolge eine brauchbare Geschwindigkeitsinformation.

Kann man auf Einzelfahrzeugdaten verzichten, lässt sich aus dieser Geschwindigkeitsinformation die Geschwindigkeit des Verkehrsstromes als Ganzes ermitteln. Dieser Weg wird im Folgenden gegangen, wobei nur die Helligkeits- und nicht die Farbwerte berücksichtigt werden, um das resultierende Verfahren auch bei Dunkelheit einsetzen zu können. Die Größen, aus denen die Verkehrstromgeschwindigkeit letztlich ermittelt werden soll, sind also die Helligkeitswerte auf der Messlinie. Ein Beispiel dafür zeigt Abbildung 9.3.

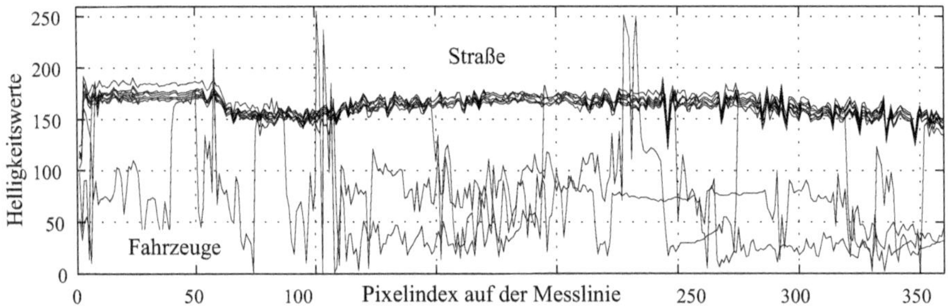

Abb. 9.3: *Einige Beispiele für das gewählte Signalmodell „Helligkeitswerte auf einer Linie parallel zur Fahrtrichtung“. Gezeigt sind die Helligkeitswerte einer Linie zu unterschiedlichen Zeitpunkten. Deutlich zu unterscheiden sind die Aufnahmen der leeren Straße von den denen mit Fahrzeugen. Selbst die Varianten der leeren Straße zeigen deutlich den stochastischen Charakter der Signale. Beim Vorhandensein von Fahrzeugen wird offensichtlich, dass fahrzeugspezifische Merkmale aus diesem Signalmodell nicht ermittelt werden können. Es handelt sich somit um ein nichtmodellbasiertes Signalmodell.*

Um die bis hierher gewonnenen Erkenntnisse durch eine mathematische Formulierung nutzbar zu machen, wird der Helligkeitswert auf der Messlinie für die weitere Betrachtung als stochastische Variable B mit einzelnen Ausprägungen wie z.B: $b\,(i) = 12$, $b\,(i) = 234$ usw. betrachtet. Dabei beinhaltet i den Index des Pixels auf der Messlinie. Es handelt sich somit um eine wertdiskrete Zufallsvariable mit der inhaltlichen Bedeutung „Helligkeit". Die Werte dieser Variable liegen im Definitionsbereich von $[0 - 255]$.

Eine Zufallsgröße lässt sich durch ihre Wahrscheinlichkeitsverteilung beschreiben. Eine mögliche Wahrscheinlichkeitsverteilung der hier betrachteten Zufallsgröße zeigt Abbildung 9.4. Eine Diskussion mit weiteren Beispielen findet sich in Kapitel 1.2.1.

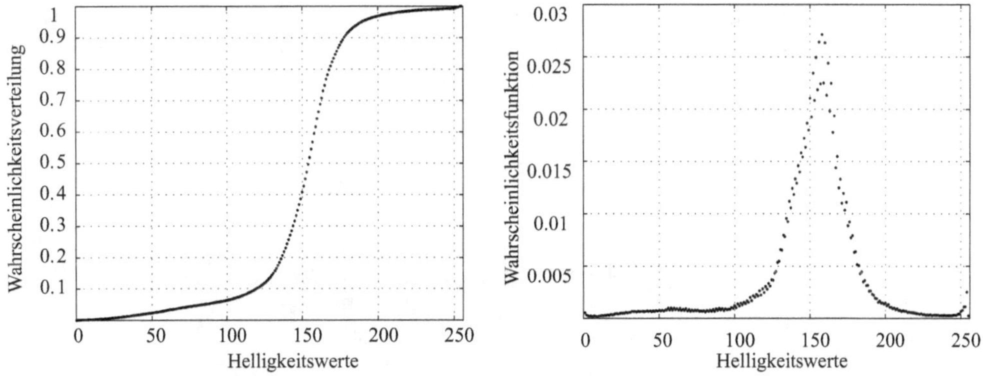

Abb. 9.4: *Beispiel für eine Wahrscheinlichkeitsverteilung der Zufallsgröße „Helligkeitswert". Aus den zu Grunde liegenden Werten lässt sich ein Mittelwert von 150 und eine Standardabweichung von 32 berechnen. Diese, die Verteilung beschreibenden Parameter, lassen sich ebenfalls durch Differenzbildung der Werte der Wahrscheinlichkeitsverteilung, also in der Wahrscheinlichkeitsfunktion erkennen.*

Die Parameter der Wahrscheinlichkeitsverteilung ergeben sich aus den Momenten. Das k-te Moment der wertdiskreten Zufallsgröße B mit n Werten, bezogen auf eine Größe m, ist gemäß folgender Gleichung definiert:

$$E^k\,(B) = \sum_{i=1}^{n} [b\,(i) - m]^k\, p\,(i) \quad \text{mit} \quad p\,(i) = P\,(B = b\,(i))\,, \tag{9.1}$$

wobei $p\,(i)$ die Wahrscheinlichkeit für das Auftreten des einzelnen Helligkeitswertes $b\,(i)$ angibt.

Wie durch Abbildung 9.4 angedeutet, sollen zur Charakterisierung der Wahrscheinlichkeitsverteilung der Erwartungswert und die Varianz bzw. die Standardabweichung benutzt werden.

Da die $p\,(i)$ nicht bekannt sind, muss der Erwartungswert aus dem Mittelwert μ geschätzt werden. Dieser entspricht dem ersten Moment der Zufallsgröße B:

$$\mu \approx E^1\,(B) = \frac{1}{n}\sum_{i=1}^{n} (b\,(i) - 0)^1\,. \tag{9.2}$$

Die Varianz

$$\sigma^2 \approx E^2(B) = \frac{1}{n}\sum_{i=1}^{n}(b(i) - \mu)^2 \tag{9.3}$$

ist das zweite Zentralmoment der Zufallsgröße B. Damit ist die Zufallsgröße B durch die Parameter ihrer Wahrscheinlichkeitsverteilung hinreichend beschrieben. Diese Werte der Zufallsgröße über dem Weg aufgetragen, ergeben ein wertdiskretes stochastisches Signal, das im Folgenden als „Grauwertfunktion“ bezeichnet wird. Hierbei ist der Funktionswert die Helligkeit und das Argument der Index des Bildpunktes auf der Linie.

Die Grauwertfunktionen sind Realisierungen des stochastischen Prozesses „Grauwerte auf der Messlinie“. Dieser ist durch die wechselnden Bedingungen instationär. Durch die Zentrierung der Signale bekommt der Prozess die Eigenschaft der Mittelwertstationärität (Abbildung 9.5).

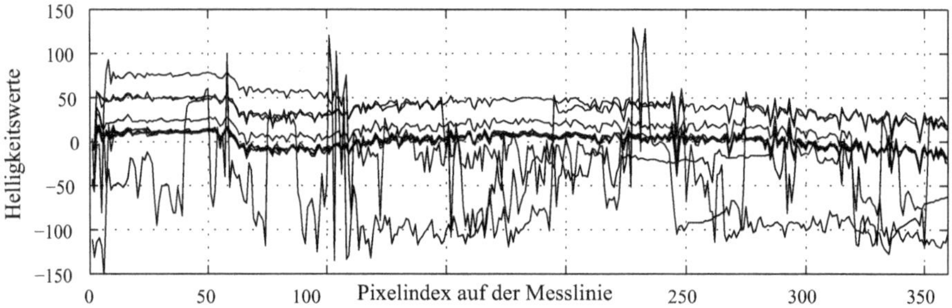

Abb. 9.5: *Die in Abbildung 9.3 gezeigten Grauwertfunktionen sind Realisierungen eines instationären Zufallsprozesses, der durch Zentrierung der Signale auf ihren Mittelwert im betrachteten räumlich-zeitlich Ausschnitt die Eigenschaft der Mittelwertstationarität erhält.*

Die Ermittlung der Verkehrsstromgeschwindigkeit kann also durch die Analyse eines mittelwertstationären Zufallsprozesses erfolgen, der durch eine Menge wertdiskreter stochastischer Signale – die Grauwertfunktionen – realisiert wird. Die Schritte dieser Analyse werden im Folgenden beschrieben.

9.2.3 Signalanalyse

Der Grundgedanke der Schätzung der Verkehrsstromgeschwindigkeit aus Grauwertfunktionen findet sich bereits in [26] und wird hier noch einmal in seinen Grundzügen erläutert, um die Modifikation gegenüber dem ursprünglichen Ansatz herausstellen zu können. Die Modifikationen ergeben sich aus den am Anfang dieses Kapitels erläuterten Unterschieden zwischen Stadt-und Autobahnverkehr.

Wie in [26] dargestellt, folgt der dortige Ansatz zur Schätzung der Verkehrsstromgeschwindigkeit dem Grundgedanken der experimentellen Systemanalyse, d.h. Modellbildung durch Messung und Auswertung von Eingangs- und Ausgangsgrößen (vgl. dazu Kapitel 1 in STROBEL, H., Experimentelle Systemanalyse [92]). Die Anwendung dieses Grundgedankens auf das vorliegende Problem illustriert Abbildung 9.6.

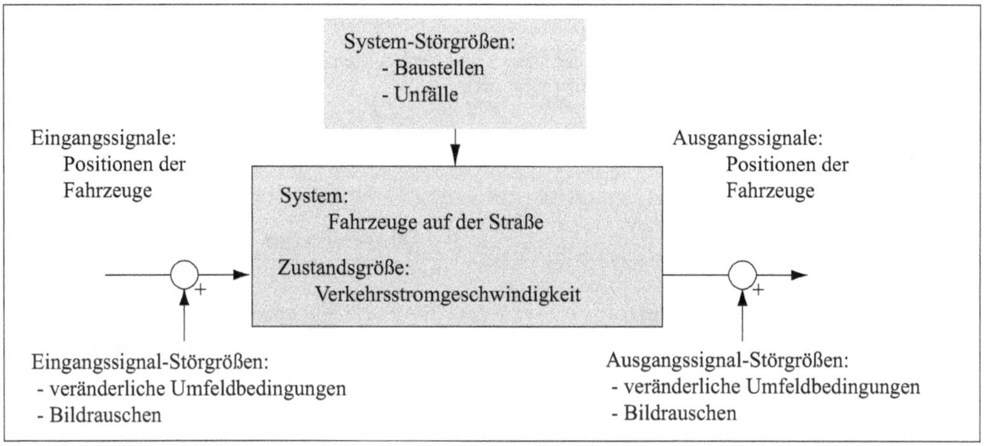

Abb. 9.6: *Formulierung der Aufgabe der Schätzung der Verkehrsstromgeschwindigkeit im Sichtbereich der Kamera mit der Formel „Prozess = System + Signale“ gemäß [92]*

Der Straßenabschnitt im Sichtbereich der Kamera wird hierbei als System betrachtet, welches wie üblich Eingangssignale auf Ausgangssignale abbildet. Eingangssignale dieses Systems sind die Positionen der Fahrzeuge zu einem bestimmten Zeitpunkt, Ausgangssignale sind die Positionen der Fahrzeuge zu einem späteren Zeitpunkt. Zu beachten ist, dass die Signalabbildung nur bei sich bewegenden Fahrzeugen zu einer Veränderung der Signale führt. Im Falle eines Staus entsprechen die Ausgangs- den Eingangssignalen. Letzteres gilt jedoch nur für den deterministischen Signalanteil.

Wie in Unterkapitel 1.2 ausgeführt, sind sowohl das System als auch die Signale einer Reihe von Störeinflüssen ausgesetzt. Hierbei treten Systemstörungen durch unvorhergesehene Ereignisse und Signalstörungen durch die Variabilität der Umgebungsbedingungen auf.

In der Realität erfolgt die genannte Abbildung der Eingangs- auf die Ausgangsgrößen durch die Bewegung der Fahrzeuge, welche durch die hier interessierende Geschwindigkeit des Verkehrsstromes bestimmt wird. Diese Größe ist gemäß Abbildung 9.6 eine „innere“ Größe des Systems, die als Parameter des Systems aufgefasst werden kann. Gelingt diese Parameterschätzung aus den Eingangs- und Ausgangsgrößen des Systems, erhält man einen Schätzwert für die gesuchte Verkehrsstromgeschwindigkeit. Diesen Vorgang bezeichnet man als „Systemidentifikation“.

Die Grundidee zur Systemidentifikation illustriert Abbildung 9.7. Hierbei wird die Bewegung des Fahrzeugstromes als Verschiebung der Eingangs- auf die Ausgangssignale betrachtet. Dies ist gleichbedeutend mit einer Signalverzögerung. In der Systemtheorie beschreibt man die Eigenschaft der Signalverzögerung durch eine so genannte „Totzeit“. Dies findet zum Beispiel bei Transportprozessen Anwendung; dann ist der Systemparameter in der Tat eine Zeit. Im vorliegenden Fall erfolgt die Bewegung der Fahrzeuge natürlich entlang eines Weges, so dass die zugehörigen Signale durch das System eine Wegverschiebung erfahren.

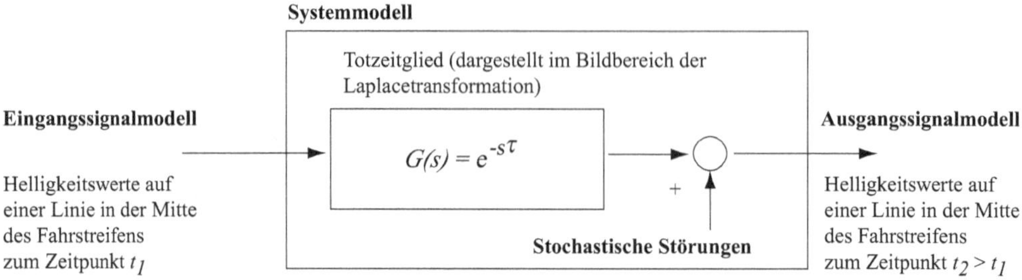

Abb. 9.7: *Idee für die Systemidentifikation: Ermittlung der Signalverschiebung und somit der Bewegung des Fahrzeugstromes aus der Totzeit eines stochastisch gestörten Totzeitübertragungssystems.*

Die Bestimmung dieser Verschiebung entlang des Fahrweges entspricht somit der Ermittlung der Totzeit des durch die Abbildungen 9.6 und 9.7 einmal anschaulich und einmal abstrahiert beschriebenen Systems „Straßenabschnitt im Sichtbereich der Kamera". Im Folgenden soll diese Verschiebung anhand eines realen Beispiels dargestellt und analysiert werden. Abbildung 9.8 zeigt die Signalverschiebung eines Einzelfahrzeuges im Fahrstreifen einer Autobahn.

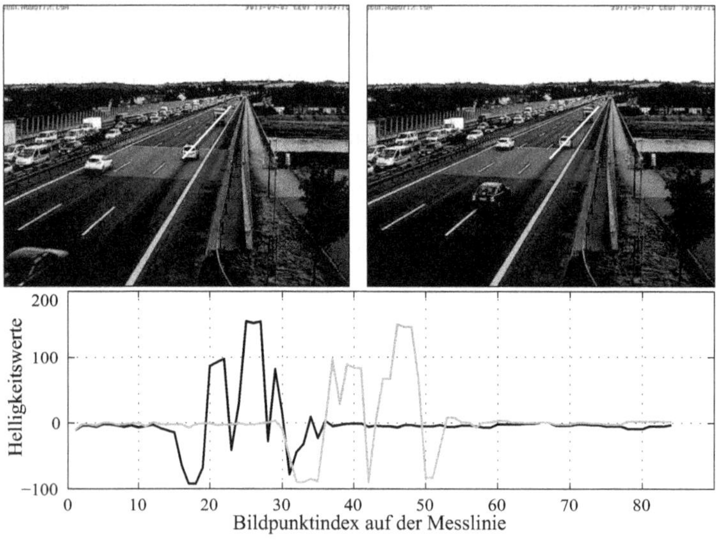

Abb. 9.8: *Die Helligkeitswerte auf einer Linie in zwei Folgebildern liefern stochastische Signale, die entsprechend der Bewegung des Fahrzeuges gegeneinander verschoben sind. Die dunkle Linie gehört zum linken Bild, die helle Linie zum rechten. Es ist zu beachten dass die Muster ähnlich, aber keinesfalls gleich sind.*

Die Frage ist nun, wie die in Abbildung 9.8 erkennbare Verschiebung zwischen den Signalen bestimmt werden kann. Wie in Unterabschnitt 9.2.2 bereits dargestellt wurde, lassen sich die Signale des gewählten Signalmodells und somit auch der durch sie realisierte Zufallsprozess durch die zwei Parameter Mittelwert und Varianz beschreiben, die sich aus den Realisierungen des Zufallsprozesses, den Grauwertfunktionen, näherungsweise berechnen lassen.

Jetzt werden, gemäß Abbildung 9.8, zwei Grauwertfunktionen b_{t1} und b_{t2} betrachtet, die im zeitlichen Abstand $\Delta t = t_2 - t_1$ aufgenommen wurden und deren Erwartungswerte und Varianzen sich wie folgt berechnen lassen:

$$\mu_1 = \frac{1}{n}\sum_{i=1}^{n} b_{t_1}(i) \quad \sigma_1^2 = \frac{1}{n}\sum_{i=1}^{n}\left[b_{t_1}(i) - \mu_1\right]^2,$$

$$\mu_2 = \frac{1}{n}\sum_{i=1}^{n} b_{t_2}(i) \quad \sigma_2^2 = \frac{1}{n}\sum_{i=1}^{n}\left[b_{t_2}(i) - \mu_2\right]^2.$$

Aus der Kovarianz

$$\sigma_{t_1,t_2} = \frac{1}{n}\sum_{i=1}^{n}\left[b_{t_1}(i) - \mu_1\right]\left[b_{t_2}(i) - \mu_2\right] \tag{9.4}$$

lässt sich der Korrelationskoeffizient

$$r = \frac{\sigma_{t_1,t_2}}{\sigma_1\sigma_2} \tag{9.5}$$

ermitteln. Dieser liefert ein Maß für den statistischen Zusammenhang der Funktionen $b_{t_1}(i)$ und $b_{t_2}(i)$. Abbildung 9.9 illustriert den Zusammenhang zwischen der Art der Korrelation und den Größen, die r annehmen kann

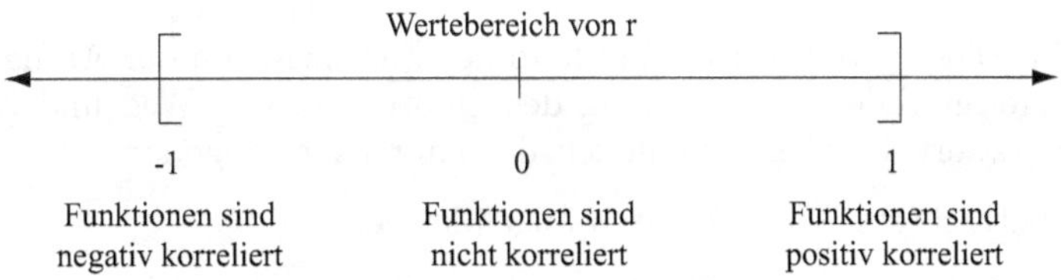

Abb. 9.9: *Zur Veranschaulichung des Korrelationskeoffizienten.*

Um zu prüfen, wie sich dieser Zusammenhang zwischen den beiden Grauwertfunktionen $b_{t_1}(i)$ und $b_{t_2}(i)$ durch eine Verschiebung ändert, wird in die Kovarianz σ_{t_1,t_2} die Verschiebung in Form einer Größe Δi eingeführt und man erhält damit die bekannte Kreuzkorrelationsfunktion:

$$\Theta(\Delta i) = \sigma_{t_1,t_2} = \frac{1}{n}\sum_{i=1}^{n}\left[b_{t_1}(i) - \mu_1\right]\left[b_{t_2}(i + \Delta i) - \mu_2\right]. \tag{9.6}$$

Diese Funktion liefert somit ein Maß für den statistischen Zusammenhang der verschobenen Funktionen. Üblicherweise ist dies eine Zeitverschiebung. Im vorliegenden Fall wird jedoch die Bewegung des Fahrzeugstromes Δi, also eine Wegverschiebung, beschrieben. Wie bereits erwähnt, beinhaltet i den Index eines Bildpunktes auf der Linie.

Da die übereinanderliegenden Werte der verschobenen Funktionen multipliziert und diese Summen addiert werden, ergibt sich das Maximum der Kreuzkorrelationsfunktion bei der größten Ähnlichkeit der Funktionen, als genau dann, wenn die Muster der jeweiligen Fahrzeuge in Folge der Verschiebung aufeinander treffen.

Abbildung 9.10 zeigt die gemäß Gleichung 9.6 berechnete Kreuzkorrelationsfunktion der Grauwertfunktionen aus Abbildung 9.8.

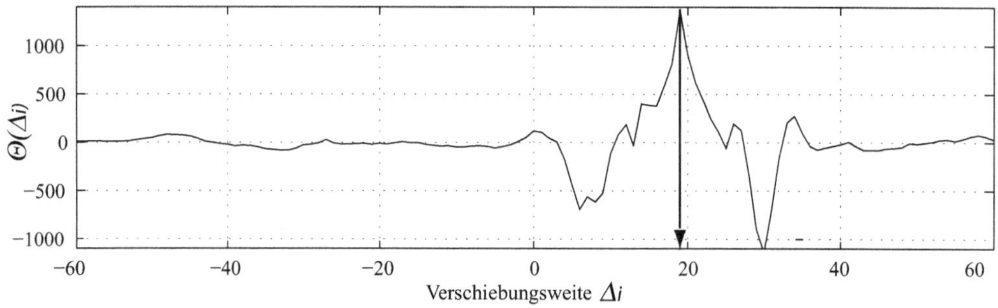

Abb. 9.10: *Die Kreuzkorrelationsfunktion der beiden Grauwertfunktionen aus Abbildung 9.8. Das Maximum dieser Funktion entspricht dem Weg des Fahrzeuges in Bildpunkten.*

Der Maximalwert dieser Funktion liegt bei 19 Bildpunkten. Die Plausibilität dieses Wertes erkennt man durch Betrachtung der beiden Grauwertfunktionen in Abbildung 9.6, die ja um etwa 20 Bildpunkte gegeneinander verschoben sind.

Aus der so ermittelten Verschiebungsweite lässt sich der vom Fahrzeug zurückgelegte Weg ermitteln. Dieser Weg wurde innerhalb der Zeit zwischen der Aufnahme der zwei Bilder zurückgelegt. Durch Berechnung des Quotienten von Weg und Zeit lässt sich somit ein Schätzwert der Geschwindigkeit des Fahrzeuges angeben.

Für das hier betrachtete Beispiel gelten folgende Werte:

Länge der Linie, bestimmt aus der Fahrbahnmarkierung	l=72 m,
Anzahl der Bildpunkte auf der Linie	n=84,
Bildaufnahmeabstand	$\Delta t = 0,5$ s,
Fahrweg in Bildpunkten	$max\,(\Theta\,(\Delta i)) = 19$.

Mit diesen Werten erhält man einen Schätzwert der Geschwindigkeit des in Abbildung 9.8 gezeigten Fahrzeuges:

$$v = \frac{max\,(\Theta\,(\Delta i)) \cdot l/n}{\Delta t} = 32,7\,\frac{\mathrm{m}}{\mathrm{s}} = 118\,\frac{\mathrm{km}}{\mathrm{h}}.$$

Dieser Geschwindigkeitswert ist aber aus zwei Gründen noch nicht zur Ermittlung der Verkehrslage geeignet:

1. Bei leerer Straße ist die ermittelte Geschwindigkeit gleich Null.
2. Auf Grund der Stochastik von System und Signal ist eine Glättung der Geschwindigkeitswerte erforderlich.

Die folgende Abbildung 9.11 zeigt, wie diesem Problemen begegnet wird. Die Rohdaten der Korrelationsanalyse liefern bei Anwesenheit von Fahrzeugen einen Momentanwert der Geschwindigkeit, ansonsten wird der Wert Null ausgegeben (linkes Bild in Abbildung 9.11). Die notwendige Glättung zu diesem Zeitpunkt durchgeführt, würde also einen Mittelwert aus Nullwerten und den Momentangeschwindigkeiten ergeben. Dieser Wert wäre deutlich niedriger als die gefahrene Geschwindigkeit und somit zur Ermittlung von Qualitätsstufen des Verkehrs unbrauchbar. Um diesem Problem zu begegnen, wird den Rohdaten ein Halteglied nullter Ordnung nachgeschaltet, welches den letzten von Null verschiedenen Wert ausgibt, bis der nächste von Null verschiedene Wert ermittelt wird. Die so veränderten Rohdaten erhalten also die Aussage, welche Geschwindigkeit gefahren werden könnte.

Diese Daten enthalten nun ausschließlich kurzzeitige Schwankungen, die auf die Stochastik von Prozess und Signal zurückzuführen sind (mittleres Bild in Abbildung 9.11). Diese sind hochfrequent gegenüber der interessierenden Änderung der Geschwindigkeit, die auf unterschiedlichen Qualitätsstufen des Verkehrs beruht und können somit durch eine Tiefpassfilterung beseitigt werden. Im vorliegenden Fall ist dafür eine exponentielle Glättung der Daten ausreichend (rechtes Bild in Abbildung 9.11).

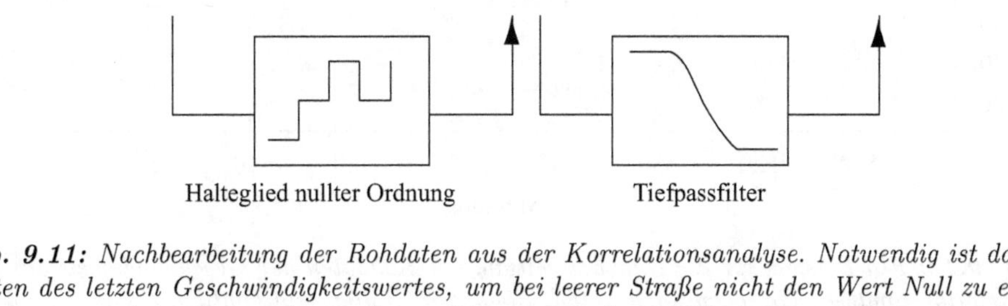

Abb. 9.11: *Nachbearbeitung der Rohdaten aus der Korrelationsanalyse. Notwendig ist das Halten des letzten Geschwindigkeitswertes, um bei leerer Straße nicht den Wert Null zu erhalten, der auch im Stau auftreten kann. Die so veränderten Werte können nach einer Tiefpassfilterung (Glättung) anhand von Schwellenwerten zur Unterscheidung von Qualitätsstufen des Verkehrs verwendet werden.*

Zur Illustration der beschriebenen Verarbeitungsschritte ist in Abbildung 9.12 ein längerer Ausschnitt der einzelnen Signalverläufe gezeigt. Hier wird deutlich, dass bei flüssigem Verkehr aus dem die Daten stammen, die Geschwindigkeitsmessung einen kurzzeitigen Effekt gegenüber der leeren Straße darstellt (oberes Bild in Abbildung 9.12).

Das Abfangen der Nullwerte durch das Halteglied ist im mittleren Bild von Abbildung 9.12 gezeigt. Der Signalverlauf am Anfang lässt außerdem die Notwendigkeit einer Glättung erkennen.

Diese wurde im unteren Bild von Abbildung 9.12 realisiert, wobei der Glättungsparameter $\alpha = 0,01$ gewählt wurde. Die Anlaufphase des Filters ist nicht gezeigt, muss aber beim praktischen Einsatz in der Art Berücksichtigung finden, dass die ersten gefilterten Werte nicht verwendet werden können. Da diese Werte von Null auf den tatsächlichen Wert hochlaufen, erhält man in der Anlaufphase zunächst immer die niedrigste Qualitätsstufe des Verkehrs.

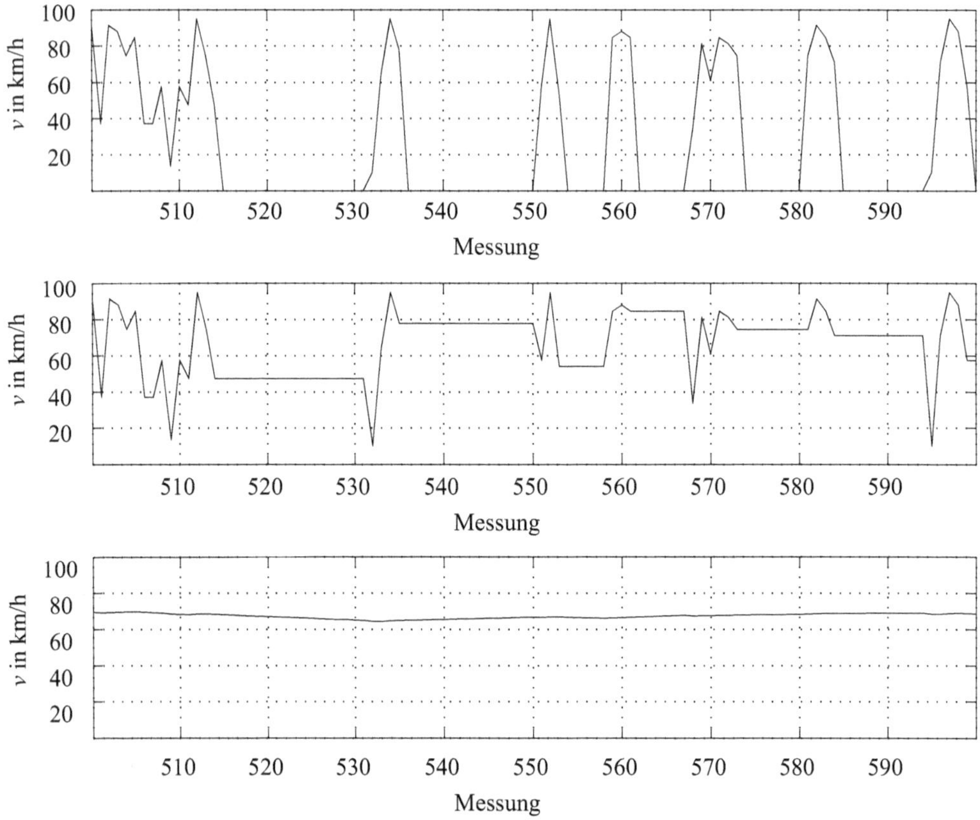

Abb. 9.12: *Ein Beispiel für die Nachbearbeitung der Rohdaten der Geschwindigkeit aus der Korrelationsanalyse. Von oben nach unten: Rohdaten, Halten und Glätten.*

9.3 Ergebnisse

9.3.1 Messergebnisse

Als Beispiel zur Anwendung des Verfahrens soll eine Situation dienen, in der die drei Qualitätsstufen „flüssiger Verkehr“, „zähflüssiger Verkehr“ und „Stau“ auftraten. Abbildung 9.13 zeigt die Kamerabilder und Messergebnisse.

Hierbei wurden zwei Fahrtrichtungen mit jeweils drei Liniensensoren *eines* Kamerabildes gleichzeitig ausgewertet. Während der 1,5 stündigen Messung herrschte in der wegführenden Richtung vorrangig flüssiger Verkehr. Auf Sensor drei kam es um den Messschritt 6000 herum zu einem kurzzeitigen Einbruch der Verkehrsqualität. In der Gegenrichtung begann die Messung im Stau, der bis zum Messschritt 4000 anhielt. Danach war eine Auflösung des Staus mit rückwärts laufender Stauwelle bis zum Erreichen des flüssigen Verkehrs zu beobachten. Die Ermittlung der Stufen wird durch Festlegung von Schwellenwerten in den Geschwindigkeitsverlauf realisiert. Hierfür existieren Regelwerke, beispielsweise das Handbuch zur Bemessung von Straßenverkehrsanlagen.

Dieser Ausschnitt der Messung wurde gewählt, weil er dem Anliegen des Buches – der Beschreibung nichtmodellbasierter Signalmodelle – entgegenkommt. Betrachtet man die Bedingungen für eine automatische Videodetektion in den Fahrstreifen eins bis drei, dann handelt es sich um eine Standardsituation mit relativ starker optischer Verkürzung der Fahrzeuge nach hinten und gelegentlicher gegenseitiger seitlicher Überdeckung der Fahrzeuge.

In der Gegenrichtung ist die Situation ähnlich, jedoch ist hier die seitliche Verdeckung permanent und die Fahrzeuge befinden sich in einem Bildbereich mit so geringer Auflösung, dass auch der menschliche Betrachter Details nicht mehr erkennen kann. Das führt dazu, dass bereits unter Tagsichtbedingungen objektspezifische Merkmale für die Analyse nicht mehr verwendet werden können, modellbasierte Ansätze also versagen müssen. Hier zeigt der nichtmodellbasierte Ansatz, der den Verkehrsstrom als Ganzes betrachtet seine Stärke: Unabhängig von der Ausprägung des Einzelfahrzeuges kann das spezifische Muster des Verkehrsstromes in einer Bildfolge verfolgt werden. Durch die Analyse mittels Kreuzkorrelationsfunktion kann die selbstverständlich vorhandene Variation des Musters in weitem Umfang implizit berücksichtigt werden. Die absolute Genauigkeit der Messung der Geschwindigkeit ist davon abhängig. Eine Untersuchung zur Genauigkeit des Verfahrens findet sich im nächsten Unterabschnitt 9.3.2. Durch den Verzicht auf die Einzelfahrzeuginformation ist eine Unterscheidung der drei Qualitätsstufen des Verkehrs in weitem Umfang, bei Dunkelheit, Regen usw. möglich.

Durch die gegenseitige Verdeckung der Fahrzeugströme der Sensoren vier bis sechs sind die Messungen in den Fahrstreifen nicht unabhängig voneinander. Nur Sensor sechs ist unbeeinflusst von den anderen, so dass man genau genommen die Qualitätsstufe der Fahrtrichtung bestimmt. Auch das ist ausreichend, wenn nicht die Messwerte der Geschwindigkeit, sondern eine Aussage zur Qualität des Verkehrsflusses im Vordergrund steht. Mit einer solchen aggregierten Information lassen sich beispielsweise TMC[2]-Meldungen erzeugen.

[2]TMC: traffic message channel, ein Verfahren zur normierten Bereitstellung von Verkehrslageinformationen

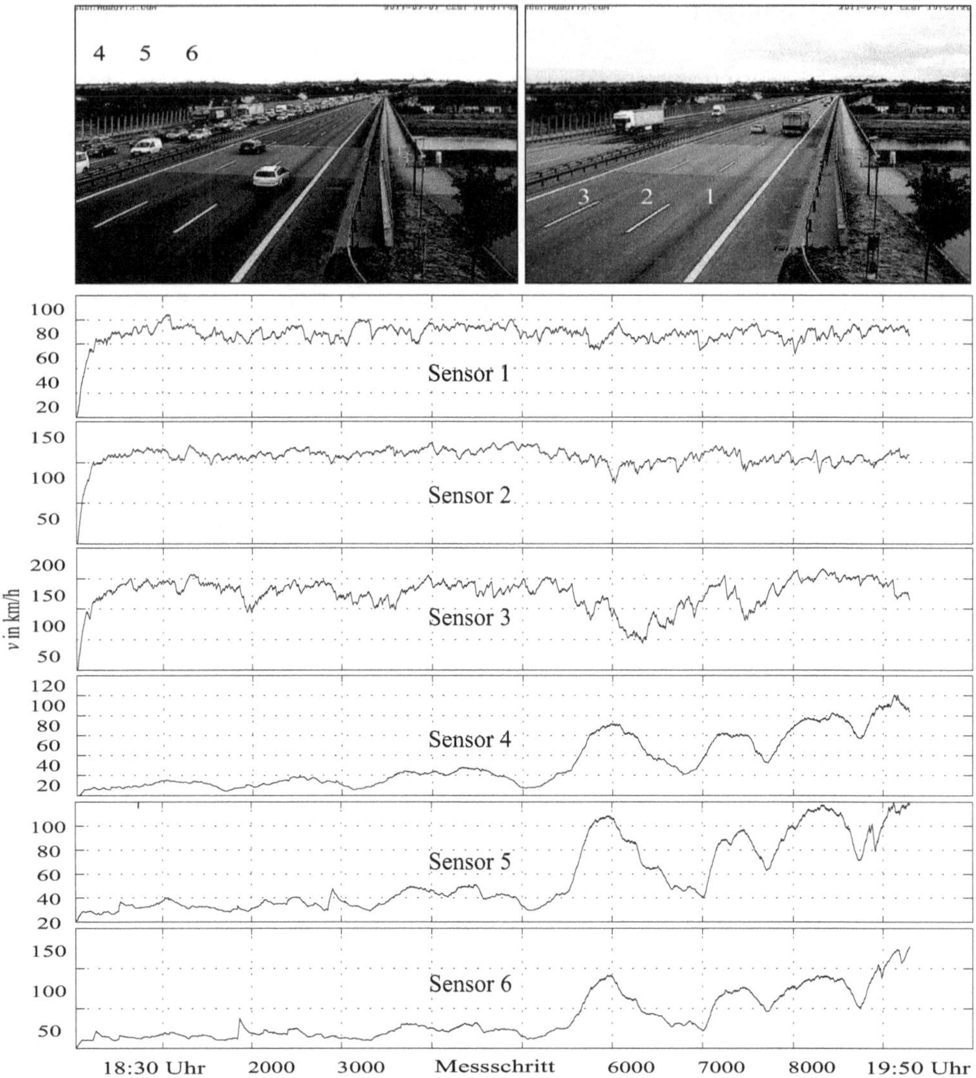

Abb. 9.13: *Beispielbilder der Messung. In den Fahrstreifen eins bis drei herrschte während der Messung flüssiger Verkehr. Die Gegenrichtung mit den Fahrstreifen vier bis sechs hat einen mehrstündigen Wechsel zwischen langsamer Fahrzeugbewegung und Stillstand aufzuweisen.*

9.3.2 Genauigkeit des Verfahrens

Die Untersuchung der Genauigkeit erfolgt in fünf Schritten:

1. Ermittlung des Messfehlers,
2. Aufstellen von Hypothesen zur Art der Verteilung des Messfehlers,
3. Schätzung der Parameter der angenommenen Verteilungen,
4. Überprüfung der Hypothesen und
5. Schlussfolgerungen.

Ermittlung des Messfehlers

Das zu untersuchende Verfahren liefert einen Schätzwert der Geschwindigkeit des Verkehrsstromes auf der Messlinie. Für die vorliegende Untersuchung wurden Daten von Sensor 6 aus Abbildung 9.13 verwendet.

Da zum Zeitpunkt der Erarbeitung der vorliegenden Schrift kein Messverfahren bekannt war, das gleichartige Daten ermittelt, konnte kein Referenzverfahren zur Bestimmung des Messfehlers herangezogen werden. Die Ermittlung von Vergleichswerten musste somit manuell aus den gespeicherten Bildern der Szene erfolgen. Hierbei wurde der Weg, den der Fahrzeugstrom im Sichtbereich des Liniensensors zwischen zwei Folgebildern zurückgelegt hat, manuell ausgemessen und daraus die Geschwindigkeit des Verkehrsstromes berechnet.

Es wurden 8592 Einzelbilder ausgewertet, der Bildabstand betrug 0,5 s. Das entspricht einer Zeitspanne von 71 Minuten. Der Geschwindigkeitsverlauf in Abbildung 9.14 zeigt, dass während dieser Zeit die Verkehrszustände „Stau“, „flüssiger Verkehr“, „Stauentstehung“ sowie „Stauauflösung“ mehrfach auftraten. Somit kann die gewählte Szene als repräsentativ zur Beurteilung des Verfahrens angesehen werden.

Die helle Linie in Abbildung 9.14 zeigt den Verlauf der Geschwindigkeit des Verkehrsstromes $x_{V,ist}$, wie er vom Verfahren ermittelt wurde. Die dunkle Linie zeigt mit $x_{V,soll}$ die manuell ermittelten Referenzwerte. Daraus wurde der in Abbildung 9.14 ebenfalls gezeigte absolute Messfehler berechnet:

$$\mathcal{F}_{abs} = x_{V,ist} - x_{V,soll}. \tag{9.7}$$

Aufstellen der Hypothesen

Der Verlauf des absoluten Messfehlers zeigt, dass geschwindigkeitsabhängige Werte für das Stichprobenmittel und die Stichprobenstreuung zu erwarten sind (untere Grafik in Abbildung 9.14).

Der Messfehler wurde aus einer kontinuierlichen Messgröße, der Verkehrsstromgeschwindigkeit, ermittelt und nimmt positive und negative Werte an.

Unter diesen Bedingungen scheint die Annahme einer Normalverteilung als Nullhypothese zur Beschreibung des Messfehlers gerechtfertigt zu sein.

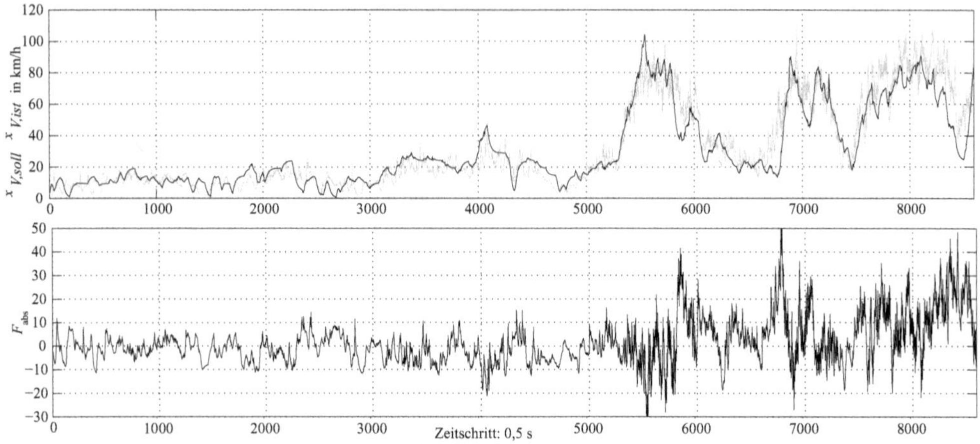

Abb. 9.14: *Darstellung der Messwerte (helle Linie) und der manuell ermittelten Referenzwerte (dunkle Linie). Die untere Grafik zeigt den Verlauf des absoluten Messfehlers, also die Differenz beider Messreihen. Man erkennt: Mit zunehmender Geschwindigkeit nimmt auch der Messfehler zu.*

Zur Eingrenzung des Problems der beobachteten Geschwindigkeitsabhängigkeit sollen drei Nullhypothesen zur Normalverteilung des Messfehlers untersucht werden:

1. $H_{0;1}$: unabhängig von der zu ermittelnden Geschwindigkeit,
2. $H_{0;2}$: für Geschwindigkeiten unterhalb 30 km/h und
3. $H_{0;3}$: für Geschwindigkeiten oberhalb 30 km/h.

Parameterschätzung

Der absolute Messfehler $\mathcal{F}_{abs}$ wird im Folgenden als Zufallsgröße X mit den Realisierungen x_i betrachtet, deren statistische Parameter Stichprobenmittel

$$\bar{x} = \frac{1}{n} \sum_{i=1}^{n} x_i, \tag{9.8}$$

und Stichprobenstreuung

$$s^2 = \frac{1}{n-1} \sum_{i=1}^{n} (x_i - \bar{x})^2, \tag{9.9}$$

wie üblich berechnet werden. Die mit den Gleichungen 9.8 und 9.9 ermittelten Werte fasst Tabelle 9.1 zusammen.

Tabelle 9.1: *Stichprobenmittelwert und -streuung für die Daten der einzelnen Hypothesen.*

	n	$\bar{x}$	$\sqrt{s^2}$
$H_{0;1}$: alle Geschwindigkeiten	8592	1,1	11,6
$H_{0;2}$: niedrige Geschwindigkeiten ($\leqslant 30km/h$)	5667	−2,0	6,1
$H_{0;3}$: hohe Geschwindigkeiten ($> 30km/h$)	2925	7,2	16,3

Prüfung der Hypothesen mit dem Kolmogoroff-Smirnoff-Lilliefors-Test

Zur Prüfung der Hypothesen wird ein Verfahren benötigt, welches prüft, ob die Stichprobe der Zufallsvariable einer Normalverteilung entstammt, wobei deren Erwartungswert und Varianz unbekannt sind. Diese Eigenschaften weist der Kolmogoroff-Smirnoff-Lilliefors-Test auf [42]. Der Test umfasst folgende Schritte:

1. Ermittlung der empirischen Verteilungsfunktionen $F_i(x)$ für die Hypothesen.
2. Berechnung einer Prüfgröße
$$U_i = \sup\{|F_i(x) - F_0(x)|\} = \max\{|F_i(x) - F_0(x)|, |F_{i-1}(x) - F_0(x)|\}. \quad (9.10)$$
3. Annehmen der Hypothese, wenn die Prüfgröße kleiner ist als ein kritischer Wert $K_{n,\alpha}$.

Die kritischen Werte $K_{n,\alpha}$ werden in Abhängigkeit von der Anzahl der Werte n der Realisierung der Zufallsgröße und einem zu wählenden Signifikanzniveau α ermittelt. Das Signifikanzniveau entspricht der Wahrscheinlichkeit, eine richtige Hypothese fälschlicherweise zu verwerfen.

Die Berechnung der kritischen Werte $K_{n,\alpha}$ erfolgte gemäß [42].

Tabelle 9.2: *Die kritischen Werte zur Prüfung der Nullhypothesen in Abhängigkeit von den gewählten Signifikanzniveaus.*

	$K_{n;0,15} = \frac{0,768}{\sqrt{n}}$	$K_{n;0,1} = \frac{0,805}{\sqrt{n}}$	$K_{n;0,05} = \frac{0,886}{\sqrt{n}}$	$K_{n;=0,01} = \frac{1,031}{\sqrt{n}}$
$H_{0;1}$	0,0083	0,0087	0,0096	0,0111
$H_{0;2}$	0,0102	0,0107	0,0118	0,0137
$H_{0;3}$	0,0142	0,0149	0,0164	0,0191

Abbildung 9.15 zeigt für jede Hypothese die empirische und die angenommene Verteilungsfunktion sowie die zugehörigen Dichtefunktionen und den Verlauf der Prüfgrößen. Die Aussagen dieser Abbildung sind in Tabelle 9.3 zusammengefasst.

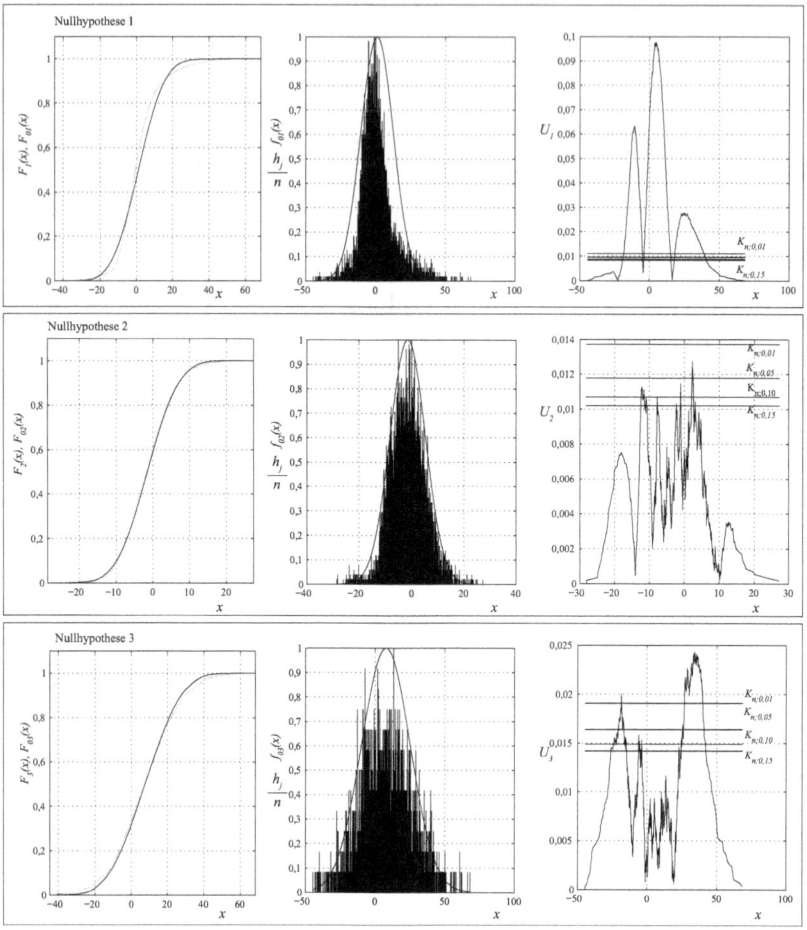

Abb. 9.15: *Gezeigt sind die empirischen und die angenommenen Verteilungsfunktionen sowie die zugehörigen Dichtefunktionen für jede Hypothese. Die empirischen Dichtefunktionen werden durch die relative Häufigkeit des Messfehlers approximiert. Zur Illustration des Kolmogorov-Tests ist außerdem der Verlauf der Prüfgrößen U_i zusammen mit den kritischen Werten der einzelnen Signifikanzniveaus gezeigt.*

Schlussfolgerungen

Tabelle 9.3 zeigt, dass die Hypothesen H_1 und H_3 verworfen und die Hypothese H_2 angenommen wurde. Somit muss der Messfehler als nicht normalverteilt angesehen werden, wenn der gesamte Geschwindigkeitsbereich gleichzeitig betrachtet wird.

Lässt man zu, dass die Parameter μ und σ geschwindigkeitsabhängig sind, dann ist der Messfehler bei Geschwindigkeiten unter 30 km/h mit einer Irrtumswahrscheinlichkeit von $\alpha \leqslant 0,01$ normalverteilt.

Tabelle 9.3: *Zusammenfassung der Aussagen aus Abbildung 9.15; die Prüfergebnisse in Abhängigkeit von den gewählten Signifikanzniveaus. Die in Klammern stehenden Werte ergeben sich, wenn man das Stichprobenmittel und die Stichprobenvarianz als Schätzwerte für Erwartungswert und Varianz der jeweiligen Verteilung annimmt.*

	$\alpha = 0,15$	$\alpha = 0,1$	$\alpha = 0,05$	$\alpha = 0,01$
H_1	–	–	–	–
H_2	–	–	(+) –	+
H_3	–	–	(+) –	(+) –

Außerdem ist zu erkennen, dass die Genauigkeit des untersuchten Verfahrens abhängig von der Verkehrssituation ist.

Eine weitere Untersuchung hat ergeben, dass die getroffenen Aussagen für Geschwindigkeitsgrenzen zwischen etwa 25 km/h und 35 km/h Gültigkeit haben.

Dass die Genauigkeit zur Lösung des gesteckten Ziels, der Unterscheidung der drei Verkehrszustände „flüssiger Verkehr“, „zähflüssiger Verkehr“ und „Stau“ ausreicht, zeigt ein Blick auf die Darstellung des relativen Messfehlers

$$\mathcal{F}_{rel} = \frac{x_{V,ist} - x_{V,soll}}{x_{V,soll}}. \tag{9.11}$$

Abbildung 9.16 zeigt, dass der relative Messfehler unabhängig vom Wert der Geschwindigkeit und somit auch unabhängig vom Verkehrszustand ist. Abgesehen von zwei Werten liegt der relative Messfehler bei unter 5. Das ist ausreichend, um die angestrebte schwellenwertbasierte Unterscheidung der drei Verkehrszustände anhand der Geschwindigkeit vorzunehmen.

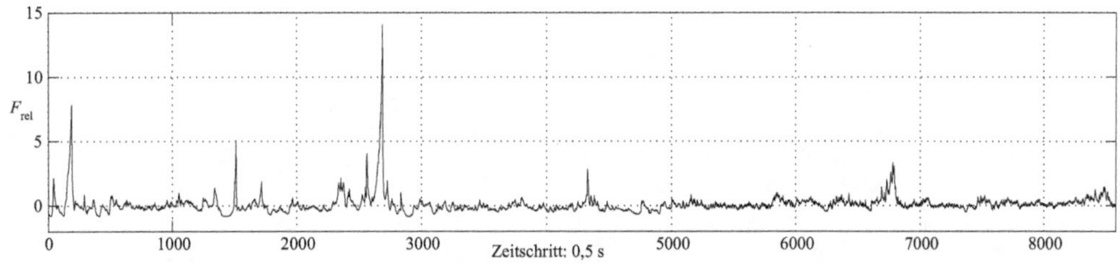

Abb. 9.16: *Grafische Darstellung des relativen Messfehlers.*

Berücksichtigt man, dass die vorliegende Fehlerbetrachtung bei so geringer Bildauflösung vorgenommen wurde, dass bei höherer Verkehrsdichte die Einzelfahrzeuge nicht mehr aufgelöst werden können, dann darf man schlussfolgern, dass ein leistungsfähiges Verfahren, welches praxisrelevanten Bedingungen genügt, vorliegt (vgl. Abbildung 9.13).

10 Schlussbemerkung

Mit der vorliegenden Arbeit, wurde nach Kenntnis des Autors erstmalig im deutschen Sprachraum eine umfassende Darstellung des Themas „Videobasierte Verkehrslagererfassung“ vorgelegt. Das Ziel hierbei war, etablierte Methoden und Verfahren in einer Methodologie zusammenzufassen, die das systematische Abarbeiten einer Bildverarbeitungsaufgabe für verkehrstelematische Anwendungen ermöglicht. Die Grundlage dieser Darstellung lieferten zwei Fallstudien zum ruhenden und fließenden Verkehr. Diese dienten einerseits der Umsetzung der vom Autor selbst entwickelten Verfahren und lieferten andererseits die Datengrundlage für alle durchgeführten Untersuchungen.

Alle Ergebnisse sind das Resultat eigener Implementationen, so dass auch Grenzen der jeweiligen Verfahren erreicht und dargestellt werden konnten. Dabei wurden die Aspekte der Bildverarbeitung gleichrangig neben den Signalverarbeitungsmethoden anderer Wissensgebiete behandelt. So findet sich die Anwendung der Grundrechenarten als Operation zwischen den Bildern genauso wieder wie lineare Filterung durch Faltung, nichtlineare Filterung, Glättung durch Mittelwertbildung oder exponentielle Glättung einer Bildfolge, Schätzung von Hintergrundbildern als Zustandsgrößen mittels Kalmanfilter und auch ein Beispiel zur Anwendung künstlicher neuronaler Netze.

Es wurde dargelegt, dass die Berücksichtigung der drei Entitäten „Fahrzeug“, „Hintergrund“ und „Schatten“ ausreicht, um die gestellte Aufgabe zu lösen. Eine besondere Rolle in der Darstellung nehmen dabei die Schattenmodelle ein. Diese erfordern andere und meistens auch komplexere Methoden als die Modellierung der anderen Entitäten. Im entsprechenden Kapitel wurden Anforderungen definiert, die zwingend von neuen Verfahren erfüllt werden müssen und andererseits eine vergleichende Bewertung ermöglichen. Diese Anforderungen sind:

1. Erkennung des Schlagschattens inklusive Kernschatten und Halbschatten.
2. „Übersehen“ des Selbstschattens am Fahrzeug.
3. Fähigkeit, beim Nichtvorhandensein von Schatten dies zu erkennen.

Sämtliche vorgestellten Modelle und Analyseverfahren sind im Raum-Zeit-Bereich realisiert worden. Der Übergang zu Bildbereichen, beispielsweise der Fourier- oder Wavelettransformation, birgt eine Fülle neuer Möglichkeiten. Zu Gunsten von Umfang und Übersichtlichkeit der vorliegenden Darstellung wurde dieser interessante Weg aber zunächst nicht beschritten und bleibt einer späteren Veröffentlichung vorbehalten. Lediglich die Faltung im Bildbereich der Fouriertransformation und die Darstellung der Spektren von Filteroperatoren hat als wichtige methodische Grundlage Eingang in die vorliegende Schrift gefunden.

Folgende Kernaussagen der Arbeit sind nach Ansicht des Autors für die Verfahrensentwicklung und Bewertung essentiell und sollen deshalb abschließend noch einmal hervorgehoben werden:

1. Der Unterschied zwischen menschlichem und maschinellem Sehen ist beträchtlich: Die Komplexität einer Bildverarbeitungsaufgabe lässt sich deshalb nicht anhand der Fähigkeiten eines menschlichen Betrachters zur Lösung dieser Aufgabe beurteilen.

2. Die Nutzung nichtmodellbasierter Signalmodelle für Fahrzeug, Schatten und Hintergrund wird bevorzugt: Dadurch wird es möglich, die Stochastik von Prozess und Signal angemessen zu berücksichtigen. Die automatische Bildanalyse ist eine Auswertung der räumlichen und zeitlichen Variation der Helligkeits- bzw. Farbwerte, allgemein auch als Intensitätswerte bezeichnet. Diese Werte sind auf Grund der Stochastik des Prozesses, der veränderlichen Umgebungsbedingungen und der unterschiedlichen optischen und geometrischen Eigenschaften der Fahrzeuge nicht vorhersehbar und müssen somit als Zufallsgrößen angesehen werden, die sich unabhängig von den zu ermittelnden Verkehrskenngrößen ändern können.

3. Gleiche Systemzustände werden durch unterschiedliche Signale repräsentiert: Diese elementare Eigenschaft von Bildinformationen macht die automatische Analyse von Straßenverkehrsbildern von vornherein anspruchsvoll und schließt triviale Ansätze aus.

4. Robustheit und Detaillierungsgrad eines Verfahrens zur videobasierten Verkehrslageinformation stehen im Zielkonflikt zueinander: Ein Verfahren im 24-Stunden-Betrieb wird gegenüber reinen Tagsichtanwendungen Kompromisse eingehen müssen.

5. Es ist notwendig, Verfahren zur Analyse des ruhenden und des fließenden Verkehrs zu unterscheiden: Durch das Fehlen von Bewegungsinformation und Eigenlicht sind Verfahren zur Analyse des ruhenden Verkehrs anders geartet und häufig auch komplexer ausgeführt als Verfahren zur Analyse des fließenden Verkehrs.

6. Automatische Bildverarbeitung im Außenbereich hat Grenzen: Durch Verkaufsstrategien und die Ergebnisse von Grundlagenforschung an Testbildern werden häufig unrealistische Erwartungen geweckt. Der Vorteil der Videodetektion gegenüber anderen Verfahren ist *nicht* die höhere Genauigkeit, sondern findet sich im Mehrwert der Bildinformation und der Möglichkeit, Detektionsbereiche ohne Eingriffe in die Infrastruktur erstellen und verändern zu können.

Diese Zusammenhänge sind bei jeder Verfahrensentwicklung zu beachten, um das gesamte Spektrum an Möglichkeiten abzudecken, das bei einem Dauereinsatz durch alle Tages-, und Jahreszeiten hindurch auftritt.

Abkürzungen und Schreibweisen

Allgemeine Symbole

A	Menge
$\mathbf{A}$	Matrix
m	Anzahl der Zeilen einer Matrix
n	Anzahl der Spalten einer Matrix
$\det \mathbf{A}$	Determinante einer Matrix
λ_i	Eigenwerte einer Matrix
$\mathbf{a}$	Vektor
$a_{u,v}$	Matrixelement Zeile u und Spalte v
a_i	Mengenelement, Vektorelement
$f(x,y)$	Funktion
α_{ki}	Regressionskoeffizienten
$\wedge$	Konjunktion
$\vee$	Disjunktion
$\cup$	Vereinigung von Mengen
$\cap$	Durchschnitt von Mengen
$*$	Faltung
∇^2	Laplace-Operator
∇	Nabla-Operator
$\oslash$	Elementweise Division von Matrizen

Spezielle Symbole

$\mathbf{A}, a_{u,v}$	Bildmatrix eines Bildausschnitts oder Systemmatrix
$\mathbf{B}, b_{u,v}$	Bildmatrix des Kamerabildes
$\mathbf{B}_i, b_i, b_{i_{u,v}}$	i-te Bildmatrix einer Bildfolge
$\mathbf{B}_k, b_k, b_{k_{u,v}}$	k-te Bildmatrix einer Bildfolge
$\mathbf{B}(k), b(k), b(k)_{u,v}$	Bildmatrix zum Zeitpunkt k
$\hat{\mathbf{B}}, \hat{b}_{u,v}$	geglättete oder mittels Kalmanfilter geschätzte Bildmatrix
$\hat{\mathbf{B}}, \hat{b}_{u,v}$	Bildmatrix nach Anwendung eines Schwellenwertes SW
$\mathbf{B}_{diff}, b_{diff}, b_{diff_{u,v}}$	Bildmatrix Differenzbild
$\tilde{\mathbf{B}}_{diff}, \tilde{b}_{diff}, \tilde{b}_{diff_{u,v}}$	Bildmatrix Differenzbild nach Anwendung eines Schwellenwertes
$\mathbf{B}_D, b_D, b_{D_{u,v}}$	Bildmatrix Differenzbild, berechnet als Summe der der RGB-Differenzen
$\mathbf{B}_{quot}, b_{quot}, b_{quot_{u,v}}$	Bildmatrix des elementweise ermittelten Quotientenbildes
$\mathbf{B}_{TR}, b_{TR}, b_{TR_{u,v}}$	Bildmatrix temporäres Referenzbild
$\mathbf{B}_R, b_R, b_{R_{u,v}}$	Bildmatrix Referenzbild
$\mathbf{B}_M, b_M, b_{M_{u,v}}$	Bildmatrix Binärmaske
$\mathbf{B}_S, b_S, b_{S_{u,v}}$	Bildmatrix binäre Schattenmaske
$\mathbf{B}_{Richtung}^{Operator}$	Bildmatrix, bearbeitet durch Matrixoperator *Operator*, wirksam in Richtung *Richtung*
$\mathbf{B}_r, b_r, b_{r_{u,v}}$	Bildmatrix Rotkanal
$\mathbf{B}_g, b_g, b_{g_{u,v}}$	Bildmatrix Grünkanal
$\mathbf{B}_b, b_b, b_{b_{u,v}}$	Bildmatrix Blaukanal
$\mathbf{B}_{r_{norm}}, b_{r_{norm}}, b_{r_{norm_{u,v}}}$	Bildmatrix normierter Rotkanal
$\mathbf{B}_{g_{norm}}, b_{g_{norm}}, b_{g_{norm_{u,v}}}$	Bildmatrix normierter Grünkanal
$\mathbf{B}_{b_{norm}}, b_{b_{norm}}, b_{b_{norm_{u,v}}}$	Bildmatrix normierter Blaukanal
$\mathbf{B}_H, b_H, b_{H_{u,v}}$	Bildmatrix H-Kanal (eng. hue, Farbton)
$\mathbf{B}_S, b_S, b_{S_{u,v}}$	Bildmatrix S-Kanal (eng. saturation, Farbsättigung)
$\mathbf{B}_V, b_V, b_{V_{u,v}}$	Bildmatrix V-Kanal (eng. value, Hellwert)
$\mathbf{B}_X, b_X, b_{X_{u,v}}$	Bildmatrix X-Kanal
$\mathbf{B}_Y, b_Y, b_{Y_{u,v}}$	Bildmatrix Y-Kanal
$\mathbf{B}_Z, b_Z, b_{Z_{u,v}}$	Bildmatrix Z-Kanal

$\mathbf{B}_Y, b_Y, b_{Y_{u,v}}$	Bildmatrix Helligkeit
$\mathbf{B}_{Cr}, b_{Cr}, b_{Cr_{u,v}}$	Bildmatrix Rot-Grüne Farbkomponente
$\mathbf{B}_{Cb}, b_{Cb}, b_{Cb_{u,v}}$	Bildmatrix Blau-Gelbe Farbkomponente
$b_{Sch}, b_{Sch_{u,v}}$	Bildpunkt im Schatten
$b_{FB}, b_{FB_{u,v}}$	Bildpunkt auf der Fahrbahn
$b^{HT}(r, \phi)$	Hough-Transformierter Bildpunkt
$b^{EHT}(u, v)$	Bildpunkt nach erweiterter Hough-Transformation
$f(x, y)$	Kontinuierliche Funktion des Kamerabildes
$b(u, v)$	Diskrete Funktion des Kamerabildes
$\mathbf{f} = \left(\frac{du}{dt} \frac{dv}{dt}\right)$	Geschwindigkeitsvektor im Bild
$\mathbf{C}, c_{u,v}$	Messmatrix
$\mathbf{C}, c(i, j)$	Grauwertübergangsmatrix
$\mathbf{H}, h, b_{u,v}$	Hessematrix
$\mathbf{I}$	Einheitsmatrix
$\mathbf{L}$	Kalmanverstärkung
$\mathbf{O}^{Typ}_{Richtung}, o_{i,j}$	Matrixoperator vom *Typ* G: Gaußoperator, D: Differenzoperator, L: Laplaceoperator, S: Sobeloperator, MR: Marr-Hildreth Operator, M: Mittelwert Operator, DE_{Raute}: Dilatation/Erosion mit Raute, $DE_{Rechteck}$: Dilatation/Erosion mit Rechteck, DE_{Achter}: Dilatation/Erosion mit Achter wirksam in *Richtung* h: horizontal, v: vertikal, d: diagonal
$\mathbf{P}$	Kovarianzen des Vorhersagefehlers
$\mathbf{Q}$	Varianzen des Modellfehlers
$\mathbf{R}$	Varianzen des Messfehlers
$\mathbf{W}$	Gewichtsmatrix
$\mathbf{\Omega}$	partielle Ableitungen von Intensitätswerten in u- und v-Richtung
f_A	Abtastfrequenz
f_{max}	maximale Frequenz im Signal
$\mathcal{F}(\bullet)$	diskrete Fouriertransformierte
$\mathcal{F}_{abs}$	absoluter Messfehler
$\mathcal{F}_{rel}$	relativer Messfehler
$G(s)$	Übertragungsfunktion im Bildbereich der Laplacetransformation
SW	Schwellenwert
μ	Mittelwert, Modellfehler
Φ	Varianz des Modellfehlers
ν	Messfehler

Θ	Varianz des Messfehlers
$\Theta(\triangle u, \triangle v)$	zweidimensionale Kreuzkorrelationsfunktion
$\Theta(\triangle i)$	eindimensionale Kreuzkorrelationsfunktion
$E(X)$	Erwartungswert
σ	Standardabweichung
$\sigma_{x,x\in r,g,b}$	Empfindlichkeit des einzelnen Kamerasensorelementes
$b_{x,x\in r,g,b}$	Empfindlichkeit des gesamten Bildaufnehmers
σ^2,$VAR(X)$	Varianz
$\sigma_{t1,t2}$	Kovarianz
$\bar{x}$	Stichprobenmittel
s^2	Stichprobenstreuung
r	Korrelationskoeffizient
M	Median
x_τ	Parkraumbelegung
x_B	Verkehrsstärke
x_D	Verkehrsdichte
x_V	Geschwindigkeit
$x_{V,ist}$	Istwert der Geschwindigkeit
$x_{V,soll}$	Sollwert der Geschwindigkeit, i.S. eines Referenzwertes
x_{ei}, x_{ej}	Eingangsgrößen der Neuronen i und j im Hopfield-Netz
x_{ai}, x_{aj}	Ausgangsgrößen der Neuronen i und j im Hopfield-Netz
w_{ij}	Verbindungsgewicht zwischen den Neuronen i und j im Hopfield-Netz
Υ_i, Υ_j	Schwellenwert der Neuronen i und j im Hopfield-Netz
$S(u_S, v_S)$	Flächenschwerpunkt mit den Koordinaten u_S und v_S
D	Dispersionsmaß einer Fläche, berechnet aus Umfang^2/ Flächeninhalt
H_i	Ereignis oder Hypothese
$P(H_i)$	Wahrscheinlichkeit von H_i
λ	Verhältnis unterschiedlicher H_i
X	wertkontinuierliche oder wertdiskrete Zufallsgröße
x	Realisierung einer wertkontinuierlichen oder wertdiskreten Zufallsgröße
B	wertdiskrete Zufallsgröße des Intensitätswertes b
$P(X=x)$, $P(X\leq x)$	Wahrscheinlichkeiten
$f(x)$	für wertkontinuierliche Zufallsgrößen: Wahrscheinlichkeitsverteilungdichte, Verteilungsdichte, Dichtefunktion für wertdiskrete Größen: Wahrscheinlichkeitsfunktion

$F(x)$	Wahrscheinlichkeitsverteilung, Verteilungsfunktion
$F_0(x)$	i.S. einer Hypothese angenommene Wahrscheinlichkeitsverteilung
D_i	Prüfgröße der i-ten Hypothese im Kolmogorov-Test
$K_{n,\alpha}$	kritischer Wert im Kolmogorov-Test für n Werte der Zufallsgröße bei einem vorgegebenen Signifikanzniveau α
χ^2_{m-1}	Quantil der χ^2-Verteilung mit m Freiheitsgraden, speziell hier: χ^2-Test mit m Klassen
$E(\lambda, T)$	spektrale Strahldichte eines Körpers
$E(t)$	Energie eines neuronalen Netzes
$E(h_d(b))$	Entropie eines Bildes
$h_d(b)$	relative Häufigkeit eines Intensitätswertes
I	Anzahl der Informationseinheiten eines Bildpunktes
I_{ges}	Anzahl der Informationseinheiten eines Gesamtbildes
IG	Informationsgehalt
ρ, ρ^*	Invariante „Reflexionsverhältnis“
$v_{x,x\in r,g,b}$	Verhältnis der RGB-Farbkomponenten von Schatten und Fahrbahn

Literaturverzeichnis

[1] A. Adamski, Z. Mikrut (1999) Traffic video-detector application to intelligent control. Proceedings of International Conference on Modeling and Management in Transportation, Poznan-Krakow, Poland, pp. 77–83

[2] F.E. Alsaqre, Y. Baozong (2004) Moving shadows detection in video sequences. Proceedings of the ICSP'04. pp. 1306–1309

[3] M. S. Arulampalam et al. (2002) A tutorial on particle filters for online nonlinear/non-gaussian bayesian tracking. IEEE Transactions on Signal Processing, Vol. 50, No. 2, pp. 174–188

[4] Y. Asokawa, K. Ohashi et al. (1998) Automatic vehicle recognition by silhouette theory. Proceedings of the 5th World Congress on Intelligent Transport Systems, Paper No. 3138

[5] E. Atkociunas et al. (2005) Image processing in road traffic analysis. Nonlinear Analysis: Modelling and Control, 2005, Vol. 10 No.4, 315–332

[6] M. Balcilar, A.C. Sönmez, Y. Teknik (2008) Extracting vehicle density from background estimation using Kalman Filter. 23rd International Symposium on Computer and Information Sciences, pp. 1–5

[7] J.L. Barron, D.J. Fleet, S.S. Beauchemin (1994) Performance of Optical Flow techniques. International Journal of Computer Vision 12(1), pp. 43–77

[8] A. Bevilacqua, (2003) Calibrating a motion detection system by means of a distributed genetic algorithm. IEEE International Workshop on Computer Architectures for Machine Perception, pp. 40–51

[9] A. Bevilacqua, (2003) Effective shadow detection in traffic monitoring applications. J. Winter School of Computer Graphics, Vol. 11, No.1, pp.57–64

[10] A. Bevilacqua, L. Stefano, V. Stefano (2005) Occlusion robust vehicle tracking based on SOM (Self-Organizing Map). Proceedings of the IEEE Workshop on Motion and Video Computing, pp. 1–6

[11] D. Bruckner, B. Sallans, G. Russ(2007) Hidden Markov models for traffic observation. 5th IEEE International Conference on Industrial Informatics, vol.2, pp. 989–994

[12] M. Boninsegna, A. Bozzoli (2000) A tunable algorithm to update a reference image. Signal Processing: Image Communication 16, pp. 353–365

[13] M. Bouttefroy et al. (2008) Vehicle tracking by non-drifting mean-shift using projective Kalman Filter. 11th International IEEE Conference on Intelligent Transportation Systems, pp. 61–66

[14] A. Bovik (2000) Handbook of Image and Video Processing. Academic Press

[15] F. Bunyak, I. Ersoy, S.R. Subramanya (2005) Shadow detection by combined photometric invariants for improved foreground segmentation. Proceedings of the 7th IEEE Workshop on Application of Computer Vision, Vol. 1, pp. 510–515

[16] B. van Bunnen (1999) Vorrichtung und Verfahren zur Verkehrsüberwachung. Patentschrift: Dok.-Nr. EP 0755 552 B1

[17] W. Burger (2008) Digital Image Processing. 1. Auflage. Berlin: Springer Verlag

[18] M. Buchholz, (2004) Vergleichende Untersuchung von Verfahren und Systemen zur automatischen Bildauswertung im Straßenverkehr. Diplomarbeit am Lehrstuhl für Verkehrsleitsysteme und -prozessautomatisierung der Technischen Universität Dresden

[19] R. Cucchiara, M. Piccardi, A. Prati (2001) Improving shadow suppression in moving object detection with HSV color information. Proceedings on the IEEE conference for intelligent transportation systems. pp. 334–339

[20] R. Cucchiara, M. Piccardi, A. Prati (2003) Detecting moving objects, ghosts, and shadows in video streams. IEEE Transactions on Pattern Analysis and Machine Intelligence, vol. 25, no. 10, pp. 1337–1342

[21] D.J. Dailey, F. W. Cathey, S. Pumrin (2000) An algorithm to estimate mean traffic speed using uncalibrated cameras. IEEE Transactions on Intelligent Transportation Systems, Vol. 1, No. 2, pp. 98–107

[22] A. P. Dempster, N. M. Laird, D. B. Rubin (1977) Maximum likelihood from incomplete data via EM Algorithm. Journal of the Royal Statistical Society. Series B, Vol. 39, No. 1, pp. 1–38

[23] L. Di, H. Xiangnian (2008) Texture analysis for shadow removing and tracking of vehicle in traffic monitoring system. International Symposium on Intelligent Information Technology Application Workshop, pp. 863–866

[24] K.-P. Döge, (2004) Ein Beitrag zur videobasierten Verkehrszustandsidentifikation: Automatische Stauerkennung anhand von Live-Kamerabildern des Straßenverkehrs. Dissertation an der Fakultät Verkehrswissenschaften „Friedrich List" der Technischen Universität Dresden

[25] K.-P Döge, J. Krimmling (2010) Videobasierte Analyse des ruhenden Verkehrs: Theorie und Anwendung am Beispiel PWC-Nöthnitzgrund Dresden. VDI-Bericht Nr. 2092, Seite: 331–335

[26] K.-P. Döge (2010) Forschungsstudie zur Anwendung von Live-Kamera-Systemen auf BAB mit automatischer linienbezogener Verkehrslageerfassung für das Projekt VESUV. Forschungsbericht im Auftrag des Autobahnamtes Sachsen.

[27] K.-P. Döge (2011) Forschungsbericht und Dokumentation der Umsetzungsstufe PWC „Am Nöthnitzgrund“ Süd. Forschungsbericht im Auftrag des Autobahnamtes Sachsen.

[28] K.-P. Döge (2012) Experiences with video-based incident detection and parking space surveillance systems on motorways in the Free State of Saxony. Erschienen als Beitrag in: Modern Transport Telematics, Springer Verlag Berlin-Heidelberg, pp. 257–267

[29] DIN19226: Leittechnik, Regelungstechnik und Steuerungstechnik. Teil 4: Begriffe für Regelungs- und Steuerungssysteme. Seite 4 (1994)

[30] M.-P. Dubuisson, A. K. Jain (1995) Contour extraction of moving objects in complex outdoor scenes. International Journal of Computer Vision, 14, pp. 83–105

[31] A. Erhardt (2008) Einführung in die digitale Bildverarbeitung. Verlag Vieweg + Teubner

[32] G. Finlayson, S. Hordley, M. Drew (2002) Removing shadows from images. Proceedings of the 7th European Conference on Computer Vision, pp. 823–836

[33] D. Frejlichowski (2008) Automatic Localisation of moving vehicles in image sequences using morphological operations. Proceedings of the 1st International Conference on Information Technology, pp. 1–4

[34] N. Friedman, S. Russell (1997) Image segmentation in video sequences: a probabilistic approach. Proceedings of the Thirteenth Annual Conference on Uncertainty in Artificial Intelligence, pp. 175–181

[35] G. Funka-Lea, R. Bajcsy (1995) Combining color and geometry for the active, visual recognition of shadows. Proceedings on the 5th International Conference on Computer Vision, pp. 203–209

[36] T. Gao, Z. Liu, J. Zhang (2008) Motion vehicle recognition and tracking in the complex environment. International Seminar on Future Information Technology and Management Engineering, pp. 287–282

[37] D. Gao, J. Zhou, L. Xin (2001) SVM-based detection of moving vehicles for automatic traffic Monitoring. IEEE Intelligent Transportation Systems Conference Proceedings, pp. 745–749

[38] T. Gevers, A.W.M. Smeulders (1999) Color-based object recognition. Pattern Recognition 32, pp. 453–464

[39] A.Giachetti, M. Campani, V.Torre (1998) The use of optical flow for road navigation. IEEE Transactions on Robotics and Automation, Vol. 14 No.1, pp. 34–48

[40] F. Gössel (2005) Informationsentropische, spektrale und statistische Untersuchungen fahrzeuggenerierter Verkehrsdaten unter besonderer Berücksichtigung der Auswertung und Dimensionierung von FCD-Systemen. Dissertation an der Fakultät Verkehrswissenschaften „Friedrich List“ der Technischen Universität Dresden.

[41] R.C. Gonzalez, R.E. Woods (2002) Digital Image Processing. Prentice Hall

[42] U. Graf et al. (1998) Formeln und Tabellen der angewandten mathematischen Statistik. Springer Verlag, 3., völlig neu bearbeitete Auflage, 2. korr. Nachdruck

[43] S. Gupte, O. Masoud. N. Papanikolopoulos (2000) Vision-based vehicle classification. IEEE Conference on Intelligent Transportation System, pp.46–51

[44] P. Haberäcker (1995) Praxis der Digitalen Bildverarbeitung und Mustererkennung. Carl Hanser Verlag München Wien. 1. Auflage 1995

[45] R. M. Haralick, K. Shanmugam, I. Dinstein (1973) Textural features for image classification. IEEE Transactions on Systems, Man and Cybernetics, Vol. SMC-3, No. 6, pp. 610–621

[46] M. Higashikubo (2001) Traffic congestion measuring method and apparatus and image processing method and apparatus. Patentschrift: Dok.-Nr. US 6,188,778 B1

[47] J. J. Hopfield (1982) Neural Networks and physical systems with emergent collective computational abilities. Proceedings of the National Academy of Sciences of the United States of America. Vol. 79, pp. 2554–2558

[48] B. Horn, B. Schunck (1981) Determining Optical Flow. Artifical Intelligence 17, pp. 185–203

[49] T. Horprasert, D. Harwood, Larry S. Davis (1999) A statistical approach for Realtime robust background subtraction and shadow detection. IEEE ICCV Volume: 99, pp. 1–19

[50] P.V.C. Hough (1962) Methods and means for recognizing complex patterns. U.S. Patent 3069654

[51] D. Houli et al. (2009) Network-wide traffic state observation and analysis method using pseudo-color map. Journal of Transportation Systems Engineering and Information Technology, Vol.9–4, pp. 46–52

[52] Y.Z. Hsu, H.-H. Nagel, G. Rekers (1984) New likelihood test methods for change detection in image sequences. Computer Vision Graphics and Image Processing 26, pp. 73–106

[53] M.-H. Hsiao et al. (2004) Object-based video streaming technique with application to intelligent transportation systems. Proceedings of the IEEE International Conference on Networking, Sensing and Control, Vol.1, pp. 315–320.

[54] R.M. Inigo (1989) Application of machine vision to traffic monitoring and control. IEEE Transactions on Vehicular Technologie, Vol. 38, No. 3, pp.112–122

[55] B. Jähne (2002) Digitale Bildverarbeitung. 5. Auflage. Berlin: Springer Verlag

[56] K. Jien, S. Joga (2002) An HMM-based segmentation method for traffic monitoring movies. IEEE Transactions on Pattern Analysis and Machine Intelligence, Vol. 24, No. 9, pp. 1291–1296

[57] E. R. Kalman (1960) A new approach to linear filtering and prediction problems. Transaction of the ASME, Journal of Basic Engineering 82, pp. 35–45

[58] K. Karmann et al. (1990) Moving object segmentation based on adaptive reference images. Signal Processing 5, pp. 951–954

[59] M. Kilger (1992) A shadow handler in a video-based real-time traffic monitoring system. Proceedings of IEEE Workshop on Applications of Computer Vision, pp. 11–18

[60] M. Klosowski (2008) Hardware accelerated implementation of Wavelet Transform for machine vision in road traffic monitoring system. Proceedings of the 1st International Conference on Information Technology, pp. 1–4

[61] P. Kumar, K. Sengupta, A. Lee (2002) A comparative study of different color spaces for foreground and shadow detection for traffic monitoring system. International Conference on Intelligent Transportation Systems, pp. 100–105

[62] P. Kumar, S. Ranganatht, H. Weimin (2003) Bayesian Network based computer vision algorithm for traffic. IEEE Intelligent Transportation Systems, Proceedings, Vol.1 pp. 897–902

[63] A. Lai, N. Yung (1998) A fast and accurate scoreboard algorithm for estimating stationary backgrounds in an image sequence. Proceedings of the IEEE International Symposium on Circuits and Systems, Vol. 4, pp. 241–244

[64] F. Lamosa, Z. Hu, K. Uchimura (2008) Vehicle detection using multi-level probability fusion maps generated by a multi-camera system. Proceedings of Intelligent Vehicles Symposium Eindhoven University of Technology, pp. 452–457

[65] A. Leich (2006) Ein Beitrag zur Realisierung der videobasierten weiträumigen Verkehrsbeobachtung. Dissertation an der Fakultät Verkehrswissenschaften „Friedrich List“ der Technischen Universität Dresden.

[66] B. D. Lucas, T. Kanade (1981) An iterative image registration technique with an application to stereo vision. Proceedings of Image Understanding Workshop, pp. 121–130

[67] A. J. Lipton et al. (1998) Moving target classification and tracking from real-time video. Proceedings on Fourth IEEE Workshop on Applications of Computer Vision, pp.8–14

[68] A. Liu, Z. Yang (2006) Video vehicle detection algorithm trough spatio-temporal slices processing. Proceedings of the 2nd IEEE/ASME International Conference on Mechatronic and Embedded Systems and Applications, pp. 1–5

[69] Y. Liu, P.Payeur (2003) Robust image-based detection of activity for traffic control. Canadian Journal of Electrical and Computer Engineering, Vol. 28, No. 2, pp. 63–67

[70] D. Marr, E. Hildreth (1980) Theory of edge detection. Proceedings of the Royal Society. B 1980 207, pp. 187–217

[71] G. Medioni et al. (2001) Event detection and analysis from video streams. IEEE Transactions on Pattern Analysis and Machine Intelligence, Vol. 23, No.8, pp. 873–889

[72] G. Merziger et al. (2010) Formeln + Hilfen zur höheren Mathematik. 6. Auflage. Barsinghausen: Binomi Verlag

[73] T. Morita et al. (1992) Image processing vehicle detector for urban traffic control systems. IEEE Conference on Vehicle Navigation and Information Systems, pp. 98–103

[74] T. K. Moon (1996) The Expectation-Maximization algoritm. IEEE Signal Processing Magazine, 13(6): pp. 47–60

[75] A.F. Mujica (2000) A new motion parameter estimation algorithm based on the continuous wavelet transform. IEEE Transactions on Image Processing, Vol. 9, No. 5, pp. 873–888

[76] S. Nadimi, B. Bhanu (2004) Physical models for moving shadow and object detection in video. IEEE Transactions on pattern analysis and machine intelligence, Vol. 26, No. 8, pp. 1079–1087

[77] H.-H. Nagel (1978) Formation of an object by analysis of systematic time variations in the optically perceptible environment. Computer Graphics and Image Processing 7, pp. 149–194

[78] S.K. Nayar, R.M. Bolle (1993) Computing reflectance ratios from an image. Pattern Recognition, Vol. 26, No. 10, pp. 1529–1542

[79] N. Otsu (1979) A treshold selection method from gray-level histograms. IEEE Transactions on Systems, Man, and Cybernetics Vol. SMC-9, No.1, pp. 62–66

[80] A. Prati et al. (2003) Detecting moving shadows: formulation, algorithms and evaluation. IEEE Transactions on Pattern Analysis in Machine Intelligence, Vol. 25, No.7, pp. 918–923

[81] PSS GmbH und Co KG, Parkraum-Management, Unternehmenseigener Fachbericht, pss-solutions.de (12/2009)

[82] Z. Qiu et al. (2005) An adaptive kalman predictor applied to tracking vehicles in the traffic monitoring system. Proceedings of the IEEE Symposium on Intelligent Vehicles, pp. 230–235

[83] J. Radon (1917) Über die Bestimmung von Funktionen durch ihre Integralwerte längs gewisser Mannigfaltigkeiten. Berichte Sächsische Akademie der Wissenschaften 29, Seite 262–279

[84] J. Radon (1986) On the determination of functions from their integral values along certain manifolds. Übersetzung des deutschen Originaltextes durch P.C. Parks. IEEE Transactions on medical imaging. Vol. M I-5, No. 4, pp. 170–176

[85] E. Salvador, A. Cavallaro, T. Ebrahimi (1995) Cast shadow segmentation using invariant color features. Computer Vision and Image understanding 95, pp. 238–259

[86] J.M. Scanlan, D.M. Chabries, R.W. Christiansen (1990) A shadow detection and removal algorithm for 2-D images. Proceedings of the International Conference for Acoustics, Speech and Signal Processing. Vol. 4, pp. 2057–2060

[87] K. Schmidt (2008) Erarbeitung eines Praktikumsversuches „Künstliche neuronale Netze". Studienarbeit an der Fakultät Verkehrswissenschaften „Friedrich List" der Technischen Universität Dresden.

[88] J. Schulz (2008) Ermittlung der Abtastrate eines Bildverarbeitungssystems zur Analyse von Verkehrsprozessen. Studienarbeit an der Fakultät Verkehrswissenschaften „Friedrich List" der Technischen Universität Dresden.

[89] K.-T. Song, J.-C. Tai (2007) Image-based traffic monitoring with shadow supression. Proceedings of the IEEE, Vol.95, No. 2, pp. 413–426

[90] J. Stauder, (1999) Detecting of moving cast shadows for object segmentation. IEEE Transactions on Multimedia, Vol.1, No.1, pp. 65–76

[91] H. Strobel, (1982) Computer controlled urban transportation: A survey of concepts, methods, and international experiences. Chichester, New York [u.a.]: John Wiley and Sons.

[92] H. Strobel, (1975) Experimentelle Systemanalyse. Akademie Verlag, Berlin

[93] Strobel H, Döge K.-P (2009) Verfahren und Anordnung zur Ermittlung von Verkehrszustandsgrößen. Patentschrift: Dok.-Nr. D7200292DE

[94] W. Schnabel, D. Lohse(1997) Straßenverkehrstechnik Band 1. Verlag für Bauwesen, Berlin

[95] K. Shunsuke et al. (1999) Traffic monitoring and accident detection at intersections. IEEE/IEEJ/JSAI International Conference on Intelligent Transportation Systems, Proceedings, pp. 703–708

[96] C. Solana-Cipres et al. (2009) Real-time moving object segmentation in H.264 compressed domain based on approximate reasoning. International Journal of Approximate Reasoning 51, pp. 99–114

[97] B.L. Tseng , C.-Y. Lin, J.R. Smith (2002) Real time video surveillance for traffic monitoring using virtual line analysis. IEEE International Conference on Multimedia and Expo, ICME '02. Proceedings, vol.2, pp. 541–544

[98] K. D. Tönnies (2005) Grundlagen der Bildverarbeitung. Pearson Studium, München

[99] Wissenspapier Videodetektion, zum Zeitpunkt der Drucklegung noch unveröffentlichtes Wissenspapier des FGSV e.V. Arbeitskreises 3.2.9 „Videodetektion in Verkehrsbeeinflussungsanlagen"

[100] Z.L. Wan, K.W. Dickinson (1992) Computer vision and neural networks for traffic monitoring. Proceedings of the 6th International Conference on Road Traffic Monitoring and Control, pp. 143–147

[101] Y. Yakimovski (1978) Boundary and object detection in real world images. J. ACM 23, pp. 599–618

[102] W. Y-Ming, Y. Xiu-Qing, G. Wei-Kang (2002) A shadow handler in traffic monitoring system. IEEE 55th Conference on Vehicular Technology. Vol. 1, pp. 303–307

[103] Y. Yue (2009) A Traffic-flow parameters evaluation approach based on urban road video. International Journal of Intelligent Engineering and Systems, Vol.2, No. 1, pp. 33–39

[104] A. Yoneyama, C.H. Yeh, C.-C- Jay Kuo (2003) Moving cast shadow elimination for robust vehicle extraction based on 2D joint vehicle/shadow models. Proceedings of IEEE Conference on Advanced Video and Signal Based Surveillance, pp. 229–236

[105] N. Zeng, J.D. Crisman (1998) Vehicle matching using color. IEEE Conference on Intelligent Transportation System, pp. 206–211

[106] J. Zhou, D. Gao, D. Zhang (2007) Moving vehicle detection for automatic traffic monitoring. IEEE Transactions on Vehicular Technology. Vol. 56, No.1, pp. 51–59

www.ingramcontent.com/pod-product-compliance
Lightning Source LLC
LaVergne TN
LVHW080808011026
849160LV00015B/1570